Biologie für Gymnasien

NATURA

Oberstufe

Neurobiologie und Verhalten

von
Horst Bickel
Detlef Eckebrecht
Hans-Peter Krull
Uschi Loth
Elisabeth Ponzelar-Warter

Ernst Klett Verlag
Stuttgart Düsseldorf Leipzig

Gedruckt auf Papier aus chlorfrei gebleichtem Zellstoff, säurefrei

1. Auflage
A 1 7 6 5 4 3 | 2002 2001 2000 99

Alle Drucke dieser Auflage können im Unterricht nebeneinander benutzt werden, sie sind untereinander unverändert. Die letzte Zahl bezeichnet das Jahr dieses Druckes.

Internetadresse:
http://www.klett-verlag.de

Redaktion:
Dr. Angelika Bracht

Repro: Reprographia, Lahr
Druck: Appl, Wemding

ISBN 3-12-042960-0

Autoren
Dr. Horst Bickel; Alexander-von-Humboldt-Gymnasium, Neuss; Studienseminar Mönchengladbach
Detlef Eckebrecht, Ludwigsburg
Hans-Peter Krull; Albert-Einstein-Gymnasium, Kaarst
Uschi Loth; Gymnasium der Gemeinde Neunkirchen
Elisabeth Ponzelar-Warter, Städt. Gymnasium Horkesgath, Krefeld

unter Mitarbeit von
Roman Claus; Konrad-Duden-Gymnasium, Wesel; Fachberater Biologie beim Regierungspräsidium Düsseldorf
Roland Frank; Gottlieb-Daimler-Gymnasium, Stuttgart-Bad Cannstatt; Staatl. Seminar für Schulpädagogik (Gymnasien) Stuttgart I
Harald Gropengießer; Carl von Ossietzky Universität, Oldenburg
Gert Haala; Konrad-Duden-Gymnasium, Wesel; Studienseminar Oberhausen
Bernhard Knauer; Hainberg-Gymnasium, Göttingen
Dr. Inge Kronberg; Fachautorin und Dozentin, Hohenwestedt
Hans-Dieter Lichtner; Rats-Gymnasium, Stadthagen
Dr. Jürgen Schweizer; Hegel-Gymnasium, Stuttgart-Vaihingen
Ulrich Sommermann; Gymnasium Münchberg
Gerhard Ströhla; Gymnasium Münchberg
Dr. Wolfgang Tischer; Gymnasium Sarstedt
Günther Wichert; Theodor-Heuss-Gymnasium, Dinslaken

Wissenschaftliche Fachberatung
Prof. Dr. Ulrich Kattmann; Carl von Ossietzky Universität, Oldenburg

Gestaltung des Bildteils
Prof. Jürgen Wirth; Fachhochschule Darmstadt (Fachbereich Gestaltung)
Mitarbeit: Matthias Balonier

Einbandgestaltung
Hitz und Mahn; unter Verwendung eines Fotos von Okapia (Photo Researchers, Tom McHugh, Frankfurt

Bildnachweis
Siehe Seite 159

Regionale Fachberatung:
Baden-Württemberg: Robert Tautz; Hermann-Hesse-Gymnasium, Calw (Fachberater für Biologie am Oberschulamt Karlsruhe)
Berlin: Prof. Dr. Menzel, Institut für Tierphysiologie, Berlin
Hartmut Ulrich; Walter-Gropius-Gesamtschule, Berlin
Brandenburg: Torsten Leidel; Gymnasium, Kleinmachnow
Hamburg: Herbert Jelinek; Goethe-Gymnasium, Hamburg
Hessen: Wolf-Dieter Bojunga; Studienseminar III für das Lehramt am Gymnasium, Frankfurt
Mecklenburg-Vorpommern: Dr. Dietrich Aldefeld; Landesinstitut für Schule und Ausbildung, Schwerin
Niedersachsen: Hans-Werner Dobias; Lutherschule, Hannover
Nordrhein-Westfalen: Dr. Karl Peter Ohly; Oberstufenkolleg NRW an der Universität Bielefeld
Rheinland-Pfalz: Dr. Roland Klinger; Staatl. Gymnasium am kurfürstlichen Schloss, Mainz
Ekkehard Schmale; Konrad-Adenauer-Gymnasium, Westerburg
Saarland: Roman Paul; Landesinstitut für Pädagogik und Medien, Saarbrücken
Sachsen: Prof. Dr. Karl-Heinz Gehlhaar; Universität Leipzig
Sachsen-Anhalt: Josef Donat; Gymnasium Ballenstedt
Schleswig-Holstein: Eckard Fister; Ricarda-Huch-Schule, Kiel
Thüringen: Heidi Becker; Erstes Gymnasium am Anger, Jena

Inhaltsverzeichnis

Neurobiologie

Verhaltensbiologie

Soziobiologie

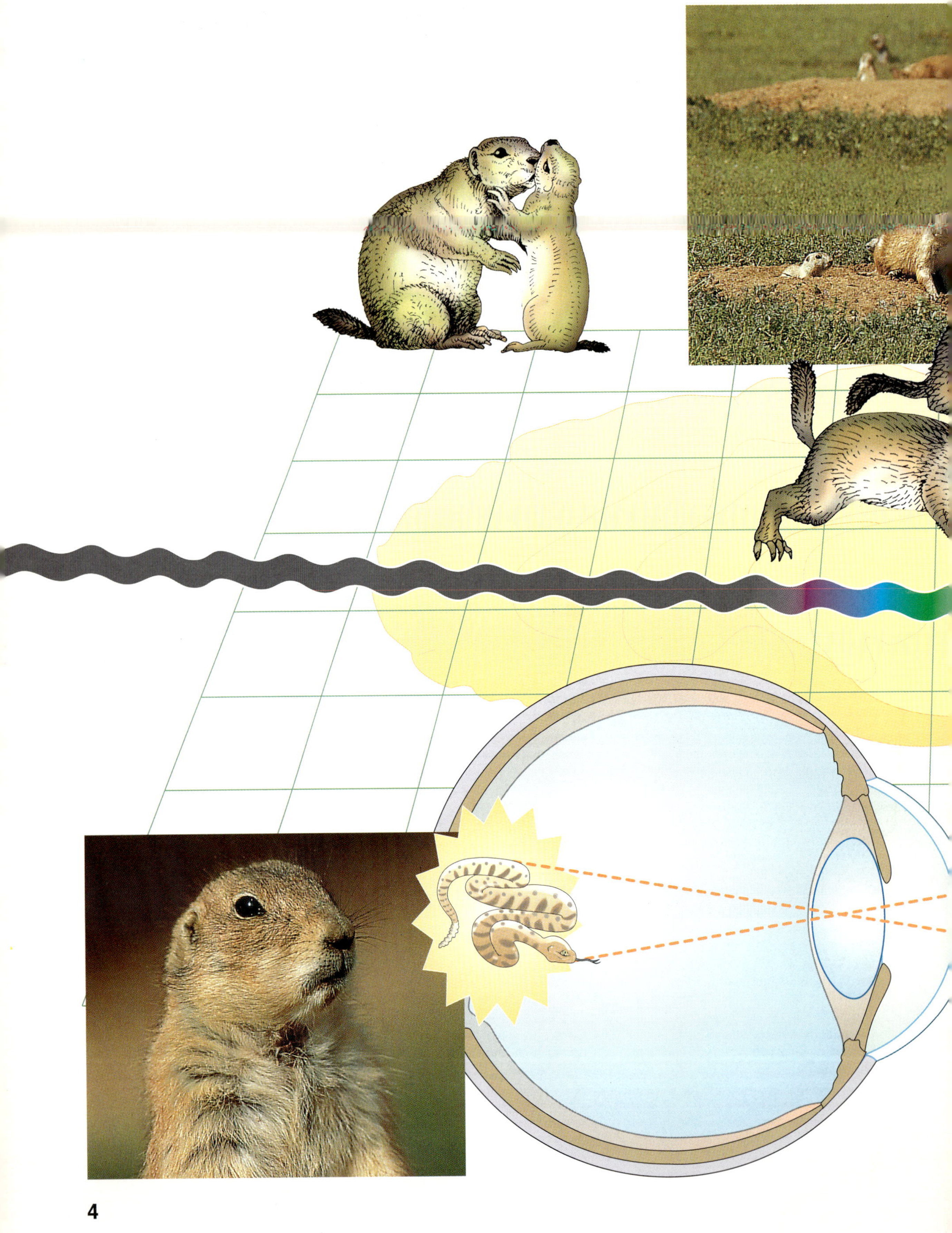

Neurobiologie

Beobachtet man das Verhalten von Menschen oder Tieren, wie hier z.B. der Präriehunde, nimmt man bestimmte Körperhaltungen, Bewegungen und Laute wahr. Dieses erkennbare Verhalten ist eine Reaktion sowohl auf äußere Informationen, wie Feinde, Nahrung oder Sexualpartner, als auch auf innere Faktoren, wie Hormone.

Die Neurobiologie beschäftigt sich mit der Untersuchung der Gewebestrukturen bis zu den zellulären und molekularen Vorgängen, die ein solches Verhalten ermöglichen. Sie untersucht die Funktionsweise von Nervenzellen und übergeordneten Strukturen, wie dem Gehirn, und erklärt das Zusammenspiel dieser Strukturen mit anderen Organen, wie Sinnesorganen, Hormondrüsen und Muskeln.

Jäger brauchen gute Nerven

Ein Bär jagt Lachse. Der Geruch der Fische hat ihn angelockt. Er steht im seichten Wasser und wartet. Im richtigen Moment schlägt die Pranke des Bären zu. Er hat Erfolg, weil er bereits Erfahrungen im Lachsfang gesammelt, also gelernt hat.

Der Bär kann nur existieren, wenn er ständig Informationen aus seiner Umwelt erhält, diese verarbeitet und darauf reagiert. Reize aus der Umwelt wirken auf spezialisierte *Sinneszellen*, die *Rezeptorzellen*, in den Sinnesorganen ein. Der Bär riecht und sieht den Lachs. Chemische Substanzen wirken auf die Rezeptorzellen in der Nase, physikalische Signale, wie das Licht, wirken gleichzeitig auf die Rezeptorzellen im Auge, die *Lichtsinneszellen*.

Sinneszellen sind selektiv und reagieren immer nur auf spezifische *(adäquate)* Reize. Für die Sinneszellen in der Nase sind nur bestimmte chemische Substanzen ein adäquater Reiz, für die Rezeptorzellen des Auges hingegen ist es das Licht. Diese chemischen oder physikalischen Signale bewirken in den spezialisierten Zellen immer das Gleiche, sie lösen eine *Erregung* aus.

Die Erregungen werden über die fadenförmigen *Nerven* zum Gehirn geleitet. Diese Nerven bezeichnet man als *afferent* oder *sensorisch*, weil sie die Erregung zum Gehirn hinleiten. Das Gehirn ist in der Lage, die vielen Erregungen der Sinneszellen zu verarbeiten, zu speichern und Informationen daraus zu gewinnen und mit bereits gespeicherten Informationen zu vergleichen. Die Reize lösen in den Sinnesorganen nur Erregungen aus. Die Sinneseindrücke, wie Geruch und Farbe des Lachses, entstehen durch die Erregung von Nervenzellen in bestimmten Hirnzentren. Der Bär nimmt die Beute also mit seinem Gehirn wahr. Die Änderung der Gehirnaktiviät lässt sich messen und bestimmten Hirnregionen zuordnen. Auch Zustandsänderungen im Körper, wie ein veränderter Glukosespiegel im Blut (ein Maß für Hunger) und gespeicherte Erfahrungen, werden im Gehirn mit ausgewertet. Ein hungriger Bär beginnt dort zu jagen, wo er bereits erfolgreich war.

Gehirn und Rückenmark fasst man als *Zentralnervensystem* (ZNS) zusammen. Es nimmt nicht nur Erregungen auf und verarbeitet diese, sondern es löst auch das weitere Verhalten des Bären beim Fischfang aus. Dieses beobachtbare Verhalten setzt sich aus einer Vielzahl koordinierter Muskelbewegungen zusammen. Vom ZNS werden hierfür Erregungen über die Nerven an die Muskeln der Bärenpranken weitergeleitet. Diese Nerven werden *efferent* oder *motorisch* genannt, weil sie Erregungen vom Gehirn zu den Muskeln leiten. Einige Muskelgruppen kontrahieren, andere erschlaffen. Die Motorik der Muskeln beim Fang des Lachses wird aufgrund der aufgenommenen äußeren Reize und durch innere Reize, die von Dehnungsrezeptoren, den *Muskelspindeln*, im Muskel aufgenommen werden, koordiniert. Über die Deh-

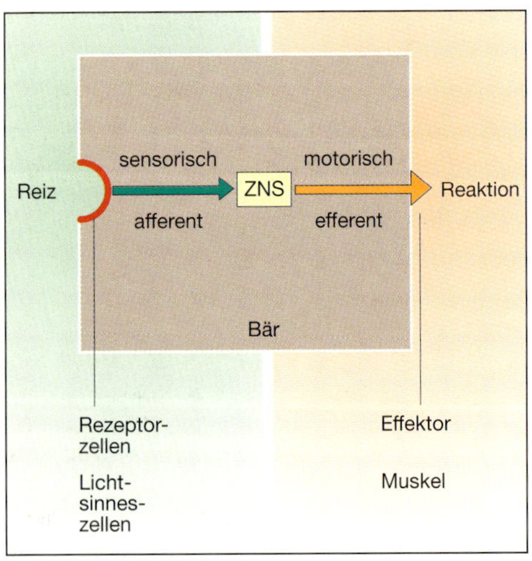

1 Reiz und Reaktion

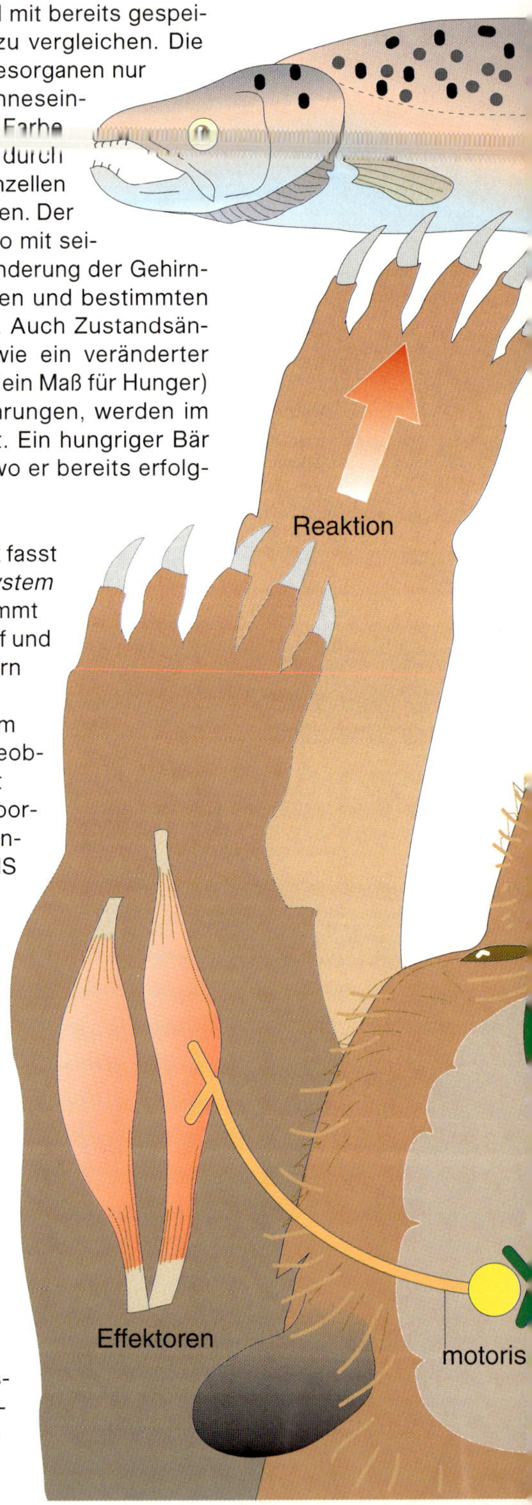

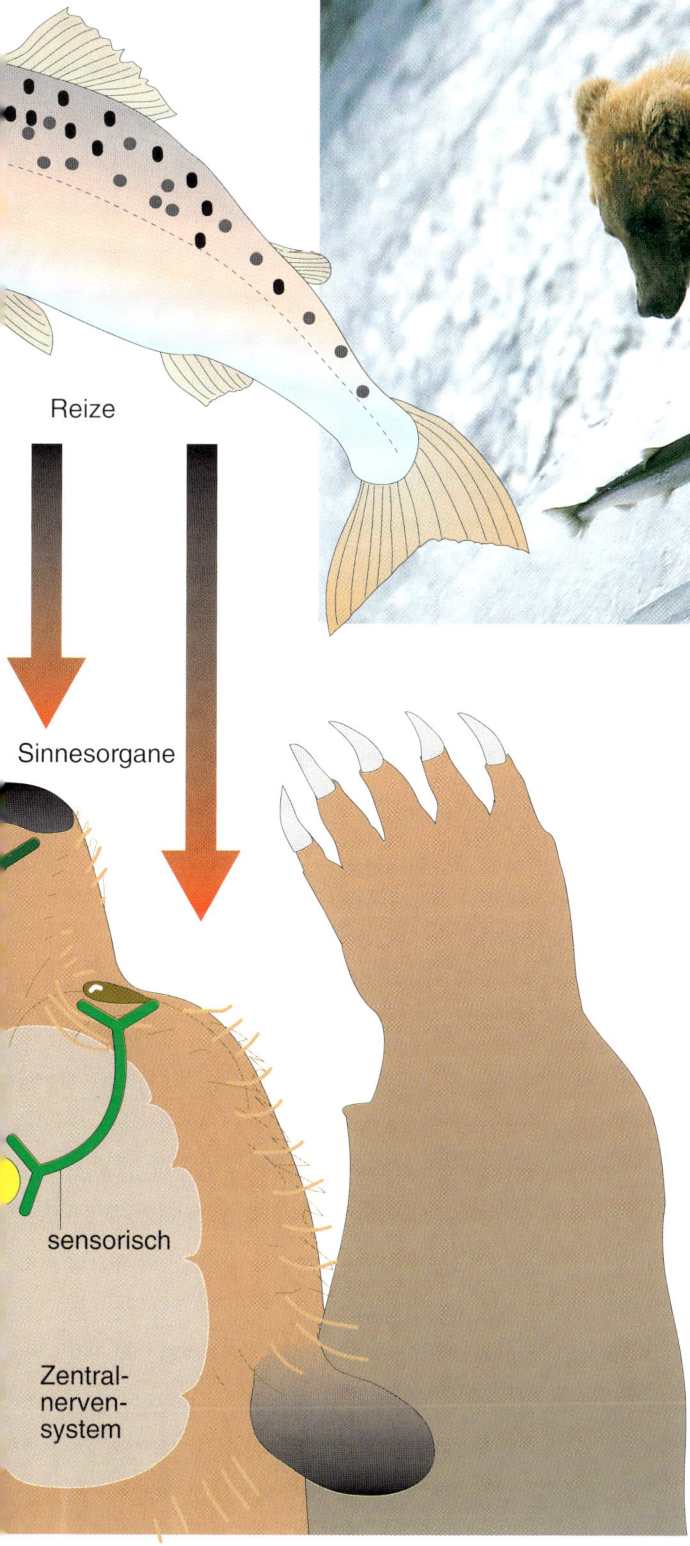

1 Erfolgreiche Jagd

nung der Muskeln erfolgt so eine Rückmeldung zur Position der Pranke, die im ZNS berücksichtigt werden kann.

Nicht nur Muskeln, sondern auch innere Organe und Drüsen, wie die Speicheldrüsen, werden über die motorischen Nerven erregt. Strukturen, auf die efferente Nerven einwirken und die daraufhin eine Reaktion zeigen, bezeichnet man als *Effektoren*.

Die Vorgänge im Nervensystem während der Lachsjagd des Bären sind hier vereinfacht dargestellt worden. Die Fragen, wie Reize aus der Umwelt in Erregungen von Rezeptorzellen umgewandelt, diese durch Nervenzellen weitergeleitet und im ZNS ausgewertet werden, untersucht die *Neurobiologie*.

Aufgaben

① Erläutern Sie, welche Aussage aus neurobiologischer Sicht korrekt ist: „Zucker schmeckt süß" oder „Zucker wird im Gehirn süß wahrgenommen".
② Erklären Sie anhand Abbildung 6.1 einige Beispiele menschlichen Verhaltens, die durch äußere Reize ausgelöst werden.

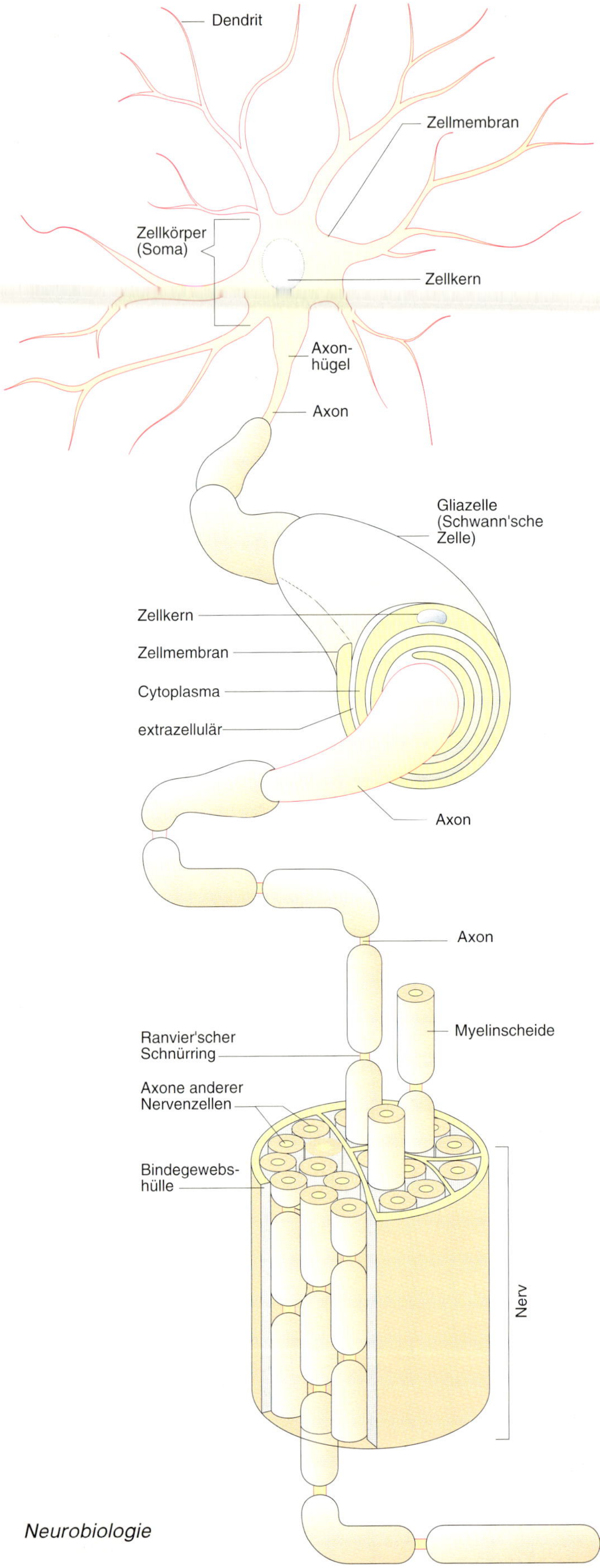

Das Neuron

Eine klassische Disziplin der Wissenschaft vom Nervensystem ist die *Neuroanatomie*. Ziel der Neuroanatomie ist es, die Bestandteile des Nervensystems und die Art ihrer Verknüpfungen zu beschreiben. Man hatte Mitte des 19. Jahrhunderts faserige Elemente gefunden, die zahlreiche verzweigte „Verlängerungen" sowie einzelne „Ausläufer" aufwiesen. Bis vor 100 Jahren stritt man noch über die Deutung dieser anatomischen Befunde. Nach der sogenannten *Netztheorie* sollten die feinen Verzweigungen einer Nervenzelle in die Zweige der nächsten kontinuierlich übergehen. Diese Vorstellung stand im Gegensatz zur *Zelltheorie*, nach der jede Zelle eine selbstständige Einheit darstellt. Noch nie hatte jemand bis dahin eine vollständige Nervenzelle, ein *Neuron*, gesehen. Erst 1873 konnte CAMILLO GOLGI durch verbesserte Färbemethoden vollständige Nervenzellen bis in kleinste Verästelungen darstellen.

Weitere Experimente bestätigten auch für das Nervensystem die Gültigkeit der Zelltheorie. Den endgültigen sichtbaren Beweis dafür, dass die Nervenzelle durchgehend von einer Membran umgeben ist und damit Zellindividualität besteht, konnte erst mithilfe des Elektronenmikroskops Mitte des 20. Jahrhunderts erbracht werden. Durch neue Techniken lassen sich dabei einzelne Zellen oder Zellverbände abbilden und fotografisch festhalten. Das Neuron ist das selbstständige, strukturelle und funktionelle Bauelement des gesamten Nervensystems und somit auch des Gehirns.

Man schätzt, dass allein das menschliche Gehirn aus ca. 100 Milliarden (10^{11}) Neuronen besteht. Diese unvorstellbar große Zahl ist vergleichbar mit der Anzahl der Sterne in unserer Milchstraße.

Neuronen sind sehr vielgestaltig. Dennoch lassen sich bei allen Neuronen drei Bereiche unterscheiden (s. Abb.): Die *Dendriten*, der *Zellkörper (Soma)* mit dem Kern und das *Axon*, auch *Neurit* genannt. Wie Experimente mit Nervenzellen zeigen, wird über die Dendriten die Erregung zum Zellkörper hingeleitet, Axone leiten die Erregung von ihm weg. Dendriten sind in der Nähe des Zellkörpers meistens dicker als das Axon, verjüngen sich aber mit jeder Gabelung. Sie bilden oft reich verzweigte Fortsätze (*Bäumchen*) von selten mehr als 2 mm Länge und führen dadurch zu einer erheblichen Ober-

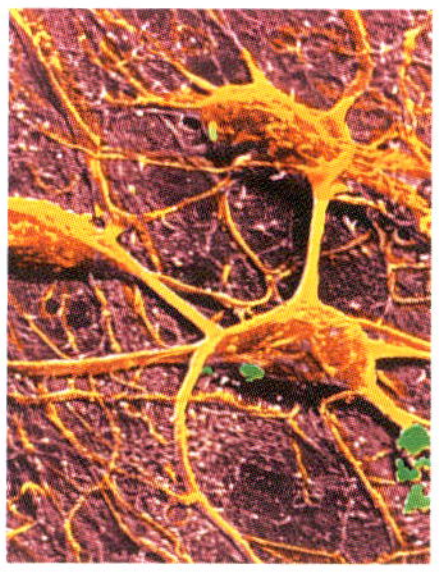

Neuronen (Falschfarben-EM-Aufnahme)

flächenvergrößerung. Ein Neuron besitzt dagegen meist nur ein einziges Axon mit einem kegelförmigen Ursprungsbereich, dem *Axonhügel*. Das Axon kann über 100 cm lang sein und in seiner gesamten Länge Seitenäste abgeben (*Kollateralen*, Abb. 1d). Ein Axon endet in mindestens einer Verdickung, meist aber in mehreren. Aufgrund ihres knopfartigen Aussehens werden sie häufig auch *Endknöpfchen* genannt. Diese bilden Verbindungen zu anderen Nervenzellen, Muskeln oder Drüsen.

Dendrit
dendros (gr.) = Baum

Myelin
myelos (gr.) = Mark

Die meisten Neuronen sind von einem Gewebe aus *Gliazellen* umhüllt. Gliazellen können keine Erregungen leiten. Es gibt unterschiedliche Typen, z. B. mit Stütz-, Isolier-, Abwehr- und Ernährungsfunktion. Bei einigen Wirbeltierneuronen, wie dem abgebildeten motorischen Neuron, sind die Axone von spezialisierten Gliazellen *(Schwann'sche Zellen)* umwickelt. Diese bilden um das Axon mehrere Zelllagen, die *Myelinscheide* oder *Markscheide*. Diese wird jeweils an den Grenzen zweier Schwann'scher Zellen im Abstand von 1 bis 2 mm unterbrochen. Hier liegt das Axon nicht isoliert vor *(Ranvier'sche Schnürringe)*. Dieser Aufbau erhöht die Geschwindigkeit der Erregungsleitung. Bei anderen Neuronen, vor allem bei den Neuronen der wirbellosen Tiere, sind mehrere Axone von Schwann'schen Zellen umhüllt und haben so keine eigene Myelinscheide. Axone mit ihren Gliazellen bezeichnet man auch als *Nervenfasern*. Bündel dieser Nervenfasern verlaufen, von Bindegewebshüllen umgeben, als *Nerven* im Körper.

Aufgabe

① Die Vielzahl der Neuronen teilt man in morphologische Kategorien ein, je nach der Form der Fortsätze und ihrer Lage zum Zellkörper. Beschreiben Sie vergleichend die in Abb. 1 dargestellten Typen von Neuronen.

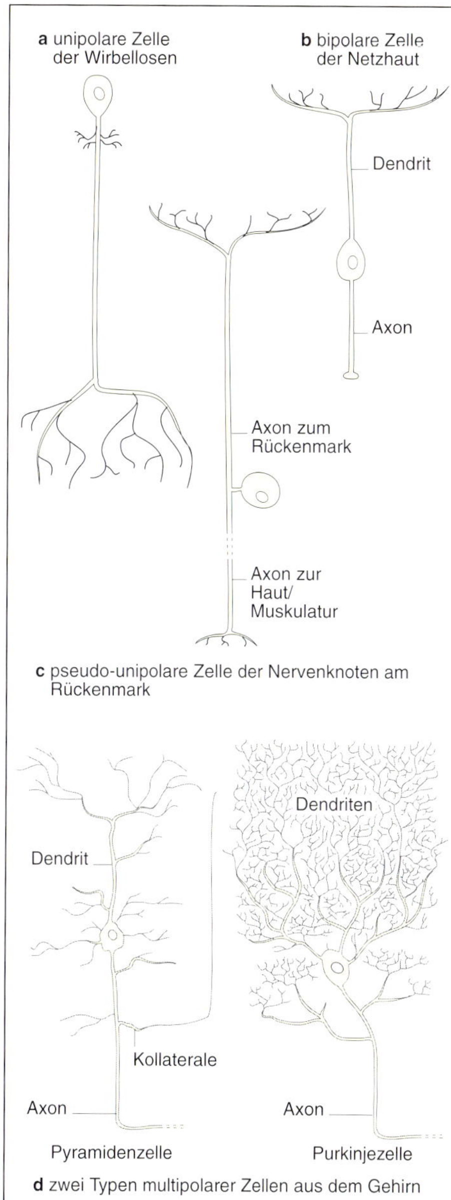

1 **Typen von Neuronen**

Zellkörper, Durchmesser	30 µm
Länge der Dendriten	200 – 300 µm
Länge der Axone	50 µm – ca. 1 m
Zahl der Neuronen im Großhirn	ca. 10^{11}
Zahl der Verbindungen zu anderen Nervenzellen je Neuron	$10^3 - 10^4$
Länge des Gesamtverbindungsnetzes im Körper	3 – 4 x 10^5 km

2 Zahlen zur menschlichen Nervenzelle

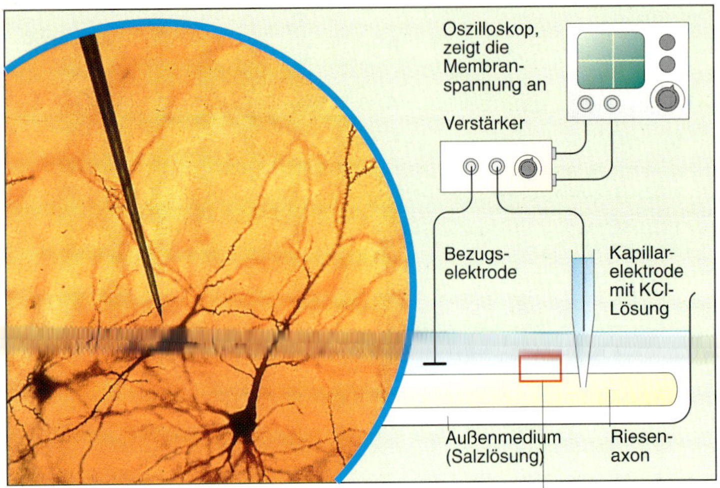

1 Messung des Ruhepotentials

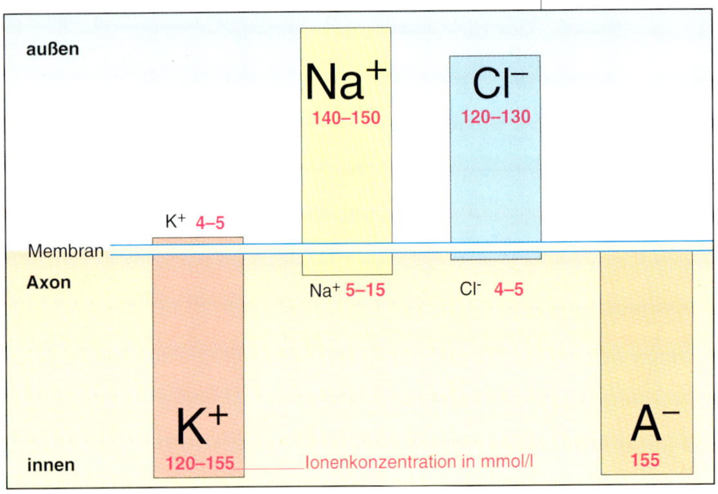

2 Axon mit Ionenverteilung (Ionenkonzentration in mmol/l)

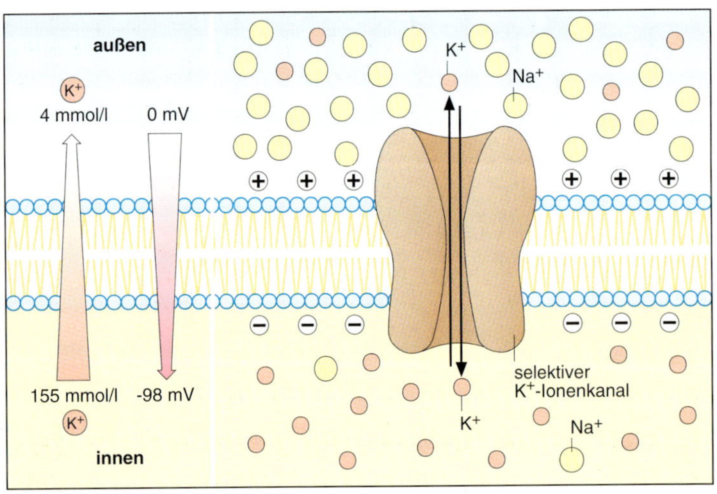

3 Kaliumionenverteilung und daraus resultierendes Membranpotential

Das Ruhepotential

Bereits im 18. Jahrhundert beobachtete der Forscher Luigi Galvani eine Kontraktion am Nerv-Muskel-Gewebe eines Froschbeins, während er dies mit seinem Metallbesteck präparierte. Er führte diese Beobachtung auf eine „tierische Elektrizität" zurück. Genaue Deutungen waren jedoch erst ab 1936 durch die Entwicklung von Messgeräten möglich, mit denen sich geringe Spannungen nachweisen lassen.

Membranpotential

Um die elektrischen Vorgänge am Neuron zu studieren, untersucht man nicht einen ganzen Nerv, sondern am besten einzelne Axone. Die Messung erfolgt mithilfe von Elektroden, die über einen Messverstärker mit einem Oszilloskop verbunden sind. Um die Messungen im dünnen Axon durchführen zu können, wurde eine extrem feine, harte Glaskapillar-Mikroelektrode entwickelt, die mit einer leitenden Salzlösung gefüllt ist.

Misst man an einem unerregten Axon, bei dem beide Elektroden außerhalb der Membran extrazellulär in der umgebenden Körperflüssigkeit liegen *(extrazelluläre Ableitung)*, tritt keine Spannung auf. Wird eine der beiden Mikroelektroden durch die Axonmembran eingestochen, so misst man zwischen den Elektroden eine Spannung, die auf dem Oszilloskop angezeigt wird (Abb. 1).

Eine Spannung ist eine elektrische Potentialdifferenz. Bei den Messungen am Axon liegt diese Spannung zwischen der Außenseite und der Innenseite der Axonmembran. Man nennt diese Spannung das *Membranpotential*. Der Messwert der außen liegenden Bezugselektrode wird willkürlich als null definiert, die Differenz zum Messwert der innen liegenden Elektrode beträgt je nach Zelle ca. −70 mV. Membranpotentiale treten nicht nur bei Neuronen, sondern bei allen pflanzlichen und tierischen Zellen, z. B. auch bei Muskelzellen, auf.

Eine Spannung bildet sich an der Zellmembran aus, weil positiv oder negativ geladene Ionen in unterschiedlichen Konzentrationen auf beiden Seiten der Membran vorliegen (Abb. 2). Es lassen sich positiv geladene K^+- und Na^+-Ionen und negativ geladene Cl^--Ionen und organische Ionen (A^-) nachweisen. Bei den organischen Anionen handelt es sich um organische Säurereste oder geladene Proteine.

Entstehung des Ruhepotentials

Die Axonmembran enthält eine Doppelschicht von Lipiden. Sie trennt das Cytoplasma von der Körperflüssigkeit (*Lymphe*), die um das Axon herum vorhanden ist. Im Wasser gelöste Ionen können die Membran im Gegensatz zu den Wassermolekülen nicht durchqueren. Solche Membranen bezeichnet man als *semipermeabel*. Untersuchungen, bei denen radioaktiv markierte Ionen entweder extra- oder intrazellulär zugeführt wurden, zeigten jedoch, dass ein Teil dieser Ionen anschließend auf beiden Seiten der Axonmembran zu finden war. Die relative Permeabilität für die einzelnen Ionen ist verschieden (s. Randspalte). Für Na^+-Ionen beträgt sie nur das 0,04fache der Permeabilität für K^+-Ionen. Die geladenen Eiweißmoleküle können die Membran überhaupt nicht durchqueren.

relative Permeabilitätskoeffizienten:
(K^+ = 1 definiert)

K^+	1
Na^+	0,04
Cl^-	0,45
A^-	0

Diese *selektive Permeabilität* der Axonmembran lässt sich mit dem Vorkommen selektiver Ionenkanäle erklären. Es wurden verschiedene Kanalproteine nachgewiesen, die in der Zellmembran innerhalb der Lipidschicht liegen und jeweils nur eine Ionenart, z. B. K^+-Ionen, hindurchlassen (Abb. 10.3).

Ionendurchmesser mit Wasserhülle:

K^+	396 pm
Na^+	512 pm
Cl^-	386 pm

1 pm = 10^{-12} m

Ruhepotential (mV)

Katze (Motoneuron)	60 – 80
Krabbe (Riesenaxon)	71 – 94
Tintenfisch (marklose Faser)	62

In der Axonmembran sind im Ruhezustand hauptsächlich die K^+-Ionenkanäle geöffnet. Die Konzentration der K^+-Ionen ist auf der Innenseite der Axonmembran 40fach größer als auf der Außenseite. Die Wahrscheinlichkeit, dass ein K^+-Ion auf eine Kanalöffnung trifft und den Kanal durchquert, ist daher auf der Axoninnenseite 40fach höher als auf der Außenseite. Jedes K^+-Ion, das sich über den Ionenkanal von innen nach außen bewegt, entfernt eine positive Ladung aus dem Axoninnenraum. Der Intrazellularraum wird relativ zum Extrazellularraum negativer, da die Anzahl der positiv geladenen Ionen abnimmt und jeweils ein negatives Ion zurückbleibt. Da sich unterschiedliche Ladungen anziehen, lagern sich an der Innenseite der Axonmembran negativ geladene Ionen an, an der Außenseite positiv geladene Ionen. Mit dieser Ladungstrennung entsteht ein elektrisches Feld über der Membran.

Durch den Überschuss positiver Ladungen auf der Außenseite werden nachfolgende K^+-Ionen immer stärker durch gleiche Ladungen abgestoßen. Es wirken also zwei Kräfte auf die K^+-Ionen ein (Abb. 10.3):
- Das Konzentrationsgefälle *(Konzentrationsgradient)* zwischen innen und außen, das eine Auswärtsbewegung durch die Ionenkanäle begünstigt.

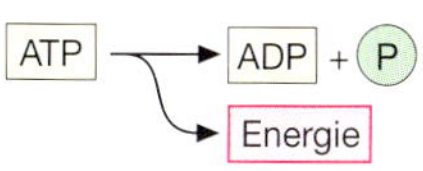

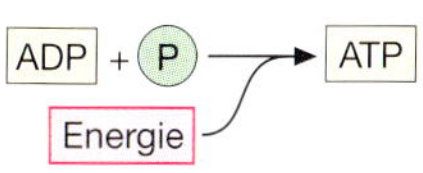

ATP
(Adenosintriphosphat)
ein energiereicher Stoff

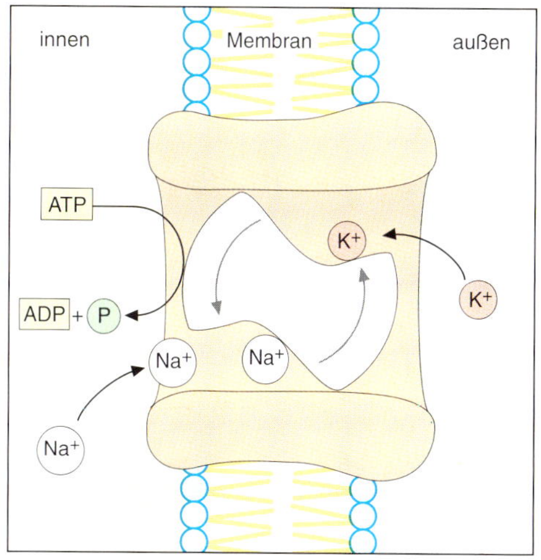

1 Na^+-K^+-Ionenpumpe

- Das durch die Ladungstrennung bedingte elektrische Feld, das die entgegengesetzte Einwärtsbewegung begünstigt.

Dies führt letztlich zu einem Zustand, bei dem beide Vorgänge im Gleichgewicht stehen. Die hierbei durch die K^+-Ionen entstandene Spannung, das Kaliumgleichgewichtspotential, bildet die Grundlage für das Membranpotential, wie es am nicht erregten Neuron, also im Ruhezustand, vorliegt. Man nennt diese Spannung *Ruhepotential*. Ihre Höhe wird auch durch die Ionenströme der Na^+- und Cl^--Ionen beeinflusst.

Natrium-Kalium-Pumpe

Das Ruhepotential müsste im Gleichgewichtszustand lange Zeit erhalten bleiben. Wird die Bildung des energiereichen Stoffes ATP durch Zellgifte behindert, zeigt sich jedoch, dass sich das Potential langsam abbaut. Man kann daraus folgern, dass ein Energie verbrauchender Mechanismus erforderlich ist, ohne den sich die Ionenverteilung langsam verändert. Infolge der Ionengradienten und des Membranpotentials diffundieren ständig kleine Mengen Na^+-Ionen nach innen und infolge davon K^+-Ionen nach außen. Diese *Ionenleckströme* durch die Axonmembran werden ausgeglichen durch einen aktiven Transportmechanismus, die *Natrium-Kalium-Pumpe* (Abb. 1). Sie ist ein Membranprotein, das Na^+-Ionen aus der Zelle und K^+-Ionen in die Zelle transportiert. Die dazu notwendige Energie liefert ATP. Die Ionenpumpe transportiert in einem Pumpzyklus drei Na^+-Ionen gegen zwei K^+-Ionen *(elektrogene Pumpe)*.

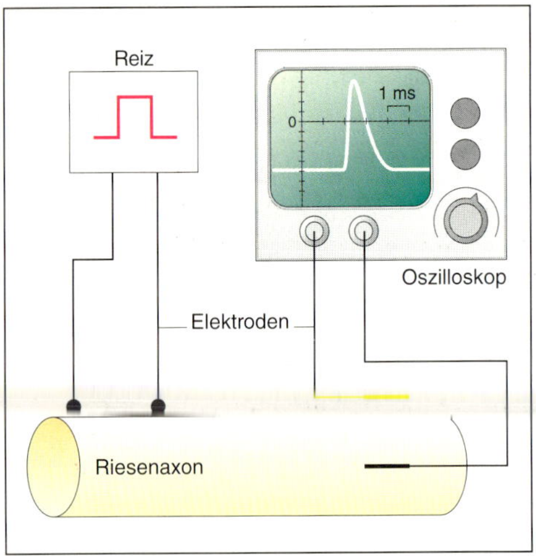

1 Messung des Aktionspotentials

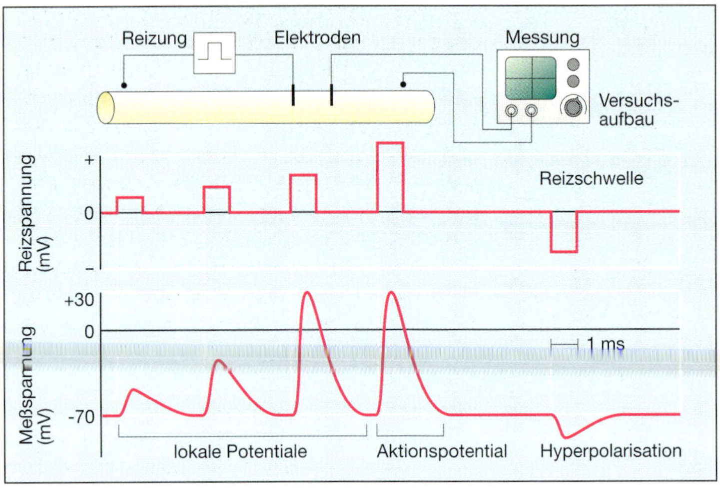

2 Reizstärke und Membranpotential

Das Aktionspotential

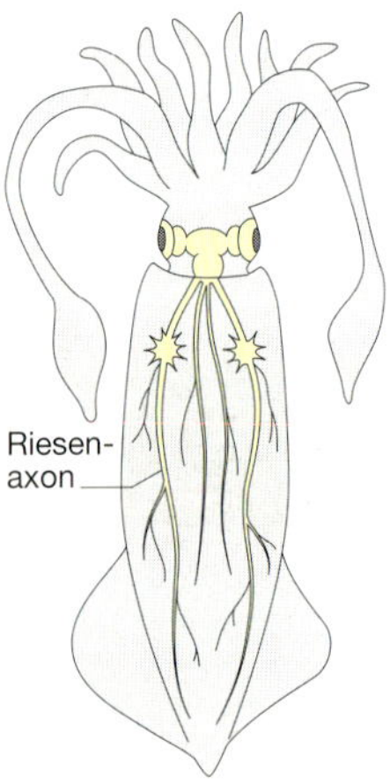

Loligo

Hyperpolarisation
hyper, gr. = über;
Spannung ist negativer als das Ruhepotential

Depolarisation
de, lat. Vorsilbe = weg;
schnelle Änderung des Ruhepotentials in Richtung des positiven Spannungsbereiches

Repolarisation
re, lat. Vorsilbe = zurück;
Rückkehr zum Ruhepotential

Beim jagenden Bären werden die Sinneszellen durch Reize erregt. Sensorische Nervenzellen leiten diese Erregungen zum Gehirn. Motorische Nervenzellen leiten Erregungen zu den Muskeln der Pranken, bei denen eine Kontraktion ausgelöst wird. An der Axonmembran der beteiligten Nervenzellen misst man zu diesem Zeitpunkt kurzfristige Veränderungen des Ruhepotentials.

Messung des Aktionspotentials

Wissenschaftlich untersucht wurden diese Zusammenhänge seit 1936 an den Axonen von *Loligo*, einem Tintenfisch (siehe Randspalte). Diese Axone besitzen besonders große Durchmesser (bis zu 1 mm) und sind daher für experimentelle Messungen gut einzusetzen. Es konnte mit solchen Experimenten nachgewiesen werden, dass sich das Ruhepotential an der Axonmembran lokal in weniger als einer Millisekunde je nach Zelle von ca. −70 mV bis zu einem Spitzenwert von ca. +30 mV ändern kann (Abb. 1). Eine solche Potentialumkehr wurde experimentell durch eine elektrische Reizung des Riesenaxons ausgelöst. Die gereizte Axonstelle ist räumlich von der Messstelle getrennt. Dieser künstliche Reiz bewirkt an der Axonmembran, dass sich das Ruhepotential kurzfristig abschwächt. Das während der Erregung des Axons gemessene Membranpotential pflanzt sich über das Axon fort. Es wird *Aktionspotential* genannt. Den schnellen Anstieg in den positiven Messbereich bezeichnet man als *Depolarisation*, das Absinken des Messwertes als *Repolarisation*.

Liegt die Messstelle während der Experimente dicht bei der Reizstelle, so lassen sich weitere Spannungsänderungen an der Axonmembran messen. Ist die intrazelluläre Reizelektrode positiv, misst man eine schwache Depolarisation (Abb. 2). Je höher die Reizspannung ist, desto größer ist die Depolarisation an der Membran. Man nennt eine solche wieder abklingende Depolarisation ein *lokales Potential*. Erst ab einer bestimmten Reizstärke, der *Reizschwelle*, entsteht ein Potential, das sich über das Axon fortpflanzt, das *Aktionspotential*. Wird die Reizstärke weiter erhöht, so führt dies nicht zu einem größer werdenden Aktionspotential. Die Höhe des Potentials in der Messkurve, die *Amplitude*, bleibt also immer unverändert; man spricht aus diesen Gründen auch vom *Alles-oder-Nichts-Gesetz*. Messungen nach Reizung mit einer negativen intrazellulären Reizelektrode zeigen eine *Hyperpolarisation*, eine Vergrößerung des negativen Ruhepotentialwertes.

Molekulare Vorgänge

Eine Änderung des Membranpotentials lässt sich durch eine Veränderung der Ionenkonzentrationen an der Innen- und Außenseite der Axonmembran erklären. Die Wissenschaftler HODGKIN und KATZ führten 1949 Experimente an Tintenfischaxonen durch, bei denen sie die außerhalb des Axons vorhandenen Na^+-Ionen durch die für die Axonmembran nicht permeablen, positiv geladenen Cholinionen ersetzten. Das Aktionspotential konnte sich bei dieser Versuchsan-

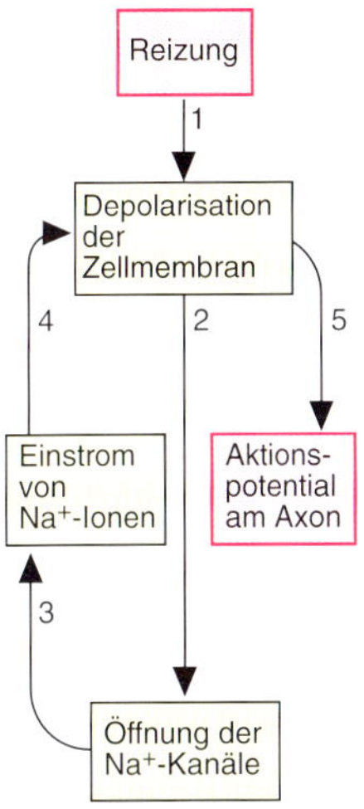

Cholin
körpereigener Stoff; Bestandteil des Acetylcholins

ordnung nicht entwickeln. Sie vermuteten, dass das Aktionspotential durch das Öffnen von Na^+-Ionenkanälen und den schnellen Einstrom der Na^+-Ionen in das Axon entsteht *(Ionentheorie)*. Die Wahrscheinlichkeit daür ist groß, da die Außenkonzentration der Na^+-Ionen gegenüber der Innenkonzentration 10fach höher ist. Diese Hypothese ließ sich durch direkte Messungen der Ionenströme an Ionenkanälen bestätigen: Während der Depolarisation sind die meisten Na^+-Ionenkanäle geöffnet, jedoch nur wenige K^+-Ionenkanäle.

Abbildung 1 veranschaulicht die Entstehung des Aktionspotentials. Durch einen elektrischen Reiz sinkt die Spannung an der Reizstelle. Hierdurch wird die Wahrscheinlichkeit der Öffnung von benachbarten Na^+-Ionenkanälen erhöht (Abb. 1b). Man nennt diese Kanäle *spannungsabhängige Kanäle*. Na^+-Ionen strömen in das Innere des Axons. Der Anteil der posititv geladenen Ionen außerhalb des Axons wird geringer, innerhalb größer. Diese zusätzliche Veränderung des Membranpotentials führt zur Öffnung weiterer Na^+-Ionenkanäle (Abb. 1c). Die einzelnen Na^+-Ionenkanäle schließen sich jedoch sehr schnell wieder (in weniger als 1 ms). Die geschlossenen Ionenkanäle öffnen sich anschließend für eine kurze Zeit nicht. Sie sind inaktiv. Erst nach dem Erreichen des Ruhepotentials werden sie wieder aktivierbar.

Die Repolarisation der Axonmembran wird wesentlich durch den Ausstrom von K^+-Ionen bedingt (Abb. 1d). Dies ließ sich durch Experimente mit Giftstoffen nachweisen, die die spannungsabhängigen K^+-Ionenkanäle blockieren. Die Repolarisation ist bei solchen Experimenten sehr stark verlangsamt. Messungen an den spannungsabhängigen K^+-Ionenkanälen ergaben, dass die Wahrscheinlichkeit der Öffnung nach der Depolarisation langsam steigt. Durch das Ausströmen der K^+-Ionen aus dem Axon ändern sich die Konzentrationsverhältnisse der Ionen, bis das Ruhepotential erreicht ist. Erst beim Erreichen des Ruhepotentials schließen sich die K^+-Ionenkanäle wieder.

Wenige Aktionspotentiale verändern die Ionenverteilung an der Membran so geringfügig, dass dennoch das Ruhepotential wieder erreicht wird. Laufen tausende von Aktionspotentialen über die Axonmembran, gewinnt die Natrium-Kalium-Pumpe an Bedeutung, die verhindert, dass sich die Ionenverteilung so sehr verändert, dass kein Ruhepotential mehr auftritt.

Aufgabe

① Erläutern Sie, weshalb man bei der Depolarisation, die zur Bildung des Aktionspotentials führt, von einem selbstverstärkenden Vorgang spricht (s. Randspalte).

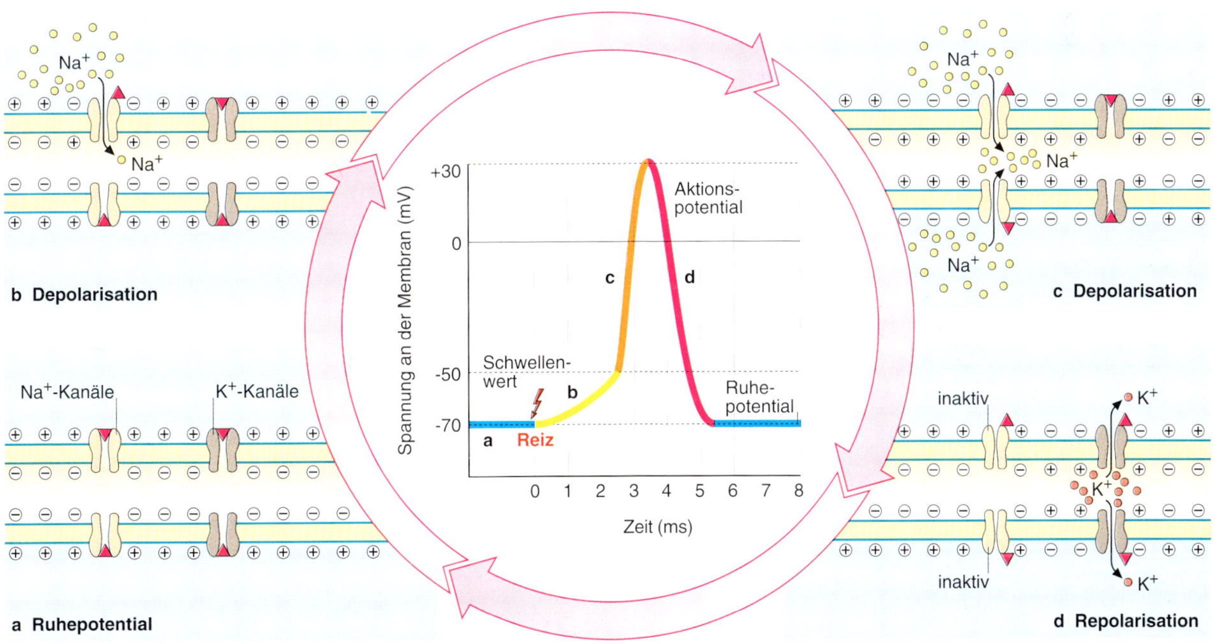

1 Molekulare Vorgänge beim Ablauf des Aktionspotentials

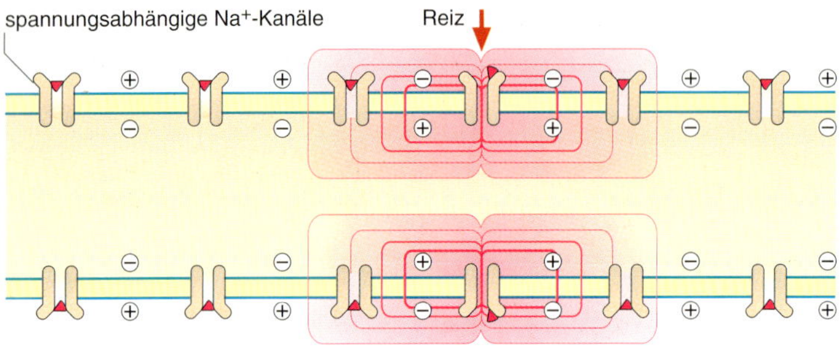

1 Elektrotonische Leitung

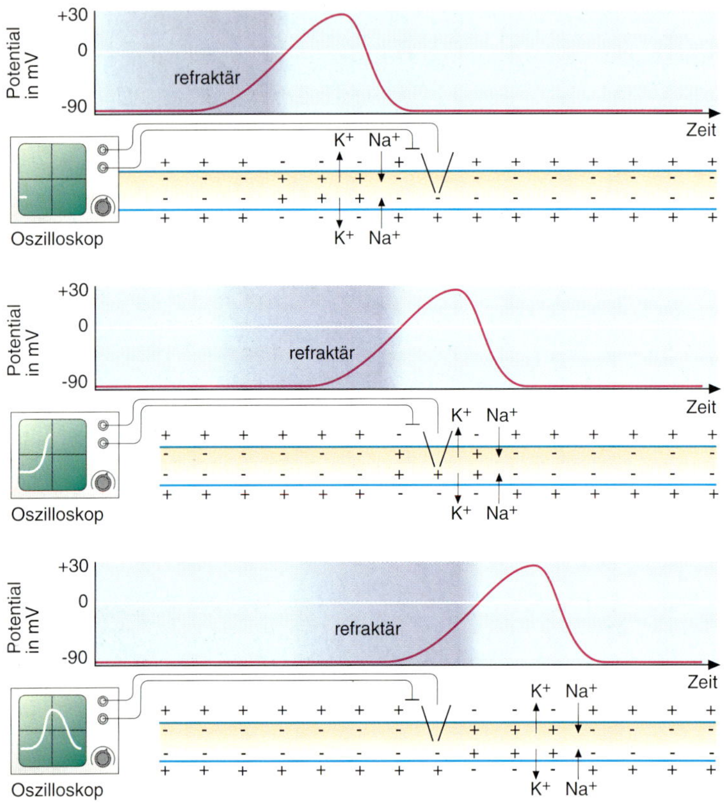

2 Fortleitung des Aktionspotentials

Nervenfasertyp	Faserdurchmesser [µm]	mittlere Leitungsgeschwindigkeit [m/s]	Beispiele
nicht myelinisiert	1	1	langsame Schmerzfaser (Säuger)
	700	25	Riesenfaser (Tintenschnecke)
myelinisiert	3	15	Afferenzen von tiefen Mechanorezeptoren (Säugermuskel)
	9	60	Berührungsrezeptoren der Haut; Fasertyp A
	13	80	sensorische Faser von den Muskelspindeln (Säuger)

3 Fortleitungsgeschwindigkeit

Fortleitung des Aktionspotentials

Ein künstlicher Reiz unterhalb des Schwellenwertes löst im Experiment am Axon an der gereizten Stelle eine lokale Depolarisation, ein *lokales Potential*, aus. Durch diese lokale Depolarisation liegt an der Reizstelle eine negativere Ladung der Außenmembran vor, als in der Umgebung des Axons. Hierdurch bildet sich ein elektrisches Feld in beide Richtungen entlang des Axons aus (Abb. 1). Die Stärke des Feldes nimmt mit zunehmender Entfernung ab. Die Wahrscheinlichkeit der Öffnung der spannungsabhängigen Na^+-Ionenkanäle sinkt mit geringer werdender Feldstärke. Die Depolarisation der Membran nimmt daher mit zunehmender Entfernung ab, weil weniger Na^+-Ionen in das Axoninnere diffundieren. Diese passive Ausbreitung des Feldes am Axon beträgt je nach den Bedingungen zwischen 0,1 und 1 mm. Eine solche passive Ausbreitung der Spannungsänderung entlang des Axons nennt man eine *elektrotonische Leitung*.

Aktionspotentiale werden im Gegensatz zu den lokalen Potentialen entlang der Axone weitergeleitet, ohne hierbei schwächer zu werden. Wird durch den experimentell gesetzten Reiz die Reizschwelle am Axon überschritten, bildet sich ein elektrisches Feld aus, dessen Stärke in der Lage ist, an benachbarten Axonstellen die Wahrscheinlichkeit zur Öffnung der spannungsabhängigen Na^+-Ionenkanäle stark zu erhöhen. Die daraus resultierende Depolarisation löst wieder ein Aktionspotential aus. Dieses entsteht entlang des Axons also immer wieder neu. Da die Anzahl der diffundierenden Na^+-Ionen pro Na^+-Ionenkanal und die Anzahl der Na^+-Ionenkanäle pro cm^2 Axonoberfläche immer ähnlich ist, ist auch die Amplitude des Aktionspotentials entlang des Axons immer gleich (Abb. 2). Dies gilt selbst bei Axonen, die mehrere Meter lang sind.

Bei einer Messung wie in Abbildung 2 wird nicht das gesamte Aktionspotential zur gleichen Zeit gemessen, sondern der zeitliche Verlauf der Depolarisation an einer Messstelle. Durch die zeitliche Speicherung der Messwerte im Oszilloskop werden sie als Kurvenverlauf des Aktionspotentials auf dem Bildschirm dargestellt.

Das sich auf dem Axon fortpflanzende Aktionspotential kann seine Richtung nicht wechseln, obwohl sich das elektrische Feld

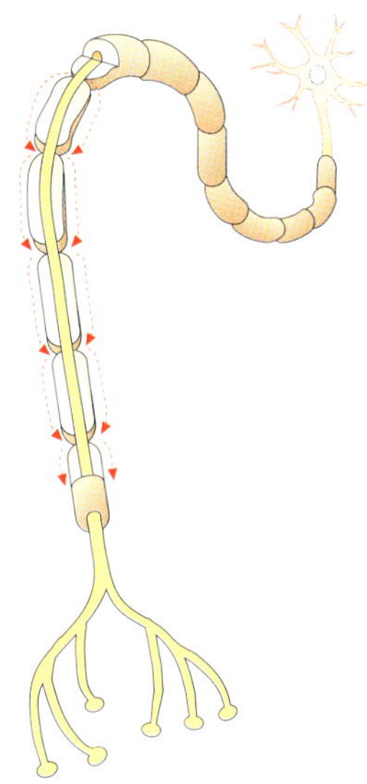

Saltatorische Erregungsleitung

saltatorisch
lat. *saltus* = der Sprung

immer in beide Richtungen ausbreitet. Dies ist durch die inaktiven Na+-Ionenkanäle zu erklären. Sie erreichen ihren aktivierbaren Zustand erst beim Erreichen des Ruhepotentials wieder. Dadurch können durch das elektrische Feld nur die aktivierbaren, spannungsabhängigen Na+-Ionenkanäle geöffnet werden, die vor dem Aktionspotential liegen, nicht jedoch die spannungsabhängigen Na+-Ionenkanäle, die bereits aktiviert worden sind (Abb. 14. 2). Diese 1 Millisekunde dauernde Pause, in der kein Aktionspotential ausgelöst werden kann, nennt man *Refraktärzeit*. Anders als in den Experimenten an isolierten Nerven laufen die Aktionspotentiale im Organismus vom Axonhügel des Zellkörpers zu den Endknöpfchen.

Fortleitungsgeschwindigkeit

Schnelle Reaktionen bei der Jagd oder bei der Verteidigung sichern das Überleben eines Tieres. Sie setzen eine schnelle Fortleitung der Aktionspotentiale an den oft langen Axonen voraus. Im Verlauf der Evolution haben sich unabhängig voneinander zwei Mechanismen zur schnellen Weiterleitung entwickelt: Die Vergrößerung des Axondurchmessers und die Myelinisierung (Abb. 14. 3).

Die Fortleitungsgeschwindigkeit ist bei nicht myelinisierten Axonen mit einem großen Durchmesser höher als bei solchen mit einem geringen Durchmesser (Abb. 14. 3). Je dicker die Axone sind, desto weiter reichen die elektrischen Felder entlang des Axons, die eine Depolarisation an der benachbarten Membranstelle auslösen. Ebenso läuft die Depolarisation schneller ab, da mehr Ionen und Ionenkanäle im Bereich der Depolarisation vorhanden sind. Bei dünnen Axonen werden nur eng benachbarte Membranstellen depolarisiert. Das Aktionspotential muss daher auf der gleichen Strecke häufiger gebildet werden.

Höhere Geschwindigkeiten findet man auch bei myelinisierten Axonen. Myelin isoliert gut. Die elektrotonische Ausbreitung der Depolarisation im myelinisierten Bereich erfolgt daher rasch. Nur an den Ranvier'schen Schnürringen bildet sich das Aktionspotential aus. An diesen Stellen ohne Myelin liegen sehr viele spannungsabhängige Na+-Ionenkanäle (ca. 12 000 pro µm²), unter der Myelinschicht hingegen nur vereinzelte. Das elektrische Feld um eine depolarisierte Stelle erhöht an der folgenden myelinfreien Stelle die Öffnungswahrscheinlichkeit der Na+-Kanäle, was zu einer Depolarisation der Membranstelle des folgenden Schnürrings führt. Die Aktionspotentiale „springen" scheinbar von Schnürring zu Schnürring. Diese *saltatorische Erregungsleitung* ist effektiver als die an nicht myelinisierten Axonen, da die Leitungsgeschwindigkeit im myelinisierten Bereich hoch ist und das Aktionspotential nur alle 2 mm ausgelöst wird, was zu einem geringeren Energiebedarf führt.

Aufgabe

① Erklären Sie, weshalb bei der saltatorischen Erregungsleitung weniger Energie benötigt wird als bei der kontinuierlichen Fortleitung am nicht myelinisierten Axon.

Messung der Fortleitungsgeschwindigkeit

Wird die Geschwindigkeit der Erregungsleitung eines Axons untersucht, misst man die Aktionspotentiale an zwei extrazellulären Elektroden. Ein experimentell ausgelöstes Aktionspotential läuft über das Axon. Durch den Ladungswechsel an der Außenseite des erregten Axonabschnitts wird zwischen den Elektroden eine Potentialdifferenz aufgebaut. Die maximale Amplitude bleibt gleich groß, da immer die Differenz zwischen den Werten des Ruhepotentials und des Aktionspotentials gemessen wird. Die Amplitude ist mit zeitlicher Verzögerung an der zweiten Elektrode zu messen. Aus der Zeitdifferenz der Amplitudenmessungen zwischen den Elektroden und dem Abstand lässt sich die Geschwindigkeit berechnen.

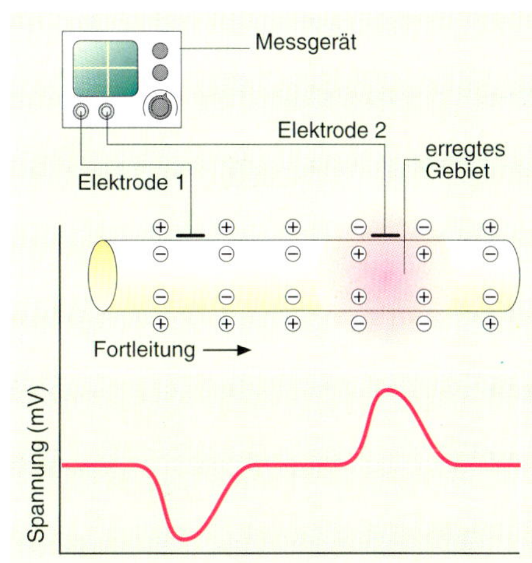

Aufgabe

① Die Erregung (rot markiertes Gebiet) läuft vorbei an Elektrode 1 und Elektrode 2. Erläutern Sie, weshalb am Messgerät eine unterschiedliche Polarität bei den beiden Kurven angezeigt wird.

Codierung durch Aktionspotentiale

primäre Sinneszellen
spezialisierte Neuronen, die auf Reize mit Aktionspotentialen reagieren

Reize aus der Umwelt und dem Körper müssen in die Sprache des Nervensystems übersetzt werden. Als Rezeptorzellen findet man bei Mensch und Tieren häufig spezialisierte Neuronen, die *primären Sinneszellen.* Beim Bären findet man diese beispielsweise in den Muskelspindeln, die parallel zu den Muskelfasern liegen (Abb. 1). Diese reagieren auf die Kontraktion einzelner Muskelfasern. Das dient der Regulation der Muskelkontraktion bei der Bewegung.

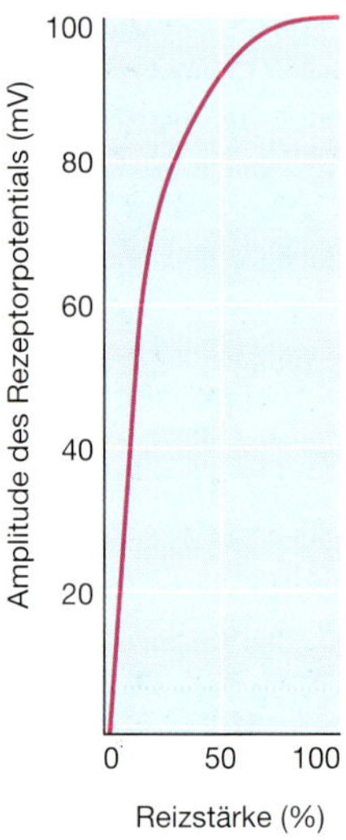

Wird die Muskelfaser gedehnt, so werden diese Sinneszellen ebenfalls gedehnt. In einer spezialisierten Region liegen Na+-Ionenkanäle, die bei diesem Vorgang geöffnet werden. Na+-Ionen können in das Axon diffundieren, die Membran wird depolarisiert. Diese Depolarisation wird *Rezeptorpotential* genannt. In dieser spezialisierten Region liegen jedoch keine spannungsabhängigen Na+-Ionenkanäle zur Auslösung eines Aktionspotentials.

Spannungsabhängige Ionenkanäle findet man am Beginn des myelinisierten Axons. Das Rezeptorpotential ist daher ein lokales Potential, es wird elektrotonisch weitergeleitet. Das elektrische Feld breitet sich über die Membran aus. Erst wenn im Bereich der spannungsabhängigen Na+-Ionenkanäle der Schwellenwert erreicht wird, wird dort ein Aktionspotential ausgelöst (Abb. 1), das weitergeleitet werden kann.

Bei einer hohen Reizstärke, einer starken Dehnung der Muskelfaser, ist die Amplitude des Rezeptorpotentials höher als bei einem schwachen Reiz, da durch mehr geöffnete Ionenkanäle mehr Na+-Ionen diffundieren können. Die Amplitude des Rezeptorpotentials steigt im Anfangsbereich linear mit der Reizstärke (s. Randspalte). Amplitude und Dauer des Rezeptorpotentials bestimmen die Frequenz und den Zeitraum der ausgelösten Aktionspotentiale. Im einfachsten Fall führt ein stärkerer Reiz zu einer höheren Frequenz der Aktionspotentiale. Die Reizstärke wird also durch die Frequenz codiert (Abb. 1). Bei längerer Reizdauer sinkt die Amplitude des Rezeptorpotentials und damit auch die Frequenz.

Aufgaben

① Weshalb gilt das Alles-oder-Nichts-Gesetz nicht für das Rezeptorpotential?

② Erklären Sie anhand der Abbildung 1 den Zusammenhang zwischen den Reizstärken, den Rezeptor- und Aktionspotentialen und beschreiben Sie den Einfluss der Reizdauer.

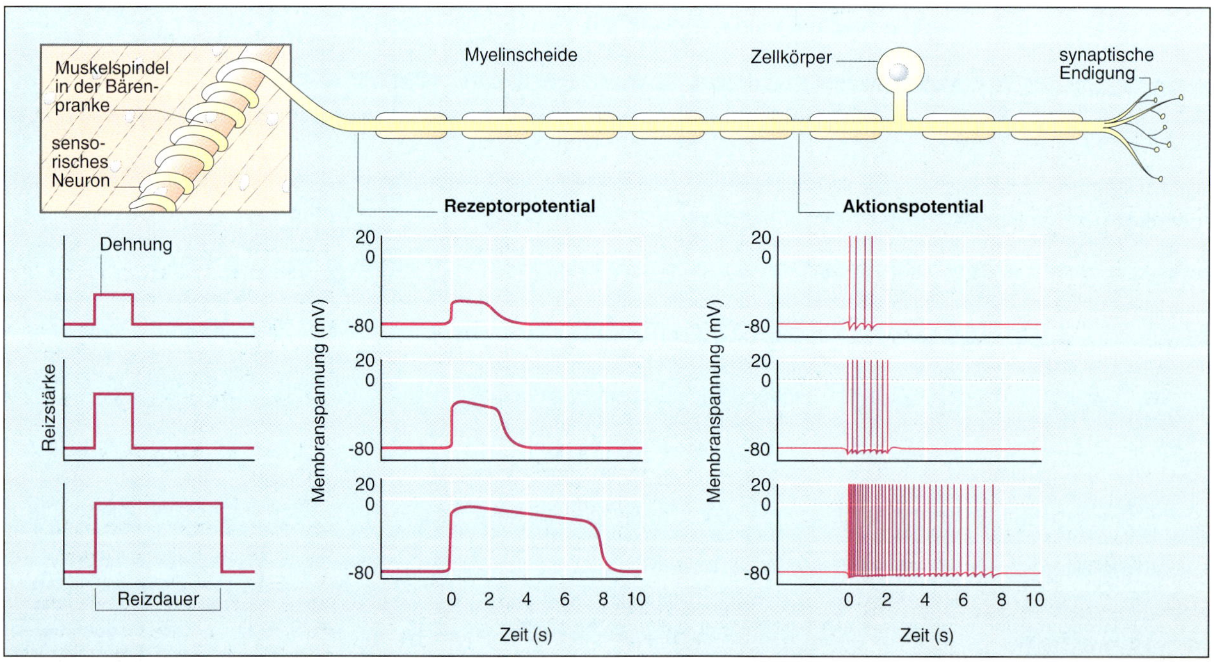

1 Codierung

Nervenzelle

Präparation von Nervenzellen

Material:
- Rückenmarksstrang vom Schwein; frisch, oberflächlich leicht angefroren
- scharfe Rasierklinge oder Skalpell
- spitze Schere oder spitze Pinzette
- 6 Objektträger
- 2 Petrischalen
- Mikroskop und Zubehör
- Giemsalösung
- Aqua dest.

Durchführung:

a) Der Rückenmarksstrang wird quer geschnitten und seine ursprüngliche, runde Form wiederhergestellt. Umgeben von einer Bindegewebshülle ist eine äußere weißliche und eine innere schmetterlingsförmige, zartrosa Fläche zu sehen, die der weißen bzw. der grauen Substanz entsprechen.

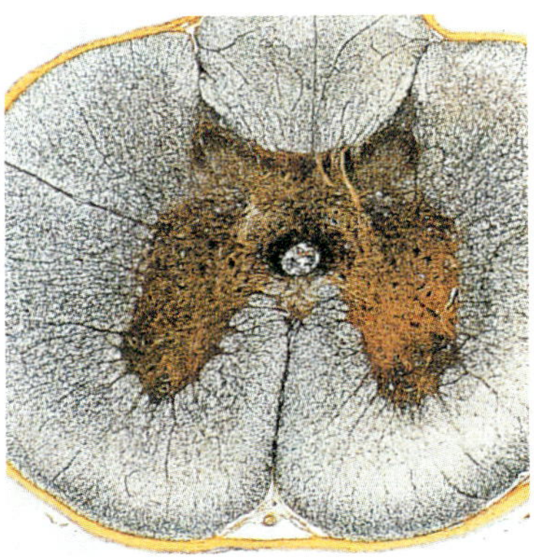

b) Aus dem Vorderhorn der grauen Substanz wird mithilfe der Schere oder der Pinzette etwas Material entnommen und auf einen Objektträger gebracht.

c) Neu anschneiden und Material entnehmen, d. h. Versuch a) und b) wiederholen, bis Proben auf den 5 Objektträgern vorliegen.

d) Mit einem weiteren Objektträger wird das Material gequetscht und verschiebend auseinander gezogen.

e) Giemsalösung zum Färben dick auftropfen und 5 Minuten einwirken lassen (Petrischale).

f) Mit destilliertem Wasser (Aqua dest.) überschüssige Giemsalösung abspülen.

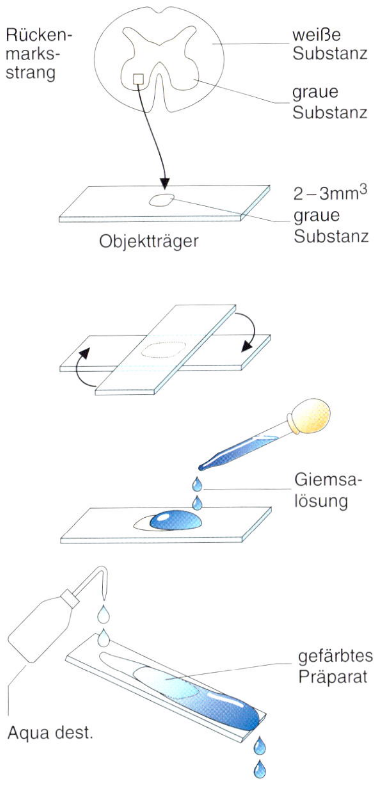

g) Die Präparate werden mikroskopisch untersucht: Zellkörper und Zellfortsätze sind violett gefärbt. Kerne mit dunkler kontrastiertem Kernkörperchen und das schollige endoplasmatische Retikulum heben sich ab. Weiterhin sind Kerne von Hüllzellen zu sehen.

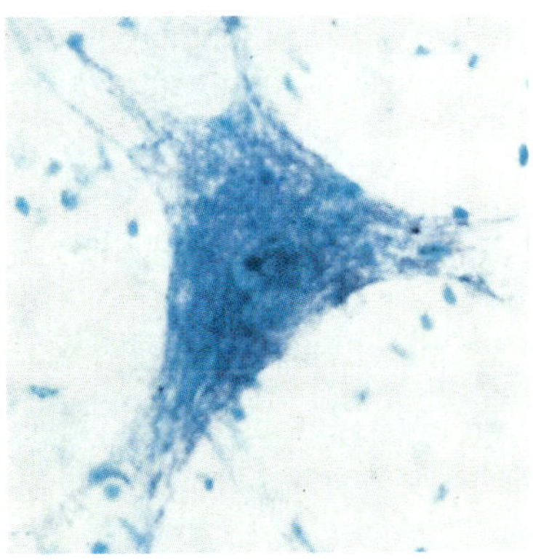

Modellversuch zur Membranspannung

Material:
- Osmosegerät
- Einmachhaut
- Becherglas mit Kaliumchloridlösung, c = 1 mol/l
- Becherglas mit Kaliumchloridlösung, c = 0,1 mol/l
- Pipetten zum Einfüllen
- Silberelektroden
- Spannungsmesser (empfindliches Voltmeter oder Kathodenstrahloszilloskop)

Durchführung:

a) Die befeuchtete Einmachhaut wird eingeflanscht. Die Lösungen werden entsprechend der Abbildung mit den Kaliumchloridlösungen blasenfrei in die Apparatur gefüllt, die Elektroden mit dem Spannungsmesser verbunden und in die durch Einmachhaut getrennten Kammern gesteckt.

b) Zum Vergleich werden die Elektroden auch in die beiden Bechergläser mit den restlichen Kaliumchloridlösungen gehalten. Die Kammern sind jetzt durch Glaswände getrennt.

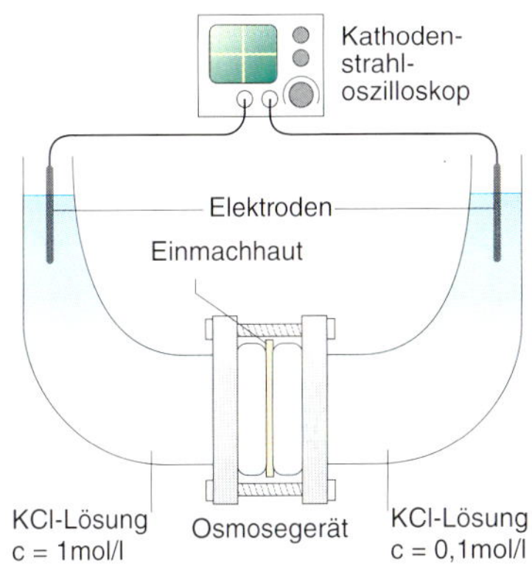

Aufgaben

① Erklären Sie das Versuchsergebnis bei Versuch a) auf molekularer Ebene. Stellen Sie dazu die Einmachhaut als durchlässig für Wassermoleküle und Kaliumionen, aber undurchlässig für Chloridionen dar und geben Sie mögliche Nettoflussrichtungen an.

② Erklären Sie das Versuchsergebnis von Versuch b).

③ Vergleichen Sie den Modellversuch a) mit der Situation an einem Neuron. Stellen Sie Übereinstimmungen und Verkürzungen fest.

④ Wie wird sich die Spannung ändern, wenn in die rechte Kammer konzentrierte Kaliumchloridlösung zugegeben wird?

Synapsen

Bau der Synapsen

Der elektronenmikroskopische Nachweis, dass Zellindividualität auch für Neuronen gilt, warf ein neues Problem auf: Wie sollte die Erregung – am Axonende angelangt – auf die nächste Zelle übergehen? Mit dem Mikroskop lassen sich am Axonende knopfartige Verdickungen, die *Endknöpfchen*, beobachten. Diese liegen z. B. an der Oberfläche der Dendriten eines anderen Neurons. Jedes Endknöpfchen bildet mit dem darunter liegenden Membranbereich des folgenden Neurons einen strukturellen Komplex, die *Synapse* (s. Abb). Innerhalb der Synapse liegt der *synaptische Spalt*, ein schmaler, nur elektronenmikroskopisch nachweisbarer Bereich (20 – 30 nm). Er trennt das präsynaptische Neuron von der postsynaptischen Zelle. Diese kann ein anderes Neuron oder eine Muskel- bzw. Drüsenzelle sein. An einem Neuron enden Synapsen von vielen Nervenzellen, so wie es auch selbst Synapsen mit vielen anderen Zellen bildet. Auf einem einzigen Neuron können im Wirbeltiergehirn 50 000 Synapsen liegen.

Historische Experimente

Die ersten Untersuchungen zur Funktion wurden an Synapsen zwischen Nervenfasern und Muskelfasern, den *motorischen Endplatten*, durchgeführt. Diese sind wesentlich größer als die Synapsen zwischen zwei Neuronen, aber im Prinzip vergleichbar. Der Pharmakologe OTTO LOEWI experimentierte 1921 mit Fröschen. Er reizte Axone eines Nervs, der zum Herzen führt, und stellte fest, dass der Herzschlag dann langsamer wurde. Direkt nach der Reizung saugte LOEWI etwas Flüssigkeit von der Herzaußenseite in eine Pipette. Wenn er einen Tropfen davon auf das Herz eines zweiten Frosches brachte, schlug es ebenfalls langsamer. Kontrolltests mit der Flüssigkeit von nicht gereizten Herzen ergaben keine Änderung des Herzschlages beim zweiten Frosch.

Aus diesem Experiment kann man folgern:
- In der Flüssigkeit befindet sich ein chemischer Stoff, der die Herzschlagfrequenz beeinflusst.
- Das Vorhandensein des Stoffes hängt von der Erregung der entsprechenden Axone ab.

Es lag nahe, diesem Stoff die Überträgerfunktion an der Synapse zuzusprechen.

Man bezeichnet diesen Synapsentyp mit Überträgerstoffen als *chemische Synapse*. Im Nervensystem kommen auch elektrisch arbeitende Synapsen vor. Bei den elektrischen Synapsen besteht eine cytoplasmatische Verbindung über Kanäle zwischen den prä- und postsynaptischen Zellen. Dadurch wird ein direkter Ionenfluss möglich. Änderungen der Membranspannung können so direkt am folgenden Neuron wirksam werden.

Neurotransmitter

In den Endknöpfchen der chemischen Synapsen befinden sich zahlreiche Mitochondrien und membranumhüllte Bläschen, die *synaptischen Vesikel*. Sie enthalten winzige Mengen der Überträgerstoffe, auch *Neurotransmitter* genannt. Die meisten Neurotransmitter werden in den Endknöpfchen synthetisiert. Von den ca. 50 bekannten Stoffen dieser Gruppe (Wissenschaftler vermuten, dass es über 200 verschiedene Neurotransmitter gibt) kommen die meisten in verschiedenen Bereichen des Zentralnervensystems vor. Jeder Transmitter kann unterschiedliche Aufgaben übernehmen. Heute weiß man, dass der Stoff, der im Experiment von LOEWI die Reaktion am Froschherzen auslöste, das *Acetylcholin* war. Acetylcholin ist ein Transmitter, der auch beim Menschen zwischen Neuronen und Skelettmuskeln, Herz, Eingeweide und im Gehirn wirksam ist.

Neben Acetylcholin werden Substanzen wie Glycin, Glutamat, Dopamin, Noradrenalin, Adrenalin, Serotonin u. a. zu den sogenannten *klassischen Transmittern* gezählt. Daneben gibt es *Peptidtransmitter*, wie Enkephaline oder die Substanz P, die z. B. bei der Erregungsübertragung in Nervenbahnen eine Rolle spielen, die Schmerzempfindungen auslösen.

Chemische Erregungsübertragung

Kombiniert man die Ergebnisse vieler elektrophysiologischer, elektronenmikroskopischer und neurochemischer Untersuchungen, so ergeben sie folgende Modellvorstellung von der Erregungsübertragung an der Synapse (s. Abb): Läuft ein Aktionspotential an einem Axon entlang, erreicht es Endknöpfchen, die das Neuron mit einer postsynaptischen Zelle verbinden. Ausgelöst durch das ankommende Aktionspotential

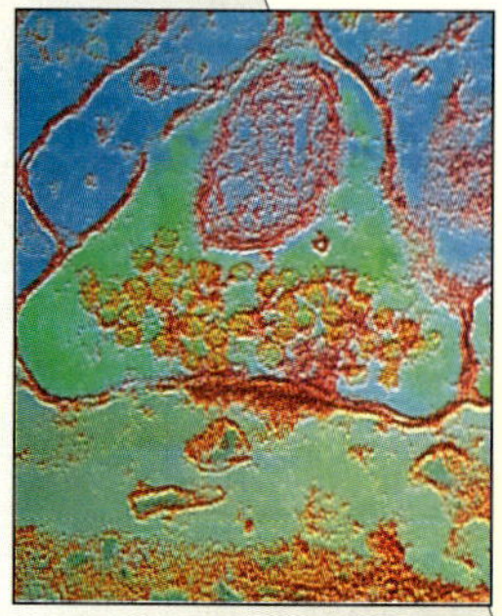

Synapse, längs. Im Inneren erkennbar: Ein großes Mitochondrium und viele kleine Vesikel

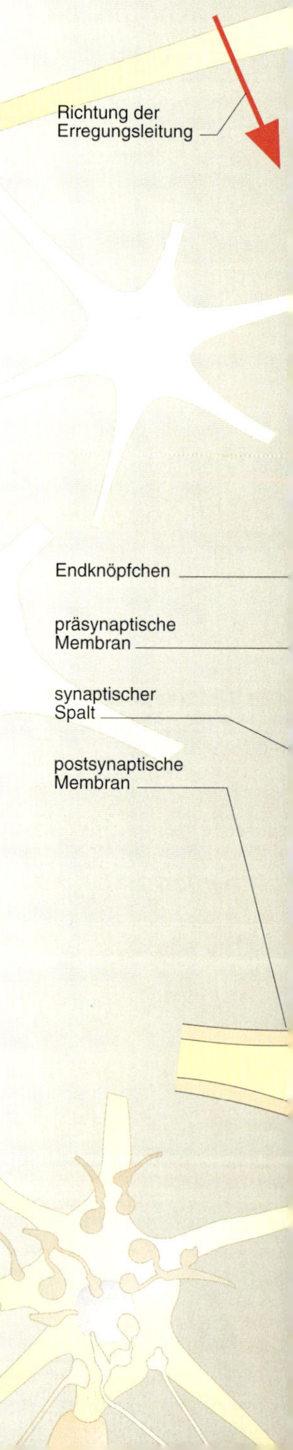

öffnen sich im Endknöpfchen spannungsgesteuerte Calciumkanäle. Ca^{2+}-Ionen diffundieren in das Endknöpfchen. Daraufhin verschmelzen dort die synaptischen Vesikel mit der präsynaptischen Membran und setzen ihren Transmitterinhalt in den schmalen synaptischen Spalt frei. Die Konzentration der ausgeschütteten Transmittermoleküle wird durch die Frequenz der Aktionspotentiale bestimmt. Die Transmittermoleküle diffundieren über den Spalt. Die Membran der postsynaptischen Zelle ist im Bereich der Synapse, d. h. an der *subsynaptischen Membran*, von Rezeptormolekülen besetzt, die ihren spezifischen Transmitter nach dem Schlüssel-Schloss-Prinzip binden.

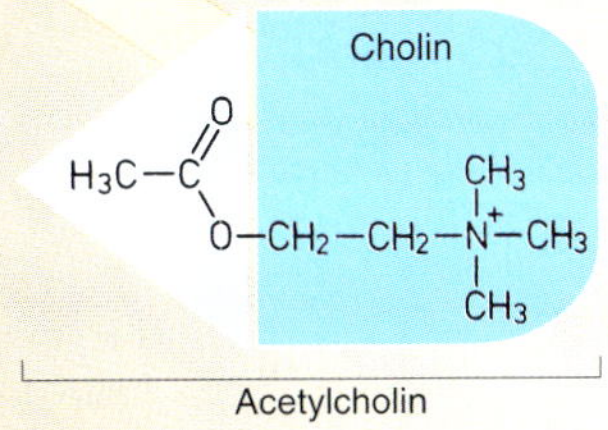

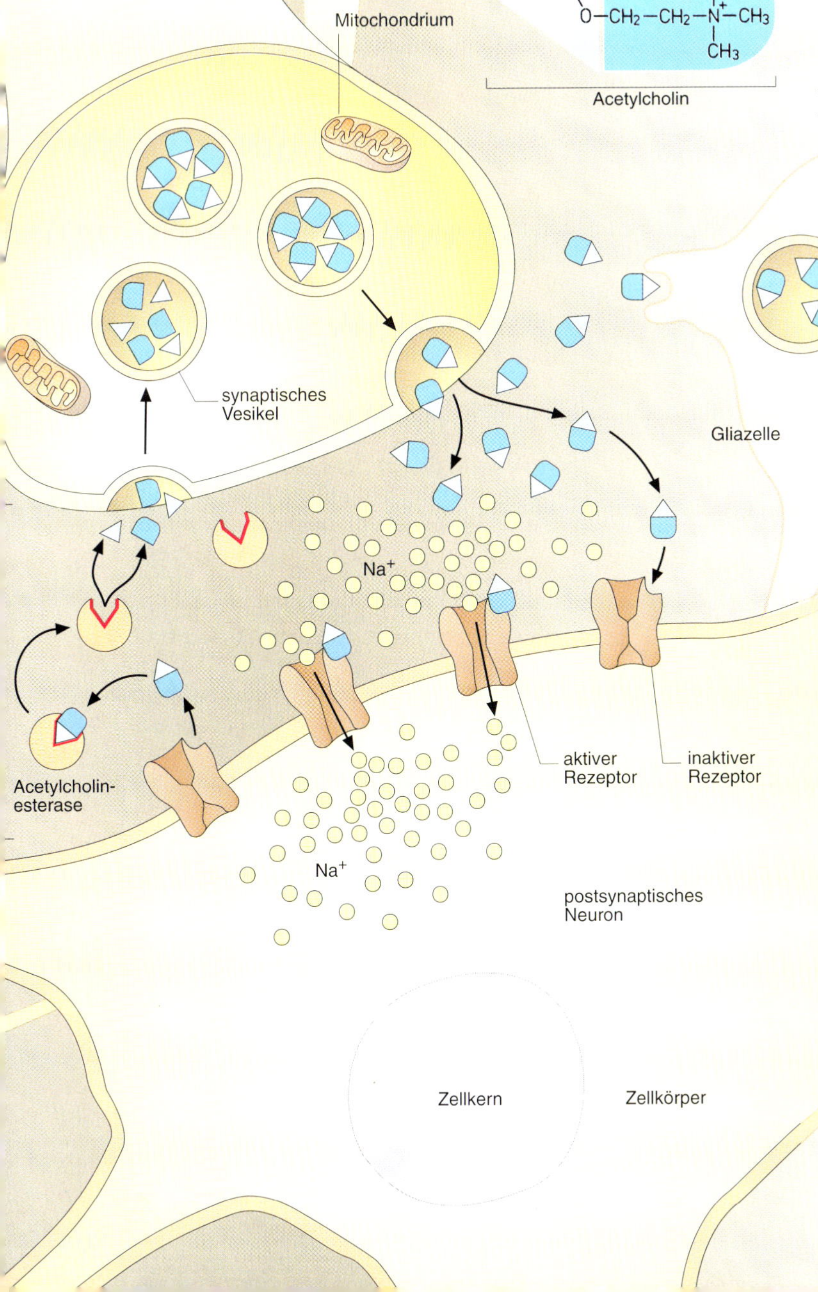

Die Wechselwirkung zwischen Transmitter- und Rezeptormolekülen führt auf der subsynaptischen Membran zu einer Permeabilitätsänderung für Na^+- oder K^+-Ionen: Ionenkanäle werden hier also nicht spannungsabhängig, sondern abhängig von der Bindung eines Moleküls geöffnet bzw. geschlossen *(ligandenabhängige Kanäle)*. Ob an der postsynaptischen Zelle ein Aktionspotential entsteht oder ob das Ruhepotential stabilisiert, d. h. die Erregung nicht weitergeleitet wird, hängt davon ab, welche postsynaptischen Ionenkanäle geöffnet oder geschlossen werden. So können Synapsen erregend oder hemmend wirken.

Neurotransmitter können Erregungen an die subsynaptische Membran nur dann weitergeben, wenn die Zelle passende Rezeptormoleküle besitzt. Zellen mit vielen Rezeptormolekülen können stärker erregt werden als solche mit nur wenigen Rezeptormolekülen. Neurotransmitter wirken also streng spezifisch; eine Erkenntnis, die wichtig ist für das Verständnis der Wirkungen von Psychopharmaka und Nervengiften.

Die Erregungsübertragung an der subsynaptischen Membran ist ein kurzfristiges Ereignis. Gäbe es keine Mechanismen, mit denen die Transmitter rasch aus dem synaptischen Spalt entfernt würden, käme es zu einer Dauererregung. Damit ginge aber das zeitlich begrenzte Muster der Erregung verloren. Man kennt eine Reihe von Inaktivierungsmechanismen für die Transmitter: So wird Acetylcholin durch das Enzym Acetylcholinesterase in die unwirksamen Komponenten Acetat und Cholin gespalten. Das Enzym kann in 1 ms 50 Acetylcholinmoleküle spalten. Die Spaltprodukte können wieder zur erneuten Synthese in das Neuron aufgenommen werden. Manche Transmitter diffundieren aus dem Synapsenbereich oder werden von Gliazellen aufgenommen.

Aufgabe

① Acetylcholin erniedrigt die Frequenz der Aktionspotentiale im Bereich von sogenannten Schrittmacherzellen im Herzen, die eine bestimmte Frequenz von Aktionspotentialen aussenden und damit den normalen Herzschlag bedingen. Adrenalin bewirkt das Gegenteil. Die Amplitude der Aktionspotentiale bleibt in beiden Fällen gleich.
Erklären Sie die unterschiedliche Wirkung der beiden Transmitter im Rahmen der oben dargelegten Modellvorstellung.

Neuromuskuläre Synapse — motorische Endplatte

Sarkomer
sarkos (gr.) = Fleisch, Muskel

Über die motorische Nervenzelle werden Aktionspotentiale zum Muskel geleitet. Der Muskel kontrahiert. Das Bindeglied zwischen der Nervenzelle und dem Muskel ist eine spezifische Synapse, die *motorische Endplatte*. Über viele Einzelvorgänge wird das elektrische Signal der Nervenzelle in eine mechanische Veränderung im Muskel umgewandelt. Diese Vorgänge bezeichnet man als *elektromechanische Kopplung*.

Bau des Muskels

Am isolierten Muskel lassen sich mit bloßem Auge Muskelfaserbündel erkennen (Abb. 1). Diese umfassen eine größere Anzahl von Muskelfasern, Nervenfasern und Blutgefäßen. Jede Muskelfaser ist eine einzige große Zelle. Ihr Plasma ist reich an Mitochondrien. Die Außenmembran dieser Muskelzelle ist eingestülpt. Diese Einstülpungen bilden quer zur Faserrichtung *transversale Tubuli*. Längs davon verläuft das *sarkoplasmatische Retikulum*, ein Membransystem, das viele Calciumionen enthält. Die in den Zellen in Längsrichtung laufenden 1 bis 2 µm dicken Myofibrillen zeigen bei mikroskopischer Betrachtung eine typische Querstreifung, die sich aus ihrem Feinbau ergibt. Deshalb wird die Skelettmuskulatur *quer gestreifte Muskulatur* genannt. Die Myofibrillen bestehen aus Proteinmolekülen, von denen zwei Proteinkomponenten hauptsächlich ihre Struktur bestimmen. Die dünneren Aktinfilamente sind an quer gelagerten Z-Scheiben fest verankert, die die Myofibrillen in eine lange Kette identischer Glieder, die *Sarkomere*, teilen. Zwischen den Aktinfilamenten sind die dickeren Myosinfilamente eingelagert (vgl. Abb. 21. 2).

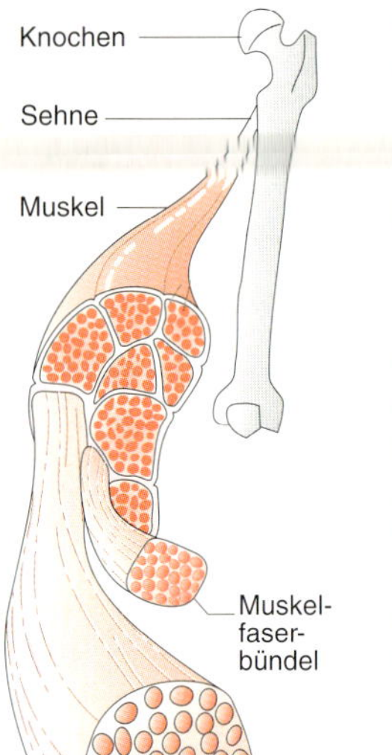

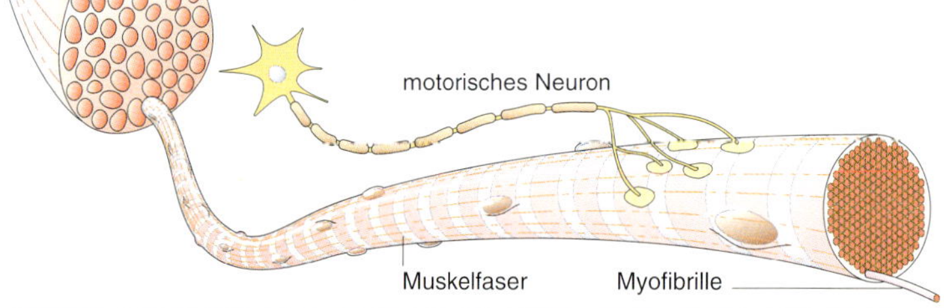

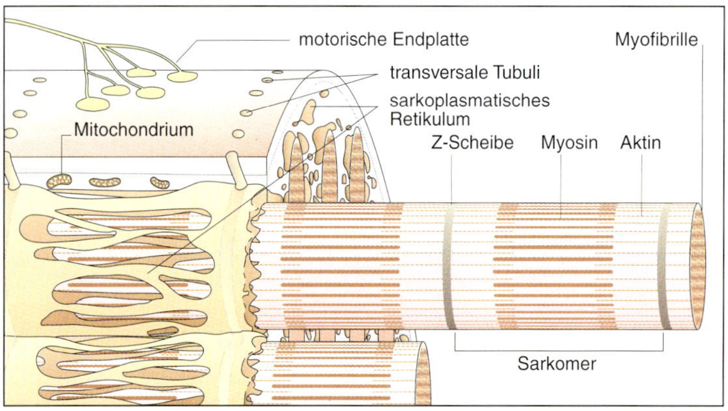

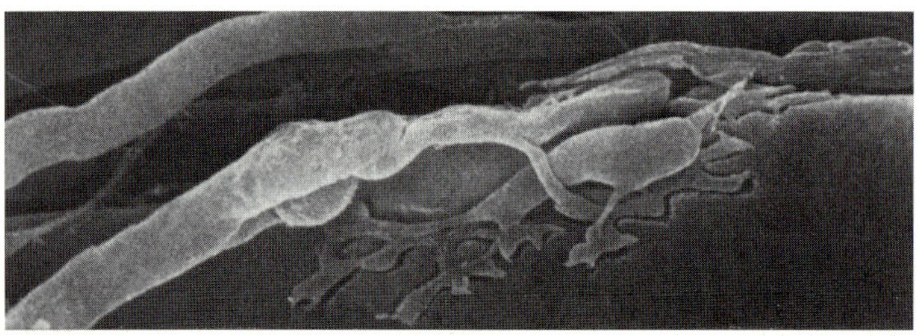

1 Muskelfaser und motorische Endplatte

Ablauf der Muskelkontraktion

Der Vergleich mikroskopischer Bilder kontrahierter und gedehnter Myofibrillen zeigt die bei der Kontraktion näher aneinander gerückten Z-Scheiben. Myosin- und Aktinfilamente werden durch teleskopartiges Gegeneinandergleiten bei der Kontraktion ineinander verschoben *(Filamentgleittheorie)*.

Die Myosinfilamente zeigen im elektronenmikroskopischen Bild seitliche Fortsätze, die *Myosinköpfe* (Abb. 21. 3). Diese Köpfe können sich kurzzeitig mit dem Aktin verbinden und durch Kippbewegungen die Aktin- gegen die Myosinfilamente verschieben. Das an das Aktin gebundene Myosin aktiviert ein Enzym, die ATPase. Dadurch können sich an die gebundenen Myosinköpfe ATP-Moleküle anlagern, was zu einer Trennung von Aktin und Myosin führt. Fehlt ATP, so wird der Muskel starr und nicht mehr dehnbar. Für die folgende Rückbewegung der Filamente in die energiereiche Konformation ist die Spaltung von ATP und die damit verbundene Energiefreisetzung notwendig. Die einzelnen Verschiebungen der Filamente liegen im Bereich von 10 – 15 nm. Sie wiederholen sich mit großer Schnelligkeit und führen durch das Ineinanderschieben der Filamente vieler Sarkomere zur Kontraktion der Muskelfaser.

Motorische Endplatte

Die motorischen Endplatten sind größer als die Synapsen zwischen zwei Neuronen, der Aufbau ist jedoch prinzipiell der gleiche. Auch bei der motorischen Endplatte werden durch das Aktionspotential Transmittermoleküle *(Acetylcholin)* freigesetzt, durch die an der postsynaptischen Membran, hier ist es die Muskelmembran, die Na^+-Ionenkanäle geöffnet werden. Der Na^+-Einstrom führt zu einer Depolarisation der Muskelzellmembran. Diese löst wie an einem Neuron ein Aktionspotential aus, das sich über die Fasermembran fortpflanzt. Messungen ergaben, dass sich das an der Muskelfaser durch das Aktionspotential gebildete elektrische Feld entlang der Membranen über fingerförmige Einstülpungen in das Innere der Muskelfaser ausbreitet und gleichzeitig die Calciumionenkonzentration im Plasma der Muskelzellen zunimmt.

Um die Wirkung des sich an der Muskelzelle bildenden Aktionspotentials zu erforschen, führten der Wissenschaftler BLINKS und seine Mitarbeiter folgenden Versuch durch (Abb. 1): Aus Leuchtquallen hatten sie ein Protein, das *Aequorin*, isoliert, welches mit Calciumionen reagiert und dabei Licht aussendet. Dieses Aequorin injizierten sie in eine Muskelfaser und befestigten diese in einer Apparatur, mit der man die Lichtemission und die Kraftentwicklung der isolierten Muskelfaser messen konnte. Wurde die Muskelfaser erregt, so wurde Licht emittiert, jedoch nur für einen kurzen Zeitraum. Zu dem Zeitpunkt der maximalen Lichtemission zuckte die Muskelfaser. Dies lässt sich nur durch eine rasche Freisetzung der gespeicherten Calciumionen aus dem sarkoplasmatischen Retikulum und mit einem raschen Zurückpumpen der Calciumionen erklären. Nach kurzer Zeit stehen diese Ionen wieder zur Verfügung (Abb. 2).

Die freigesetzten Calciumionen wirken sich auf die Bindungsstelle zwischen Aktin und Myosin aus (Abb. 3). Sie reagieren mit spezifischen Proteinen, sodass eine Verbindung zwischen Myosin und Aktin eintritt. Dies erklärt auch die Abfolge von Lichtemission und Kontraktion der Muskelzelle im Experiment. Durch das aktive Zurückpumpen der Calciumionen sinkt deren Konzentration im Plasma. Die Wahrscheinlichkeit zur Bindung mit dem spezifischen Protein geht zurück und die Bindungsmöglichkeiten zwischen Myosin und Aktin werden geringer. Der Muskel erschlafft und lässt sich durch den Gegenspieler wieder auseinander ziehen.

Aufgaben

1. Erläutern Sie den als elektromechanische Kopplung bezeichneten Vorgang am Skelettmuskel anhand der Abb. 2.
2. Muskelfasern enthalten viele Mitochondrien. Erklären Sie diesen Befund.

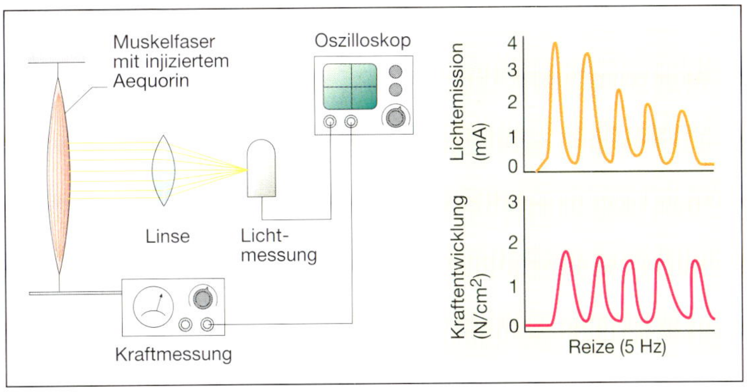

1 Ca^{2+}-Messung bei der Muskelkontraktion

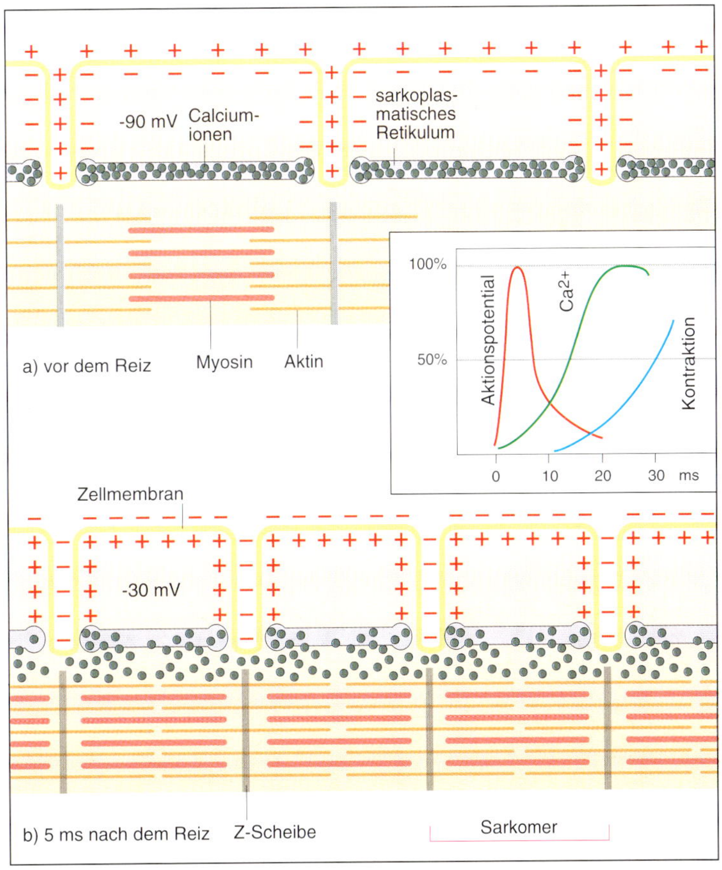

2 Elektromechanische Kopplung im Schema

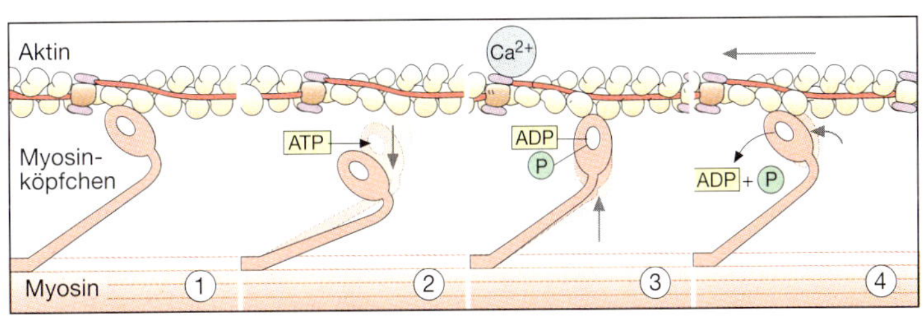

3 Myosin und Aktin bei der Muskelkontraktion

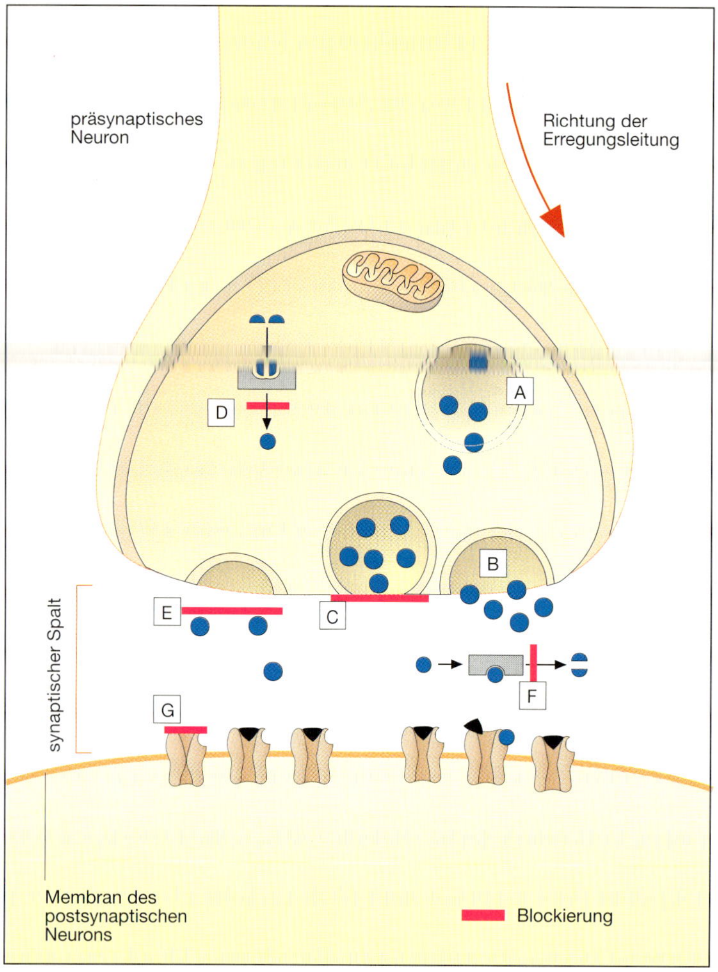

1 Wirkungsweise von Arzneimitteln und Giften

Synapsengifte und Arzneimittel

„Alle Dinge sind Gift und nichts ist ohn Gift, allein die Dosis macht, dass ein Ding kein Gift ist!"

PARACELSUS (1493 – 1541)

Das unter dem Namen *Curare* bekannte „Pfeilgift" der südamerikanischen Indianer ist eine Mischung verschiedener Wirkstoffe, die aus Blättern von einheimischen Pflanzen gewonnen werden. Kommen winzige Spuren der Substanzen über den Blutkreislauf mit den Synapsen in Kontakt, treten Lähmungen der quer gestreiften Muskulatur auf. Beginnend bei Armen und Beinen, Kopf-, Brust- und Rumpfmuskulatur kommt binnen weniger Minuten die Atemmuskulatur zum Stillstand und der Tod tritt ein.

Antagonisten
Stoffe, die anstelle anderer, kompetitiv an die entsprechenden Rezeptoren binden, aber nicht die biologische Wirkung haben.

Auf molekularer Ebene konkurriert Curare mit dem natürlichen Transmitter Acetylcholin um die Rezeptormoleküle in der postsynaptischen Membran. Curare kann zwar vom Rezeptormolekül gebunden werden, doch ähnlich wie ein falscher Schlüssel das Schloss für den richtigen Schlüssel versperrt, blockiert Curare die Rezeptormoleküle. Curare ist ein Wettbewerbs- oder *kompetitiver Antagonist*. Seine Bindung an den Rezeptor dauert nur kurze Zeit, dann löst es sich ab, kann aber neu binden. Sind genügend Moleküle des Antagonisten Curare im Verhältnis zum natürlichen Transmitter im synaptischen Spalt vorhanden, bleiben viele Ionenkanäle geschlossen und eine Depolarisierung der postsynaptischen Membran kann nicht stattfinden (G). Eine Kontraktion ist nicht mehr möglich, die Muskulatur erschlafft. Andererseits kann Curare reversibel verdrängt werden, wenn die Acetylcholinkonzentration erhöht wird. Die Medizin macht sich die muskelerschlaffende Wirkung von Curare bei Operationen zunutze; der Patient muss allerdings künstlich beatmet werden. Curare ist ein Beispiel dafür, wie eng Gift und Medikament beieinander liegen. Der heute für Arzneimittel verwendete Begriff *„Pharmakon"* (Mehrzahl: *Pharmaka*) heißt in der ursprünglichen Bedeutung Heilmittel und Gift.

Prinzipiell können diese Substanzen an ganz verschiedenen Stellen der synaptischen Erregungsübertragung eingreifen (Abb. 1). Der Pflanzenwirkstoff *Reserpin* führt beispielsweise zu einer Entleerung der Vesikel, die den Transmitter Noradrenalin enthalten (A). Da Noradrenalin blutdrucksteigernd wirkt, wird Reserpin medizinisch als Blutdrucksenker eingesetzt. Andere Blutdrucksenker hemmen die Enzyme zur Noradrenalinsynthese (D) oder verhindern die Freisetzung dieses Transmitters (C). Amphetamine wurden ursprünglich als atemwegserweiternde Medikamente für Asthmatiker auf den Markt gebracht. Im Gehirn bewirken sie zusätzlich eine Verdrängung des Transmitters Dopamin aus den Vesikeln (B) in den synaptischen Spalt. Gleichzeitig können Amphetamine, ebenso wie die Droge Cocain oder viele Mittel gegen Depressionen, die Wiederaufnahme der Transmitter in das Endknöpfchen verhindern (E). Beide Mechanismen führen zu einer überhöhten Transmitterkonzentration im synaptischen Spalt, was zu der wachheitssteigernden, stimulierenden Wirkung führt (Suchtgefahr!).

Das synthetisch hergestellte Insektizid *E 605* wie auch einige Giftgase hemmen das Enzym *Acetylcholinesterase* (F). Die Transmitter werden nicht abgebaut. Die andauernde Öffnung der Ionenkanäle führt zu einer Unerregbarkeit der nachgeschalteten Zelle. Verkrampfungen der Skelettmuskulatur und Atemlähmung sind die Folgen.

Erregende und hemmende Synapsen

Im Nervensystem von Tieren und Menschen findet man bei der Verschaltung von Nervenzellen zwei Typen von Synapsen, die äußerlich nicht zu unterscheiden sind: *erregende* und *hemmende Synapsen*. Beide kommen etwa gleich häufig vor.

Erregende Synapsen können am Axonhügel der nachfolgenden Nervenzelle die Bildung von Aktionspotentialen auslösen (Abb. 1). Durch die Transmitter werden an der postsynaptischen Membran die Na^+-Ionenkanäle geöffnet. Je mehr Transmittermoleküle abgegeben werden, desto größer wird die Wahrscheinlichkeit, dass sich die Ionenkanäle öffnen und desto mehr Ionen strömen durch die Membran des Zellkörpers. Die Zunahme der Konzentration an Na^+-Ionen im Zellkörper entspricht einer Depolarisation. Wie beim Rezeptorpotential ändert sich die Amplitude des Potentials am Zellkörper in Abhängigkeit von der Anzahl der geöffneten Ionenkanäle. Ein Aktionspotential kann jedoch hier am Zellkörper nicht ausgelöst werden, da keine spannungsabhängigen Na^+-Ionenkanäle vorhanden sind. Beim Erreichen eines bestimmten Schwellenwertes löst die Depolarisation an der mit spannungsabhängigen Na^+-Kanälen besetzten Membran am Axonhügel ein Aktionspotential aus, das weitergeleitet wird. Da die Depolarisation an der Zellmembran schließlich am Axonhügel des postsynaptischen Neurons ein Aktionspotential auslösen kann, wird sie *erregendes postsynaptisches Potential* (EPSP) genannt.

Hemmende Synapsen können an der postsynaptischen Membran eine *Hyperpolarisation* bewirken (Abb. 2). Hierbei ändert sich das Potential z. B. von −70 mV auf ca. −90 mV. Da die Hyperpolarisation der Depolarisation entgegenwirkt, nennt man es *inhibitorisches postsynaptisches Potential* (IPSP). Bei diesen Synapsen werden an der präsynaptischen Membran andere Transmitter freigesetzt. Diese wirken an der postsynaptischen Membran auf Cl^--Ionenkanäle ein. Der Einstrom der negativ geladenen Cl^--Ionen durch die Nervenzellmembran verändert die Membranspannung in Richtung einer Hyperpolarisation. Eventuell gleichzeitig ankommende Aktionspotentiale erregender Synapsen führen zwar zu einer Depolarisation, jedoch muss diese der Hyperpolarisation zuerst entgegenwirken. Wird der Schwellenwert am Axonhügel nicht erreicht wird kein Aktionspotential ausgelöst.

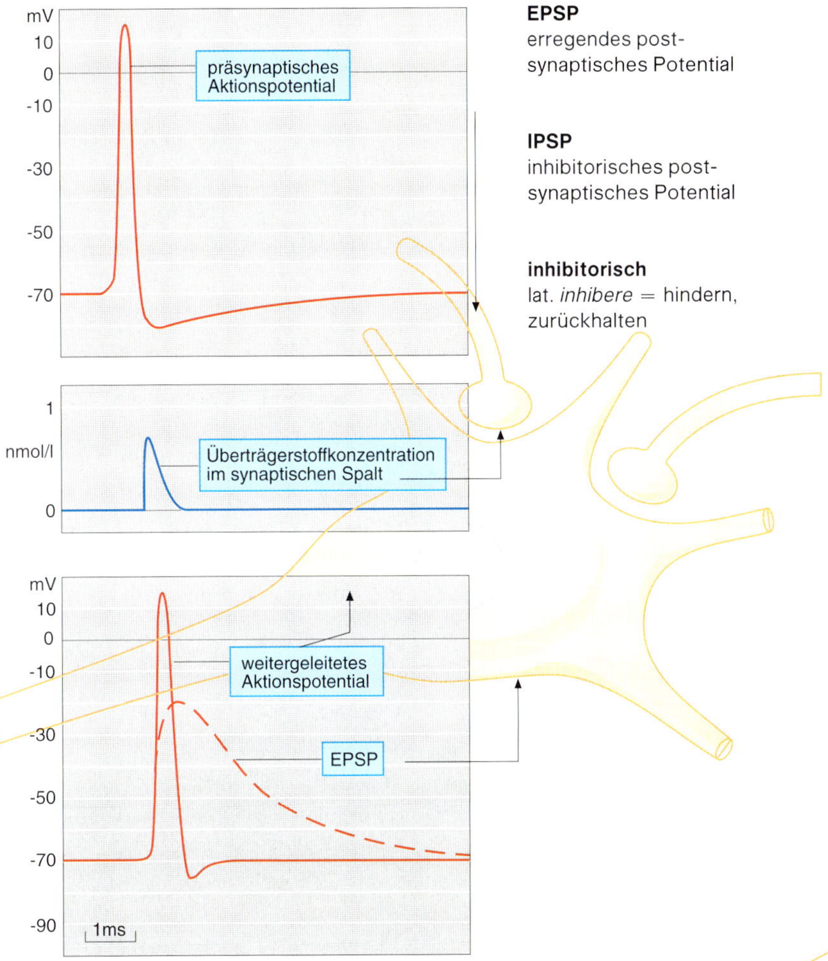

1 Erregende Synapsen

EPSP
erregendes postsynaptisches Potential

IPSP
inhibitorisches postsynaptisches Potential

inhibitorisch
lat. *inhibere* = hindern, zurückhalten

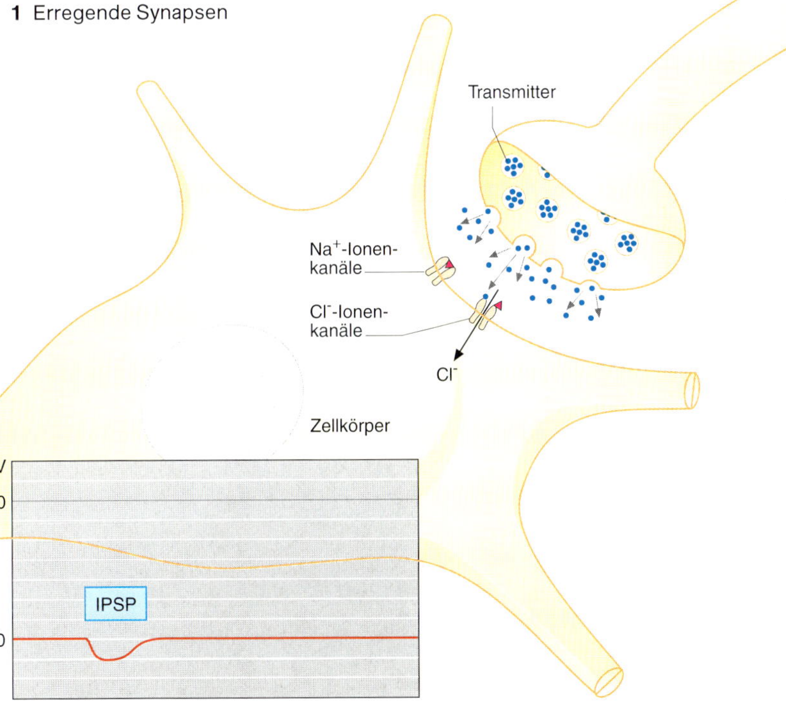

2 Hemmende Synapsen

Verschaltung von Nervenzellen

Die Koordination der Muskelbewegungen eines jagenden Bären wird vom Nervensystem geregelt. Die Kontraktion einer Muskelgruppe muss koordiniert sein mit der Erschlaffung der Antagonisten (z. B. Strecker und Beuger). Dieses Zusammenspiel ist nur möglich durch eine Verschaltung vieler Neuronen von den Rezeptoren bis zu den Effektoren. Um experimentell die Zusammenhänge zu erforschen, können immer nur einzelne Synapsen und Nervenzellen aus der komplexen Vielzahl betrachtet werden. Damit lässt sich die Aktivität eines einzelnen Muskels erklären, nicht jedoch die Komplexität von Verhaltensweisen.

Tausende von Synapsen verschiedener Neuronen können auf einem Neuron nebeneinander liegen (Abb. 2). Es können sowohl erregende also auch hemmende Synapsen sein. Messungen zeigen, dass nicht jede einzelne Erregung weitergeleitet wird.

Räumliche Summation

Über die Synapsen, die am Zellkörper einer weiterleitenden Nervenzelle liegen, können zur gleichen Zeit viele Erregungen die postsynaptische Nervenzelle erreichen. Werden gleichzeitig mehrere räumlich getrennte, erregende Synapsen aktiviert, so lässt sich dies in Form einer größeren Amplitude des EPSP am Zellkörper messen (Abb. 1). Man spricht von einer *räumlichen Summation*. Dies ist mit der größeren Anzahl gleichzeitig ausgeschütteter Transmittermoleküle erklärbar. Das einzelne präsynaptische Aktionspotential bewirkt über die Transmitter an der postsynaptischen Zelle ein EPSP. Häufig reicht das dadurch entstandene elektrische Feld nicht aus, am Axonhügel ein Aktionspotential auszulösen. Einzelne Aktionspotentiale werden dann nicht weitergeleitet. Erst die Summation der über mehrere Synapsen ausgelösten Depolarisation an der Membran des Zellkörpers führt zu einem hinreichenden EPSP. Der Schwellenwert wird überschritten, durch viele eintreffende Aktionpotentiale ist am weiterleitenden Axon ein Aktionspotential entstanden.

Zeitliche Summation

Gelangen über eine präsynaptische Nervenzelle an eine Synapse in einem Zeitraum von einigen Millisekunden nacheinander mehrere Aktionspotentiale, so lässt sich experimentell die Auslösung von Aktionspotentialen

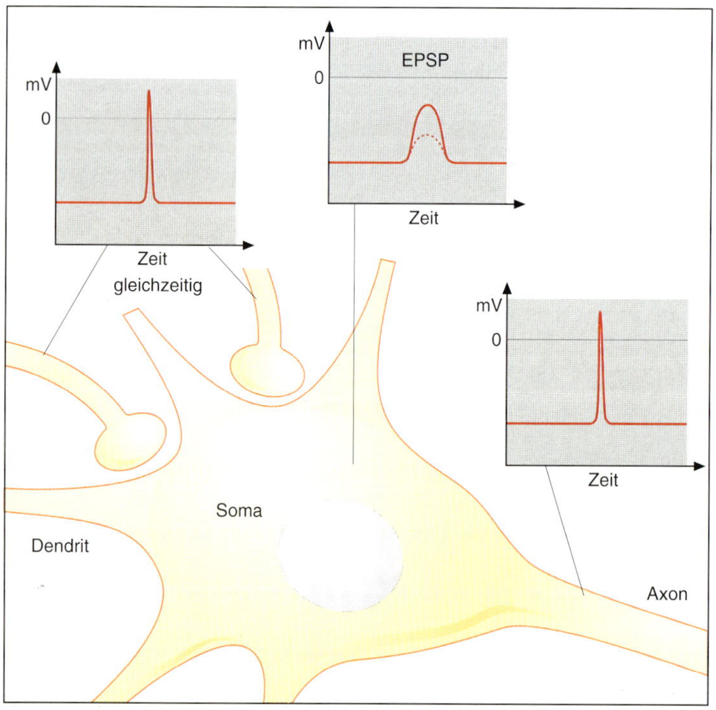

1 Räumliche Summation

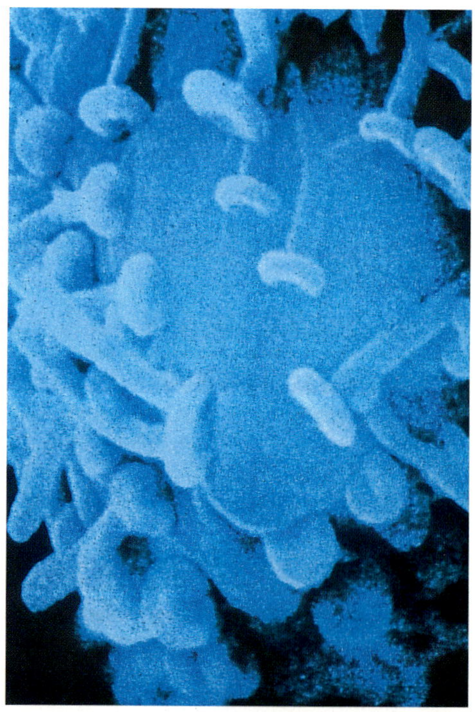
2 Synapsen auf einem Soma

am weiterleitenden Axon messen (Abb. 1). Das postsynaptische Potential baut sich nur langsam ab. Erreicht eine Folge von Aktionspotentialen die Synapse, addiert sich das jeweils folgende Potential zu dem noch vorhandenen. Die Amplitude des entstehenden EPSP ist dadurch bei Übertragung einer Frequenz von Aktionspotentialen wesentlich größer als bei einzelnen Aktionspotentialen. Dadurch kann am Axonhügel das Aktionspotential ausgelöst werden. Die zeitliche und räumliche Summation sind auf den gleichen Vorgang zurückzuführen. Die Anzahl der Transmittermoleküle ist größer als bei einzelnen Erregungen. Dies führt über die erhöhte Diffusion von Na^+-Ionen zu einem stärkeren EPSP. Die zeitliche und räumliche Summation laufen ständig als Formen der Signalverarbeitung an Neuronen ab.

Präsynaptische Hemmung

Ein wirkungsvoller Kontrollmechanismus bei der Weiterleitung von Erregungen ist die *präsynaptische Hemmung.* Hier wirkt die Hemmung nicht auf den Zellkörper des Neurons, sondern auf das Endknöpfchen einer erregenden Synapse. Sie ist bei der Regelung der Muskelbewegung sehr wichtig. Diese Hemmung wirkt gezielt an einzelnen Synapsen, z. B. auf die motorischen Endplatten an den Muskelfasern von Insekten ein. Man findet die Beeinflussung über diese Hemmung häufig auch im Rückenmark von Wirbeltieren.

Die Wirkungsweise der Hemmung lässt sich über die in Abb. 2 dargestellte Messung erklären. Durch ein Aktionspotential werden an der Membran der erregenden Synapse die Na^+-Ionenkanäle geöffnet und führen zu einer Depolarisation. Die Transmitter der hemmenden Synapse öffnen bei der erregenden Synapse jedoch die Cl^--Ionenkanäle. Gleichzeitig strömen nun die positiv geladenen Na^+-Ionen und die negativ geladenen Cl^--Ionen in das Endknöpfchen ein. Durch das resultierende niedrigere Potential an der erregenden Synapse werden weniger Transmittermoleküle freigesetzt. Dadurch bleibt das EPSP der weiterleitenden Nervenzelle unterhalb des Schwellenwertes. Ein Aktionspotential wird nicht ausgelöst, bzw. die Kontraktion der Muskelfasern bleibt aus.

Aufgabe

① Erläutern Sie was passiert, wenn durch einen Giftstoff das Neuron A in Abb. 2 gehemmt wird.

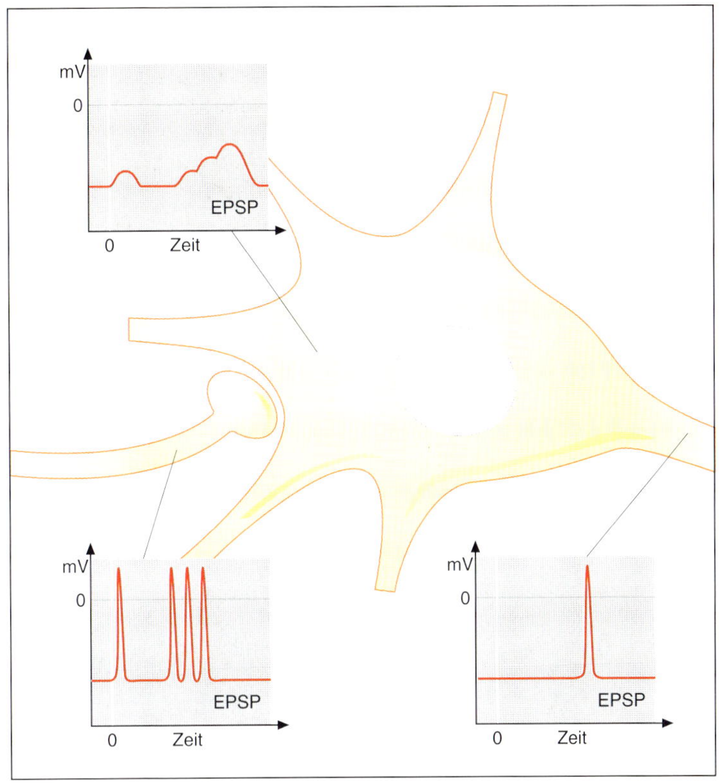

1 Zeitliche Summation

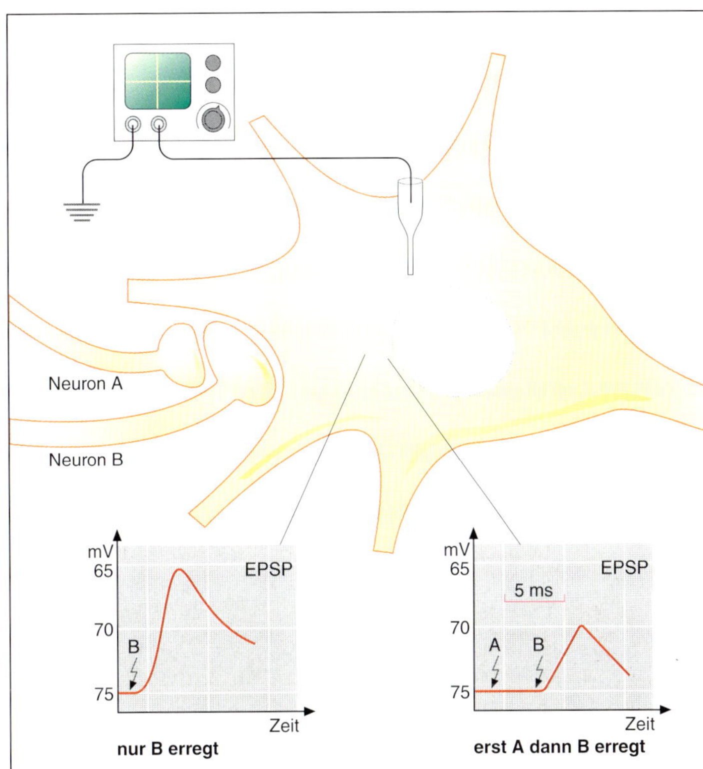

2 Präsynaptische Hemmung

Funktion der Nervenzellen und Synapsen

K^+- Konzentration und Ruhepotential

Experimentell kann die extrazelluläre K^+-Konzentration leicht verändert werden, indem das Axon in verschiedene Badelösungen getaucht wird. Bei den verschiedenen K^+-Konzentrationen wird das Ruhepotential gemessen.

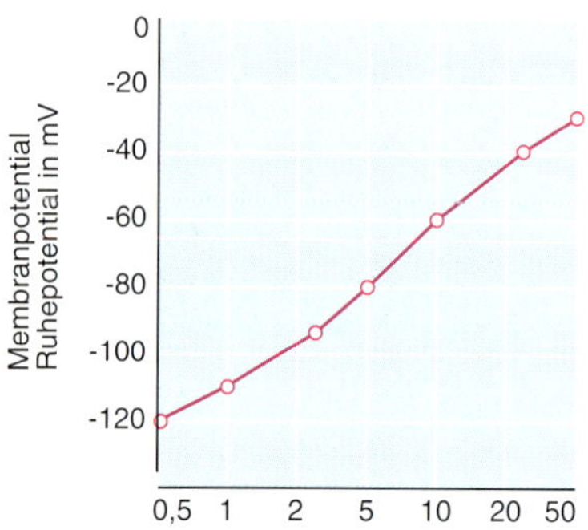

1

Aufgabe

① Beschreiben Sie die Abhängigkeit (Abb. 1) und erklären Sie diese auf der Ebene der Ionen.

Na^+- Konzentration und Aktionspotential

An isolierten Axonen wird die Na^+-Konzentration der Badelösung schrittweise verringert. Dabei werden die Na^+-Ionen durch Glukosemoleküle ersetzt, um die osmotischen Verhältnisse nicht zu verändern. Die Aktionspotentiale werden jeweils ausgelöst und registriert. Aufgetragen sind in der folgenden Abbildung 2 nur die Veränderungen im Vergleich zur Amplitude eines Aktionspotentials unter normalen Bedingungen.

Aufgaben

① Zeichnen Sie ein typisches Aktionspotential und tragen Sie die Veränderungen durch die Verringerung der extrazellulären Na^+-Ionenkonzentration ein (25 % extrazellulärer Massenanteil der Na^+-Ionen).

② Erklären Sie die Beobachtungen mithilfe der Ionentheorie des Aktionspotentials.

③ Was geschieht, wenn die entfernten Na^+-Ionen nicht durch Glukosemoleküle ersetzt werden?

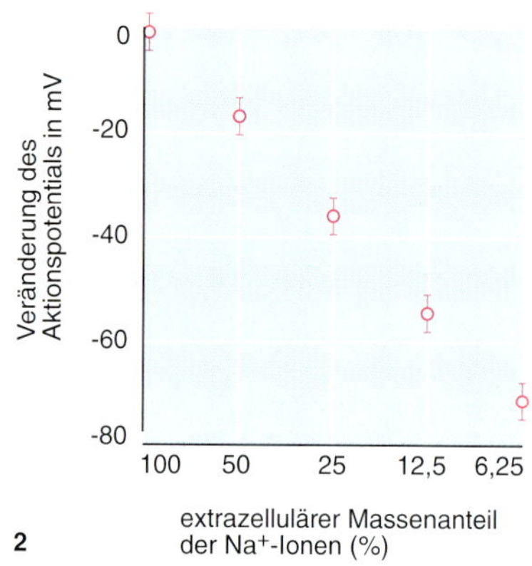

2

Vergiftung von Neuronen

Cyanide sind stark giftig, weil sie u.a. die Atmungskette blockieren, sodass kein ATP zur Verfügung gestellt werden kann. Gibt man Cyanide auf Neuronen, sind zunächst noch Aktionspotentiale auslösbar. Schließlich sind Aktionspotentiale nicht mehr auslösbar. Zugleich wird das Ruhepotential kleiner.

Aufgabe

① Erklären Sie, wie die oben genannte Wirkung auf Neuronen zustande kommt.

Extrazelluläre Ableitung

Die Leitungsgeschwindigkeit eines Nervs am Unterarm wird bestimmt, indem nacheinander je ein kleiner Stromstoß im Ellenbogen und am Handgelenk gesetzt werden (Abb. 3). Die Stellen liegen 27 cm voneinander entfernt. Die Wirkung der ausgelösten Aktionspotentiale wird am Daumenmuskel extrazellulär als *Muskelaktionspotential* abgeleitet.

Aufgabe

① Berechnen Sie die Leitungsgeschwindigkeit anhand der folgenden Abbildungen.

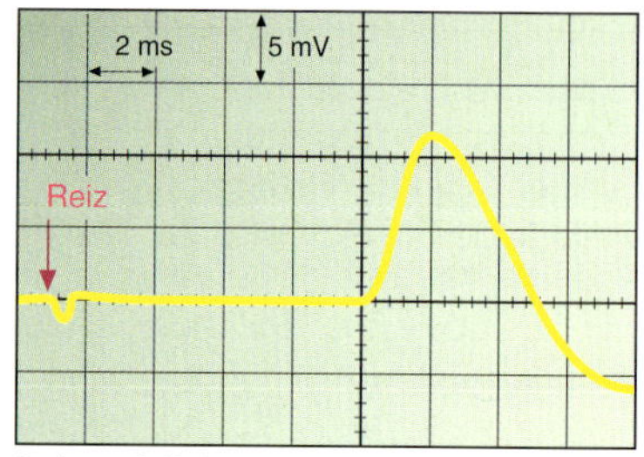

3 a) nach Reiz am Ellenbogen

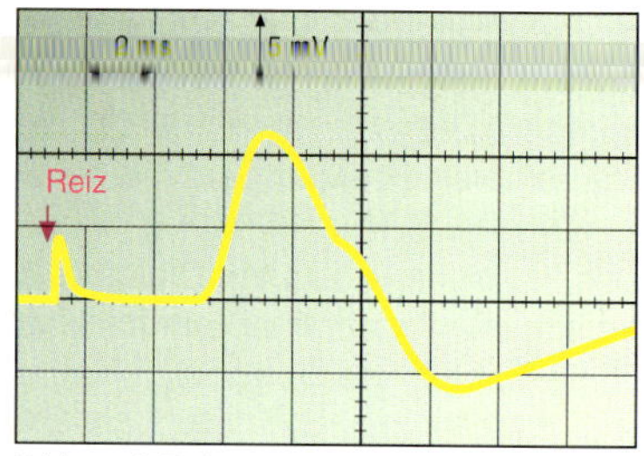

3 b) nach Reiz am Handgelenk

Messungen an den Ionenkanälen

Den Wissenschaftlern gelang es mithilfe der Membran-Fleck-Klemme *(patch clamp)*, den Ionenstrom zu messen, der durch die einzelnen Natrium- oder Kaliumionenkanäle fließt.

Eine Glaskapillare mit einer 1 µm weiten, glatt geschmolzenen Öffnung wird auf die Axonmembran aufgesetzt und mit extrazellulärer Flüssigkeit gefüllt. Anschließend wird ein leichter Unterdruck in der Elektrode erzeugt. Hierdurch saugt sich die Öffnung der Glaselektrode auf der Axonmembran fest (Abb. 27.1). In dem von der Elektrode angesaugten Membranfleck liegen einzelne spannungsabhängige Na^+- und K^+-Ionenkanäle. Bei diesen wird der Ionenstrom durch den Kanal gemessen. Diese Strommessungen liegen im Bereich von pA (10^{-12} A) und werden über Verstärker registriert (Abb. 27. 2).

Während der Messungen an den Na^+-Kanälen werden die vorhandenen K^+-Kanäle chemisch blockiert. Die Membran wird an der Stelle des Membranflecks elektrisch gereizt. Die daraus folgende Depolarisation führt zur Öffnung der spannungsabhängigen Ionenkanäle. Die Alles-oder-Nichts-Impulse deuten auf ein Öffnen und Schließen einzelner Kanäle hin. Diese Experimente werden kurz hintereinander wiederholt und die Messergebnisse summiert. Die Summe dieser Kanalströme ergibt sich aus der Summe der Öffnungen vieler Kanäle und ist ein Maß für die Wahrscheinlichkeit der Öffnung eines Na^+-Ionenkanals.

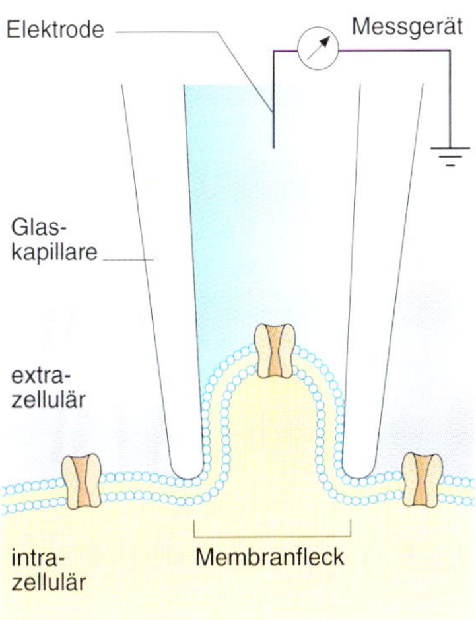

1 „Membranfleck"-Klemme

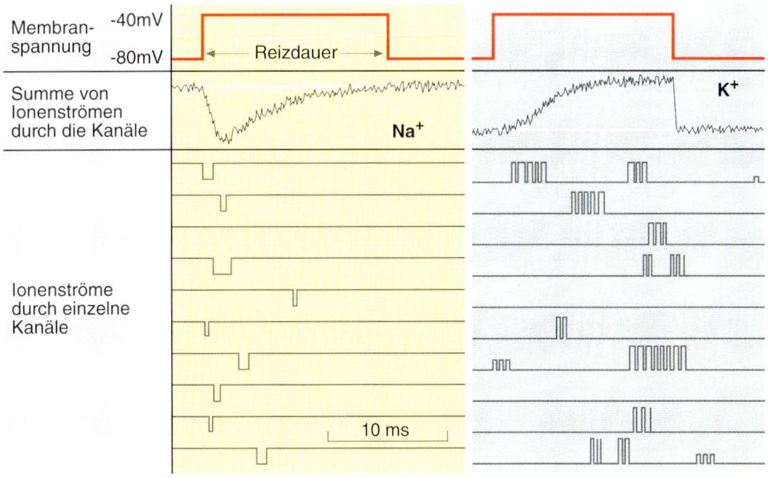

2 Messung an Ionenkanälen

Aufgaben

① Beschreiben Sie das Messergebnis an den einzelnen Natrium- und Kaliumionenkanälen und bringen Sie dies in Zusammenhang mit den Vorgängen bei der Entstehung des Aktionspotentials.

② Erklären Sie die Form und die Amplitude der Einzelmessergebnisse.

③ Zur Untersuchung der K^+-Ionenkanäle wird *Tetrodotoxin*, das Gift von Kugelfischen verwendet. Dieses verschließt den Kanaleingang der Na^+-Ionenkanäle.
Erläutern Sie, welche medizinische Bedeutung dieses Fischgift hat, wenn es bei Zahnbehandlungen als Medikament in die Umgebung der von den Zähnen kommenden Nerven gespritzt wird.

Postsynaptische Hemmung

Bei der Verschaltung der Neuronen gibt es neben der Weitergabe der Erregung auch die Phänomene der *präsynaptischen* und der *postsynaptischen Hemmung* der Erregungsleitung. Die vorliegende Messung wurde an der in der Abbildung 4 dargestellten Verschaltung der Neuronen durchgeführt. Es wurden Aktionspotentiale von zwei Neuronen, die in einem Fall zu einer Erregung, im anderen Fall zu einer Hemmung führten, von dem weiterleitenden Neuron verarbeitet und die Aktionspotentiale am weiterleitenden Neuron gemessen.

Aufgaben

① Ordnen Sie die gemessenen postsynaptischen Potentiale der erregenden und hemmenden Synapsen zu und erklären Sie ihre Entstehung am Zellkörper auf molekularer Ebene.

② Beschreiben und erklären Sie das Messergebnis am weiterleitenden Axon.

③ Vergleichen Sie die postsynaptische Hemmung mit der präsynaptischen Hemmung.

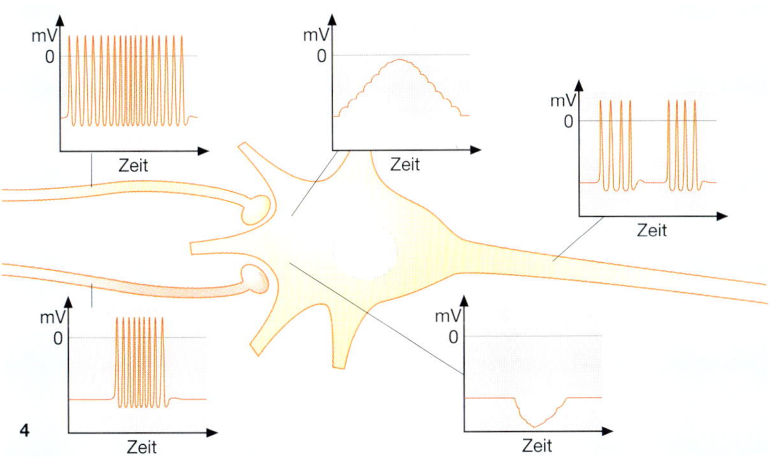

4

Wirkungskurve des Acetylcholins

Werden mithilfe der Membran-Fleck-Klemme *(patch clamp*, Abb. 1) an der postsynaptischen Membran die Öffnungszustände einzelner Ionenkanäle gemessen, kann die Wirkung verschiedener Acetylcholinkonzentrationen auf diesen Öffnungszustand exakt bestimmt werden. Hierzu wird die jeweilige Acetylcholinkonzentration in die Glaskapillare gegeben und die Öffnungszustände in Form der Ionenströme gemessen. Der Ionenkanal wird durch ein Acetylcholinmolekül jeweils für Millisekunden geöffnet.

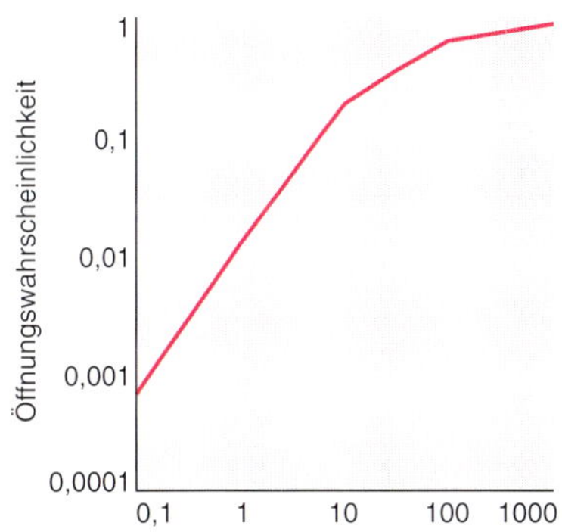

3 Acetylcholinkonzentration (μmol/l)

Aufgaben

① Erklären Sie für die Wirkungskurve des Acetylcholins (Abb. 3) die unterschiedliche Wahrscheinlichkeit der Öffnung von Ionenkanälen.

② Erläutern Sie, in welchem Zusammenhang die dargestellten Befunde zum EPSP bei der zeitlichen Summation stehen und wie sich dies auf die Frequenz der Aktionspotentiale am weiterleitenden Axon auswirkt.

Im Überblick: Vom Reiz zur Reaktion

Ruhepotential

Das Ruhepotential ist die am nicht erregten Axon messbare Membranspannung. Sie kommt vor allem durch die unterschiedliche Verteilung der K^+-Ionen (hohe Konzentration innen) und deren Diffusion durch die Axonmembran von innen nach außen zustande. Demgegenüber können die negativen organischen Ionen im Axoninneren nicht die Membran durchqueren. So baut sich eine Spannung zwischen der Innen- und Außenseite der Axonmembran auf. Diese wird durch die Verteilung der Na^+-Ionen und Cl^--Ionen (hohe Konzentration außen) etwas beeinflusst. Die Vorgänge benötigen keine Energie. Energieabhängig ist nur die Kalium-Natrium-Pumpe, die die Aufrechterhaltung des Ruhepotentials über einen langen Zeitraum und nach Störungen gewährleistet.

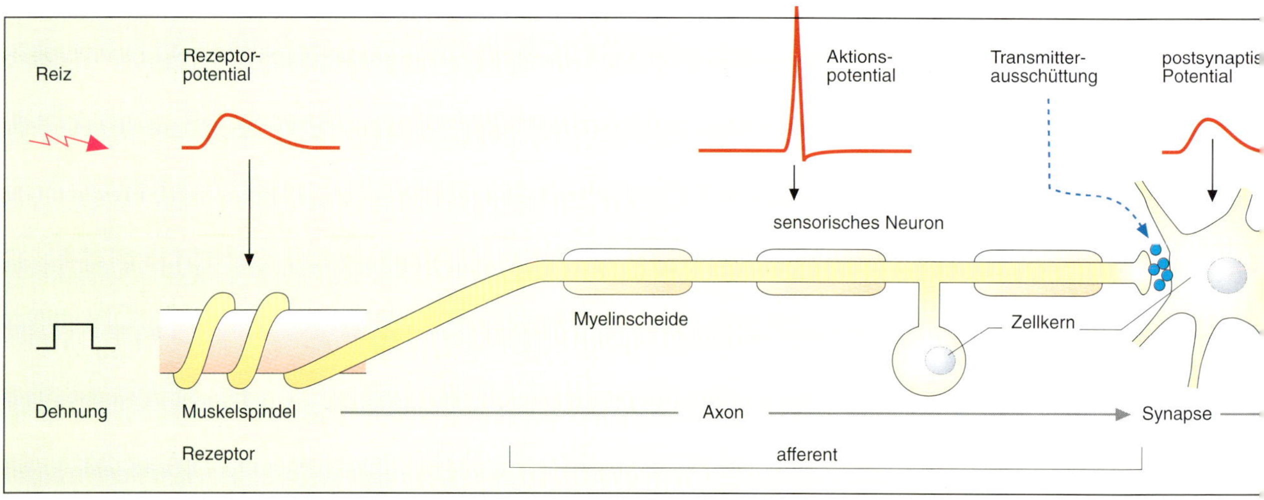

1 Vom Reiz zur Reaktion

Reize

Reize üben eine Wirkung auf Sinneszellen aus. Wir kennen chemische und physikalische Reize. Chemische Reize sind Moleküle verschiedener Stoffe, die über die Luft oder im Wasser gelöst zu den Rezeptorzellen gelangen und dort Erregungen auslösen. Diese werden zum Gehirn weitergeleitet und bewirken dort z. B. die Duft- bzw. Geschmackswahrnehmung. Physikalische Reize sind z. B. elektromagnetische Wellen (Licht und Wärmestrahlung) oder Druckänderungen (Gehör und Tastsinn). Verschiedene Tierarten können auch andere Reize aufnehmen, z. B. elektrische Ströme beim Nilhecht. Reize aus der Umwelt und auch aus dem Körperinnern können über das Nervensystem Reaktionen auslösen.

Rezeptorpotential

Sinneszellen sind selektiv, sie reagieren nur auf spezifische Reize. Eine Reizaufnahme führt an einer Sinneszelle zu einer Veränderung der Durchlässigkeit für Na^+-Ionen durch die Membran einer spezialisierten Region. Hierdurch ändert sich die Konzentration der positiv geladenen Ionen innerhalb und außerhalb der spezialisierten Region. Dies führt zu einer Veränderung des Ruhepotentials, dem *Rezeptorpotential*. Je stärker der Reiz ist und je länger er einwirkt, desto höher und länger anhaltend ist die Amplitude der Depolarisation am Zellkörper. Das Rezeptorpotential breitet sich elektrotonisch am Zellkörper aus, die Amplitude wird mit zunehmender Entfernung kleiner.

Aktionspotential

Das Aktionspotential, die Erregung am weiterleitenden Axon, wird ausgelöst durch das Rezeptorpotential. Am Axonhügel liegen im Unterschied zur spezialisierten Zone spannungsabhängige Na^+-Ionenkanäle. Diese öffnen sich ab einem Schwellenwert des elektrischen Feldes. Die Depolarisation erfolgt durch den Einstrom von Na^+-Ionen, die Rückführung zum Ruhepotential, die *Repolarisation*, über die Öffnung spannungsabhängiger K^+-Kanäle. Aktionspotentiale haben im Unterschied zum Rezeptorpotential stets die gleiche Amplitude. Durch die kurzzeitige Inaktivität der Na^+-Kanäle nach der Öffnung kann ein Aktionspotential an der selben Stelle nicht sofort wieder ausgelöst werden *(Refraktärzeit)*.

Synapse

Neuronen können über chemische Synapsen miteinander verbunden sein. Je nach Anzahl der Aktionspotentiale *(Frequenz)* werden an der präsynaptischen Membran unterschiedlich viele Transmittermoleküle freigesetzt. Durch die Reaktion der Transmittermoleküle mit Rezeptormolekülen in der postsynaptischen Membran werden ligandenabhängige Na^+-Ionenkanäle geöffnet. Je mehr Transmittermoleküle vorhanden sind, desto größer ist die Wahrscheinlichkeit, dass die Ionenkanäle geöffnet sind. Dadurch kommt es an der postsynaptischen Membran zu einer Depolarisation. Das postsynaptische Potential breitet sich elektrotonisch bis zum Axonhügel aus.

Die Transmitter werden ständig durch enzymatische Reaktionen wieder aus dem synaptischen Spalt entfernt. Es gibt hemmende und erregende Synapsen, die durch für sie spezifische Transmitter auf verschiedene Ionenkanäle einwirken und so eine Hyperpolarisation oder Depolarisation auslösen. Durch die Verrechnung der Spannungsänderungen an der postsynaptischen Zelle kommt es zur Hemmung oder zur Weiterleitung der Erregung.

Aufgaben

① Beschreiben Sie anhand der Abbildung 1 den Verlauf der Erregung und erläutern Sie den Unterschied zwischen einem Reiz und einer Erregung.

② Vergleichen Sie die Entstehung eines Rezeptorpotentials mit der eines Aktionspotentials.

③ Vergleichen Sie die Vorgänge an einer erregenden Synapse, am Übergang zwischen zwei Nervenzellen und an der neuromuskulären Synapse am Muskel.

④ Vergleichen Sie in der Abbildung diejenigen Messdaten, die durch eine unterschiedliche Reizstärke beeinflusst werden. Erläutern Sie an diesem Beispiel die Codierung der aufgenommenen Reize, wenn diese schwächer oder stärker ausfallen als der dargestellte Reiz.

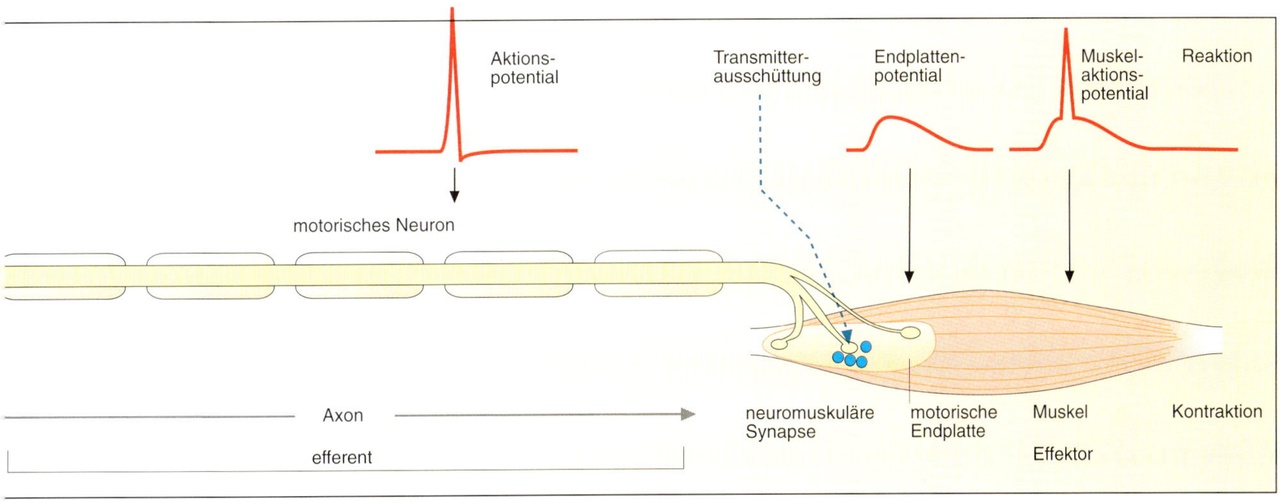

Saltatorische Fortleitung

Das Aktionspotential wird bei Säugetieren meist über myelinisierte Axone, die von Gliazellen umhüllt sind, weitergeleitet. Diese haben eine höhere Fortleitungsgeschwindigkeit gegenüber den nicht myelinisierten Axonen. Das ist vor allem bei den langen Axonen motorischer und sensorischer Neuronen wichtig. Durch die Depolarisation bei der Entstehung des Aktionspotentials am Axonhügel wird ein elektrisches Feld aufgebaut. Bei der saltatorischen Fortleitung löst dieses Feld an den in größeren Entfernungen liegenden Ranvierschen Schnürringen ein neues Aktionspotential aus, da nur an den Ranvierschen Schnürringen spannungsabhängige Na^+-Ionenkanäle geöffnet werden. Das Aktionspotential kann sich nur in eine Richtung fortpflanzen, da an vorher erregten Abschnitten eine neue Auslösung infolge der Refraktärzeit nicht sofort möglich ist.

Motorische Endplatte

Diese neuromuskuläre Synapse verbindet motorische Neuronen und Muskelfasern und setzt je nach Anzahl der Aktionspotentiale Transmittermoleküle an der präsynaptischen Membran frei. Diese führen an der postsynaptischen Muskelzellmembran durch die Öffnung der Na^+-Ionenkanäle zu einer Depolarisation. In den Muskelzellen werden durch die Depolarisation der Muskelzellmembran Calciumionen aus dem sarkoplasmatischen Retikulum freigesetzt. Diese ermöglichen eine Bindung der Aktin- und Myosinfilamente; es kommt zur Kontraktion der Muskelfaser. Diese Vorgänge bezeichnet man als *elektromechanische Kopplung*. Die Wiederherstellung der Ausgangsstellung des Myosins wird durch das energiereiche ATP bewirkt.

Mit steigender Anzahl der Aktionspotentiale steigt die Depolarisation und die Anzahl der freigesetzten Calciumionen. Dadurch steigt die Anzahl der Myosin-Aktinbindungsstellen und somit die Kontraktionskraft der Muskelfaser. Diese ergibt sich aus der Gesamtzahl der erregten Muskelfasern innerhalb eines Muskels. Mit zunehmender Erregungsstärke werden immer mehr Einzelfasern erregt, bis es zur Erregung aller Einzelfasern und zur maximalen Kontraktion kommt.

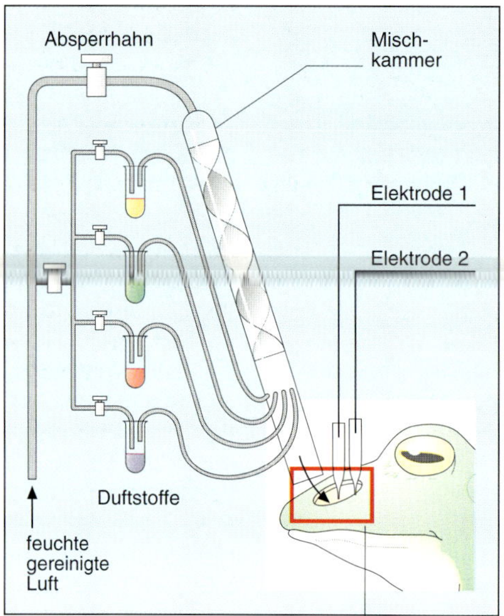

1 Untersuchung der Riechschleimhaut

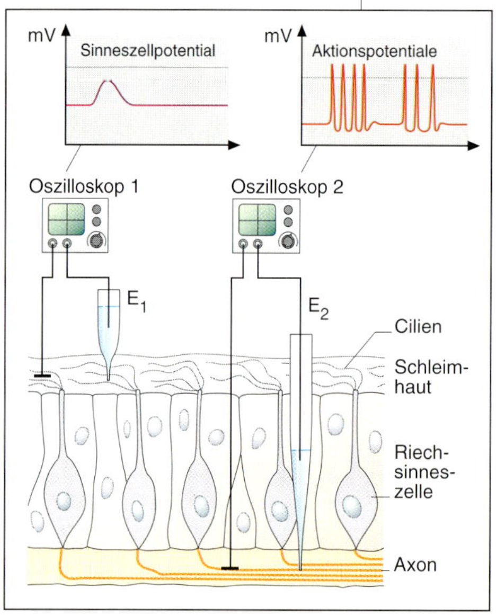

2 Messung an den Riechsinneszellen

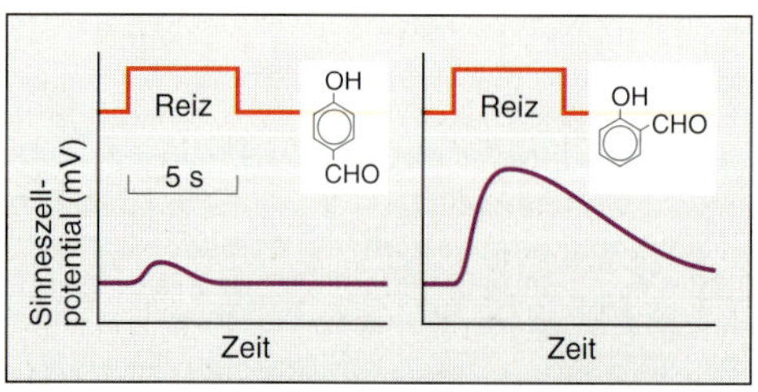

3 Rezeptorpotential bei zwei ähnlichen Molekülen

Riechsinneszellen

Seidenspinnermännchen werden von dem Duft eines Weibchens in einem Umkreis von 10 km angelockt. Etwa 30 000 Riechsinneszellen in den Antennen setzen sie zur Partnersuche ein. Nur wenige Moleküle des Duftstoffes reichen aus, um eine Erregung einzelner Sinneszellen auszulösen. Auf den Sexuallockstoff der Seidenspinnerweibchen sind die *Riechsinneszellen* des Männchens spezialisiert. Eine solche Kommunikation mittels chemischer Substanzen ist nicht nur bei Insekten vorhanden, sondern im gesamten Tierreich verbreitet, z. B. bei der Anlockung der Sexualpartner, bei Reviermarkierungen und beim Erkennen der Jungtiere. Riechvorgänge dienen auch der Orientierung bei der Nahrungssuche oder der Warnung vor weit entfernten Feinden.

Wirbeltiere sind in der Lage ein breites Geruchsspektrum wahrzunehmen. Beim Menschen gelangen die verschiedenen Duftmoleküle mit der eingeatmeten Luft in den oberen Teil der Nase. Hier befindet sich die *Riechschleimhaut*, in der ca. 30 Millionen Riechsinneszellen liegen. Die Riechsinneszellen ragen mit feinen Sinneshaaren *(Cilien)* in den Nasenraum hinein. In der Membran der Cilien liegen Rezeptormoleküle, die spezifisch mit bestimmten Duftstoffmolekülen reagieren.

Erforschung der Funktion

An Riechsinneszellen wurden verschiedene Experimente durchgeführt:

1. Messung der Potentiale am Zellkörper und der daraus resultierenden Aktionspotentiale am Axon.
2. Messung der Ionenströme an Ionenkanälen und Untersuchung der molekularen Vorgänge an der Zellmembran.

Bei Fröschen wurden Elektroden in die Riechschleimhaut eingeführt (Abb. 1). Anschließend führte man der Riechschleimhaut verschiedene Duftstoffe zu. Eine der Elektroden befindet sich im Bereich der Cilien, die andere im Bereich des Axons (Abb. 2). An den Cilien lässt sich mit zunehmender Konzentration bestimmter Duftstoffmoleküle eine steigende Amplitude der *Rezeptorpotentiale* messen. Je nach der Höhe der Amplitude werden am Axonhügel unterschiedlich viele spannungsabhängige Na^+-Ionen-

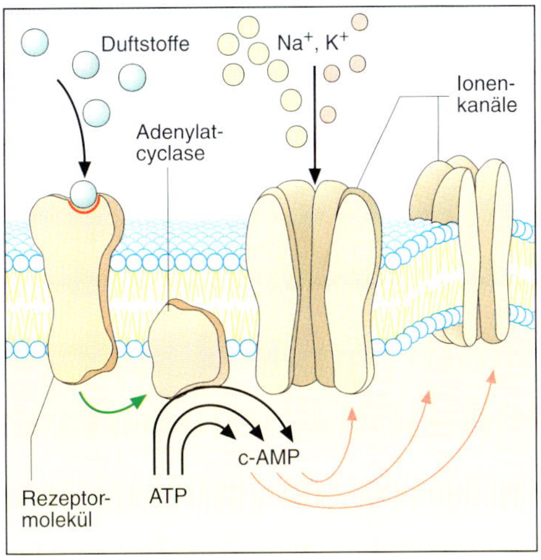

1 Riechzellmembran

kanäle geöffnet und damit eine unterschiedlich hohe Aktionspotentialfrequenz ausgelöst. Diese wird an dem ableitenden Axon gemessen. In der darunter liegenden Zellschicht werden ca. 1000 Axone der Riechsinneszellen auf weiterleitende Neuronen verschaltet, die Reizinformationen zum Gehirn weiterleiten, wo die Erregungen in verschiedenen Gehirnteilen ausgewertet werden.

Biochemische Untersuchungen mit unterschiedlichen Duftstoffmolekülen zeigten, dass Riechzellen nur von spezifischen Duftstoffmolekülen gereizt werden. Kleine Unterschiede im Molekülaufbau des Riechstoffes können die Wirkung verhindern (siehe Abb. 30.3). Demnach müssen in den Cilien der Riechzellen spezifische Rezeptormoleküle für einzelne Duftstoffmoleküle vorhanden sein. Eine Riechsinneszelle hat nur eine Sorte dieser Rezeptormoleküle. Dies ermöglicht im Gehirn die differenzierte Wahrnehmung verschiedener Düfte.

Rezeptormoleküle sind Proteinkomplexe in den Zellmembranen, an die spezifische Moleküle binden können. Der Aufbau verschiedener Rezeptormoleküle ist ähnlich, sie unterscheiden sich aber im Bereich der Bindungsstelle für Duftmoleküle. Die Struktur der Bindungsstellen ist genetisch bedingt. Fehlt die genetische Information, kann der Duftstoff nicht wahrgenommen werden.

Der Kontakt zwischen dem Rezeptorprotein und dem Duftstoffmolekül führt zu einer Veränderung der räumlichen Struktur des Rezeptormoleküls (Abb. 1). Der Duftstoff-Rezeptorkomplex aktiviert ein membrangebundenes Enzym, die *Adenylatcyclase*, auf der inneren Seite der Zellmembran. Dieses Enzym wandelt ATP in zyklisches AMP *(c-AMP)* um. c-AMP ist ein zellulärer Botenstoff, der u. a. in der Zellmembran die Öffnung von Ionenkanälen bewirkt, durch die Kationen in die Zelle diffundieren. Durch die Aktivierung eines Rezeptormoleküls werden ca. 1000 c-AMP-Moleküle gebildet, die auf die Ionenkanäle einwirken können. Diese intrazelluläre Signalverstärkung führt innerhalb von 100 ms zu einem effektiven Rezeptorpotential durch wenige Duftstoffmoleküle. Die Duftstoffmoleküle werden in der Nasenschleimhaut enzymatisch abgebaut. So wird eine Dauerreizung vermieden und die Wahrnehmung nicht störend beeinflusst.

Ein Molekül kann viel bewirken: Kaskaden

Ein einzelnes Duftstoffmolekül, wenige Hormonmoleküle im Blut oder einzelne Photonen des Lichts sind durch molekulare Verstärkung in der Lage, in Zellen einen veränderten Stoffwechsel, eine *Zellantwort*, auszulösen.

Die Moleküle treten mit den Rezeptormolekülen in der Zellmembran in Kontakt und verbinden sich mit diesen. Dadurch wird jedoch nicht direkt die Zellantwort im Zellstoffwechsel ausgelöst. Eine einzelne Reaktion würde in der Zelle wirkungslos bleiben. Durch die Veränderung des Rezeptormoleküls werden *sekundäre Botenstoffe* freigesetzt. Ein Rezeptormolekül kann hierbei die Bildung einiger hundert Moleküle des sekundären Botenstoffs auslösen. Diese sind wiederum in der Lage, viele Reaktionen auszulösen, die dann einen feststellbaren Effekt erzeugen.

Sekundäre Botenstoffe sind z. B. das c-AMP *(zyklisches AMP)*, dem c-AMP ähnliche Verbindungen oder Calciumionen. Sie können Funktionszustände von Proteinen aktivieren oder deaktivieren.

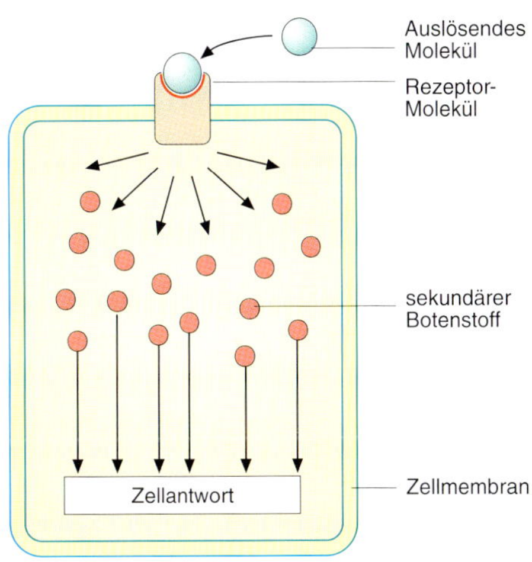

Lichtsinneszellen

Die *Netzhaut* des menschlichen Auges enthält etwa 6 Millionen Zapfen zum Farbensehen und 120 Millionen Stäbchen zum Hell-Dunkel-Sehen (Abb. 1). Elektromagnetische Strahlung im Wellenlängenbereich von 400 nm (violett) bis 700 nm (rot) führt in diesen Sinneszellen zu einer Erregung, die wir als Licht empfinden. Der Aufbau der beiden Zelltypen ist sehr ähnlich. Das Innensegment enthält den Nukleus, Mitochondrien und die synaptische Endigung. Das Außensegment der Stäbchen besteht aus vielen Scheibchen (ca. 1 000), die durch Einfaltungen und Abschnürungen der äußeren Zellmembran entstanden sind (Abb. 2). Dieser Stapel wird von der Oberflächenmembran der Lichtsinneszelle völlig umhüllt. In der Membran dieser Scheibchen liegen die Sehpurpurmoleküle, das *Rhodopsin*. Bereits im letzten Jahrhundert vermuteten Wissenschaftler, dass die purpurrote Farbe der Froschretina eine Bedeutung für den Sehvorgang hat, da die Farbe bei Belichtung verschwindet und sich bei Dunkelheit zurückbildet.

Die Rhodopsinmoleküle reichen durch die Membran von außen nach innen hindurch (Abb. 2). Bestandteil des Rhodopsins ist neben dem *Opsin*, einem Protein, das *Retinal*, ein etwas verändertes Molekül des Vitamins A, das wir mit der Nahrung aufnehmen. Ein Vitamin-A-Mangel kann zur Beeinträchtigung der Sehfähigkeit, wie z. B. zur Nachtblindheit, führen. Das Molekül des Retinals kommt in zwei Formen vor, der *cis*- und der *trans*-Form (s. Randspalte). Bei Dunkelheit ist die Wahrscheinlichkeit 1 : 1 000, dass sich aus der cis- die trans-Form bildet. Durch Lichteinfall steigt die Wahrscheinlichkeit für die Bildung der trans-Form stark an.

Misst man an den Lichtsinneszellen das Rezeptorpotential, findet man gegenüber anderen Sinneszellen eine erstaunliche Veränderung des Membranpotentials (Abb. 33.2). Führt eine Reizeinwirkung bei den Riechsinneszellen in der Riechschleimhaut zu einer Depolarisation, misst man bei Lichteinstrahlung an den Lichtsinneszellen eine Hyperpolarisation von −30 mV auf −70 mV. Die Zellmembran ist also ohne den Reiz stärker depolarisiert. Dies lässt sich nur mit der Hypothese erklären, dass bei einer Erregung durch Licht die Na^+-Ionenkanäle nicht geöffnet, sondern geschlossen werden. Bei Dunkelheit wären demnach mehr Na^+-Ionenkanäle geöffnet als bei Lichteinwirkung.

1 REM-Aufnahme von Zapfen (Pfeile) und Stäbchen

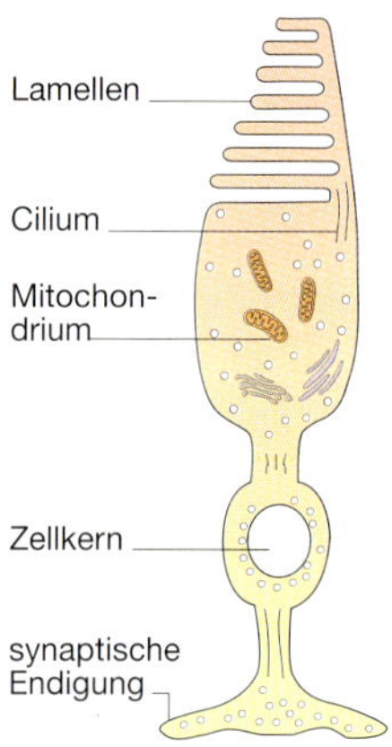

Zapfen

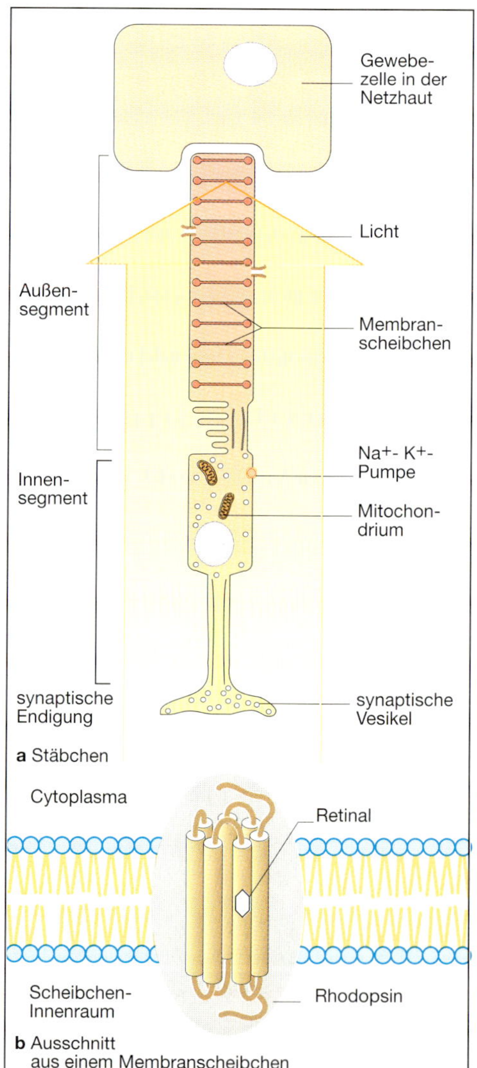

2 Aufbau eines Stäbchens

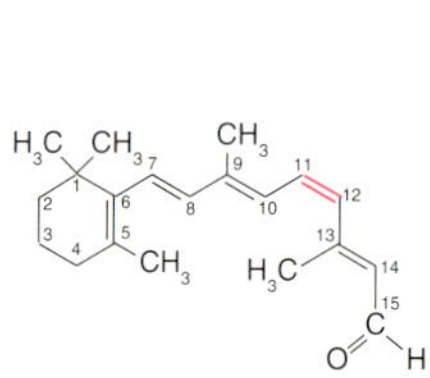

11-*cis*-Retinal

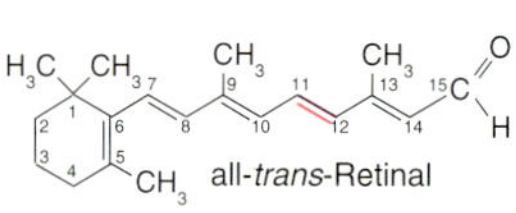

all-*trans*-Retinal

lichtaktivierte Reaktion des Sehfarbstoffes

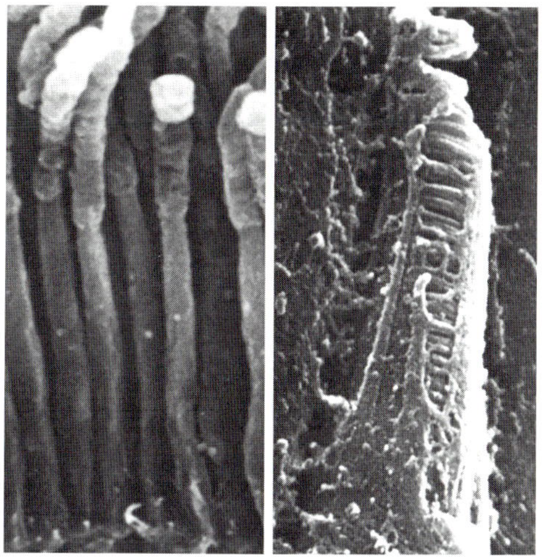

1 Stäbchen (links) und Zapfen (rechts)

schen Membran der Zelle ausbreitet. Die dort allein aufgrund des fortgeleiteten Rezeptorpotentials freigesetzten Transmitter wirken auf eine weiterleitende Nervenzelle ein. Die Lichtsinneszellen sind umgewandelte Gewebezellen. Man nennt sie *sekundäre Sinneszellen*. Die Riechsinneszellen sind Nervenzellen. Sie bilden Aktionspotentiale aus und leiten diese über das eigene Axon weiter. Man bezeichnet sie als *primäre Sinneszellen*.

Aufgabe

① Vergleichen Sie die beiden Zustände der Lichtsinneszelle tabellarisch (Abb. 2) und stellen Sie Unterschiede zu den Riechsinneszellen heraus.

Das Schließen von Na^{+}-Ionenkanälen bei Lichteinstrahlung ist auf molekularer Ebene durch die Veränderung des Retinalmoleküls bedingt. Durch die Veränderung des Retinalmoleküls im Rhodopsin entsteht das aktivierte Rhodopsin. Es wirkt über Enzyme auf ein Protein der Scheibchenmembran *(Transducin)* ein und aktiviert es ebenfalls. Transducin bewirkt den Abbau von sekundären Botenstoffmolekülen. Diese Moleküle können sich an die Na^{+}-Ionenkanäle in den Scheibchen binden und sie geöffnet halten. Je geringer die Anzahl der sekundären Botenstoffmoleküle im Cytoplasma der Scheibchen ist, desto weniger Kanäle sind geöffnet.

Bereits ein sehr kurzer Lichtblitz löst eine Hyperpolarisation der Membran aus. Die hohe Effektivität der Lichtsinneszellen kann nur über eine intrazelluläre Signalverstärkung der molekularen Vorgänge erreicht werden. Die Verstärkung erfolgt kaskadenartig vom Rhodopsin über das Transducin und die sekundären Botenstoffe. Durch ein Molekül des aktivierten Rhodopsins werden bei diesem Prozess etwa 100 000 Moleküle von den sekundären Botenstoffmolekülen abgebaut. Die Reizung der Lichtsinneszellen führt also über diesen Verstärkungsprozess dazu, dass Na^{+}-Ionenkanäle geschlossen werden. Die Folge ist eine verminderte Transmitterausschüttung an den Synapsen der Lichtsinneszellen.

Anders als bei den Riechsinneszellen entsteht bei den Lichtsinneszellen kein Aktionspotential. Die Veränderung des Zellmembranpotentials verändert das elektrische Feld, das sich elektrotonisch zur präsynapti-

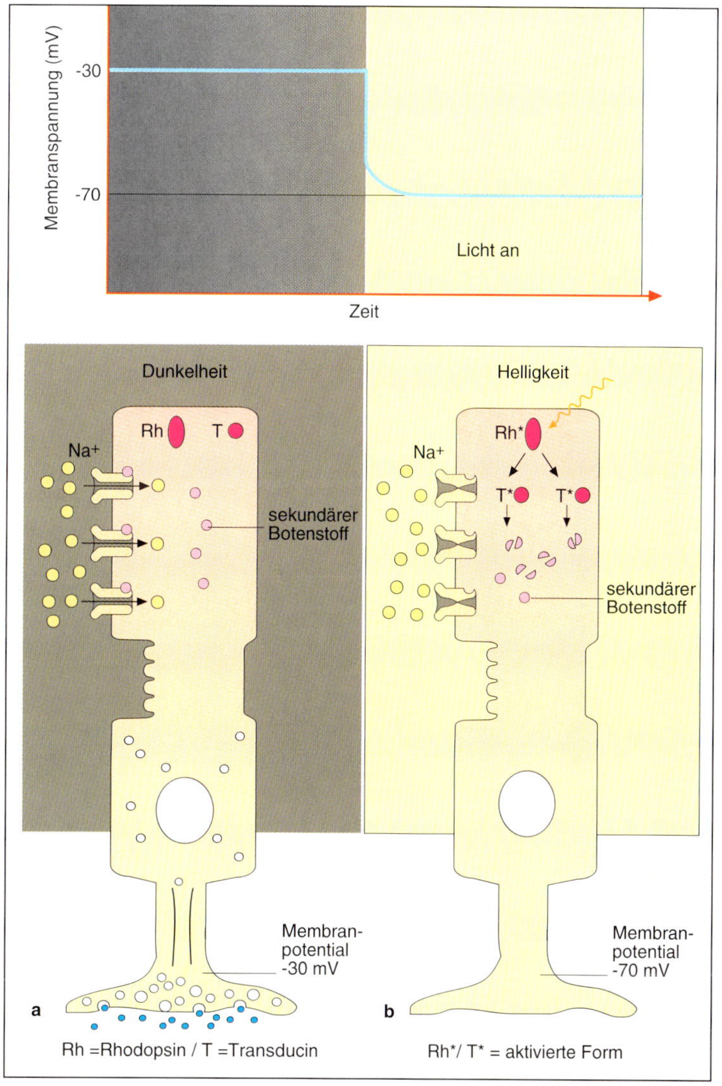

2 Funktion einer Lichtsinneszelle

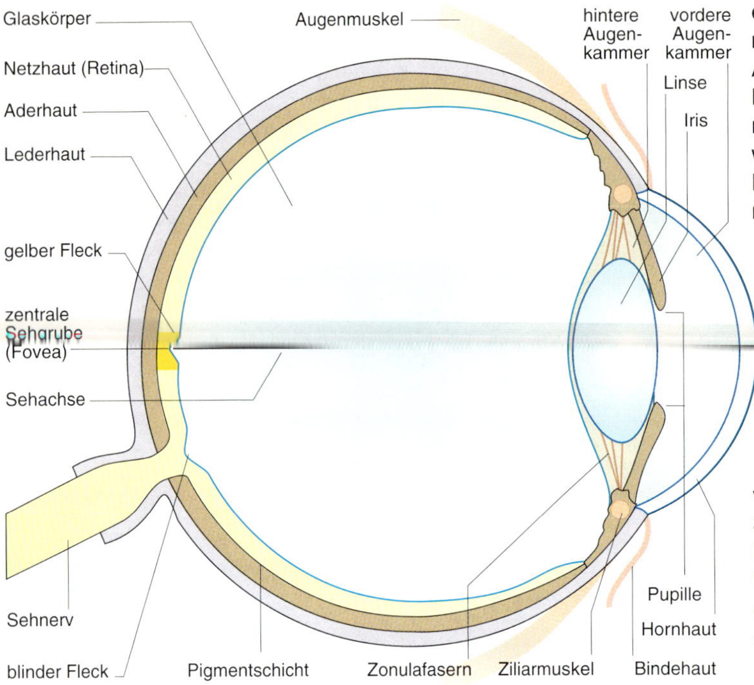

1 Horizontalschnitt durch das Auge

Das menschliche Auge

Bei der äußeren Betrachtung des Auges fällt die farbige Regenbogenhaut *(Iris)* auf, die das schwarz erscheinende Sehloch *(Pupille)* freilässt. Daneben ist die von weißen Blutgefäßen durchzogene Bindehaut zu sehen. Die Hornhaut ist durchsichtig, hinter ihr befindet sich die vordere Augenkammer. Im Inneren wird diese Kammer durch die Linse begrenzt (Abb. 1), dahinter befindet sich der gallertartige Glaskörper, dem die Netzhaut *(Retina)* anliegt. Es folgen *Pigmentschicht, Aderhaut* und *Lederhaut*.

Mit Ausnahme der Netzhaut, in der Millionen von Lichtsinneszellen eng beieinander stehen, handelt es sich bei dem komplexen Aufbau des Auges um Hilfsstrukturen, die es ermöglichen, dass ein sichtbares Bild auf die Netzhaut fokussiert wird. Das Licht gelangt durch die Pupille in unser Auge. Hornhaut, Linse, vordere Augenkammer und Glaskörper bilden den lichtbrechenden *(dioptrischen)* Apparat, sie beeinflussen den Strahlengang. Auf der Netzhaut entsteht dadurch ein reelles, verkleinertes und umgekehrtes Bild. Da der Abstand zwischen Linse und Netzhaut nicht verändert wird, muss zum Scharfsehen die Brennweite der Linse verändert werden *(Akkommodation)*. Die elastische Linse ist ringsherum an den Zonulafasern aufgehängt, die zugleich mit der Aderhaut und Lederhaut verbunden sind. Der Augeninnendruck spannt passiv die Zonulafasern, wodurch die Linse flachgezogen wird. Das Auge ist *fernakkommodiert*. Beim Blick in die Nähe kontrahiert sich der Ziliarmuskel. Die Linse wird wegen ihrer Eigenelastizität dicker, die *Brennweite* nimmt ab.

Die Lichtsinneszellen der Netzhaut liegen auf der dem Licht abgewandten Seite (Abb. 2). Ihre Verschaltung in der Retina ist komplex, da die vielen Millionen Lichtsinneszellen auf nur etwa 1 Million Neuronen verschaltet werden. Die Zapfen sind über Bipolarzellen mit Nervenzellen verbunden, die den Anfang des Sehnervs bilden. Dies sind Zellen, die wie Lichtsinneszellen kein Aktionspotential ausbilden, sondern ein elektrisches Feld, welches sich elektrotonisch ausbreitet. Quer dazu verschalten die *Horizontal-* und *Amakrinzellen. Zapfen* und *Stäbchen* sind unterschiedlich dicht auf der Netzhaut verteilt. Im Zentrum, dort wo das Licht eines fixierten Punktes auf die Netzhaut fällt, gibt es nur Zapfen, die jeweils nur mit einer Ganglienzelle verschaltet sind. Diese Stelle der Netzhaut ist leicht vertieft, sie heißt *zentrale Sehgrube (Fovea)*. Bei wenigen verschalteten Lichtsinneszellen werden mehr Bildpunkte getrennt wahrgenommen, die *Sehschärfe* ist groß. Bei vielen auf eine Ganglienzelle verschalteten Zellen laufen viele Erregungen zusammen. Dort ist die Lichtempfindlichkeit hoch. In dem Bereich, in dem der Sehnerv durch die Netzhaut tritt, liegen keine Lichtsinneszellen *(blinder Fleck)*.

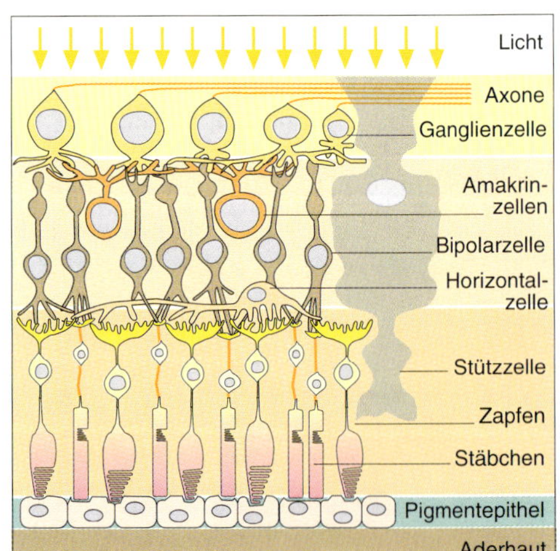

2 Netzhautquerschnitt

Lexikon
Lexikon
exikon
xikon
ikon
kon
on

Organisationsstufen der Lichtrezeption

Lichtempfindlichkeit ist nicht an das Vorhandensein spezifischer Lichtsinnesorgane gebunden. Aktiv bewegliche Bakterien reagieren auf plötzlich sich ändernde Lichtintensität mit spezifischer Ausweichbewegung, sie sind *negativ fototaktisch.* Eukaryotische Einzeller, wie z. B. *Euglena viridis* (Augentierchen), wenden sich aktiv dem Licht zu, sind also *positiv fototaktisch.* Oft spielen bei diesen Einzellern gelbrote Carotinoide in lichtempfindlichen Plastiden die entscheidende Rolle. Auf dieser Stufe der Augenentwicklung spricht man von *Lichtsinnesorganellen.* In der weiteren Entwicklung entstehen aus einzelnen Sehzellen zusammengesetzte Sinnesorgane mit speziellen Hilfseinrichtungen. Damit verbunden vollzog sich die Entwicklung des Sehvermögens, die Leistungsverbesserung der Augentypen.

Viele Tiere verfügen über einen *Hautlichtsinn* aus Sehzellen, der auch bei Schnecken, Krebsen und niederen Wirbeltieren zusätzlich zu den Lichtsinnesorganen nachgewiesen ist. Die Mehrzahl der frei lebenden mehrzelligen Tiere besitzt Augen aus Rezeptorzellen mit lichtempfindlichen Farbstoffen, die zu Sinnesepithelien zusammengelagert sind. Die hier entstehenden elektrischen Impulse werden über eigene Nervenfasern *(primäre Sinneszellen)* an nachfolgende Neuronen geleitet, können zusammengefasst und verschaltet werden.

Das Sehvermögen entwickelte sich vom Hell-Dunkel-Sehen über das Richtungs- und Bewegungssehen zum Bild- und Entfernungssehen und zum Unterscheiden von Farben. Dabei entstanden funktionell gleiche Augentypen unabhängig voneinander *(konvergent)* in unterschiedlichen Tiergruppen.

Augentyp	Baumerkmale	Sehleistungen	Vorkommen
Lichtsinneszelle	Einzelne Fotorezeptoren in der Haut oder im Nervengewebe.	Hell-Dunkel-Sehen	Regenwurm
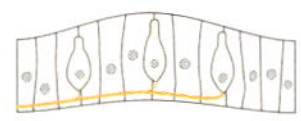	Sinneszellen zu Gruppen zusammengefasst *(Flachauge).*	Hell-Dunkel-Sehen verbessert; beginnendes Richtungssehen.	Quallen, Seesterne
Pigmentbecherocellus 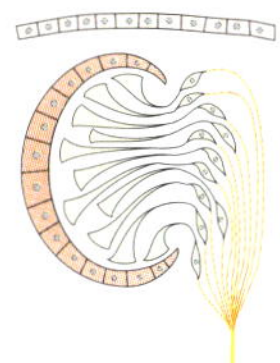	Sinneszellen von einem Becher aus pigmenthaltigen Zellen umgeben (Abschirmung gegen Lichteinfall von der Seite); Becher nur zu einer Seite hin geöffnet; Enden der Sinneszellen lichtabgewandt *(inverse Lage).*	Hell-Dunkel-Sehen; grobes Richtungssehen (Bildqualität abhängig von der Zahl der Rezeptoren).	Strudelwurm (Planarie) Lanzettfischchen (im Neuralrohr)
Grubenauge 	Sinneszellen bilden geschlossenes Epithel, das eine vertiefte Grube auskleidet; einseitig von Pigmentzellen abgeschirmt; Grube mit Sekret (Gallerte) gefüllt; Sehzellenenden dem Licht zugewandt *(everse Lage).*	Hell-Dunkel-Sehen; Richtungssehen (je kleiner die Öffnung der Grube, desto besser das Richtungssehen).	Napfschnecke (Patella)
Blasenauge 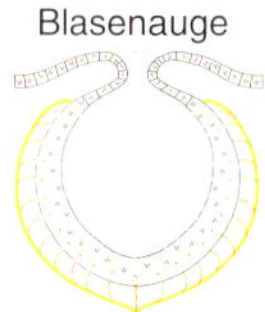	Grube stark eingetieft und zur Blase erweitert; Öffnung zur Oberfläche nur noch lochförmig (Lochkamera); Blase ganz mit Sekret gefüllt (wirkt als Lichtsammler).	Hell-Dunkel-Sehen; Richtungssehen; Bildsehen (je enger das Sehloch, desto schärfer aber auch lichtschwächer das Bild).	Nautilus (Kopffüßer)
einfaches Linsenauge 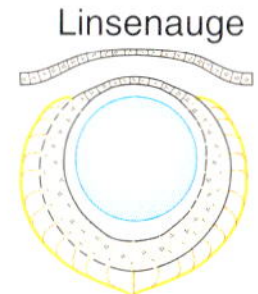	Bei Verdichtung des Sekrets entsteht eine einfache Linse.	Linse konzentriert Licht auf der Netzhaut, wodurch hellere, aber noch unscharfe Bilder entstehen.	Weinbergschnecke
Komplex-(Facetten-)auge 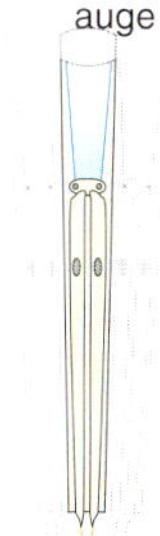 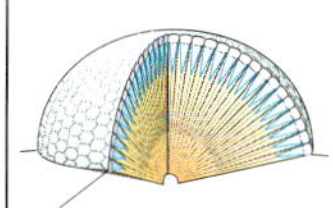	Aus zahlreichen (20–10 000) Einzelaugen *(Ommatidien)* zusammengesetzt; jedes Ommatidium bildet einen winzigen Teil des Gesamtbildes ab (Rasterung); Einzelauge mit Linse und Kristallkörper (optischer Apparat) und 8 um die Längsachse des Ommatidiums angeordnete Sinneszellen; Abschirmung der Einzelaugen durch Pigmentzellen (Pigmentverteilung veränderbar, Adaptation).	Hell-Dunkel-Sehen; Richtungssehen; Bildsehen (Mosaik aus Bildpunkten, Schärfe von der Zahl der Ommatidien abhängig); Farben sehen (bei Honigbienen im Bereich zwischen 300 nm UV und 600 nm Grün; polarisiertes Licht sehen; hohes zeitliches Auflösungsvermögen. (Der Mensch unterscheidet 16–20 Bilder/s, die Biene bis 300 Bilder/s.)	Gliedertiere

Auflösungsvermögen

Die Fähigkeit, mit bloßem Auge kleinste Einzelheiten zu unterscheiden, ist begrenzt. Ein Blick durch Lupe oder Mikroskop dagegen lässt zuvor für uns nicht sichtbare Strukturen erkennen. Die Fähigkeit, zwei nahe beieinander liegende Punkte als zwei einzelne Punkte zu sehen, wird *räumliches Auflösungsvermögen* genannt. Dieses wird meist als Sehwinkel α angegeben (s. Randspalte). Der Wert liegt bei etwa 50 Bogensekunden. Dies entspricht der Entfernung 0,06 mm zwischen zwei Punkten bei einem Abstand zum Auge von ca. 25 cm.

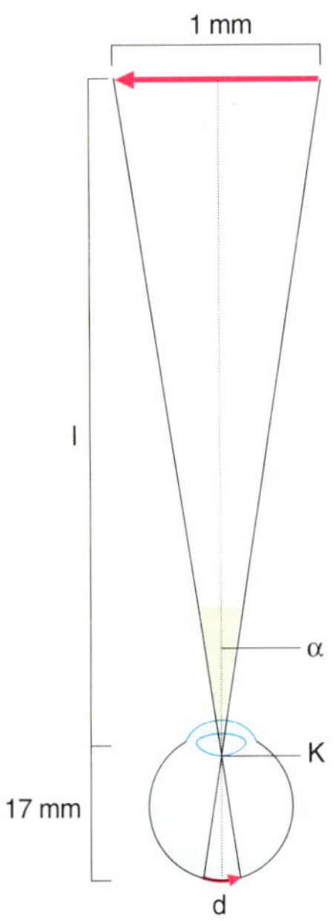

Sehschärfe

Was der Arzt bei einem Sehschärfetest prüft, ist das Auflösungsvermögen an der Stelle schärfsten Sehens auf der Netzhaut. Dazu wird das Objekt fixiert, damit dessen Licht in die zentrale Sehgrube fällt. Um beispielsweise eine Einzelheit der Leseprobentafeln zu erkennen, muss eine ungereizte Sinneszelle zwischen zwei gereizten Sinneszellen liegen. Dies gilt für die zentrale Sehgrube, wo Sinneszellen und Ganglienzellen ein Verhältnis von 1 : 1 haben. Weil die Dichte der Sinneszellen zur Peripherie hin abnimmt und dort auch viele Sinneszellen auf nur eine Ganglienzelle geschaltet sind, nimmt hier die Sehschärfe bis auf $^1/_{20}$ ab.

Begrenzt ist auch die Fähigkeit, zwei zeitlich kurz aufeinander folgende Lichtreize als solche zu erkennen, also das *zeitliche Auflösungsvermögen*. Von den Speichen eines schnell drehenden Rades ist nur noch ein durchscheinendes Grau zu sehen. Die Begrenztheit des zeitlichen Auflösungsvermögens ist die Grundlage für den Kinofilm und das Fernsehen. Ein Filmstreifen enthält viele einzelne Bilder, von denen 25 pro Sekunde gezeigt werden. Bei den geringen Leuchtdichten reicht dies aus, um die einzelnen Bilder verschmelzen zu lassen (Abb. 1).

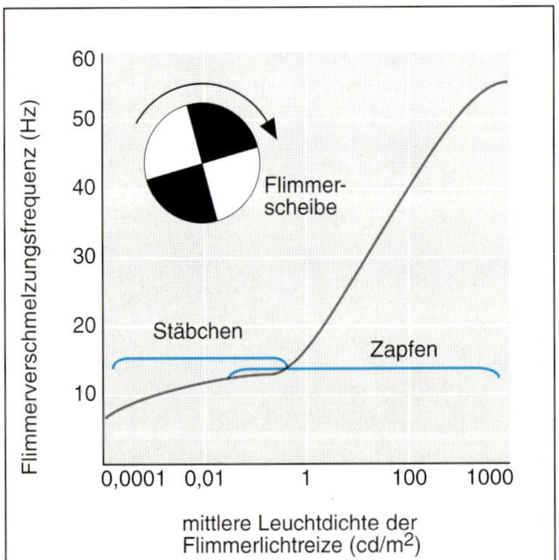

1 Flimmerverschmelzungsfrequenz

Lässt man einen Film langsamer laufen, dann flimmert es. Beim Fernseher, der sogenannten „Flimmerkiste“, kann dies auch passieren. Die Frequenz, mit der ein Elektronenstrahl das Bild aufbaut, bleibt zwar konstant (25 Bilder pro Sekunde), aber die kritische Flimmerfrequenz des Auges wird unter stärkerer Beleuchtung und am Rande des Gesichtsfeldes unterschritten. Moderne Monitore arbeiten deshalb mit höheren Frequenzen. Für Insekten reicht auch dies noch nicht – sie lösen bis zu 200 Lichtreize pro Sekunde auf.

Entscheidend für das zeitliche Auflösungsvermögen ist die Zeit von der lichtaktivierten Reaktion des Sehfarbstoffs über die biochemische Kaskade bis zur Änderung der Membranspannung. Sie dauert bei Stäbchen länger als bei Zapfen. Während dieser Zeit eintreffende Lichtstrahlung kann zu einer Vergrößerung der Membranspannung beitragen. Die längere Verarbeitungszeit bei Stäbchen trägt zu deren hoher Empfindlichkeit bei, begrenzt aber deren zeitliches Auflösungsvermögen. Die Verarbeitungszeit bei Zapfen ist kürzer. Sie benötigen aber mehr Licht, ehe die Membranspannung sich verändert. Deshalb ist ihr zeitliches Auflösungsvermögen besser, wenn genügend Licht vorhanden ist. Bei hohen Frequenzen ist die Verarbeitungszeit länger als die Zeit zwischen den Lichtblitzen. Die Membranspannung bleibt dann gleich hoch.

Tritt der Lichtreiz kurz nacheinander an unterschiedlichen Stellen auf, wird eine Bewegung wahrgenommen, wobei es sich um eine Scheinbewegung handeln kann. Kino und Fernsehen arbeiten mit diesem Effekt, wenn ein Gegenstand kurz nacheinander an verschiedenen Stellen projiziert wird.

Aufgabe

① Bestimmen Sie die Entfernung l, in der eine Versuchsperson ein 1-mm-Raster bei guter Beleuchtung gerade noch scharf sehen kann (s. Randspalte). Berechnen Sie die Größe des abgebildeten Rasters auf der Netzhaut.

Adaptation

Gehen wir aus einem hell erleuchteten Raum in die Nacht, können wir fast nichts mehr sehen. Erst nach einer Weile sind Einzelheiten schwach beleuchteter Gegenstände wieder sichtbar. Die Empfindlichkeit unseres Sehsystems passt sich langsam an die viel geringere Beleuchtungsstärke in der Umgebung an. Dieser Anpassungsvorgang wird *Dunkeladaptation* genannt und dauert bis zu einer halben Stunde (Abb. 1).

Gemessen wird die Dunkeladaptation mit folgendem Versuch: Eine Person blickt auf einen sehr hell erleuchteten Schirm, der dann verdunkelt wird. In kurzen Zeitabständen wird dann jeweils geprüft, wie hell ein Leuchtpunkt gerade sein muss, damit er von der Versuchsperson noch wahrgenommen wird. Die kleinste Reizstärke, die noch eine Empfindung auslöst, wird *Schwellenreizstärke* genannt. Bei normalsichtigen Versuchspersonen werden zwei Kurven gemessen (Abb. 1). Die eine außerhalb der zentralen Sehgrube, die in zwei Schwüngen niedrigere Schwellenreizstärken erreicht. Die andere in der zentralen Sehgrube, die zuerst ähnlich verläuft, dann aber bei mehr als 1 000fach höherer Schwellenreizstärke konstant bleibt.

In der zentralen Sehgrube befinden sich nur Zapfen. Die zweite Kurve kann damit als Adaptationskurve der Zapfen gedeutet werden. Im Bereich außerhalb der zentralen Sehgrube befinden sich sowohl Stäbchen als auch Zapfen. Der obere Kurventeil kann damit der *Zapfenadaptation* zugeordnet werden, der untere der *Stäbchenadaptation*. Stäbchen wären dann nach mindestens 10 Minuten Dunkeladaptation empfindlicher als Zapfen, d. h. Stäbchen sprechen dann auf geringere Lichtstärken an. Stäbchen ermöglichen Sehen bei Schwachlicht *(skotopisches Sehen)*. Zapfen sprechen nur auf Starklicht an *(fotopisches Sehen)*. Der vollständige Verlust der Stäbchenfunktion führt beim Menschen zur Nachtblindheit. Menschen ohne Zapfenfunktion sehen die Welt, wie sie uns bei sehr schwachem Licht erscheint: schwarz-weiß schattiert und ganz ohne einen Farbton.

Die Dunkeladaptation dauert deshalb so lange, weil fast das gesamte Rhodopsin ausgeblichen ist. Es dauert ungefähr 30 Minuten, bis es vollkommen regeneriert ist. Dann aber genügt sehr wenig Licht, um in den Stäbchen eine Reaktion auszulösen. In den Zapfen hingegen ist der Sehfarbstoff geringer konzentriert, sodass viel höhere Lichtintensitäten zur Auslösung der Reaktion *(Transduktion)* nötig sind.

Adaptationsleistung der Iris

Beleuchtungsstärken

Mondlicht: 0,01 lux
Sommertag: 100 000 lux
Leuchtdichtenverhältnis: 1 : 10 000 000

Größe der Pupille: von 4 bis 64 mm^2
Regelbereich der Pupille: 1 : 16

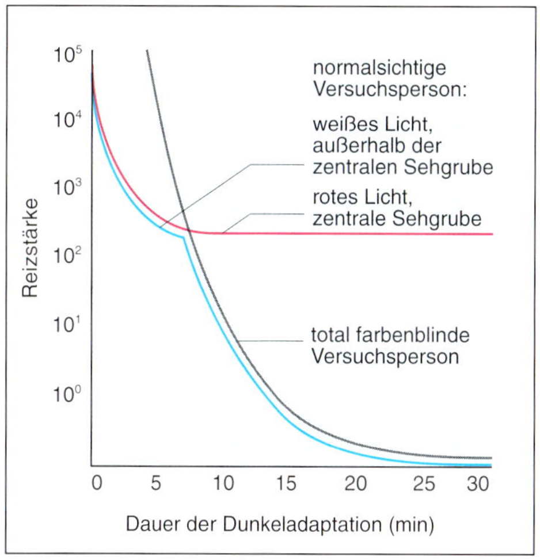

1 Dunkeladaptationskurven

Die Anpassung unseres Sehsystems an Helligkeit *(Helladaptation)* verläuft wesentlich schneller. Dies lässt sich leicht beobachten, wenn man nach längerem Aufenthalt im Dunkeln einen hell erleuchteten Raum betritt. Durch die großen Intensitätsunterschiede kommt es zur vorübergehenden *Blendung*, die mit einer herabgesetzten Empfindlichkeit und gestörter Formwahrnehmung einhergeht. Innerhalb von 15 bis 60 Sekunden passt sich das System an, die Sicht ist wieder gut. Die größere Anpassungsgeschwindigkeit bei der Helladaptation lässt sich dadurch erklären, dass der Rhodopsinzerfall in den Stäbchen nur wenig Zeit braucht und dann die weniger empfindlichen Zapfen reagieren können.

Adaptation wird zu einem geringen Teil von der Iris geleistet (siehe Randspalte). Hauptsächlich sind es Vorgänge in den Sinneszellen. Deshalb können einzelne Bereiche der Retina in verschiedene Adaptationszustände versetzt werden. Beobachten lässt sich dies an den sog. *Nachbildern*. Fixiert man für kurze Zeit eine kontrastreiche Fläche und blickt danach auf eine einheitliche Fläche, sieht man ein negatives Nachbild.

Aufgabe

① Nachts sind Navigationsinstrumente auf Schiffsbrücken oder in Flugzeugcockpits oft rot beleuchtet. Warum wählt man keine weiße Beleuchtung (s. Abb. 1)?

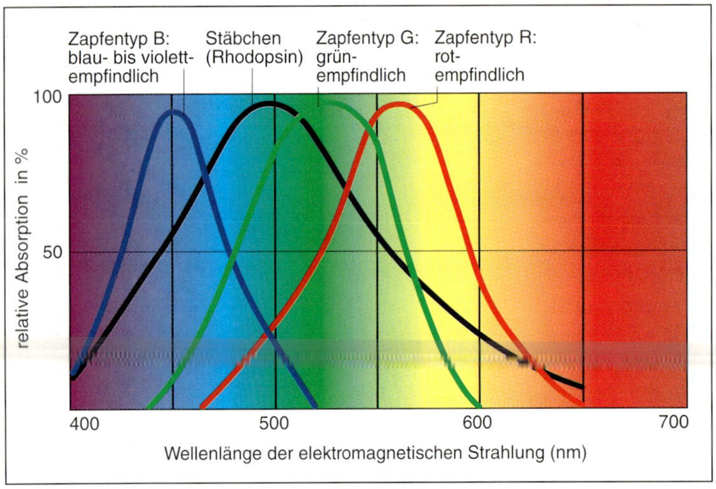

1 Absorptionsspektrum der Lichtsinneszellen beim Menschen

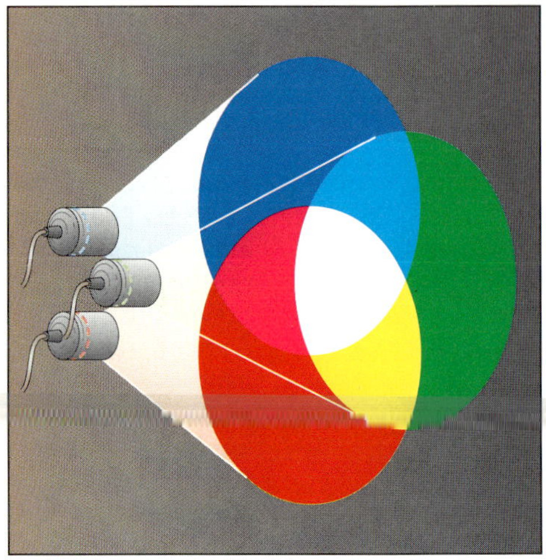

2 Additive Farbmischung

Farben sehen

Betrachten wir eine Zitrone, so nehmen wir die charakteristische gelbe Farbe nur bei Beleuchtung, nicht im Dunkeln wahr. Die Zitrone ist keine Lichtquelle, sondern reflektiert Licht. Weißes Sonnenlicht lässt sich mithilfe eines Prismas in ein Spektrum unterschiedlicher Wellenlängen zerlegen. Das Spektrum ruft bei uns die Wahrnehmung der Farben von blau über grün, gelb bis rot hervor (Abb. 1). Sind alle Wellenlängen zwischen 400 und 700 nm vorhanden, empfinden wir weißes Licht. Diese Empfindung haben wir auch, wenn man Licht der drei Farben Rot, Grün und Blau auf eine Fläche projiziert *(additive Farbmischung)*. Es entsteht der Eindruck „weißes Licht" (Abb. 2). Mischt man rotes und grünes Licht, sieht man die Farbe Gelb. Man nennt diese drei Farben *Grundfarben*. Durch Verändern der Intensität der drei Grundfarben lassen sich alle Farben mischen.

Bei den Zapfen kann man drei verschiedene Typen unterscheiden (Abb. 1). Durch unterschiedliche Fotopigmente *(Rhodopsin)* haben die Zapfen eine besonders hohe Empfindlichkeit im blauen, grünen oder roten Bereich des Spektrums. Diese drei in der Netzhaut dicht beieinander liegenden Zapfentypen werden durch das einfallende Licht verschiedener Wellenlängen unterschiedlich stark erregt. Die Erregungen werden zum Gehirn weitergeleitet, wo die Farbempfindung entsteht. Die besonders lichtempfindlichen Stäbchen ermöglichen zwar das Dämmerungssehen, jedoch keine Farbwahrnehmung.

Fällt weißes Licht auf die Zitrone, so wird durch den Farbstoff der Zitrone kurzwelliges Licht absorbiert. Dieses liegt im Spektralbereich der blauempfindlichen Zapfentypen. Der restliche Teil des Lichts wird reflektiert und gelangt auf die Netzhaut unserer Augen. Die Reizung vor allem der rot- und grünempfindlichen Zapfen führt zu einer Erregung, die zum Farbeindruck „gelb" im Gehirn führt (Abb. 3).

Aufgabe

① Betrachten Sie mit der Lupe einen leuchtenden Farbmonitor. Weshalb können wir alle Farben auf dem Monitor sehen?

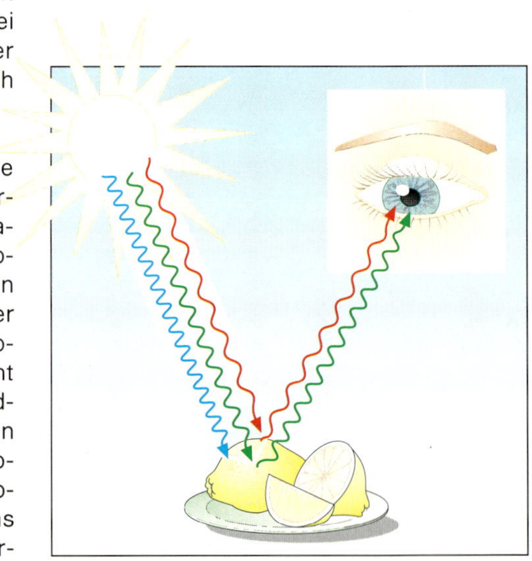

3 Wahrnehmung eines farbigen Gegenstandes

1 Graukontraste

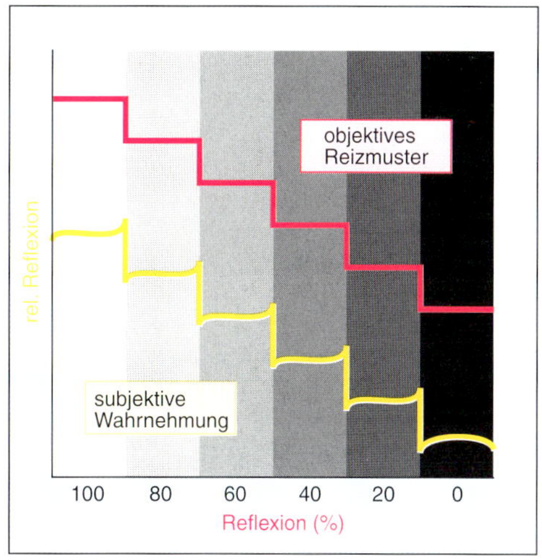

2 Graustufen

Laterale Inhibition

laterale Inhibition

lateral, lat. = seitlich
inhibere, lat. = hemmen

Betrachtet man die beiden Kreise mit gleicher Grauintensität, empfindet man den Kreis auf dunklem Untergrund heller als den Kreis auf weißem Untergrund (Abb. 1). Die Übergänge zwischen den unterschiedlichen grauen Balken werden dagegen betont wahrgenommen. Wir erhalten also wenig Informationen über die absolute Helligkeit eines Gegenstandes, sondern heben vergleichend Kontraste stärker hervor (Abb. 2). Die biologische Bedeutung der Kontrastverstärkung liegt vermutlich darin, dass Feinde oder Nahrung vor einem Hintergrund mit ähnlicher Lichtintensität besser wahrgenommen werden können, besonders in der Dämmerung, wenn das Farbensehen nachlässt.

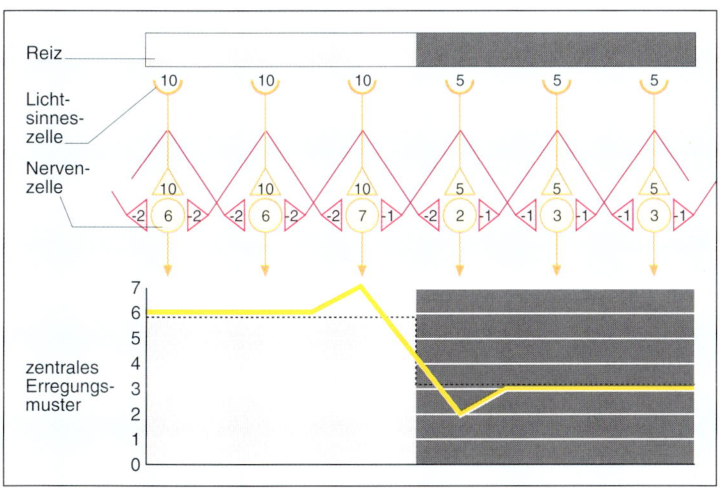

3 Modell einer Verschaltung

Die Kontrastverstärkung wird hervorgerufen durch eine besondere Verschaltung der Lichtsinneszellen untereinander (Abb. 3). Die Bipolarzellen leiten die Erregung der Lichtsinneszellen elektrotonisch auf die Neuronen weiter. Jede Lichtsinneszelle wirkt jedoch zusätzlich über die Horizontalzellen hemmend auf benachbarte Lichtsinneszellen ein *(laterale Inhibition)*.

Wie diese laterale Inhibition zu einer Kontrastverstärkung führt, lässt sich an einem vereinfachten Modell erklären (Abb. 3). Folgende Modellannahmen werden festgelegt:
— Auf die Lichtsinneszellen an der hellen Fläche wirken doppelt so starke Reize wie auf die an der dunkleren Fläche.
— Über Horizontalzellen erfolgt eine Hemmwirkung von 20 % der Erregungsgröße.

Wird die Lichtsinneszelle mit einer angenommenen Reizintensität der Stärke 10 erregt, entspricht dieser Reizstärke eine entsprechende Erregungsstärke, d. h. Aktionspotentialfrequenz. Durch die beiden Horizontalzellen erfolgt, der Annahme zufolge, jeweils eine Hemmung von 20 %. So ergibt sich für die an die Neuronen des Sehnervs weitergeleitete Erregungsstärke der Wert: 10 − 2 − 2 = 6. Im Bereich der Kontrastgrenze zeigt die Aktionspotentialfrequenz gegenüber den benachbarten Sehnerven eine überhöhte Differenz. Diese führt zu der betonten Wahrnehmung zwischen verschieden grauen Flächen und somit zu der verbesserten Möglichkeit, geringe Kontrastunterschiede wahrzunehmen.

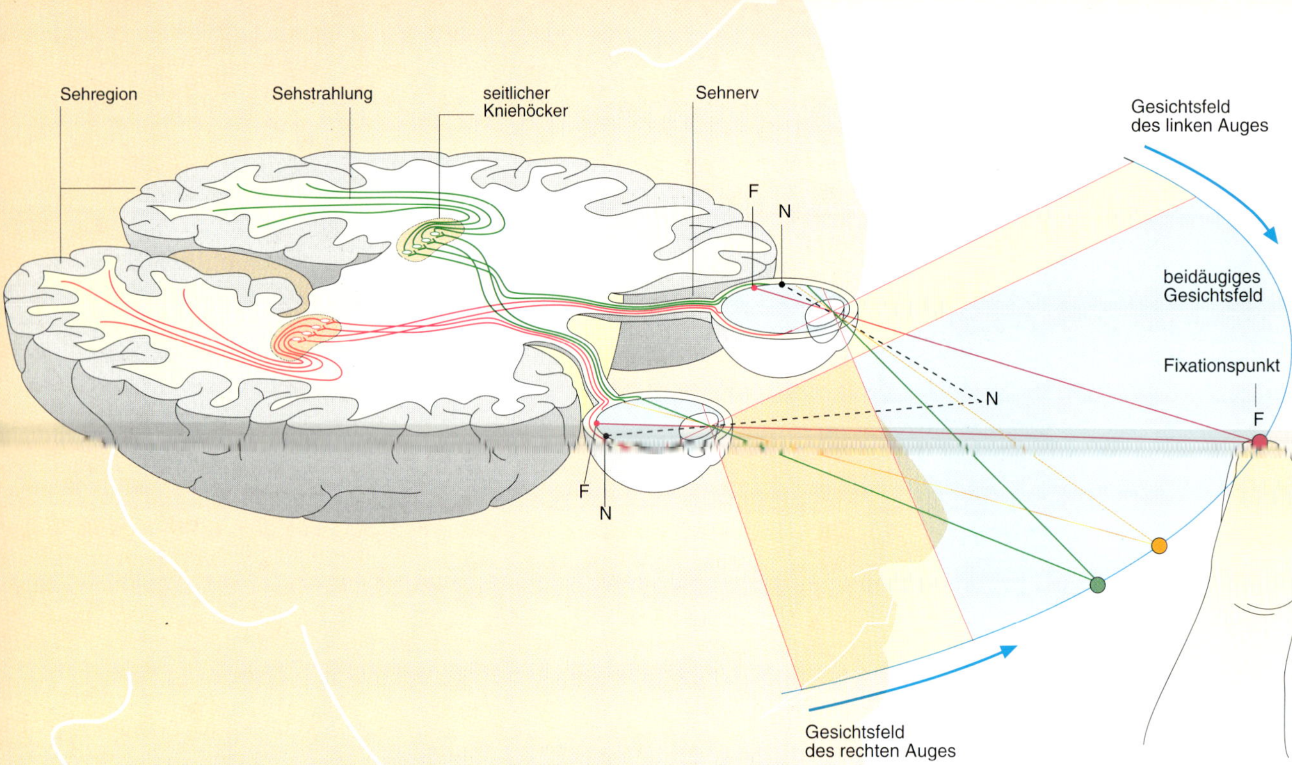

Vom Reiz zum Sinneseindruck

Gesichtsfeld
Ausschnitt der Umgebung, der mit unbewegten Augen wahrgenommen wird.

Ein rotes Auto fährt auf einer Straße, die wir überqueren wollen. Die verschiedenen optischen Reize bei einer solchen Situation werden in den Lichtsinneszellen der Netzhaut in elektrische Erregungen umgewandelt und über verschaltete Neuronen zum Gehirn geleitet. Etwa 1 Million Neuronen bilden den Sehnerv, der vom Auge zum Gehirn führt. Die Sehnerven beider Augen treffen sich an der Sehnervenkreuzung. Dort kreuzen Teile der Nervenfasern zur gegenüberliegenden Seite des Gehirns. Die Verteilung ist so, dass alle Nervenfasern, deren Ursprung in den rechten Netzhauthälften beider Augen liegt, in der rechten Großhirnhälfte landen und umgekehrt. Dies bewirkt, dass die Bildinformationen aus jeder Hälfte des mit beiden Augen erfassten Gesichtsfeldes in nur eine Gehirnhälfte gelangen (Abb. 1).

Visuelle Störungen (Bewegungssystem)

Bereits gegen Ende des 19. Jahrhunderts beobachtete S. Freud das Unvermögen einiger Patienten visuelle Merkmale zu erkennen. Er führte dies nicht auf Defekte im Auge, sondern im Gehirnbereich zurück.

Eine Patientin verlor durch einen Schlaganfall die Bewegungswahrnehmung, konnte jedoch Farben und Formen erkennen. Die Patientin hatte Schwierigkeiten, Tee in eine Tasse zu gießen, da sie die Flüssigkeit nicht in Bewegung sah. Sie empfand sie als „gefrorene Flüssigkeit“. Eine zusätzliche Schwierigkeit ergab sich dadurch, dass sie nicht erkennen konnte, wie die Flüssigkeit in der Tasse anstieg. Probleme traten auch auf der Straße auf. Sie konnte die Autos zwar wahrnehmen, nicht jedoch deren Geschwindigkeit, da die Autos plötzlich hier und dann auf einmal dort waren, ohne dass sie gesehen hatte, wie die Autos sich bewegten. Dies führte zu Schwierigkeiten, eine Straße zu überqueren. Sie musste lernen, andere Faktoren, wie lauter werdende Fahrzeuggeräusche, zur Orientierung mit einzubeziehen.

Bildverarbeitung

Die Nervenfasern der Sehnerven enden im Zwischenhirn. Hier werden die Signale verarbeitet und in die Sehregion der Großhirnrinde geleitet. Die Neuronen der Großhirnrinde weisen eine unterschiedliche Selektivität für verschiedene visuelle Reizmerkmale im Gesichtsfeld auf und bilden drei Auswertsysteme: für die Wahrnehmung von Form, Farbe und Bewegung.

Das erste System liefert verwaschene, kontrastarme Bilder ohne Farben. Besonders markant treten alle bewegten Teile hervor. Hier geht es um die Analyse der Position und Bewegung. Das zweite System liefert scharfe Formen von Teilen des Gesamtbildes. Hier wird ermittelt, um was für ein Objekt es sich handelt. Das dritte System liefert Bilder von geringer Schärfe, die im mittleren Bereich farbig sind.

Die *Tiefenwahrnehmung* (das räumliche Sehen) entsteht in den beiden farblosen Systemen durch etwas verschiedene Netzhautbilder, die durch den Augenabstand zustande kommen. Beim Fixieren eines Gegenstandes (F) werden die Augen so zueinander gedreht, dass der fixierte Gegenstand in beiden Augen in der zentralen Sehgrube abgebildet wird. Gegenstände, die vor oder hinter der fixierten Ebene liegen, werden seitlich von den beiden Netzhautstellen abgebildet. Gegenstände, die vor der fixierten Ebene liegen (N), werden weiter außen abgebildet, Gegenstände, die weiter entfernt sind, auf der zur Nase gerichteten Seite.

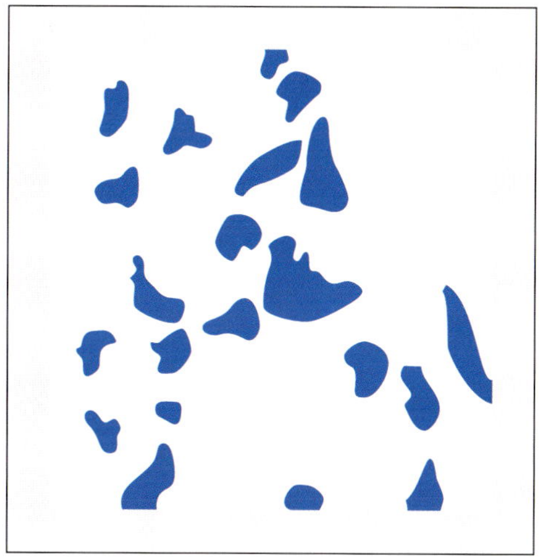

2 Blaue Flecken

Sehen mit Augen und Gehirn

Die Wahrnehmung unserer Umgebung erfolgt über die Verarbeitung der drei verschiedenen Systeme. Die Information, die die größte Aufmerksamkeit erzeugt, bestimmt die Wahrnehmung, andere Objekte werden ignoriert. Dies ist vergleichbar mit dem Ausleuchten der Umgebung mit einem Scheinwerfer: Nur einige Teile der Umgebung werden erleuchtet, die anderen bleiben im Dunkeln. Beim Überqueren der Straße wird es die Bewegung des Autos sein, die unsere Aufmerksamkeit erregt, in der Großhirnrinde ausgewertet wird und uns am Straßenrand warten lässt (Abb. 1).

Bei der visuellen Wahrnehmung unserer Umgebung stammen jedoch nur 20 % der Erregungen bei der Verarbeitung in der Großhirnrinde aus den Lichtsinneszellen der Netzhaut. Der größte Anteil stammt aus anderen Hirnregionen. Das Bild, das in unser Bewusstsein gelangt, ist also nicht ein Bild, wie es eine Kamera aufnehmen würde, sondern ein mit vielen Erfahrungen und zusätzlichen Informationen ausgestattetes Bild.

Deutlich wird dies in Abbildung 2. Betrachtet man diese Abbildung, so erkennt man nur wahllos angeordnete blaue Flecken. Betrachtet man die Abbildung ein zweites Mal mit der Information, dass hier ein Pferd mit Reiter dargestellt wurde, so lässt sich ein solches Bild erkennen. Durch die Zusatzinformation ist die Auswertung der Sinnesdaten aus den Augen im Gehirn verändert und eine neue Wahrnehmung gelangt in unser Bewusstsein.

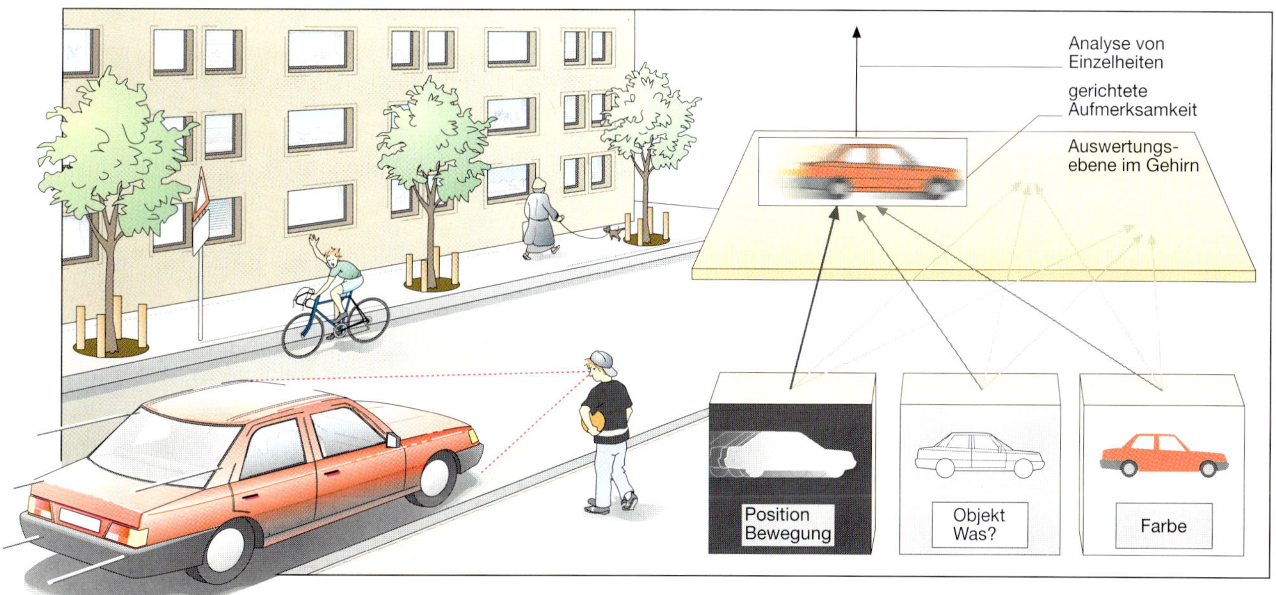

1 Drei Auswertkanäle

Reize und Sinne

Für Tiere und Menschen sind Sinnesorgane von existenzieller Bedeutung, da sie nur über diese Organe Informationen aus ihrer Umwelt und ihrem Körper aufnehmen, anschließend verarbeiten und darauf reagieren können. Bei allen Sinnesorganen werden physikalische oder chemische Reize durch spezifische Sinneszellen aufgenommen. Dies führt zu einer Veränderung der Membranpotentiale, den *Rezeptorpotentialen*, die in Aktionspotentiale umgewandelt *(Codierung)* und über Neuronen weitergeleitet und verschaltet werden.

Man unterscheidet:
- Sinneszellen, die auf mechanische Veränderungen reagieren (wie im Ohr, im Gleichgewichtsorgan oder in Muskelspindeln).
- Sinneszellen, die Temperaturveränderungen wahrnehmen (z. B. in der Haut).
- Sinneszellen, die auf Licht reagieren.
- Sinneszellen, die auf chemische Moleküle reagieren (wie in der Nase, der Zunge oder der Antenne bei Insekten).
- Sinneszellen, die auf elektrische oder magnetische Reize reagieren (bei elektrischen Fischen).

1

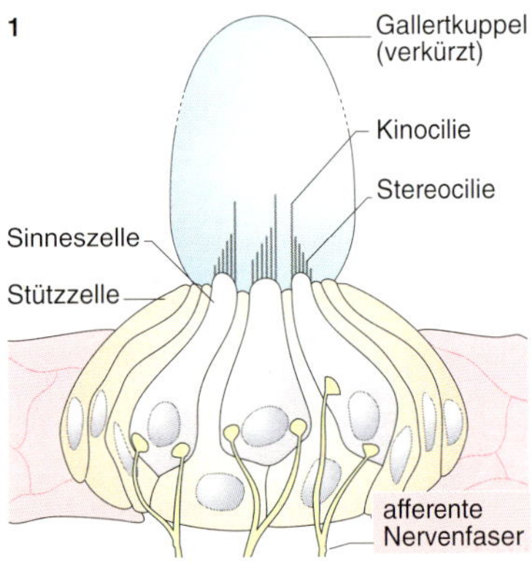

Mechanische Reize

Das Seitenlinienorgan der Fische oder der im Wasser lebenden Amphibien hat die Funktion, Zentren, von denen Erschütterungen im Wasser ausgehen, genau zu orten. Das Herannahen eines Feindes oder der Aufenthaltsort eines Beutetieres können exakt bestimmt werden. Auch die durchsichtige Aquarienwand wird durch den davor auftretenden Staudruck über diese Organe wahrgenommen. Selbst augenlose Höhlenfische können sich so im Raum orientieren. Die Sinneszellen besitzen eine Anzahl haarförmiger Zellmembranausstülpungen *(Stereocilien)* und eine echte Cilie *(Kinocilie)*. Diese sind miteinander verbunden (s. Abb. 1).

Vergrößerung des Porendurchmessers in der Membran erfolgen, sodass die Natriumionen durch die Membran diffundieren können. Diese Sinneszellen liefern Informationen über Richtung und Stärke der Druckänderungen im umgebenden Medium (s. Abb. 3).

Auch die Sinneszellen im Ohr reagieren auf rhythmisch wechselnden Druck, auf die Schallwellen. Jeder Ton entspricht einer spezifischen Schwingung. Die Tonhöhe ändert sich mit der Anzahl der Schwingungen pro Sekunde *(Frequenz)*, die Tonstärke durch die Höhe der Schwingungsamplitude. Klänge entstehen durch das Mischen der Töne verschiedener Tonhöhen.

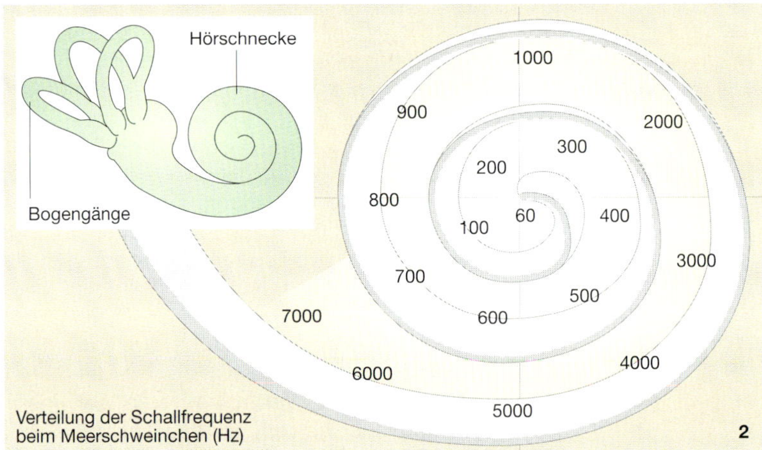

Verteilung der Schallfrequenz beim Meerschweinchen (Hz)

2

Da die Membran dieser Sinneszellen im Ruhezustand etwas depolarisiert ist, werden ständig Transmitter abgegeben. Hierdurch entstehen an den weiterleitenden Axonen Aktionspotentiale, die man als *Ruhefrequenz* registriert. Eine Veränderung der Cilienlage durch den zunehmenden oder abnehmenden Wasserdruck bewirkt eine Depolarisation bzw. Hyperpolarisation. Vermutlich wird die Rezeptormembran durch die Dehnung durchlässig für Natriumionen. Dies könnte durch eine

Der Mensch nimmt Frequenzen zwischen 16 und 20 000 Hz auf. Tümmler nehmen Frequenzen bis 150 000 Hz wahr.

Die Umwandlung der Schallwellen in Rezeptorpotentiale findet im Innenohr, in der mit Lymphflüssigkeit gefüllten *Schnecke*, statt (s. Abb. 2). Die ankommenden Schwingungen erzeugen in der Lymphflüssigkeit eine Druckwelle und führen dadurch in der Schnecke zu Ausbuchtungen. Je nach der auf-

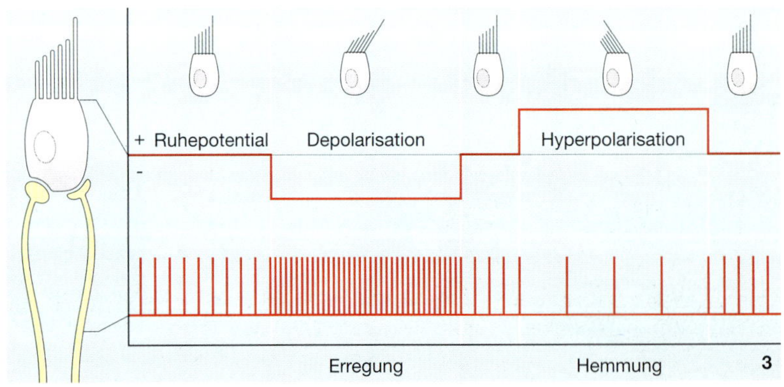

3

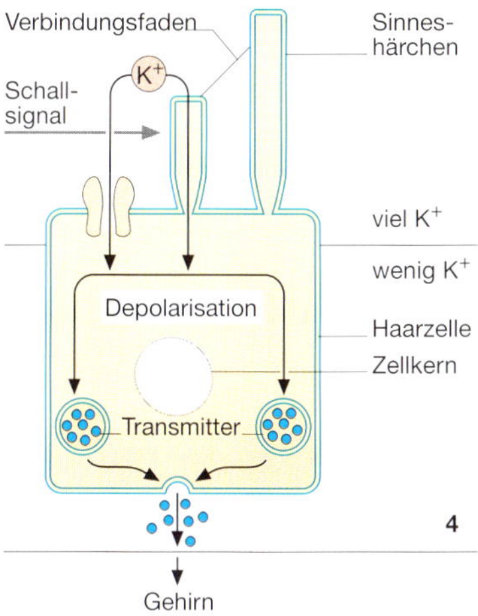

4

treffenden Schallfrequenz entstehen die Ausbuchtungen der Membran an einer anderen Stelle der Schnecke und führen zu einer Erregung der jeweiligen Haarzellen an diesen Stellen. Eine hohe Dauerbelastung kann zur Schädigung dieser Zellen führen.

Diese Haarzellen liegen in einer Flüssigkeit mit einer hohen Kaliumionenkonzentration. Eine Verschiebung der Cilien öffnet direkt dehnungssensitive Ionenkanäle (s. Abb. 4). Hierdurch gelangen die positiv geladenen Kaliumionen in die Sinneszelle und depolarisieren die Membran. Am unteren Ende der Haarzelle werden entsprechend dem Ausmaß der Depolarisation Transmittermoleküle freigesetzt, die an den Hörnervenzellen eine Erregung zur Folge haben *(sekundäre Sinneszellen)*.

Selbst Fluggeschwindigkeiten können in der Tierwelt mit Haarzellen gemessen werden. An den Antennen der Mücken werden feine Härchen durch den Flugwind aus der Grundstellung abgelenkt. Mit zunehmender Fluggeschwindigkeit nimmt der Luftdruck zu und führt zu einer stärkeren Auslenkung an der Antenne.

Elektrische Reize

Einige Fische, z. B. der *Nilhecht* (s. Abb. 5) oder der Zitterrochen, können elektrische Felder erzeugen und wahrnehmen. Diese Tiere besitzen in der Nähe der Schwanzregion ein elektrisches Organ, das eine Spannung erzeugt. Die erzeugten Spannungen betragen einige Volt. Zwischen dem elektrischen Organ im Schwanz und dem Kopf bildet sich ein elektrisches Feld aus (s. Abb. 6). Die nachweisbare Reichweite solcher elektrischer Felder beträgt 1 bis 10 Meter. Durch Gegenstände im elektrischen Feld verändern sich die Feldlinien und damit die Feldstärkenverteilung. Die Fische haben über die ganze Körperoberfläche verstreut Elektrorezeptoren, die mit der Außenwelt keine Verbindung haben. Je nach Veränderung der selbst erzeugten Felder oder Veränderungen durch Felder anderer Fische, können sie durch eine Elektroortung Objekte in ihrer Umgebung wahrnehmen. Bei einigen Fischen werden die elektrischen Entladungen als Signale der innerartlichen Kommunikation eingesetzt: Drohen bei Rivalen und Balzverhalten bei Werbung um Weibchen wurden beobachtet.

Einige Fische können die schwachen Muskelströme von im Sandboden versteckten Beutefischen orten. Dazu dienen Sinneszellen, die mit der Oberfläche der Haut Verbindung haben und auf schwache elektrische Felder reagieren. Die Sinneszellen werden durch das elektrische Feld depolarisiert. An der Außenseite und Innenseite der Rezeptorzellmembran entsteht dadurch eine Spannung, die die Durchlässigkeit noch nicht identifizierter Ionenkanäle beeinflusst und zu einer Transmitterausschüttung führt, die in den nachgeschalteten Neuronen eine entsprechende Aktionspotentialfrequenz auslöst. Im Gehirn der elektrischen Fische erfolgt eine Auswertung der Erregung der Elektrorezeptoren.

Magnetismus

Für die Orientierung von Zugvögeln hatte man seit langem angenommen, dass das Magnetfeld, das die Erde umgibt, eine entscheidende Rolle bei der Navigation über weite Entfernungen spielt.

Mit Brieftauben wurden Versuche durchgeführt. Auf dem Rücken einiger Tauben befestigte man einen kleinen Stabmagneten. Tauben ohne störenden Magneten fanden den heimatlichen Standort bei bedecktem Himmel und bei Sonne. Tauben mit Magneten verloren bei bedecktem Himmel, wenn eine Orientierung nach der Sonne nicht möglich war, häufiger die Orientierung.

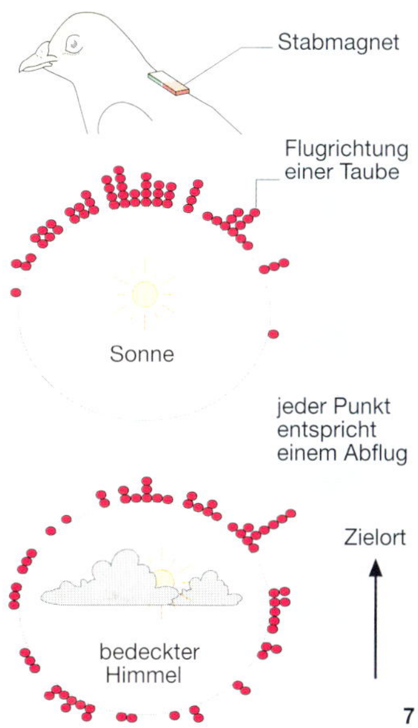

7

Die physiologischen Grundlagen dieser Beobachtungen sind fast unbekannt. Man vermutet, dass spezifische Moleküle im Gehirn der Vögel wie kleine Magnete wirken, die Ionenkanäle öffnen können und zu einer Veränderung des Membranpotentials führen.

5

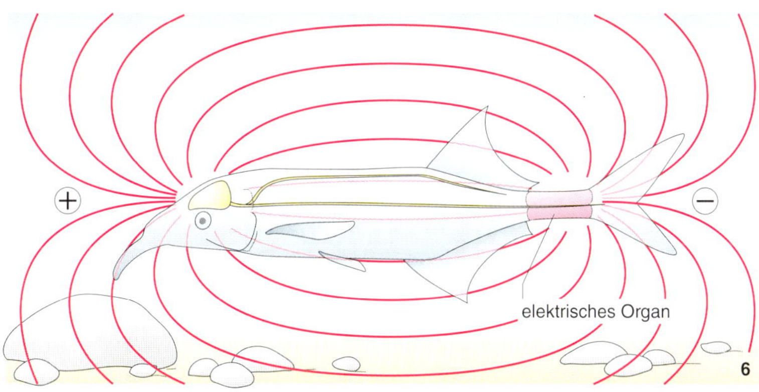

6

3 Nervensysteme

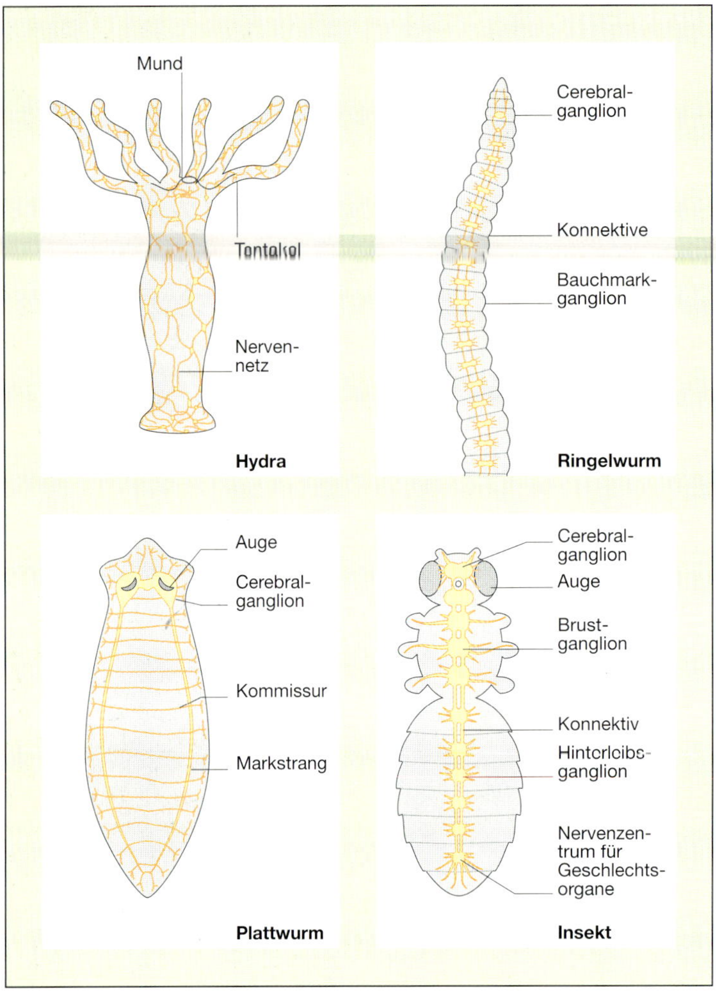

1 Nervensysteme

Nervensysteme im Vergleich

Mensch und Tier reagieren auf Veränderungen ihrer Umwelt in geeigneter Weise. Darüber hinaus macht die Aufteilung der Körperfunktionen auf die Gewebe und Organe beim Vielzeller eine Koordination erforderlich. Diese Aufgaben hat bei den meisten vielzelligen Tieren das Nervensystem übernommen. Das Nervensystem stellt die Verbindung zwischen den reizaufnehmenden Sinneszellen und den Erfolgsorganen her. Es ist an der Steuerung und Regelung vieler Körperfunktionen beteiligt. Lebensweise der Organismen und Differenzierungsgrad des Nervensystems sind dabei aufeinander abgestimmt. Die strukturelle und funktionelle Einheit des Nervensystems ist das Neuron.

Der Süßwasserpolyp *Hydra* besitzt ein Nervensystem, das einem geknüpften Netz gleicht (Abb. 1). Die Neuronen treten weitläufig miteinander in Kontakt und senden ihre Fortsätze gleichmäßig in den ganzen Polypenkörper. Zentren sind nicht zu finden. Manchmal ist das Netz im Mundbereich etwas verdichtet. Ein derartiges Nervensystem stellt eine der ursprünglichsten Formen dar. Man bezeichnet es als *diffuses Nervensystem*. Verhaltensweisen wie Beutefang und Nahrungsaufnahme sind dadurch möglich.

Bei anderen Vielzellern weist das Nervensystem eine deutliche Gliederung auf. Bereits bei den Plattwürmern zeigen sich Ansammlungen von Nervenzellen im Kopfbereich *(„Cerebralganglion“)*. *Ganglien* (Ez. *Ganglion*) nennt man allgemein diese Verdickungen im Nervensystem, in denen die Zellkörper der Nervenzellen zusammengefasst sind. Sie stellen einfache Zentren der nervösen Kontrolle dar. Dressurversuche an Planarien zeigen, dass einfache Lernvorgänge möglich sind. Sind die Ganglien gebündelt und bilden ein einheitliches System, spricht man vom *Zentralnervensystem* (ZNS).

Ringelwürmer besitzen neben den Ganglien im Kopfbereich paarig angelegte Leitungsbahnen auf der Bauchseite des Körpers *(Konnektive)* mit je einem Ganglienpaar pro Segment. Die Ganglienpaare sind innerhalb eines Segments durch quer verlaufende Nervenstränge *(Kommissuren)* verbunden. Ein solches Nervensystem wird als *Strickleiternervensystem* bezeichnet. Insekten haben ebenfalls ein Strickleiternervensystem. Die Bauchganglienkette ist differenziert in einen Kopf-, Brust- und Hinterleibsbereich. Die Ganglienpaare eines Segments verschmelzen zu einem einzigen Ganglion. In Abgrenzung zum Rückenmark der Wirbeltiere wird dieses Nervensystem der Gliedertiere als *Bauchmark* bezeichnet. Es ermöglicht komplexe Verhaltensweisen, ein differenziertes Lernverhalten sowie soziale Lebenweisen mit direkter Kommunikation, wie es z. B. von Staaten bildenden Insekten bekannt ist.

Das Zentralnervensystem der Wirbeltiere liegt an der Rückenseite. Daher wird die Hauptganglienkette als *Rückenmark* bezeichnet. Die Sinnesorgane sind im Zusammenhang mit der Kopfbildung besonders im Vorderbereich konzentriert. Die Ganglien im Kopfbereich bilden ein kompliziertes Gehirn.

Gehirne im Vergleich

Die Gehirne der Wirbeltiere bestehen anatomisch aus Teilen, die sich gegeneinander abgrenzen lassen. Bereits im embryonalen Stadium lässt sich an der Stelle des späteren Gehirns ein Stadium mit fünf Anschwellungen ausmachen. Man bezeichnet die fünf Blasen als *Vorder-* oder *Endhirn, Zwischen-, Mittel-, Hinter-* und *Nachhirn*. Das ausgereifte Gehirn lässt sich von den embryonalen Strukturen des Fünf-Blasen-Stadiums ableiten.

Vergleicht man heute lebende Vertreter der Wirbeltiere, so lassen sich verschiedene Differenzierungsgrade der einzelnen Gehirnabschnitte aufzeigen. Diese stehen mit den Aufgaben der Gehirnteile in engem Zusammenhang. Bei Fischen zeigt der untere Abschnitt des Endhirns zwei stärkere Anschwellungen *(Bulbi olfaktori)*, die von der Riechbahn durchzogen werden. Entsprechend der Bedeutung des Geruchssinns für Fische steht das Endhirn wahrscheinlich zum überwiegenden Teil im Dienste dieses Sinnes und wird deshalb auch als *Riechhirn* bezeichnet.

Bei den übrigen Wirbeltierklassen kommt es zu einer enormen Entwicklung des Endhirns. Bei Vögeln haben sich die inneren Wände durch Nervenzellmassierungen verdickt. Man bezeichnet sie als *Basalganglien* oder *Streifenkörper*. Auf diese Weise steht das Endhirn der Vögel einem einfach gebauten Säugergehirn an Volumen kaum nach. Dieser Entwicklung sind jedoch Grenzen gesetzt, denn mit zunehmender innerer Differenzierung verschlechtert sich aufgrund zunehmender Diffusionswege die Versorgung mit Sauerstoff und Nährstoffen durch die Gehirnflüssigkeit, die das Gehirn von außen umspült.

Bei den Säugern hat sich demgegenüber der Außenbereich des Endhirns zunehmend vergrößert. Beim Menschen erreicht die nur 3 mm dicke *Großhirnrinde (Cortex)* durch tiefe Furchen und Windungen eine Oberfläche von ca. 2200 cm². Dadurch überfaltet das *Großhirn* bei höheren Primaten alle anderen Hirnteile mit Ausnahme des aus dem Hinterhirn entstandenen *Kleinhirns*.

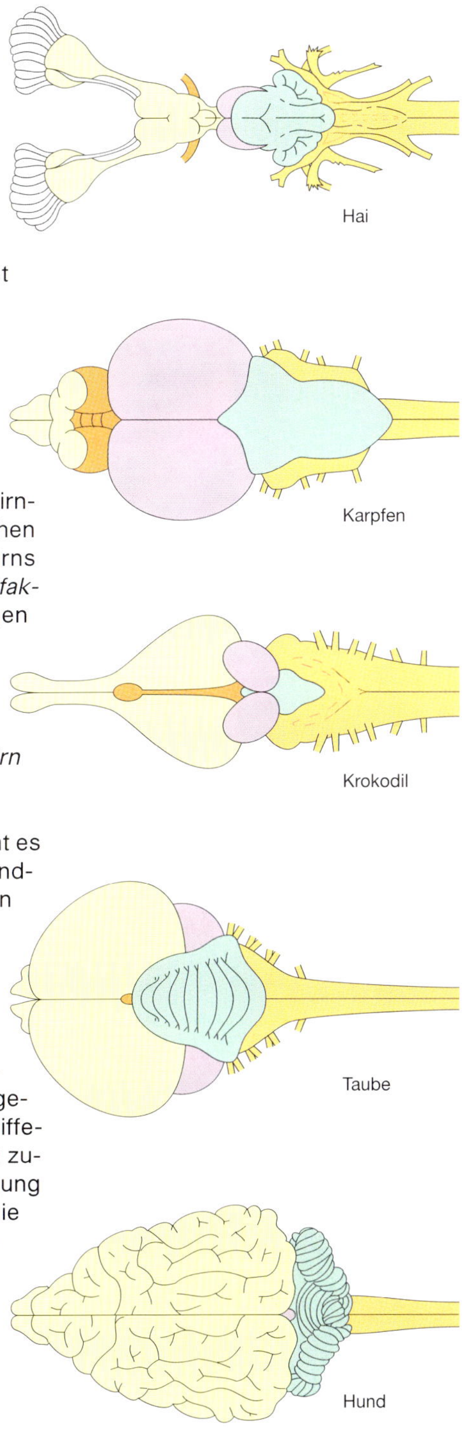

1 Wirbeltiergehirne in Aufsicht

Vorder-/Endhirn
Zwischenhirn
Mittelhirn
Hinter-/Kleinhirn
Nachhirn

Das Kleinhirn ist paarig angelegt und bei Vögeln und Säugetieren durch die Brücke *(Pons)* verbunden. Es ist die zentrale Verarbeitungsstelle für die Bewegung. Meldungen über Lageveränderungen gehen hier ein, werden verrechnet und mit entsprechenden Korrekturen an die Erfolgsorgane (Muskulatur) weitergegeben. Das Kleinhirn ist bei Lebewesen mit besonders hoch entwickelter Bewegungskoordination, wie zum Beispiel bei Vögeln und Haien, besonders stark ausgeprägt.

Das Nachhirn, die Brücke und das Mittelhirn werden praktisch vollständig durch die Großhirn- und Kleinhirnhälften verdeckt. Da sie außerdem einen sehr ursprünglichen Charakter aufweisen und einen dem Rückenmark vergleichbaren Aufbau zeigen, bezeichnet man sie auch zusammenfassend als *Stammhirn* (Hirnstamm). Die Stammhirnteile besitzen, wie das Rückenmark, zentral angelegt die schmetterlingsförmige *graue Substanz*. Diese besteht aus den Nervenzellkörpern mit den vielen synaptischen Verschaltungen. Die umgebende weiße Schicht besteht aus den erregungsleitenden Nervenfasern und Gliazellen.

Je weiter ein Stammhirnabschnitt vom Rückenmark entfernt liegt, umso größer ist der Anteil der grauen Substanz im Verhältnis zum Anteil der weißen. Damit treten verarbeitende und speichernde Tätigkeiten des Gehirns stärker in den Vordergrund. Im Großhirn besteht die äußere Hirnrinde aus der grauen Substanz und das Innere wird hier von der weißen Substanz gebildet.

Nervensystem des Menschen

Das Nervensystem des Menschen ist das leistungsfähigste unter denen der Wirbeltiere. Die Anzahl der Neuronen, die an seinem Aufbau beteiligt sind, wird auf 10^{12} geschätzt. Gehirn und Rückenmark zusammen bilden das *Zentralnervensystem* (ZNS).

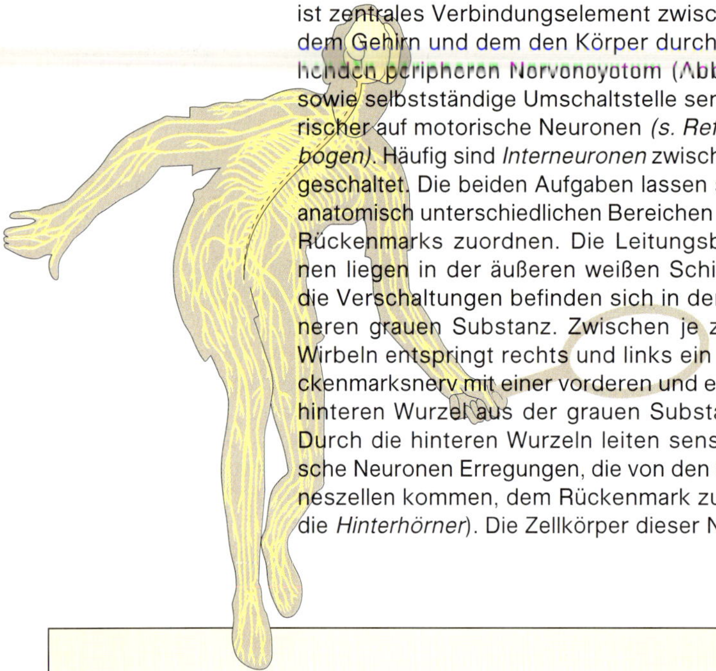

Das *Rückenmark* erfüllt zwei Funktionen: Es ist zentrales Verbindungselement zwischen dem Gehirn und dem den Körper durchziehenden peripheren Nervensystem (Abb. 1) sowie selbstständige Umschaltstelle sensorischer auf motorische Neuronen *(s. Reflexbögen)*. Häufig sind *Interneuronen* zwischengeschaltet. Die beiden Aufgaben lassen sich anatomisch unterschiedlichen Bereichen des Rückenmarks zuordnen. Die Leitungsbahnen liegen in der äußeren weißen Schicht, die Verschaltungen befinden sich in der inneren grauen Substanz. Zwischen je zwei Wirbeln entspringt rechts und links ein Rückenmarksnerv mit einer vorderen und einer hinteren Wurzel aus der grauen Substanz. Durch die hinteren Wurzeln leiten sensorische Neuronen Erregungen, die von den Sinneszellen kommen, dem Rückenmark zu (in die *Hinterhörner*). Die Zellkörper dieser Neuronen befinden sich außerhalb des Rückenmarks in den *Spinalganglien*. Die vorderen Wurzeln *(genauer: die Vorderhörner)* senden motorische Nervenfasern zu den Muskeln des Rumpfes. Die motorischen Neuronen haben ihre Zellkörper in der grauen Substanz des Rückenmarks. Darüber hinaus besteht die graue Substanz aus einem Geflecht von Dendriten und meist marklosen kurzen Axonen. Kurz hinter dem Spinalganglion vereinigen sich beide Wurzeln zu einem gemischten Nerv. Der Mensch hat insgesamt 31 Paare von Rückenmarksnerven.

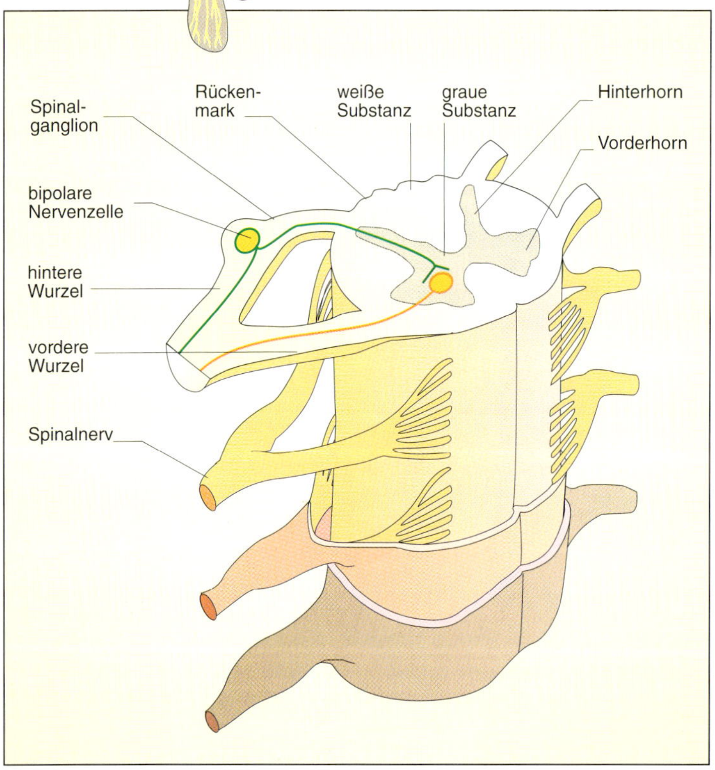

1 Rückenmark

Das autonome Nervensystem

Die Rückenmarksnerven innervieren auch die inneren Organe. Die Wirkungen dieses Teils des Nervensystems sind der willkürlichen Kontrolle weitgehend entzogen. Deshalb wird es auch als *autonom* oder *vegetativ* bezeichnet. Seine Aufgaben bestehen in der Kontrolle des inneren Milieus. Das autonome Nervensystem lässt sich in zwei funktionelle Untersysteme unterteilen, den *Parasympathikus* und den *Sympathikus*. Je nach Anforderungen werden unterschiedliche Organe aktiviert oder gehemmt. Dabei arbeitet das autonome Nervensystem eng mit dem somatischen Teil des Nervensystems zusammen. Dieses sorgt für die afferente und effernte Kommunikation mit der Umwelt.

Bei plötzlich herannahender Gefahr gelangt der Mensch beispielsweise rasch in einen Zustand höchster Leistungsfähigkeit. Alle Maßnahmen im Körper, die diesen Zustand fördern, werden durch den Sympathikus eingeleitet und koordiniert (Abb. 47.1). So werden z. B. die Muskeln optimal mit Sauerstoff und Nährstoffen versorgt. Durchblutungsfördernde Maßnahmen nehmen zu. Alle im Augenblick der Gefahr unnötigen Prozesse, wie z. B. die Verdauung, werden gedrosselt.

Der Parasympathikus wirkt sehr häufig als Gegenspieler des sympathischen Nervensystems. Er innerviert oft dieselben Organe wie der Sympathikus, reguliert aber Prozesse, die auf die Kontrolle des inneren Milieus gerichtet sind, regelt also die lebenswichtigen Funktionen des Kreislaufs, der Verdauung, der Entleerung, des Stoffwechsels, der Sekretion, der Körpertemperatur und der Fortpflanzung. Diese Vorgänge laufen vor allem bei körperlicher Ruhe ab und werden bei Belastung an die Erfordernisse angepasst.

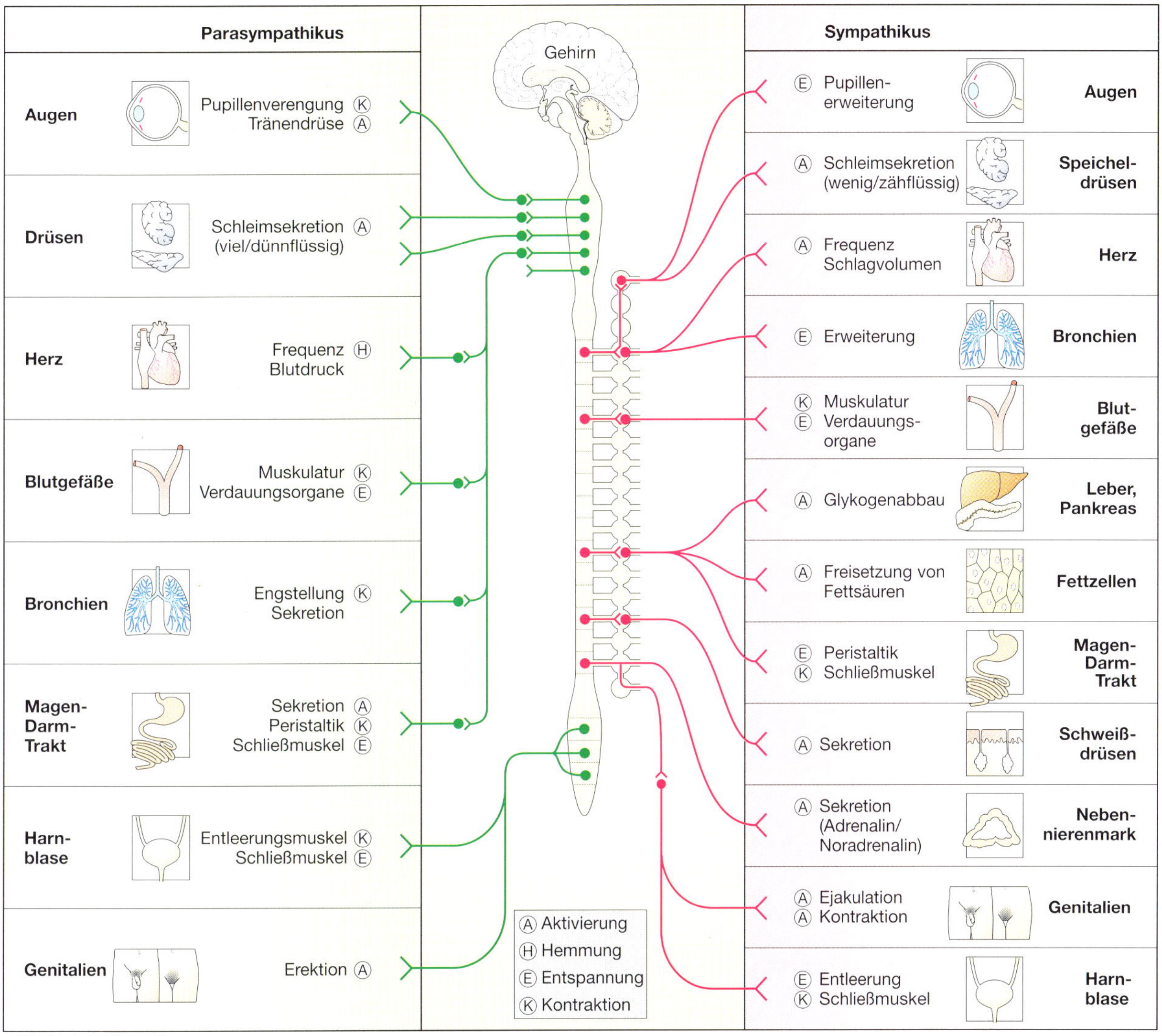

1 Vegetatives Nervensystem mit Sympathikus- und Parasympathikusaktivierung

Darüber hinaus beeinflussen der *Sympathikus* und der *Parasympathikus* in Zusammenarbeit mit dem Gehirn nachhaltig unsere emotionale Stimmung. Alarmiert durch eine bedrohliche Situation, veranlasst z. B. das limbische System des Gehirns (s. Seite 48) die Nebennieren, die Hormone *Adrenalin* und *Noradrenalin* in höherer Konzentration in den Blutstrom freizusetzen. Gefühle, wie Angst und Zorn, aber auch Glück werden von typischen Körperreaktionen begleitet, die vom autonomen Nervensystem angeregt werden. In welchem Ausmaß diese Gefühle vom Menschen Besitz nehmen, hängt von übergreifenden Gehirnteilen ab. Noradrenalin wird auch an den Endknöpfchen des sympathischen Nervensystems als Transmitter produziert. Dort scheint es unabhängig von Gefühlsschwankungen zu wirken. Der Transmitter der parasympathischen Nervenzellen ist *Acetylcholin*.

Aufgaben

① In Stresssituationen wird durch den Sympathikus die Leistungsfähigkeit gefördert. Zivilisationskrankheiten, wie z. B. erhöhtes Infarktrisiko, Vergrößerung der Nebennieren, Störung des Sexualverhaltens u. a., werden auch auf Dauerstress zurückgeführt. Zeigen Sie die Zusammenhänge auf (Abb. 1).

② Bei 20 – 30 % aller Krankheiten wird heute die Diagnose *vegetative Dystonie* gestellt. Informieren Sie sich in einem Gesundheitslexikon über die Symptome.

Im Überblick: Bau und Funktion des menschlichen Gehirns

Das End- oder Großhirn (1):

Das *End-* oder *Großhirn* des Menschen nimmt ca. 80 % des Hirnvolumens ein und steuert Prozesse wie die des Denkens und Erinnerns. Das Großhirn besteht aus zwei Hälften, den *Hemisphären*, die beim Menschen eine enorme Oberflächenvergrößerung durch Furchung erfahren haben. In der rechten und der linken Großhirnrinde, dem *Cortex*, sind die einzelnen Körperregionen spiegelbildlich repräsentiert: Für die motorische Steuerung der Körpermuskeln wie für die Wahrnehmung von Berührungsreizen auf der Körperoberfläche *(Somatosensorik)* ist jeweils der gegenüberliegende Cortex zuständig, wobei sowohl der motorische wie der somatosensorische Cortex wie eine Karte des Körpers aufgebaut ist.

Ein Teil des Großhirns wird von den Nervenfasern eingenommen, die Meldungen von den Sinnesorganen zu den sensorischen Projektionsfeldern bringen. Darunter versteht man bestimmte Areale in der Großhirnrinde, denen man z. B. durch das Studium von Ausfallserscheinungen bei Patienten nach Gehirnverletzung bestimmte Funktionen zuordnen konnte. Besonders gut ist das optische Projektionsfeld am Hinterhaupt untersucht. Hier sind sozusagen die Bildpunkte der Netzhaut repräsentiert.

Beim Menschen nehmen sogenannte *Assoziationsfelder* im vorderen Großhirnbereich den größten Raum ein. In ihnen werden von den Sinnesorganen einlaufende Informationen kombiniert und mit gespeicherten Informationen (Erfahrungen) verglichen. Eine konkrete Funktion lässt sich ihnen nicht zuordnen. Bei ihrem Ausfall können ihre Aufgaben teilweise von anderen Bereichen übernommen werden. Ein besonders wichtiges Assoziationsfeld ist der *präfrontale Cortex*, der bei Gedächtnisfunktionen eine große Rolle spielt (s. Seite 52/53).

Der Balken (2):

Er besteht ausschließlich aus Nervenfasern, die zwischen beiden Hirnhemisphären vermitteln. Bei operativer Durchtrennung des Balkens, wie sie in den 50er-Jahren zeitweise bei Epilepsiepatienten gemacht wurde *(Splitbrainpatienten)*, ist kein Informationsaustausch zwischen den Hirnhälften mehr möglich. Wird einem solchen Patienten experimentell ein Gegenstand so in das linke Gesichtsfeld gebracht, dass die Informationen von der Netzhaut nur in die rechte Hirnhemisphäre gelangen, kann der Patient den Gegenstand nicht benennen, da das Sprachzentrum in der linken Hirnhälfte liegt.

Das Zwischenhirn (3,4,5,6):

Es besteht aus dem *Thalamus* mit der *Epiphyse* (Zirbeldrüse) als Anhängsel und dem darunter liegenden *Hypothalamus* mit der *Hypophyse*.

Im oben gelegenen **Thalamus (3)** befindet sich eine wichtige Umschaltstelle für alle afferenten Bahnen der Sinnesorgane (außer dem Geruchssinn) zum Großhirn. Hier erfolgt eine Verschaltung der Erregungen, bevor sie dem Großhirn zugeleitet und damit bewusst werden.

Der darunter gelegene **Hypothalamus (4)** ist die Steuerzentrale für das autonome Nervensystem und das Hormonsystem. Seine zentrale Aufgabe ist die Regelung des inneren Milieus des Körpers. So gibt der Hypothalamus Freisetzungshormone *(Releasing-Hormone)* an die untergeordnete Hypophyse ab.

Die kirschkerngroße **Hypophyse (5)** setzt unter der Kontrolle des Hypothalamus neun Hormone frei, die man als *stimulierende Hormone* bezeichnet. Sie steuern wichtige Körperfunktionen, wie Eireifung, Schwangerschaft, Wachstum, Wasserhaushalt und Grundumsatz. Im Falle der Eireifung nennt man das spezifische Hypophysenhormon beispielsweise *Follikel stimulierendes Hormon* (FSH).

Die **Epiphyse (6)**, auch *Zirbeldrüse* genannt, ist bei einigen Wirbeltierklassen ein lichtempfindliches Organ, dessen Hormone am Farbwechsel der Haut beteiligt sind. Bei Säugern gibt sie das Hormon Melatonin ab, welches Funktionen steuert, die mit dem Licht und dem jahreszeitlichen Wechsel zusammenhängen.

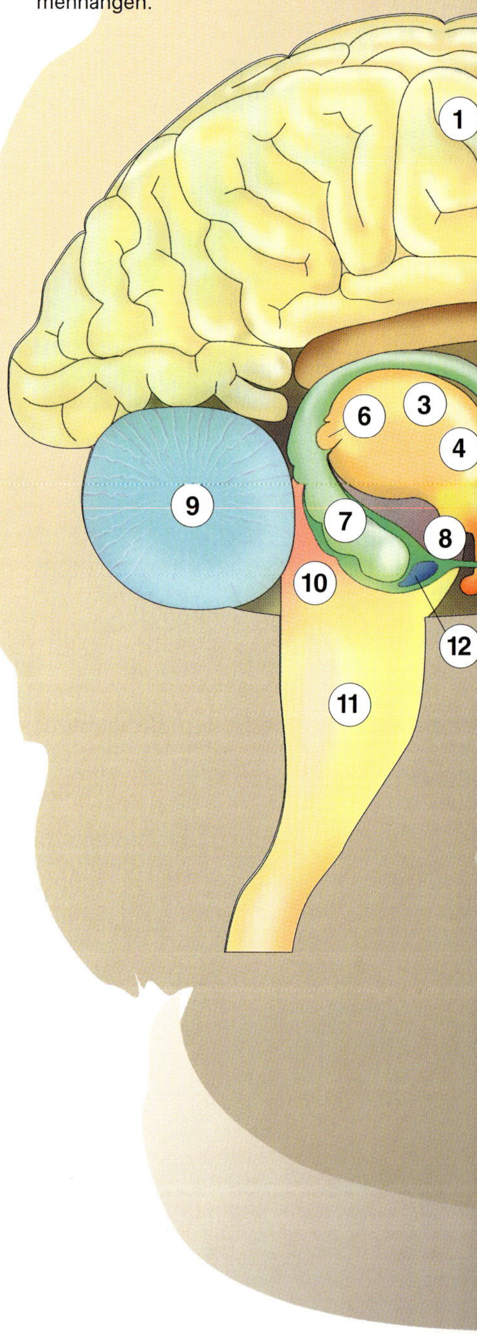

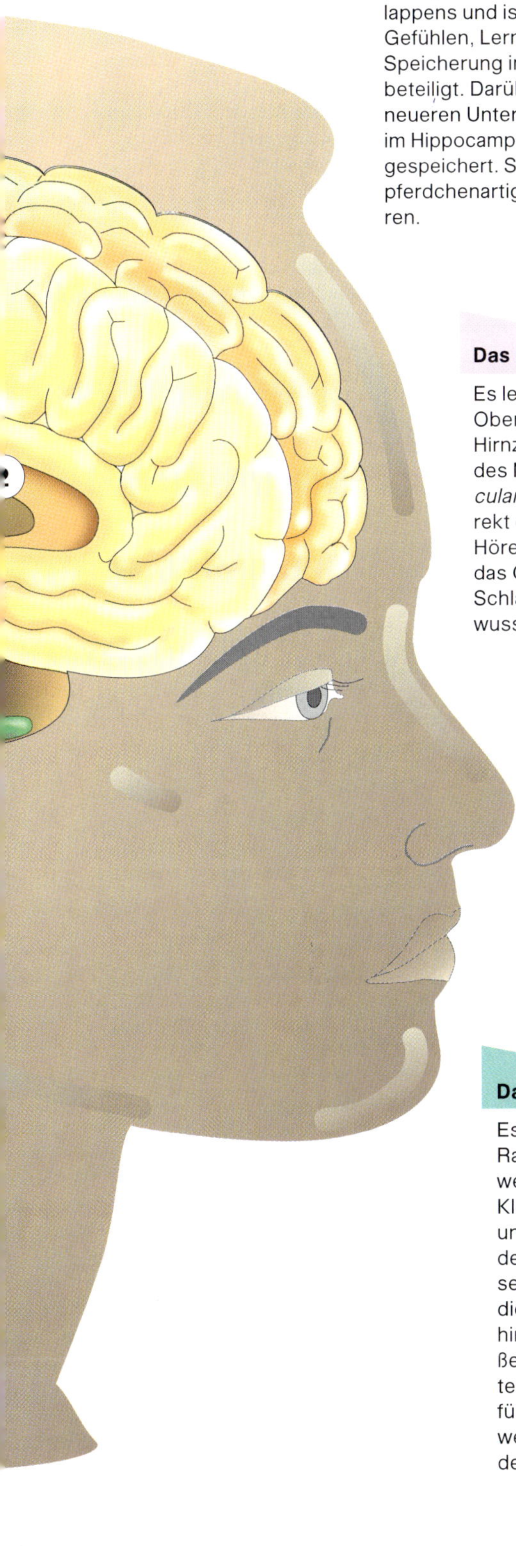

Der Hippocampus (7):

Er liegt am inneren Rand des Schläfenlappens und ist an der Entstehung von Gefühlen, Lernprozessen und an der Speicherung im Langzeitgedächtnis beteiligt. Darüber hinaus werden nach neueren Untersuchungen Erregungen im Hippocampus kurzzeitig zwischengespeichert. Sein Name ist auf die seepferdchenartige Gestalt zurückzuführen.

Das Mittelhirn (8):

Es leitet Impulse aus Auge, Ohr und Oberflächenrezeptoren an andere Hirnzentren weiter. An der Unterseite des Mittelhirns liegt die *Formatio reticularis*, ein Nervenzentrum, das indirekt die Bewusstseinslage steuert. Hören seine aktivierenden Signale an das Großhirn auf, fällt der Mensch in Schlaf, was auch bei Narkose und Bewusstlosigkeit eine Rolle spielt.

Das Kleinhirn (9):

Es verarbeitet Informationen über das Raumgefühl und koordiniert alle Bewegungen des Körpers. Über das Kleinhirn laufen alle Erregungen von und nach den motorischen Zentren der Großhirnrinde. Das Kleinhirn gibt seine Erregungen entweder direkt an die motorischen Zentren der Großhirnrinde oder über Bahnen der weißen Substanz des Rückenmarks weiter. Ein Funktionsausfall des Kleinhirns führt nicht zum Ausfall konkreter Bewegungsabläufe, sondern zum Verlust der Bewegungskoordination.

Die Brücke (10):

Die Brücke wird auch *Pons* genannt. Sie verbindet die Kleinhirnhemisphären und leitet Erregungen von den Großhirnhälften zum Kleinhirn.

Das Nachhirn (11):

Das Nachhirn *(verlängertes Mark)* ist ein sehr ursprünglicher Gehirnteil. Es ist die Zentrale für lebenswichtige Reflexe (Speichelfluss, Schlucken, Erbrechen, Husten und Niesen) und Automatiezentrum (Atmung, Herzschlag und Blutdruck). Werden diese lebenswichtigen Funktionen zum Beispiel bei einem Genickbruch gestört, tritt unmittelbar der Tod ein. Das Nachhhirn wird zusammen mit der Brücke und dem Mittelhirn auch als *Stammhirn* bezeichnet.

Das limbische System:

Es ist eine Sammelbezeichnung für basale Teile des Endhirns der Säuger und des Menschen sowie für Teile des Zwischenhirns. Der Name leitet sich von der Lage dieser Strukturen ab: Sie liegen nahezu ringförmig *(Limbus,* gr. = *Saum)* um den Hirnstamm. Zum limbischen System gehören u. a. auch der *Hippocampus* (**7**) und der *Mandelkern* (**12**).
Besondere Bedeutung kommt dem limbischen System im Bereich des Bewusstseins, der Emotionen, Assoziationen, des Gedächtnisses und der Sprache zu. Das limbische System ist Wirkort für eine Reihe von Drogen und Psychopharmaka.

Methoden der Hirnforschung

Bereits im griechischen Altertum lagen anatomische Beschreibungen des Gehirns vor. Geistige Kräfte, wie Verstand oder Gedächtnis, wurden in den flüssigkeitsgefüllten Hohlräumen des Gehirns, den *Ventrikeln*, vermutet. Erst seit dem 19. Jahrhundert gelang es den Wissenschaftlern, einzelnen Gehirnregionen des Menschen bestimmte Funktionen zuzuordnen.

Erste Methoden bestanden darin, Ausfallserscheinungen nach Gehirnverletzungen, z. B. Kriegsverletzungen, exakt zu beobachten und die verletzten Stellen im Gehirn zu lokalisieren. Dazu wurden die Gehirne nach dem Tode seziert und die anatomischen Veränderungen untersucht.

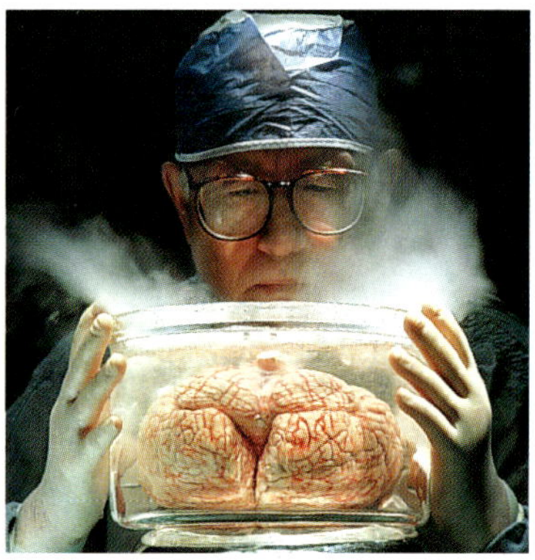

Der Wissenschaftler CUSHING führte 1909 eine Methode ein, die es ermöglichte, am lebenden Gehirn von Menschen bestimmte Regionen der Großhirnrinde zu reizen. Die Großhirnrinde hat keine Schmerzrezeptoren, die Operation und die Reizung können daher bei vollem Bewusstsein der Patienten durchgeführt werden. Verschiedene Regionen der Großhirnrinde wurden mit elektrischen Strömen gereizt. Die Patienten verspürten daraufhin ein leichtes Kribbeln auf bestimmten Stellen der Körperoberfläche oder konnten Angaben zu nicht vorhandenen Sinnesreizungen machen.

Moderne Methoden machen Untersuchungen am Gehirn möglich, ohne die Schädeldecke zu öffnen. Zwei häufig genutzte Verfahren sind die *Elektroenzephalographie* (EEG) und die Messung der Hirndurchblutung *(„Cerebral-Blood-Flow“)*. Mit ihnen ist es möglich, einzelnen Gehirnbereichen bestimmte Aktivitäten oder Funktionen zuzuordnen.

Bilder vom Gehirn können durch die geschlossene Schädeldecke hergestellt werden. Durch den Einsatz von Computern ist es möglich geworden, große Mengen an Messdaten zu speichern und auszuwerten. Physikalische Messergebnisse können zu Computerbildern ausgewertet werden, wie im Bereich der Tomographie.

Elektroenzephalographie

Das Wort stammt aus der altgriechischen Sprache: *enkephalos* = Gehirn, *graphein* = schreiben. Diese Methode beruht auf der Beobachtung bei neurochirurgischen Eingriffen, dass elektrische Potentiale nicht nur auf der Gehirnoberfläche, sondern auch auf der nicht geöffneten Schädeldecke gemessen werden können. Diese Potentiale treten in charakteristischen Wellenformen auf (s. Abb.). Man legt zur Messung der Potentiale knopfförmige Elektroden auf die Kopfhaut. Räumlich getrennt von dieser Elektrode, z. B. am Ohrläppchen, wird eine zweite Elektrode angebracht, sodass man zwischen diesen beiden Elektroden Spannungsschwankungen messen kann. Diese Potentialschwankungen sind sehr gering. Sie liegen im Mikrovoltbereich und müssen daher verstärkt werden. Die verstärkten Messwerte werden kontinuierlich aufgezeichnet und anschließend ausgewertet. Experimente an Tieren zeigten, dass es sich bei diesen Potentialänderungen um *erregende postsynaptische Potentiale* (EPSP) handelt. An den auf der Kopfhaut aufgelegten Elektroden werden jedoch nicht einzelne Synapsenvorgänge gemessen, sondern die EPSP von ca. 1 Million Neuronen.

In der Medizin wird diese Methode für viele Untersuchungen verwendet.

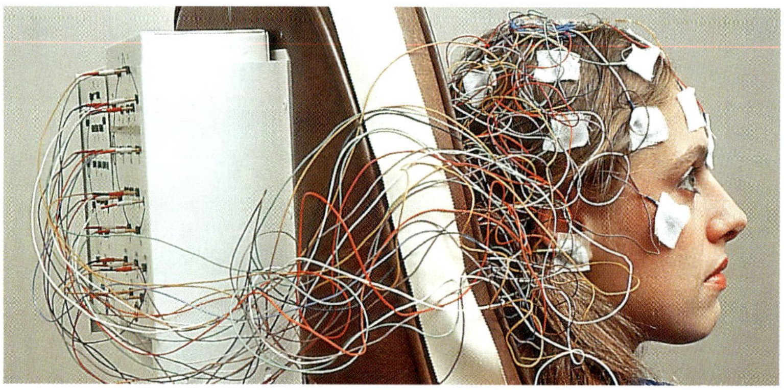

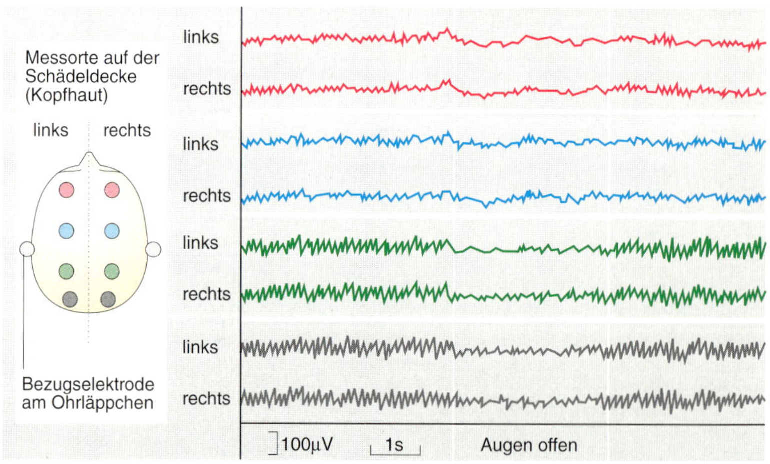

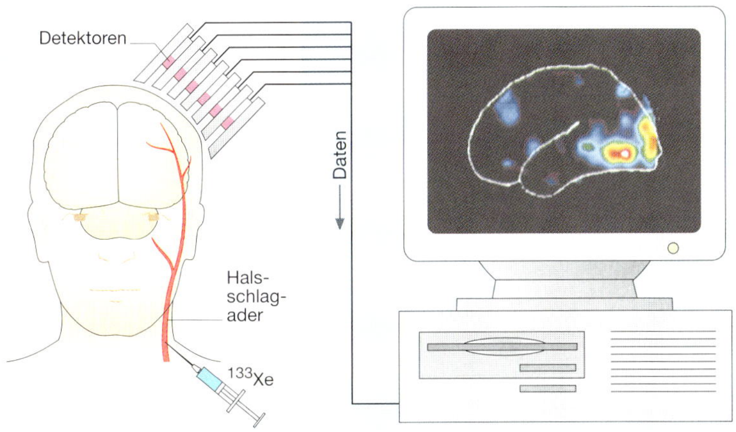

Wichtige Anwendungsgebiete sind die Diagnose von Anfallsleiden, z. B. Epilepsie, die Bestimmung des Hirntodes oder die Narkosetiefe. Anhand der Frequenz und der Amplitude lassen sich Aussagen zu der untersuchten Person machen. Bei einem epileptischen Anfall wird die Amplitude der Wellen größer und die Frequenz nimmt stark zu. Beim Hirntod erlischt jede elektrische Aktivität. Eine wichtige Rolle spielt diese Messung bei der Schlafforschung, da durch die unterschiedlichen charakteristischen Wellen Aussagen über die Schlaftiefe während der verschiedenen Schlafphasen gemacht werden können.

Messung der Hirndurchblutung

Der Energiestoffwechsel des Gehirns ist sehr intensiv, 20 % des eingeatmeten Sauerstoffs werden im Gehirn benötigt, obwohl die Masse des Gehirns nur 2 % der Körpermasse beträgt. Das riesige Neuronennetzwerk kann nur dann ständig betriebsbereit sein, wenn es ununterbrochen mit Sauerstoff und Glukose über die Blutbahn versorgt wird.

Aktivitäten im Gehirn führen zu einer Steigerung des Energiestoffwechsels und damit der Sauerstoffaufnahme innerhalb von Sekunden. Diese Veränderung des Energiestoffwechsels in den neuronalen Zellen nutzt man durch Messungen mit kleineren, unbedenklichen Mengen eines radioaktiven Edelgases. Radioaktives Xenongas wird hierzu in die Halsschlagader injiziert oder eingeatmet (s. Abb. oben). Aufgrund der intensiven Durchblutung verteilt es sich sehr rasch im Gehirngewebe. Es wird jedoch schnell wieder vom Blut aus dem Gewebe herausgespült und ausgeatmet. Je nach der Durchblutungsstärke erfolgt die Ausspülung aus dem Gehirngewebe unterschiedlich schnell. Die unterschiedliche Radioaktivität wird mit seitlich um den Kopf angebrachten Detektoren gemessen und in einem Computer verrechnet. Die einzelnen Intensitäten der Radioaktivität werden mithilfe verschiedener Farben auf dem Monitor dargestellt und ausgewertet.

Bei gesunden Testpersonen können nun die unterschiedlichen Durchblutungswerte und damit Aktivitätszustände einzelner Hirnregionen bei verschiedenen Tätigkeiten untersucht werden. Auf diese Weise lassen sich sehr exakt Zusammenhänge zwischen einzelnen Gehirnregionen nachweisen und Gehirnfunktionskarten erstellen (s. Abb. unten).

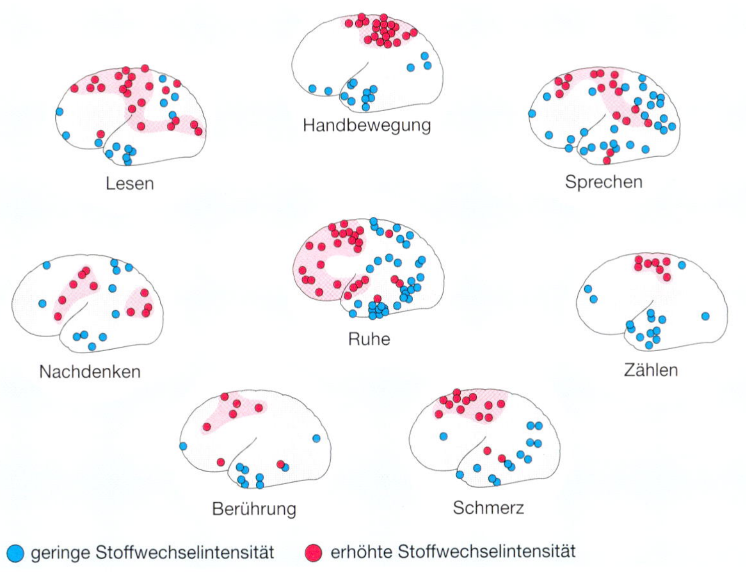

Tomographie

Mit dieser Methode kann das Gehirn eines Patienten bildlich in verschiedenen Untersuchungsebenen dargestellt werden. Die Schichtdicke der einzelnen zu untersuchenden Gehirnebenen beträgt etwa 5 bis 10 mm. Wichtig sind solche Darstellungen in der Medizin, besonders bei der Untersuchung von Patienten auf Gehirntumore. Ultraschalluntersuchungen, wie sie an anderen Körperregionen oder bei der Fetusuntersuchung an Schwangeren durchgeführt werden, sind im Schädelbereich wegen der großen Knochenmassen schlecht einzusetzen. Die *Kernspintomographie* (NMR: *nuclear magnetic resonance*) macht im Zusammenhang mit der Datenspeicherung im Computer eine Bildauswertung im Schädelbereich möglich.

Zur Messung nutzt man die physikalischen Eigenschaften der Wasserstoffatome. Wasserstoffatome sind im Gewebewasser und in allen Molekülen im Gehirn vorhanden. Die Atomkerne des Wasserstoffes erzeugen ein Magnetfeld. Zur Messung wird ein Magnetfeld erzeugt, das den Schädel durchsetzt. Die Kerne der Wasserstoffatome richten sich wie die Kompassnadeln im angelegten Magnetfeld aus. Beim Abschalten des äußeren Magnetfeldes schwingen die Wasserstoffatome in ihre Ausgangslage zurück und senden hierbei eine elektromagnetische Strahlung im Bereich der Radiowellen aus. Diese wird von Antennen außerhalb des Körpers aufgefangen, im Computer gespeichert und verrechnet. Innerhalb des entstehenden Bildes sind noch Details bis zu 1 mm auswertbar.

Gedächtnis

Jemand hat eine Adresse und Telefonnummer in einem Verzeichnis nachgeschlagen. Er will sie sich auf einem Notizblock notieren, während im Hintergrund Radiostimmen zu hören sind. Bevor er mit dem Schreiben fertig ist, wird er auf eine wichtige Durchsage im Radio aufmerksam. — „Wie war die Telefonnummer noch gleich?“ Sie taucht im Gedächtnis nicht wieder auf.

Eine Modellvorstellung über den Ablauf der Informationsspeicherung im Gehirn geht von einer stufenweisen Filterung und Verarbeitung aus. Im Wachzustand fließen dem Gehirn über die afferenten Nervenzellen von den Sinnesorganen ständig Erregungen zu. Diese Informationsflut würde das Gehirn sehr schnell überfordern. Die Datenfülle muss für das Gedächtnis sinnvoll selektiert werden. Diese Funktion erfüllt das *Ultrakurzzeitgedächtnis* (UZG), das häufig auch als *sensorisches Gedächtnis* bezeichnet wird. Es lässt sich mit dem kurzen Nachleuchten eines Bildes auf einer phosphoreszierenden Platte vergleichen. In weniger als einer Sekunde sind die Informationen verloren, meist ohne in das Bewusstsein vorzudringen. Die Reduktion der Datenmenge erfolgt nicht zufällig, aber individuell je nach Interessenlage sehr unterschiedlich. So wird in unserem Beispiel die Aufmerksamkeit des Gehirns erst bei einem bestimmten Stichwort, z. B. einem bekannten Namen, auf die Radiostimme gelenkt.

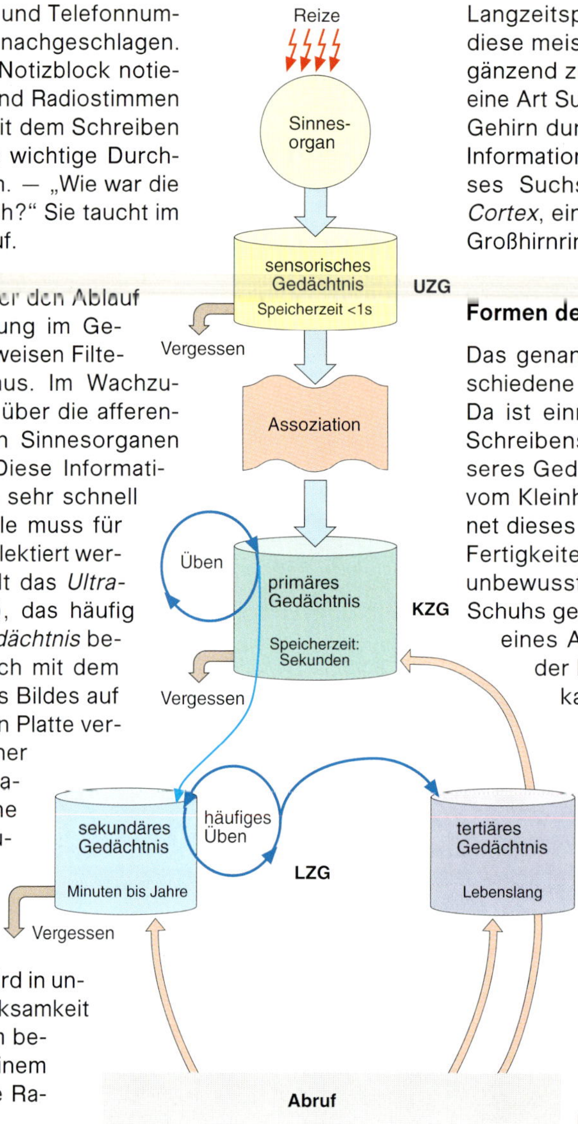

Informationsspeicherung im Gehirn

Durch eine solche Assoziation gelangt die Radioinformation über das Ultrakurzzeitgedächtnis hinaus in das *Kurzzeitgedächtnis* (KZG), auch *primäres Gedächtnis* genannt. Für ca. 15 Sekunden stehen hier 7 bis 10 Speicherplätze zur Verfügung. Auf diese Weise können die nachgelesenen Daten notiert werden. Neuere Untersuchungen (vgl. auch S. 119) ordnen das Kurzzeitgedächtnis bei Säugetieren dem Hippocampus zu. Für eine längerfristige Speicherung muss ein Umwandlungsprozess über ein mittelfristiges *sekundäres Gedächtnis* in ein stabiles *Langzeitgedächtnis* (LZG) erfolgen. Wird das Kurzzeitgedächtnis jedoch mit neuen Informationen konfrontiert, z. B. einer Radiodurchsage, bevor die alten Daten in den Langzeitspeicher übergehen konnten, sind diese meist unwiederbringlich verloren. Ergänzend zu diesem Gedächtnismodell wird eine Art Suchsystem postuliert, welches das Gehirn durchforstet und die gespeicherten Informationen wieder verfügbar macht. Dieses Suchsystem könnte im *präfrontalen Cortex*, einem Teilbereich aus der vorderen Großhirnrinde, verankert sein.

Formen des Erinnerns

Das genannte Beispiel kann uns zwei verschiedene Formen des Erinnerns aufzeigen: Da ist einmal die manuelle Fertigkeit des Schreibens, ein eher unbewusster Teil unseres Gedächtnisses, der im Wesentlichen vom Kleinhirn getragen wird. Man bezeichnet dieses Gedächtnis als *implizit*. Hier sind Fertigkeiten gespeichert, die wir täglich unbewusst ausüben. Das Zubinden eines Schuhs gehört ebenso dazu wie das Fahren eines Autos für den geübten Fahrer. In der Regel kann man auf Befragen hin kaum eine Prozessbeschreibung anfertigen, was als Zeichen für die Unbewusstheit dieser Fertigkeiten gilt. Eine Adresse und eine Telefonnummer dagegen werden im sogenannten *expliziten Gedächtnis* gespeichert. Dieser Gedächtnisteil wird für bewusst aus der Umwelt aufgenommene Daten beansprucht. Hier ist wahrscheinlich die Großhirnrinde im Zusammenspiel mit dem Hippocampus die aktive Struktur.

Untersuchungen an Patienten mit beidseitig geschädigtem Hippocampus ergaben, dass alle Inhalte des Langzeitgedächtnisses, die vor der Schädigung gespeichert waren, abrufbar blieben. Ebenso funktionierte das Kurzzeitgedächtnis weiterhin einwandfrei. Bezüglich der Überführung von Gedächtnisinhalten vom Kurzzeit- in das Langzeitgedächtnis zeigten sich Unterschiede: Implizite Inhalte konnten langfristig gespeichert und damit erinnert werden. Die expliziten Informationen, wie Namen, Daten, Fakten und Personen, konnten nicht mehr in das Langzeitgedächtnis übertragen werden. Daraus leitet man ab, dass dem Hippocampus auch die Funktion eines kurzzeitigen Zwischenlagers oder eines Hilfssystems für die Abspeicherung expliziter Daten zukommt.

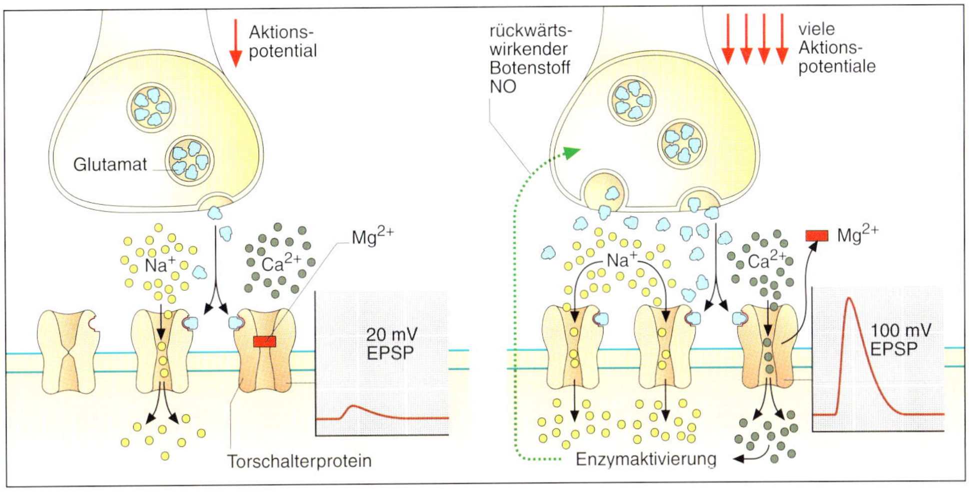

1 Vorgänge bei der Langzeitpotenzierung

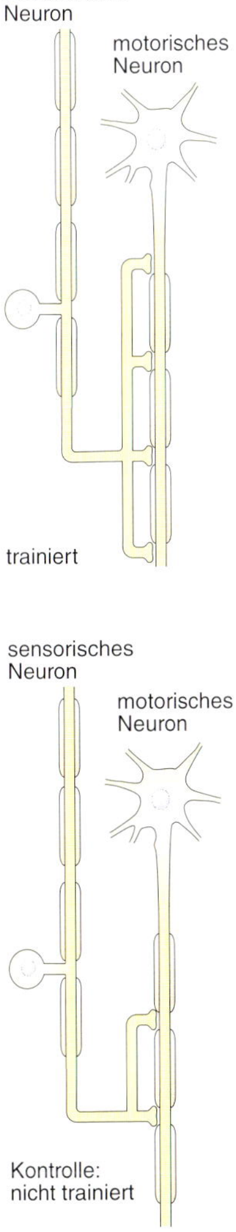

Änderung der Synapsenanzahl infolge von Lernvorgängen

Ein molekulares Gedächtnismodell

Tierversuche haben gezeigt, dass sich durch Elektroschocks und kurzzeitige Unterkühlung von Hirnbereichen alle Informationen des Kurzzeitgedächtnisses löschen lassen. Dies weist darauf hin, dass Kurzzeitspeicherung auf neuronalen Prozessen beruht. Man nimmt an, dass synaptische Übertragungsvorgänge und biochemische Reaktionen an Kanalproteinen der postsynaptischen Membranen an einer kurzfristigen Speicherung von Erregungszuständen beteiligt sind.

Als ein Schritt bei der Langzeitgedächtnisbildung werden Synapsen so beeinflusst, dass die Erregungsübertragung über Stunden und Tage verändert bleibt. 1966 entdeckte Terje Lomo für den Hippocampus die sogenannte *Langzeitpotenzierung*, ein neuronales Phänomen, bei dem Neuronentätigkeit offenbar die synaptische Übertragung verbessert: Nach einer kurzen Serie von Aktionspotentialen arbeiten Synapsen über längere Zeit deutlich effizienter. Abbildung 1 zeigt eine Modellvorstellung zur Langzeitpotenzierung. Eine wesentliche Komponente ist ein sogenanntes *Torschalterprotein* in der postsynaptischen Membran. Die Bindung des Transmitters Glutamat löst an diesem Protein nur dann die Kanalöffnung aus, wenn durch eine Depolarisation, d. h. eine bestimmte Höhe des EPSP, die Blockierung durch Mg^{2+}-Ionen aufgehoben ist. Nach einer raschen Folge von Aktionspotentialen und einem entsprechend hohen Membranpotential (EPSP) werden diese Ca^{2+}-Kanäle geöffnet. Die einströmenden Calciumionen aktivieren diverse Enzyme, wahrscheinlich auch solche, die die Kanaldichte erhöhen und die Membranproteine so verändern, dass die Synapse effizienter funktioniert. Die Langzeitpotenzierung kann nur dann länger bestehen bleiben, wenn die in der nachgeschalteten Zelle aktivierten Prozesse durch einen rückwärts wirkenden Faktor, einen Transmitter, verstärkt werden, der von der postsynaptischen auf die präsynaptische Seite einwirkt. Experimente zeigten, dass es sich dabei neben anderen Stoffen um Stickstoffmonooxid handelt. Dieses Gas, das im zentralen und peripheren Nervensystem an der Regelung von Erregungszuständen beteiligt ist, koordiniert die Anpassungsvorgänge auf beiden Seiten einer Synapse und führt damit zur lang andauernden synaptischen Effizienz.

Die Bildung des Langzeitgedächtnisses ist ein vielstufiger Prozess. Versuchstiere, denen Hemmstoffe der Proteinbiosynthese verabreicht wurden, zeigten eine deutliche Beeinträchtigung der Langzeitspeicherung. Das deutet auf eine Beteiligung von Genen und Proteinen hin. Untersuchungen auf molekularer Ebene haben gezeigt, dass beim Langzeitgedächtnis ein Protein im Zellkern der sensorischen Neuronen Regulatorproteine für die Transkription aktiviert. Das führt zur Synthese anderer Proteine, die ihrerseits für Langzeiteffekte verantwortlich sind. Eine weitere nachweisbare Folge der Genaktivierung sind Strukturveränderungen an sensorischen und motorischen Neuronen. Neuronen trainierter Tiere hatten im Experiment an bestimmten Stellen doppelt so viele Endknöpfchen wie Neuronen nicht trainierter Tiere (s. Randspalte).

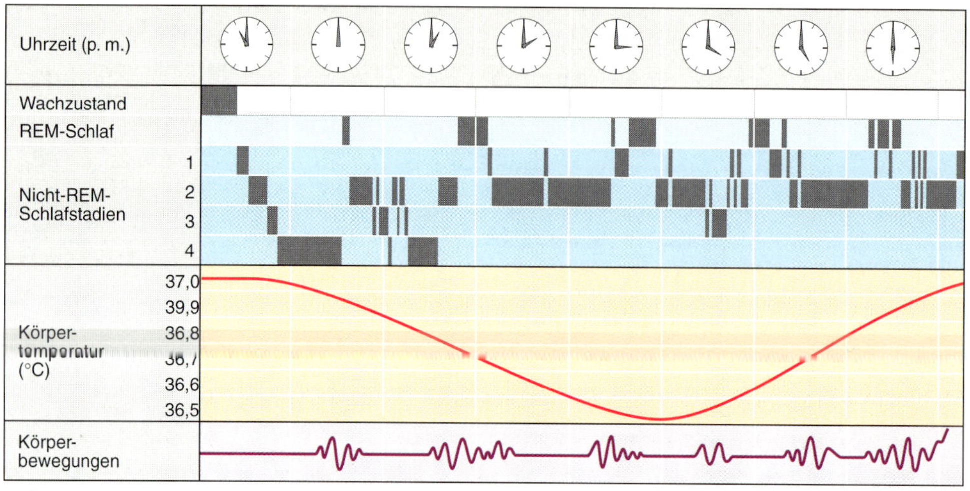

1 Schlafzyklen

Schlaf und Traum

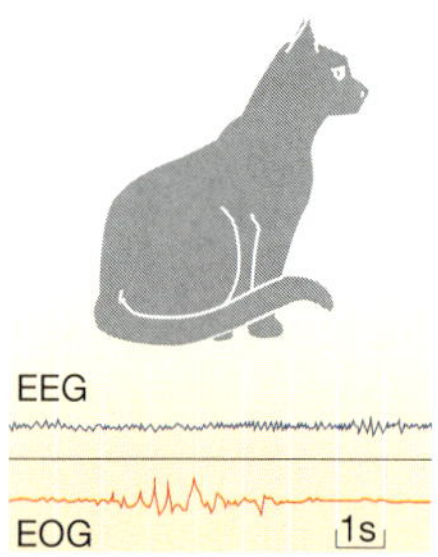

Wachzustand

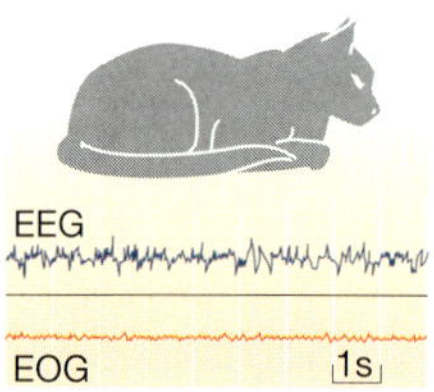

Nicht-REM-Schlaf

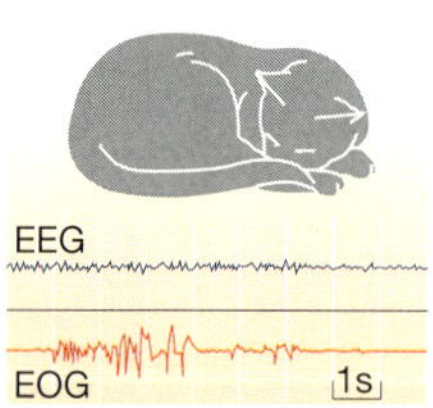

REM-Schlaf

EOG
Electrooculogramm; Aufzeichnung der Augenbewegungen

Warm aneinander geschmiegt liegen junge Mäuse in ihrem Nest. Die erste Zeit ihres Lebens verbringen sie mit Schlafen, nur unterbrochen von wenigen Trinkpausen. Der Löwe gilt auch als ausgewachsenes Tier als Meisterschläfer: Sobald er sich sattgefressen hat, schläft er ununterbrochen zwei bis drei Tage unter freiem Himmel. Antilopen sind dagegen, wie praktisch alle großen Pflanzen fressenden Säugetiere, ausgesprochen schlafscheu. Kurze Tiefschlafphasen sind im Wechsel auf die Mitglieder der Herde verteilt.

Diese wenigen Beispiele zeigen, dass verschiedene Tiere völlig unterschiedliches Schlafverhalten haben: Schlafmenge und Schlafintensität hängen von ganz unterschiedlichen Faktoren ab, wie z. B. Alter (Hirnreifung), Körpergröße, sichere Schlafstätten und dem Feind-Beute-Status. Folgende allgemeine Regel lässt sich formulieren: ein Tier schläft um so mehr, je jünger und sicherer es ist.

Für alle Lebewesen gilt jedoch, dass während des Schlafs ein Höchstmaß an Verwundbarkeit besteht, denn die Aufnahmebereitschaft für Sinnesreize und die motorische Reaktionsfähigkeit sind zumindest während des Tiefschlafs sehr stark herabgesetzt. Solchen Nachteilen des Schlafs stehen jedoch Vorteile gegenüber, wie die Schlafforschung zeigt. Sie liefert Erkenntnisse über Ablauf, Bedingungen und Bedeutung des Schlafs. Daraus lassen sich Hypothesen zur Bedeutung des Traums ableiten.

Analyse des Schlafs

Die ersten Anhaltspunkte über die Physiologie des Schlafs erhielt man in den 50er-Jahren, als der menschliche Schlafzyklus eingehend untersucht wurde. Es zeigte sich, dass Schlaf nicht nur ein Zustand fehlender Wachheit ist. Schlaf lässt sich durch messbare Veränderungen in der elektrischen Aktivität des Gehirns erkennen und eindeutig gegen den Wachzustand abgrenzen. Im *Elektroenzephalogramm* (EEG) lassen sich während des Schlafs Spannungsschwankungen (Summenpotentiale von Neuronen) ableiten, die ein charakteristisches Muster ergeben. Darüber hinaus ist Schlaf kein einheitlicher Prozess, sondern ein zyklisches Geschehen, bei dem fünf verschiedene Stadien in typischer Weise durchlaufen werden. Abbildung 1 fasst Untersuchungsergebnisse zusammen, die dazu in einem Schlaflabor gewonnen wurden.

1. Stufe: Die Glieder werden schwer, die Muskeln entspannen sich und die Lider fallen immer öfter zu. Geräusche aus der Umwelt werden noch registriert. Die Augen rollen langsam unter den Lidern.

2. Stufe: Die Augäpfel drehen sich schräg nach oben. Das Bewusstsein schwindet in dem Maße, wie die Frequenzen der Hirnstromwellen abnehmen.

3. Stufe: Diese Phase dauert 10 bis 20 Minuten. Die Augen stehen still. Der Schläfer reagiert jedoch sehr schnell auf mögliche Reize.

4. Stufe: Diese Phase wird als eigentlicher Tiefschlaf empfunden. Die hier stattfindenden Stoffwechselvorgänge sind wahrscheinlich für die Erholungswirkung verantwortlich.

5. Stufe *(REM-Phase)*: Die Skelettmuskulatur ist völlig entspannt. Die Augen bewegen sich schnell und synchron hin und her *(rapid eye movement, REM)*. Das Herz schlägt schnell, Atmung und Blutdruck schwanken. Der Energieumsatz des Gehirns ist hoch. Es wird lebhaft geträumt. Das EEG-Muster zeigt unregelmäßige Frequenzen bei geringer Amplitude und ähnelt erstaunlich dem einer wachen Person. Damit unterscheidet sich die REM-Phase deutlich von den übrigen Schlafphasen. Man schließt daraus, dass das Gehirn mit höchster Aktivität arbeitet. Weckt man einen Schlafenden aus der REM-Phase, kann er von seinen Träumen berichten. Die Augenbewegungen stellen somit ein äußerlich erkennbares Zeichen dafür dar, dass das schlafende Gehirn lebhaft träumt.

Bedeutung des Schlafs

Die Ruhigstellung des Körpers während des Schlafs lässt zunächst eine allgemeine Erholung vermuten. Die erhöhte Ausschüttung von Wachstums- und Geschlechtshormonen während des Schlafs weist darauf hin, dass die Schlafphase zum inneren Auf- und Umbau genutzt wird.

Experimente mit Versuchspersonen zeigten, dass REM-Schlafentzug zu zunehmendem Unwohlsein, Ängstlichkeit und Apathie führt. Nach Beendigung des Experiments verblieben die Versuchspersonen deutlich länger als gewöhnlich in der REM-Phase. Man kann daraus schließen, dass die REM-Phase eine lebenswichtige Funktion erfüllt. Bei Tieren fand man, dass schwierige Lernaufgaben vor dem Einschlafen einen signifikanten höheren REM-Anteil auslösen. REM-Schlafentzug führt bei Mensch und Tier zu einer höheren Fehlerquote bei Lernerfolgskontrollen. Daraus lässt sich hypothetisch ein Zusammenhang zwischen REM-Schlaf und Gedächtnisleistung des Gehirns ableiten. Der Traumarbeit könnte dabei – einer Hypothese zufolge – die Sicherung und Aufarbeitung wichtiger Gedächtnisinhalte zukommen. Basis für diese Überlegungen war der experimentelle Befund, dass Säugetiere in Situationen hoher Aufmerksamkeit im *Hippocampus* ein charakteristisches Erregungsmuster aufweisen. Der Hippocampus ist ein Gehirnteil, der maßgeblich an der Speicherung von Erinnerungen beteiligt ist. Während der REM-Phase ließen sich die gleichen Erregungsmuster nachweisen wie in der Situation höchster geistiger Aktivität. Dies könnte darauf hinweisen, dass im Traum bedeutsame Erlebnisse der letzten Wachphase umstrukturiert und – abgelöst vom aktuellen Geschehen – für den Langzeitspeicher bearbeitet werden.

Aufgaben

① Erläutern Sie, ob die Volksweisheit „Der Schlaf vor Mitternacht ist der gesündeste!“ einen Wahrheitsgehalt aufweist.
② Beschreiben und deuten Sie die Ergebnisse von Schlafuntersuchungen an Katzen (s. Randspalte Seite 54).
③ Informieren Sie sich über den Zustand des Komas und grenzen Sie diesen gegenüber dem Schlaf und der Ruhe ab.
④ Suchen Sie Beispiele, die teilweise oder völlig die Regel bestätigen, dass junge, kleine und sichere Tiere in erhöhtem Maße schlafen.

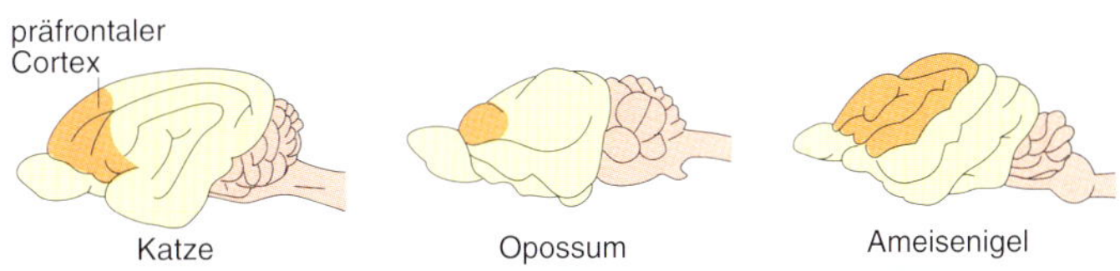

REM-Schlaf und Evolution

Vermutlich hat sich die Traumfähigkeit in der Evolution bereits vor ca. 140 Millionen Jahren entwickelt. Wie kommt man zu einer solchen Aussage?

Vergleiche der EEG-Muster bei höheren Säugern (Katze) und Beuteltieren (Opossum) zeigten, dass diese einen dem menschlichen Schlafzyklus vergleichbaren Rhythmus aufweisen. Diesen Tieren schreibt man daher eine Verarbeitung von Gedächtnisinhalten in der REM-Phase des Schlafes zu. Anders jedoch die urtümliche Gruppe der eierlegenden Säuger (Ameisenigel). Sie besitzen keinerlei REM-Aktivität. Der nächtliche Traum könnte sich demzufolge vor ca. 140 Millionen Jahren entwickelt haben, nachdem sich die Entwicklungslinien von Beutel- und Plazentatieren von denen der eierlegenden Säugetieren bereits getrennt hatten.

Untersuchungen von Gehirnen zeigten, dass der Ameisenigel und seine Verwandten einen im Verhältnis zu Säugern und Beuteltieren deutlich größeren *präfrontalen Cortex* besitzen. Dieser Teil des Großhirns ist für die aktuelle Bearbeitung von Gedächtnisinhalten verantwortlich. Dies führte zu der Hypothese, dass während der Stammesgeschichte bezüglich der Gehirnentwicklung unterschiedliche Wege beschritten wurden: Während der Ameisenigel ständig seine Erfahrungen aktuell im präfrontalen Cortex bearbeitet, entwickelte sich bei den Beutel- und Säugetieren die REM-Phase des Schlafs.

Schmerz, Angst, Depression

Ein Mann berührt eine heiße Glühbirne. Er zieht die Hand blitzschnell zurück, während er die Hitze gerade erst als Schmerz empfindet. Die Fingerspitzen sind vielleicht gerötet oder schmerzen noch eine kurze Zeit. Eine größere Verletzung wurde aber verhindert.

Schmerz in diesem Sinne ist ein Warnsignal, das den gesunden Organismus über Reize informiert, die ihn zu schädigen drohen. Solche Reize bezeichnet man als *noxisch*. Die Aufnahme, Weiterleitung und Verarbeitung von noxischen Reizen durch das Nervensystem nennt man *Nozizeption*. Sie ist beim Menschen oft mit einer Vermeidungsreaktion und meist mit einer bewussten Schmerzempfindung verbunden.

Folgende Prozesse laufen beim reizbedingten Schmerz teilweise parallel ab: Überall in der Haut befindet sich ein dreidimensionales Netz von freien Nervenendigungen, die auf mechanische, thermische und oft auch chemische Reize reagieren. Man bezeichnet diese afferenten Neuronen, die durch Gewebe schädigende Reize aktiviert werden, als *Nozizeptoren*. Sind Hautzellen verbrannt, setzen sie verschiedene Schmerzsubstanzen frei. Einige davon sind als Transmitter bekannt oder haben Hormoncharakter (Acetylcholin, Serotonin, Histamin, Prostaglandine, u. a.). Einige dieser Substanzen setzen die Empfindlichkeit der Nozizeptoren gegen über Reizen herab, andere wirken selbst als Schmerzstoffe. Dadurch kann die Reizschwelle überschritten werden und das Neuron wird erregt. An dieser Stelle können schmerzherabsetzende Medikamente, wie z. B. Acetylsalicylsäure *(Aspirin)* eingreifen: Aspirin hemmt das für die Prostaglandinsynthese notwendige Enzym und dämpft dadurch die Sensibilisierung.

Schmerzempfindung ist ein Bewusstseinsprozess. Sie findet im Gehirn statt. Dazu wird die noxische Information über afferente Nerven zum Rückenmark geleitet, wo es zum Kontakt mit verschiedenen Typen von Rückenmarksneuronen kommt. Einerseits werden hier die motorischen Neuronen erregt, die zum reflektorischen Wegziehen der Hand führen, andererseits werden die Erregungen ohne weitere Unterbrechung über die Hauptschmerzbahn *(Tractus spinothalamicus)* in der weißen Substanz des Rückenmarks zum Zwischenhirn *(Thalamus)* geleitet. Von dort können die Erregungen zum Großhirn weitergeführt werden, wo die Empfindung Schmerz bewusst wird. Die Gefühlskomponente des Schmerzes wird durch die Beteiligung tieferer Großhirnschichten *(limbisches System)* erreicht. Sobald die Schmerzinformation bezüglich Reizort, Qualität und emotionaler Vorerfahrung vom Gehirn interpretiert worden ist, können geistige Prozesse die körperliche Empfindung verstärken oder herabsetzen. So wird verständlich, dass Schmerz sehr unterschiedlich empfunden wird.

Im Rückenmark treten die nozizeptiven Neuronen synaptisch mit Interneuronen in Kontakt. Hier kann durch präsynaptische Hemmung eine Weiterleitung der Erregung verhindert werden. Die Transmitter der hemmenden Synapsen sind sogenannte *Endorphine* (s. Seite 58/59).

Angst

Den Lebewesen auf der Erde drohen unentwegt Gefahren. Tritt Angst als Alarmreaktion auf, die alle Energien auf die Überwindung der Gefahrensituation konzentriert, dann ist dieses Verhalten evolutiv begünstigt. Angst ist aus dieser Sicht biologisch tief in uns verwurzelt und sinnvoll, da sie zur Lebensrettung beitragen kann. Wenn die Angst allerdings in der übersteigerten Form zur *Panik* oder *Phobie* wird, haben existenzielle Urängste die Überhand über die Kontrolle gewonnen. Angst und Panik beruhen auf einem äußerst komplizierten Wechselspiel zwischen äußeren und inneren Faktoren, zwischen Genen und Umwelt. Der genetische Anteil am Phänomen Angst lässt sich nur schwer bestimmen. Die Stoffwechsel- und neurophysiologischen Ursachen sind auch heute noch zum Teil unbekannt.

Amerikanische Forscher führten zur Klärung der komplexen Zusammenhänge folgendes Experiment mit Mäusen durch: Sie pflanzten einer Gruppe von Mäusen ein zusätzliches Gen zur Bildung des Neuropeptids CRH *(Corticotropin-Releasing-Hormon)* ein. Dieses Hormon bildet im Hypothalamus den Signalgeber für die Produktion einer Serie von weiteren Hormonen. Die genetisch veränderten Mäuse verhielten sich wesentlich ängstlicher als die Artgenossen einer Kontrollgruppe. Schaltet man die Wirkung von CRH aus, zeigen die Tiere viel weniger Angst. Den gleichen Effekt erreichten die Forscher auch mit einem Stoff, der die Bildung des Rezeptors im Gehirn verhin-

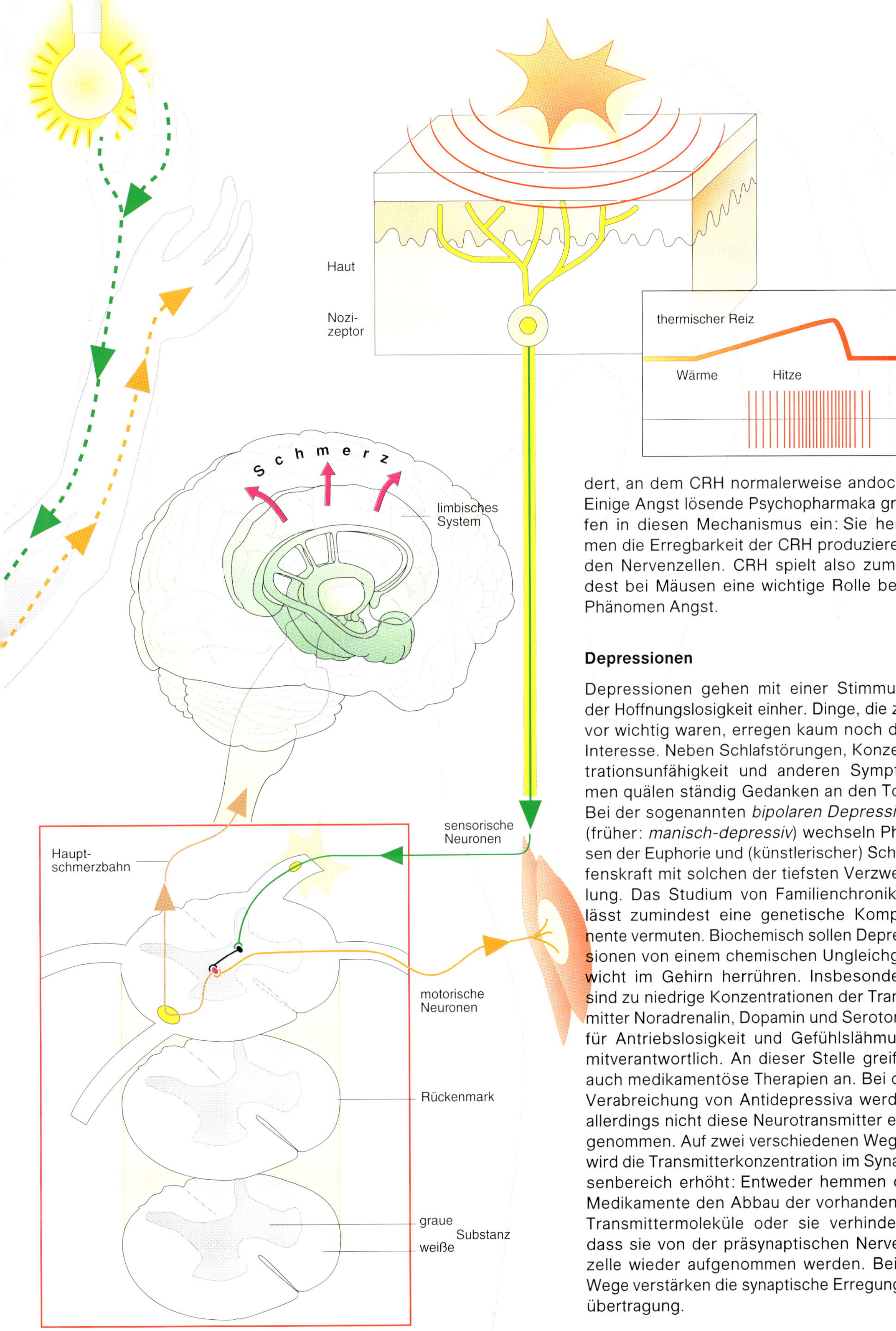

dert, an dem CRH normalerweise andockt. Einige Angst lösende Psychopharmaka greifen in diesen Mechanismus ein: Sie hemmen die Erregbarkeit der CRH produzierenden Nervenzellen. CRH spielt also zumindest bei Mäusen eine wichtige Rolle beim Phänomen Angst.

Depressionen

Depressionen gehen mit einer Stimmung der Hoffnungslosigkeit einher. Dinge, die zuvor wichtig waren, erregen kaum noch das Interesse. Neben Schlafstörungen, Konzentrationsunfähigkeit und anderen Symptomen quälen ständig Gedanken an den Tod. Bei der sogenannten *bipolaren Depression* (früher: *manisch-depressiv*) wechseln Phasen der Euphorie und (künstlerischer) Schaffenskraft mit solchen der tiefsten Verzweiflung. Das Studium von Familienchroniken lässt zumindest eine genetische Komponente vermuten. Biochemisch sollen Depressionen von einem chemischen Ungleichgewicht im Gehirn herrühren. Insbesondere sind zu niedrige Konzentrationen der Transmitter Noradrenalin, Dopamin und Serotonin für Antriebslosigkeit und Gefühlslähmung mitverantwortlich. An dieser Stelle greifen auch medikamentöse Therapien an. Bei der Verabreichung von Antidepressiva werden allerdings nicht diese Neurotransmitter eingenommen. Auf zwei verschiedenen Wegen wird die Transmitterkonzentration im Synapsenbereich erhöht: Entweder hemmen die Medikamente den Abbau der vorhandenen Transmittermoleküle oder sie verhindern, dass sie von der präsynaptischen Nervenzelle wieder aufgenommen werden. Beide Wege verstärken die synaptische Erregungsübertragung.

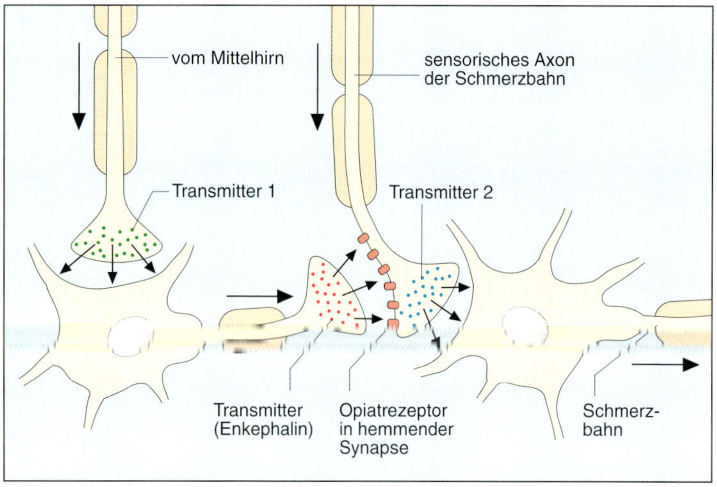

1 Wirkung von Opiaten

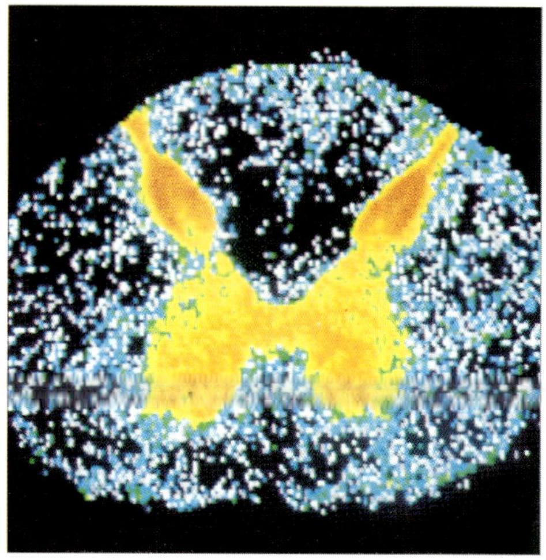

2 Opiatrezeptormoleküle im Rückenmark

Psychoaktive Stoffe

Freude und Glück sind psychische Empfindungen, die unser Denken und unseren Körper beeinflussen. Schon in alten Kulturen versuchten Menschen, ihre Empfindungen durch die Aufnahme meist pflanzlicher Substanzen zu beeinflussen. Auch heute werden dazu pflanzliche und synthetische Stoffe gebraucht und missbraucht.

Im allgemeinen Sprachgebrauch wird der Begriff *„Drogen"* meist synonym mit illegalen Suchtmitteln im Sinne des Betäubungsmittelgesetzes verwendet. Da aber auch legale Stoffe zur Sucht führen können, sollten unter dem Begriff „Drogen" alle psychoaktiven Stoffe zusammengefasst werden, die missbraucht werden und zur Sucht führen können. Dazu gehören:

– *Legale Drogen* wie Alkohol, Nikotin und Koffein, die häufig als *Genussmittel* bezeichnet werden und abgesehen von Einschränkungen durch das Jugendschutzgesetz frei im Handel erhältlich sind.
– *Psychopharmaka* sind Medikamente, die auf das Zentralnervensystem wirken. Sie unterliegen der Betäubungsmittel-Verschreibungsverordnung und müssen vom Arzt verordnet werden. Dazu gehören Anregungs-, Beruhigungs-, Schmerz- und Schlafmittel.
– *Illegale Rauschdrogen* wie Cannabisprodukte (Haschisch und Marihuana), Halluzinogene, Amphetamine („Ecstasy", „Speed") und Opiate.

Am Beispiel der Opiate soll die Wirkungsweise einer solchen Rauschdroge aufgezeigt werden.

Psychopharmaka
Arzneimittel *(Pharmaka)*, die psychische Leiden lindern und heilen können.

Antagonisten
Stoffe, die an Rezeptoren für andere Stoffe binden und die biologische Wirkung nicht auslösen.

Agonisten
Sie werden ebenfalls an die entsprechenden Rezeptoren gebunden, erzielen aber die biologische Wirkung.

Opiate – Psychopharmaka und illegale Drogen

Opium, ein Extrakt des Schlafmohns, wird schon lange medizinisch genutzt, besonders als Schmerzmittel. Die pyschoaktive Substanz *Morphin* wurde Anfang des 19. Jahrhunderts erstmals aus dem Extrakt isoliert. *Heroin* stellte man dagegen synthetisch aus Morphin her, um ein Mittel zu finden, das nicht so stark Sucht auslösende Wirkung hat. Leider kehrten sich die Hoffnungen ins Gegenteil um. Aufgrund seiner chemischen Eigenschaften kann Heroin schneller ins Gehirn gelangen und seine Wirkung rascher entfalten als Morphin. *Opiate* sind die illegalen Drogen mit dem höchsten Suchtpotential. Ihre Einnahme führt zu einer starken Abhängigkeit, aus der Auswege nur schwer zu finden sind. Zu hoch dosiert, blockieren diese Substanzen schnell die für die Atmung zuständigen Nervenzellen im Hirnstamm. Die Betroffenen werden rasch bewusstlos und sterben durch Atemstillstand – es sei denn, es wird ihnen rechtzeitig vom Arzt eine Substanz namens *Naloxon* injiziert, die die Wirkung des Opiats aufhebt. Naloxon wirkt als *Gegenspieler* oder *Antagonist* zum Opiat.

Das Rezeptor-Modell

Eine experimentell gestützte Hypothese zur Erklärung der Wirkung eines Opiats beruht darauf, dass Opiatmoleküle ebenso wie alle anderen psychoaktiven Stoffe im Bereich der Gehirnsynapsen wirken. Sie binden an

Rezeptormoleküle, die eigentlich für die gehirneigenen Neurotransmitter bestimmt sind. Aufgrund struktureller Ähnlichkeiten können die Opiate dort ebenfalls andocken. Aufnahmen mit radioaktiv markierten Opiaten zeigen, dass sich die spezifischen Rezeptoren in einem typischen Muster im Gehirn und Rückenmark verteilen (Abb. 58.2). An den hinteren Wurzeln der grauen Substanz des Rückenmarks zeigt sich eine besonders hohe Konzentration an Opiatmolekülen (orange). Hier haben die sogenannten *Schmerzfasern* Kontakte zu Neuronen, deren Axone bis ins Gehirn reichen. Die Areale höchster Rezeptordichte stimmen auffallend mit Gebieten überein, die Funktionen in der Schmerzwahrnehmung erfüllen. Im Rückenmark wirken Opiate schmerzlindernd, indem sie die Schmerzschwelle erhöhen: Sie hemmen schmerzleitende Neuronen. Dazu kommt eine subjektive Unterbewertung von Schmerzen durch das Gehirn: Der Schmerz ist da, wird aber nicht mehr als belastend empfunden. Besonders auffällig ist die hohe Dichte der Opiatrezeptoren in verschiedenen Strukturen des limbischen Systems. Durch die enge Verknüpfung dieser Hirnteile mit dem Hypothalamus und der Hormon freisetzenden Hirnanhangdrüse wird die durch Opiate hervorgerufene emotionale Beeinflussung verständlich. Der Ursprung für die euphorisierenden Rauschzustände nach Heroininjektion wird in limbischen Strukturen gesucht. Durch die unterschiedlichen Aufgabenbereiche dieser Hirngebiete sind auch die zahlreichen Opiateffekte zu erklären. Atemstillstand bei Überdosis korreliert beispielsweise mit einer hohen Dichte an Opiatrezeptoren in einem der Hauptkontrollzentren für Atemreflexe im Hirnstamm.

Körpereigene Morphine

Die Existenz der Opiatrezeptoren legt nahe, dass es körpereigene oder endogene, morphinähnliche Substanzen *(Endorphine)* gibt. Im Jahr 1975 konnten John Hughes und Hans Kosterlitz aus tierischen Gehirnen hirneigene Substanzen extrahieren, die genau wie Opiate mit dem Naloxon um die Rezeptorplätze konkurrieren. Gefunden wurden zwei Endorphine, das *Leucin-* und das *Methionin-Enkephalin*. Sie werden als *Transmitter* an Synapsen ausgeschüttet, die den Schmerzfasersynapsen aufsitzen und deren Transmitterausschüttung hemmen (Abb. 58.1). Endorphine können angenehme Empfindungen auslösen und Schmerzempfindungen in Stresssituationen lindern. Endorphine sind Neurotransmitter des ZNS.

Schmerzhemmung durch Opiate und Endorphine

Die Schmerzhemmung durch Opiate erklärt man mit folgendem Modell: Die Opiatrezeptoren liegen in zwei Gestalten *(Konformationen)* vor, die miteinander im Gleichgewicht stehen (Abb. 1). Das Opiat passt, ebenso wie die Endorphine, in die eine Form des Rezeptors. Diese löst die biologische Wirkung in der Zelle aus. Dadurch wird die Transmitterausschüttung in den Synapsen der Schmerzfasern gehemmt (Abb. 58.1). Opiat und Endorphin wirken als *Agonisten*. Liegt der Rezeptor in der anderen Form vor, bleibt die Wirkung aus: Die Erregung des sensorischen Axons kann ungehemmt weitergeleitet werden.

Je nach Gestalt des Rezeptors wird dem Modell zufolge eine Stoffwechselkette ausgelöst oder blockiert. Bindet ein Opiatmolekül an einen Rezeptor in der aktiven Form, so reagiert dieser mit dem Enzym *Adenylatcyclase*. Dadurch wird das Enzym blockiert. Adenylatcyclase katalysiert normalerweise die Reaktion von ATP zu zyklischem AMP (c-AMP). Diese Reaktion bleibt aus. Die Konzentration an c-AMP sinkt. c-AMP ist als sekundärer Botenstoff an der Aktivierung verschiedener Enzyme beteiligt und beeinflusst die Aktivität von Kanalproteinen. Die Erregung aufgrund eines Schmerzreizes wird schwach oder gar nicht mehr weitergeleitet. Naloxon könnte als Antagonist des Opiats mit der inaktiven Form des Rezeptors reagieren und über die Verlagerung des Konformationsgleichgewichts Morphinmoleküle aus ihren Rezeptoren verdrängen.

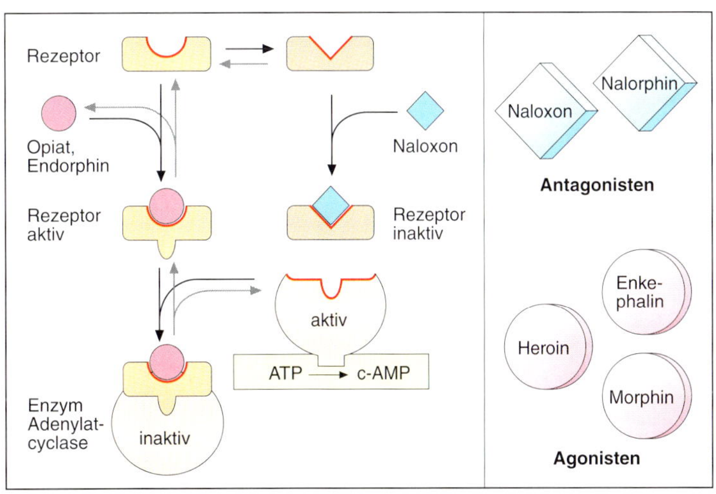

1 Modell der Wirkung von Opiaten und ihrer Antagonisten

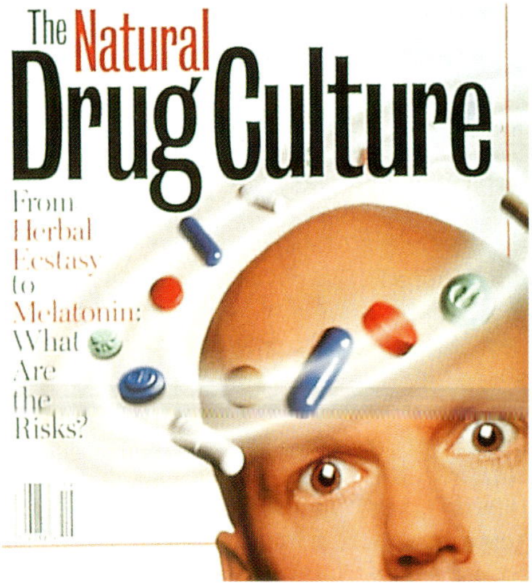

Sucht

Süchtige sind psychisch und physisch abhängig von Mitteln, wie z. B. Drogen. Dabei gewöhnen sich die Zellen ihres Körpers allmählich an das Rauschgift und seine Wirkungen, der Zellstoffwechsel wird daran angepasst. Wird die Droge dem Körper entzogen, kommt es zu schweren Stoffwechselstörungen. Es treten beim Absetzen dieser Mittel *Entzugserscheinungen* auf, wie Angst, Schweißausbrüche, Erbrechen, heftige Atmung, starkes Schmerzempfinden und Darmkrämpfe. Man spricht von *physischer Abhängigkeit*.

Pharmakologen zufolge lassen sich drei Stufen der Suchtentwicklung unterscheiden:
- *Toleranzentwicklung:* Der Organismus benötigt immer höhere Dosen, um die gleichen Wirkungen hervorzurufen.
- *Abhängigkeit:* Nach Absetzen der Droge treten schwere körperliche Entzugserscheinungen auf.
- *Zwanghafte Suche nach Drogen:* Um die Entzugserscheinungen zu beenden, wird manchmal bis hin zum Kapitalverbrechen alles unternommen, um wieder an Drogen zu kommen.

Neben der physischen Abhängigkeit entwickelt sich also eine *psychische Abhängigkeit.*

Die Entstehung der körperlichen Abhängigkeit bei Drogensucht kann man mithilfe des Rezeptormodells verstehen (s. Abb. 59.1). Opiate ersetzen als Agonisten die Endorphine und hemmen außerdem die gehirneigene Endorphinproduktion. Ein Entzug der Droge führt daher zu Unlust und Schmerzempfindlichkeit, da Endorphine fehlen. Bei Anwesenheit von Opiaten reagieren die Nervenzellen auf die zu geringe Konzentration von c-AMP mit einer gesteigerten Produktion des Enzyms Adenylatcyclase (Abb.1), woraufhin die c-AMP-Konzentration steigt. Soll die gleiche, schmerzhemmende Wirkung erzielt werden, muss eine Dosissteigerung des Opiats erfolgen. Opiatdosis und das Bestreben der Zelle nach Einstellung einer bestimmten c-AMP-Konzentration schaukeln sich gegenseitig auf. Am Ende wird ein Zustand der Toleranz erreicht, bei dem die c-AMP-Konzentration in der Zelle trotz hoher Opiatzufuhr normal ist. Entzieht man nun den Zellen das Opiat, stellen sich in den Nervenzellen sehr hohe Enzym- und damit c-AMP-Konzentrationen ein. Diese sind möglicherweise eine der Ursachen für die vielfältigen Entzugssymptome, die das Gegenteil der Symptome der früheren Wirkung des Opiats darstellen. Entzugssymptome sind ein Zeichen dafür, dass die Gehirnzellen mit Opiatrezeptoren in einem gestörten biochemischen Gleichgewicht vorliegen.

1972 wurde *Naltrexon* in Amerika speziell für die Drogentherapie entwickelt. Es wird (ebenso wie *Naloxon*) als Gegenmittel bei einer Überdosis Heroin eingesetzt, aber auch vorbeugend bei der Entwöhnung. Naltrexon wirkt nach dem Antagonistenprinzip. So verhindert es bei einem Rückfall des Süchtigen die euphorisierende Wirkung der Droge. Die Therapie mit Naltrexon verlangt vom Süchtigen eine hohe Motivation, da das Medikament keine drogenartige Wirkung hat. Eine andere Therapiemöglichkeit besteht im Einsatz von Medikamenten wie der Ersatzdroge *Methadon*, die auf molekularer Ebene als Agonist des Opiats wirken. Wegen ihrer drogenartigen Wirkung kann die Methadontherapie nur ein ärztlich begleiteter Schritt aus der Abhängigkeit sein.

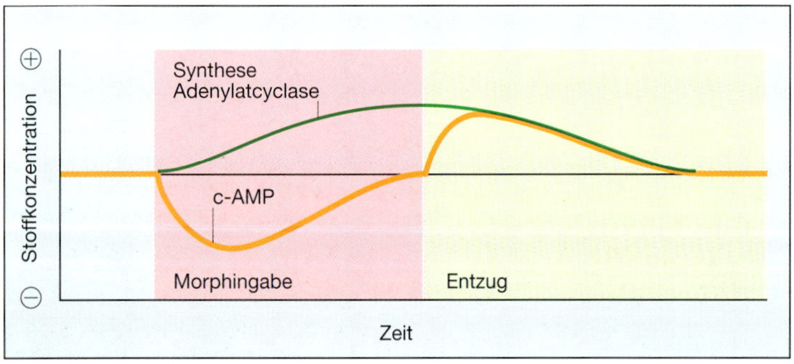

1 Einfluss von Morphinen

Drogensucht

Suchtentwicklung im molekularen Modell

Die Suchtentwicklung bei Opiaten und die körperlichen Folgen des Entzugs hängen mit biochemischen Vorgängen an Gehirnneuronen zusammen.

Aufgaben

1. Erläutern Sie mit dem Rezeptormodell die biochemischen Veränderungen, die die Zufuhr von Opiaten an Gehirnneuronen bewirken (Abb. 1a, b).
2. Erklären Sie das Phänomen der Toleranzentwicklung und erläutern Sie die Folgen des Opiatentzugs (Abb. 1c).
3. Erstellen Sie anhand des Modells eine Hypothese über die Wirkung des Antagonisten Naloxon bei einer Opiatvergiftung durch eine Überdosis der Droge. Skizzieren Sie diese Wirkung ausgehend von Abb. 1b.

Fallbeispiele Drogen

1982 wurden innerhalb kurzer Zeit in Kalifornien mehrere junge Leute unabhängig voneinander in verschiedene Kliniken eingeliefert. Allen gemeinsam waren die ungewöhnlichen Krankheitssymptome: Sie atmeten zwar und das Herz schlug, aber ansonsten waren ihre Muskeln unbrauchbar. Sprachlos und steif wie eine Statue konnten die Opfer durch Augenrollen lediglich zeigen, dass ihr Geist funktionierte.

Die jungen Leute zeigten Symptome, wie man sie bei Patienten mit parkinsonscher Krankheit im fortgeschrittenen Stadium findet. Über diese Krankheit weiß man, dass sie auf einem Dopaminmangel beruht. Der behandelnde Arzt gab seinen „erstarrten" Patienten das Medikament *L-Dopa*, das im Gehirn in Dopamin umgewandelt wird. Die Patienten konnten sich bald wieder bewegen und sprechen. Die genauere Untersuchung erbrachte, dass alle Patienten heroinabhängig waren. Sie hatten statt Heroin eine verunreinigte synthetische Droge, eine *Designerdroge*, erhalten, die die Wirkung von Heroin imitiert. Die Dopamin erzeugenden Zellen der *Substantia nigra* des Mittelhirns waren dadurch unwiederbringlich zerstört worden.

Dopamin gehört mit dem chemisch verwandten Noradrenalin und Adrenalin zu den bestuntersuchten Neurotransmittern des Gehirns. Für Parkinsonkranke gilt L-Dopa als Wundermittel. Andererseits bringt die Einnahme von L-Dopa erschreckende Nebenwirkungen mit sich: Angstzustände, Furcht einflößende Sinnestäuschungen und unkontrollierte Bewegungen.

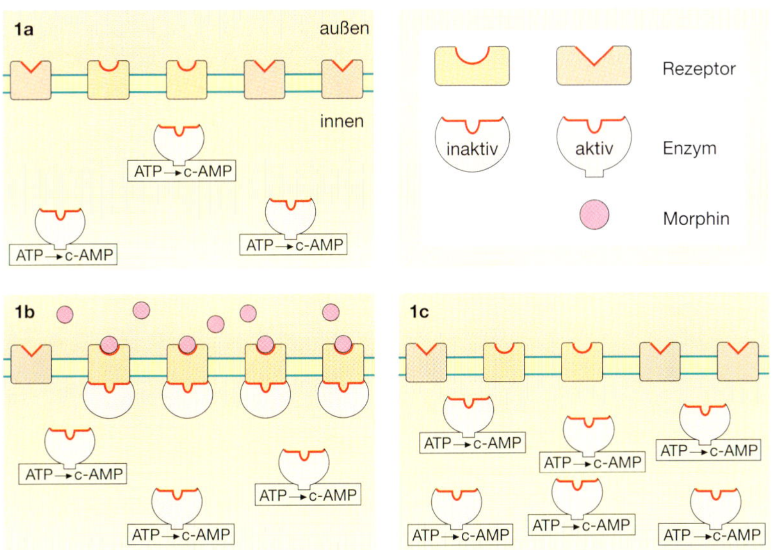

Aufgaben

1. Informieren Sie sich in Ihnen zur Verfügung stehender Literatur über die parkinsonsche Krankheit (Gesundheitslexikon).
2. Diskutieren Sie den Fortgang der Krankengeschichte der jungen Drogenabhängigen und deren Lebensqualität.

„Ein Blitz im Kopf und der Tag danach"

„Das kommt wie 'n kleiner Blitz, der in dein Gehirn einschlägt. Oder wie 'ne Blume, die in deinem Kopf aufgeht. Wenn du was genommen hast, könntest du erst mal Bäume ausreißen. Und du denkst auch, du raffst die Zusammenhänge viel besser. Du schaffst damit Sachen, die du sonst nie hinkriegen würdest. Du kannst easy 'ne Flasche Tequila trinken, während die anderen sich quälen. Du isst nichts, denn du spürst keinen Hunger. Und Speed ist Sex. Du wirst einfach nicht müde. Das kann Stunden so gehen.

Nach 'ner Weile spürst du dann allerdings dieses Kribbeln, du brauchst wieder was, und so geht das weiter. Am nächsten Morgen musst du was nehmen, sonst fängt der Tag gar nicht erst an. Um über die Runden zu kommen musst du noch was hinterherschieben. Nach 36 Stunden hast du nur noch Matsche im Gehirn, du willst drei Sachen auf einmal machen, aber du vergisst alles gleich wieder. Dein Herz geht wie blöde, und dein Kreislauf ist total weg.

Irgendwann später kriegst du mal Nierenschmerzen, du kannst nicht mehr richtig atmen, weil deine Nase kaputt ist. Und dein Kopf bleibt ganz leer. Frag mich mal, was vorgestern war. Oder 'ne Telefonnummer. Oder den letzten Film, den ich gesehen hab. Du bekommst nichts mehr auf die Reihe. Das ist die Quittung für den Rock'n' Roll, die du später kriegst."
(Uwe, 28, Berlin)

Aufgaben

1. Skizzieren Sie stichwortartig den Ablauf der Suchtentwicklung.
2. Vergleichen Sie Uwes Bericht mit den molekularen Prozessen (Abbildung 1). Beachten Sie dabei auch die Rolle des c-AMP (Abbildung 60.1).
3. Diskutieren Sie, warum auch einmalige Drogeneinnahme bereits gefährlich sein kann.

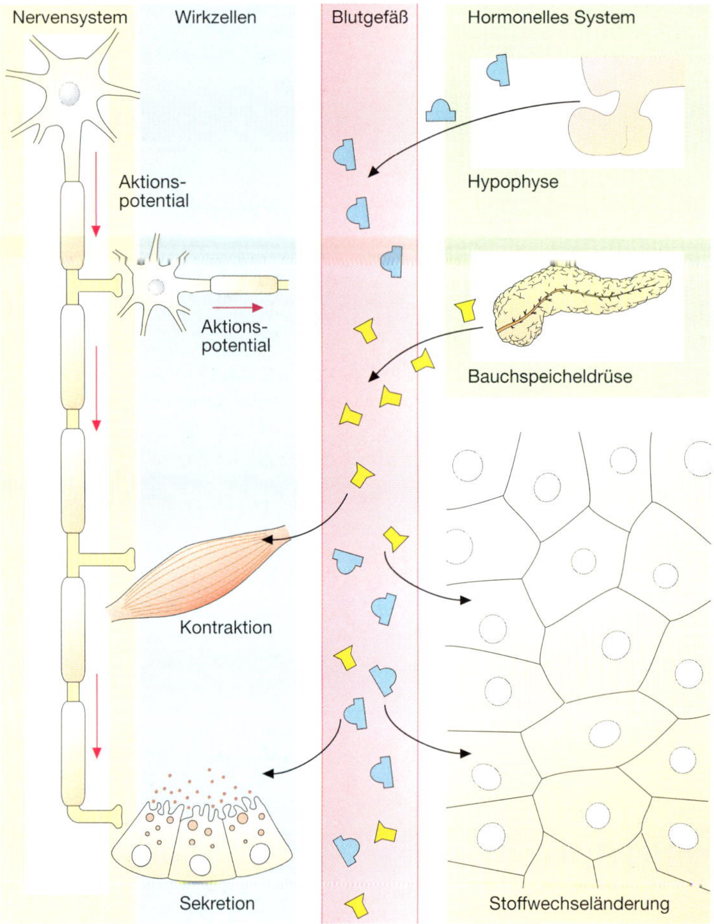

1 Neuronale und endokrine Signalübertragung

Chemische Botenstoffe

Kaulquappen sind an das Leben im Wasser angepasste Larven mit einem stromlinienförmigen Körper, langem Schwanz, einer dünnen Haut und Kiemen. Aus ihnen entwickeln sich die Frösche: schwanzlose Landtiere mit Lungen, einer vor der Verdunstung schützenden, dicken Haut und mit kraftvollen Beinmuskeln. Diese Veränderungen sind so fein abgestimmt, dass man eine differenzierte Steuerung der Metamorphose vermuten muss.

1912 verfütterte der Wissenschaftler GUDDERNATSCH Schilddrüsengewebe an Kaulquappen; die Metamorphose lief beschleunigt ab. Operierte man dagegen den Kaulquappen ihre Schilddrüse heraus, wuchsen sie zwar zu Riesenkaulquappen heran, aber die Metamorphose blieb aus. Aufgrund dieser Experimente untersuchten Wissenschaftler das Organ genauer und isolierten eine Substanz, das *Thyroxin*, von dem bereits die Zugabe von $^{1}/_{100}$ Milligramm pro Liter Wasser genügt, um die Metamorphose bei den jungen Kaulquappen auszulösen.

Solche Stoffe, die von spezifischen Zellen, Geweben oder Organen gebildet und über das Blut in geringen Stoffmengen zu Wirkzellen transportiert werden, nennt man *Hormone*. Der Begriff stammt aus dem griechischen und bedeutet „ich wecke auf“.

Pheromone

Diese Stoffe wirken nicht innerhalb des Körpers eines Individuums, sondern zwischen verschiedenen Individuen einer Art. Es können leicht flüchtige Stoffe sein, die in der Luft verteilt werden und z. B. bei Insekten über die Antennen auf die Tiere einwirken.

Bei Bienenvölkern wird von der Königin ein Pheromon abgegeben, das während des Hochzeitsfluges die Drohnen anlockt. Das gleiche Pheromon stabilisiert und regelt auch den Zusammenhalt des Bienenvolkes. Gibt die Königin genügend Pheromon an die Umgebung ab und kommen dadurch alle Arbeiterinnen mit diesem in Kontakt, so werden keine Weiselzellen angelegt. Weiselzellen sind Wabenzellen, in denen die Larven zu neuen Königinnen heranwachsen. Wird die Königin älter und die Pheromonproduktion lässt nach, so werden Weiselzellen angelegt. Dies geschieht auch, wenn das Volk sehr groß wird und das Pheromon nicht mehr alle Arbeiterinnen erreicht. Stirbt eine Königin und es sind keine neuen Weiselzellen angelegt, lässt sich beobachten, dass sich bei ca. 25 % der Arbeiterinnen Ovarien entwickeln und die Eiablage beginnt. Das Pheromon der lebenden Königin unterdrückt die Funktionsfähigkeit der Ovarien. Pheromone lassen sich auch bei Wirbeltieren und beim Menschen nachweisen.

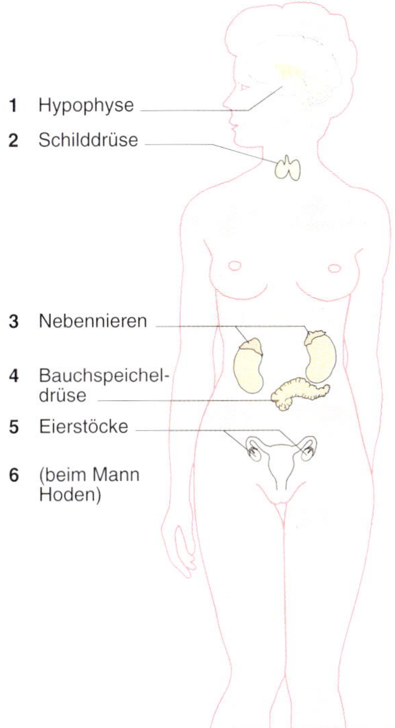

Drüse	Hormon	Wirkung
1	**Hypophysenvorderlappen**	
	Somatotropin	Knochenwachstum, Eiweißsynthese
	Thyreotropin (TSH)	Anregung der Schilddrüse zur Thyroxinausschüttung
	Corticotropin (ACTH)	regt Nebennierenrinde an
	Follikel stimulierendes Hormon (FSH	Entwicklung von Ei- und Spermazellen; Östrogenbildung
	Luteinisierendes Hormon (LH)	Anregung der Progesteronbildung; Eisprung
	Hinterlappen	
	Adiuretin	Regelung des Wasserhaushalts
	Oxytocin	Auslösen der Wehen
2	*Thyroxin*	Steigerung des Grundumsatzes, Wachstum
3	*Cortisol* (in der Rinde)	Ab- und Umbau von Eiweißen zu Glukose
	Adrenalin (im Mark)	Glykogenabbau, Steigerung des Blutzuckerspiegels
4	*Insulin*	Senkung des Blutzuckerspiegels, Glykogenbildung
	Glukagon	Steigerung des Blutzuckerspiegels, Glykogenabbau
5	*Östrogene*	Ausbildung weiblicher Sexualorgane, Zyklusregelung
	Progesteron	Erhaltung der Schwangerschaft
6	*Testosteron*	Ausbildung männlicher Geschlechtsmerkmale, Muskelzunahme

1 Hormondrüsen des menschlichen Körpers und ihre Aufgaben

Der Nachweis von Hormonen ist wegen der geringen Stoffmenge nicht mit den üblichen chemischen Methoden durchzuführen. Ein Nachweis über die Wirkung auf lebende Organismen, wie bei den Fröschen, wird heute ersetzt durch sensiblere immunologische Methoden. Es lässt sich zu jedem Hormon ein Antikörper herstellen, der nur das spezifische Hormon bindet. Diese Hormon-Antikörper-Komplexe lassen sich optisch nachweisen (vgl. *Schwangerschaftstest).*

Für die Wirkzellen stellen die Hormone eine chemisch codierte Nachricht dar, auf die nur diese Zellen, nicht jedoch andere reagieren und den Stoffwechsel verändern (Abb.1). Die Botschaft ist in der chemischen Struktur der Hormonmoleküle verschlüsselt. Bei dem molekularen Aufbau der Hormone unterscheidet man verschiedene Gruppen, z. B. Peptide *(ACTH),* Amine *(Adrenalin)* oder Steroide *(Cortisol).*

Mit Ausnahme der Hormone aus der Steroidgruppe ist die Wirkung der Hormonmoleküle auf die Funktion anderer Zellen ähnlich wie der Wirkmechanismus der Transmitter auf die Nervenzellen. Diese wirken spezifisch auf Nerven- oder Muskelzellen in direkter Nähe, die Hormone jedoch über den Blutkreislauf auf verschiedene Körpergewebe.

Ein Zwischenglied zwischen den Hormonen und Transmittern stellen die *Neurohormone* dar. Im ZNS gibt es viele Bereiche, deren Zellen Hormone produzieren. Diese Nervenzellen geben an ihren Endknöpfchen keine Neurotransmitter, sondern Hormone, die Neurohormone, ab. Diese werden nicht in einen synaptischen Spalt freigesetzt, sondern dicht bei den Blutkapillaren. Von hier aus diffundieren sie in die Blutbahn, über die sie das Zielorgan erreichen. Im Gegensatz zu den Transmittern haben sie eine längere Lebensdauer und wirken in sehr viel geringerer Konzentration.

Hormone sind neben dem Nervensystem ein zweites Nachrichtenübermittlungssystem. Dieses ist jedoch langsamer als das Nervensystem. Koordiniert das Nervensystem z. B. die Muskelaktivität und Reaktionen auf Reize aus der Umwelt, so wirkt das Hormonsystem koordinierend auf den Stoffwechsel des Organismus ein, wie z. B. auf Wachstum und Fortpflanzung.

Aufgabe

① Informieren Sie sich in Ihrer Apotheke über Schwangerschaftstests und darüber, welches Hormon dabei nachgewiesen wird.

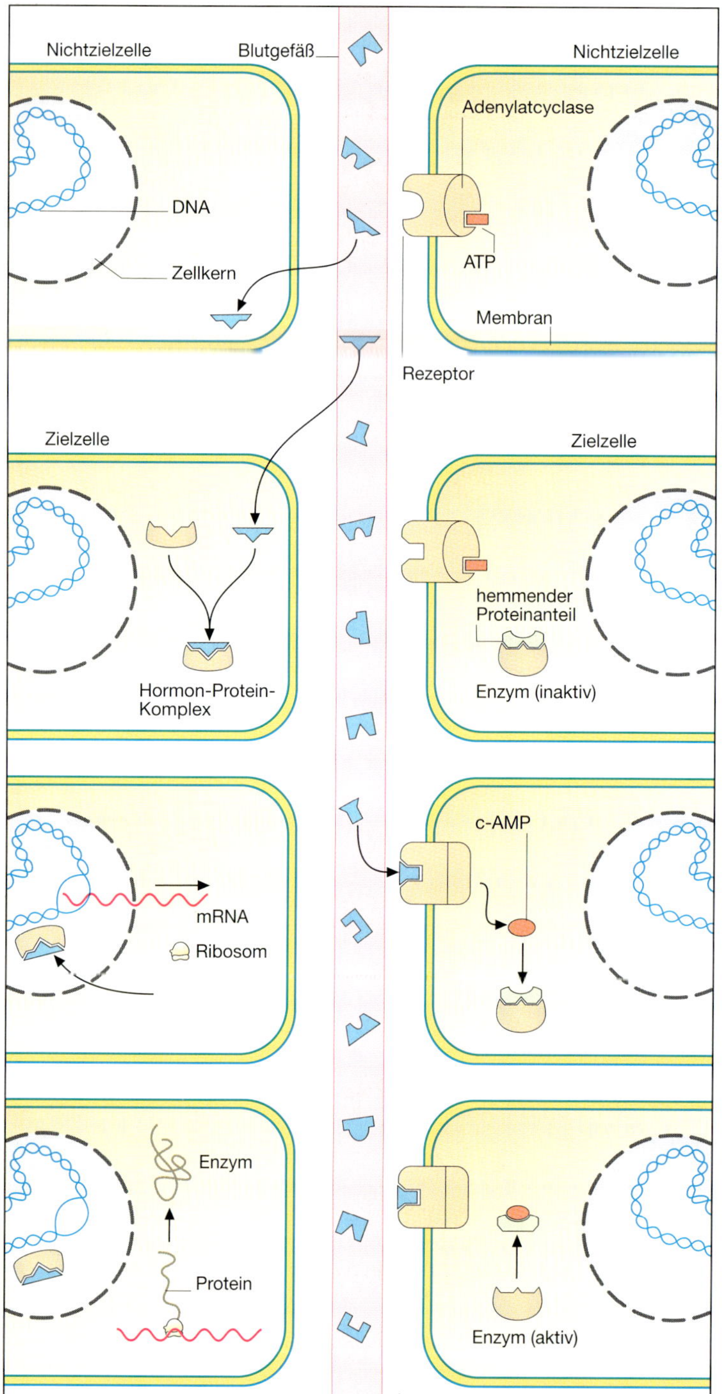

Hormonbeispiele für den dargestellten Wirkmechanismus:

- Thyroxin
- Östrogen und Progesteron (weibliche Geschlechtshormone)
- Testosteron (männliches Geschlechtshormon)
- Aldosteron (reguliert den Blutdruck)

1

Hormonbeispiele für den dargestellten Wirkmechanismus:

- Insulin und Glukagon (regulieren die Blutzuckerkonzentration)
- TSH (steuert Wachstum und Hormonproduktion der Schilddrüse)
- Vasopressin (wirkt auf die Wasserrückresorption in der Niere)

2

Hormone: Zelluläre Wirkungsweise

Bei den Kaulquappen reduziert sich nach der Ausbildung der Beine der typische Ruderschwanz, bis er völlig verschwunden ist. Die Steuerung dieses Vorgangs wurde verständlich, nachdem man in den Schwanzzellen die *Lysosomen* (von Membranen eingeschlossene Bläschen) untersuchte. Sie enthalten zwei Eiweiß verdauende Enzyme. Ihre Konzentration in den Schwanzzellen ist zum Zeitpunkt der Metamorphose um das 20- bis 30fache höher als in den übrigen Geweben. Die beiden Enzyme sind für das Einschmelzen des Ruderschwanzes verantwortlich. Ihre Steuerung erfolgt über das Thyroxin.

Fügt man Zellsuspensionen verschiedener Froschgewebe radioaktiv markiertes Thyroxin zu, lässt sich die Radioaktivität kurz darauf im Cytoplasma aller Zellen nachweisen. Erstaunlicherweise ist das Thyroxin in den Schwanzzellen fast ausschließlich an ein bestimmtes Eiweiß gebunden. Es bildet einen sogenannten *Hormon-Protein-Komplex*. Analysiert man diese Proben einige Zeit später, so häuft sich die Radioaktivität in den Zellkernen der Schwanzzellen an. Lediglich der Hormon-Protein-Komplex kann die Kernmembran passieren. Thyroxin aktiviert im Zellkern spezifische Gene, die entsprechende m-RNA wird gebildet. An den Ribosomen im Cytoplasma werden die entsprechenden Enzyme synthetisiert, z. B. die Eiweiß verdauenden der Lysosomen (Abb. 1). Für Hormone mit diesem Wirkungsmechanismus ist typisch, dass es meist lipidlösliche Nichtproteine *(Steroide)* sind.

Für die zweite Gruppe der Hormone, in der Regel sind es lipidunlösliche Proteine, trifft ein anderer Wirkungsmechanismus zu. Diese Substanzen können keine Membran passieren und werden an spezifische Rezeptoren auf den Membranen der Zielzellen gebunden. Der *Hormon-Rezeptor-Komplex* aktiviert ein membrangebundenes Enzym, auf der inneren Zellmembranseite. Dieses Enzym wandelt große Mengen von ATP in c-AMP um. Diese sekundären Botenstoffe bewirken in den Zellen die Aktivierung bestimmter Enzyme (Abb. 2) und führen so zu einem veränderten Stoffwechsel.

Aufgabe

① Stellen Sie tabellarisch die unterschiedliche Wirkungsweise der beiden Hormontypen in den Zielzellen zusammen.

Die Hierarchie der Botenstoffe

Nicht nur bei Fröschen, sondern auch bei Menschen wird *Thyroxin* in der Schilddrüse gebildet. Diese liegt seitlich an der Luft- und Speiseröhre vor dem Schildknorpel des Kehlkopfes. Thyroxin bewirkt eine Steigerung des Grundumsatzes, besonders in den Leber- und Muskelzellen. In den Mitochondrien dieser Zellen löst es einen erhöhten Energieumsatz aus. Dadurch steigt die Körpertemperatur.

Der Thyroxinspiegel wird im Blut durch einen Regelmechanismus konstant gehalten. Die Schilddrüsenaktivität wird jedoch nicht direkt geregelt. Diese Regelung erfolgt auf verschiedenen Ebenen, sie ist hierarchisch geordnet (Abb. 1). Übersteigt der Thyroxinspiegel im Blut einen bestimmten Wert, so kommt es zu einer Verminderung der Thyroxinausschüttung aus der Schilddrüse. Thyroxin wirkt hemmend auf einen Teil des Zwischenhirns, den *Hypothalamus* und die *Hypophyse*, ein *(negative Rückkopplung)*. In der Hypophyse wird das *Thyroxin stimulierende Hormon* (TSH = Thyrotropin) gebildet, das die Schilddrüse zu einer erhöhten Synthese und Ausschüttung stimuliert. Eine Hemmung der TSH-Bildung führt zu einer verringerten Stimulierung der Schilddrüse. 1969 gelang es einigen Wissenschaftlern, aus dem Hypothalamus von Schweinen und Schafen ein Tripeptid zu isolieren. Dieses stimuliert bei Zugabe in das Blutsystem die TSH-Ausschüttung. Dieses Tripeptid wird *Thyrotropin-Releasinghormon* (TRH) genannt. Releasinghormone stammen aus den Nervenzellen des Hypothalamus und werden in die Blutbahn zur Hypophyse abgegeben.

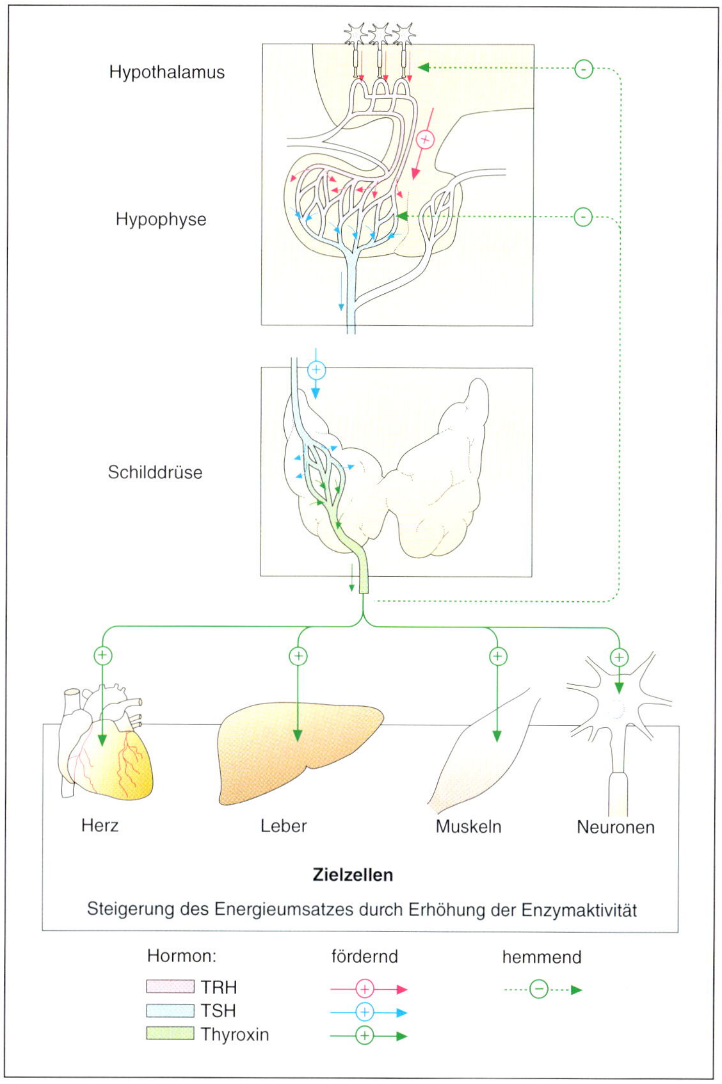

1 Regulation der Thyroxinkonzentration

Bei einer krankhaften Überfunktion der Schilddrüse kommt es zu einer übermäßigen Beschleunigung des Stoffwechsels, wodurch die Körpertemperatur steigt. Trotz Appetitsteigerung und erhöhter Nahrungsaufnahme magern diese Menschen ab. Die Herztätigkeit ist beschleunigt und Nervosität sowie Schlaflosigkeit treten auf. Bei der genetisch bedingten *Basedowkrankheit*, bei der auch die Augen nach vorne gedrückt werden, wird diese Überproduktion durch eine Substanz ausgelöst, die vom Immunsystem gebildet wird. Dieser Antikörper stimuliert die Schilddrüse und damit die Thyroxinproduktion in gleicher Weise wie das TSH. Eine Unterfunktion der Schilddrüse führt zu einer verminderten Thyroxinausschüttung. Appetitlosigkeit, verringerter Grundumsatz und eine verminderte geistige und körperliche Leistungsfähigkeit sind die Folge. Diese *Myxödem* genannte Krankheit kann durch Iodmangel in der Nahrung verursacht werden, da Iod ein Grundbaustein bei der Thyroxinsynthese ist. Die Schilddrüse wird stark vergrößert (Kropf). Das wirkt der geringen Thyroxinkonzentration entgegen. Eine genetisch bedingte Unterfunktion kann zu schwerwiegenden Entwicklungsstörungen, wie Zwergwuchs, führen.

Aufgabe

① Das Sinken der Umgebungstemperatur wirkt über das Nervensystem auf den Hypothalamus ein. Überlegen Sie, wie es im Körper zu einem Ausgleich der Körpertemperatur kommt.

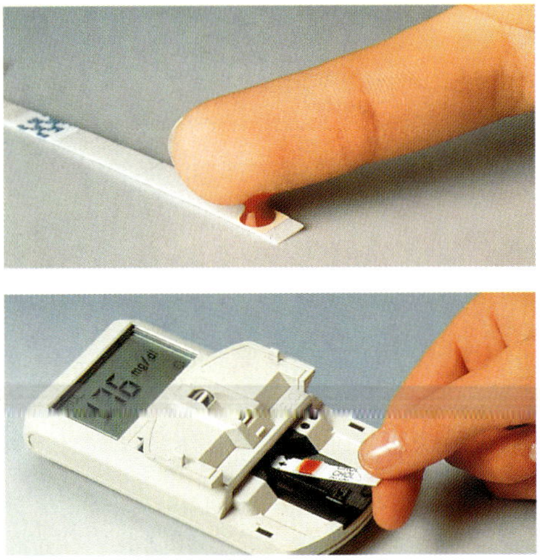

1 Blutzuckertest

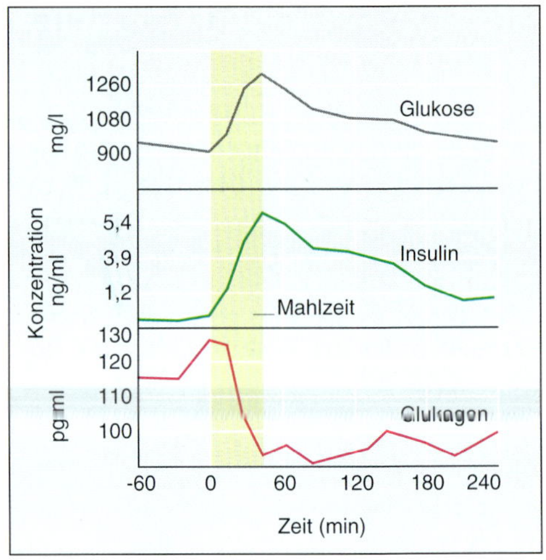

2 Konzentrationsverläufe nach einer Mahlzeit

Blutzuckerregulation

Blutzuckergehalt
Der Blutzuckerwert 90 entspricht 90 mg/dl = 900 mg/l Blut.

Überschlagsrechnung:
In den ca. 7 Litern Blut eines Erwachsenen sind 7 x 900 mg = 6,3 g Glukose enthalten.
180 g Glukose = 1 mol → 2836 kJ
6,3 g Glukose = 100 kJ

Energiebedarf beim Radfahren: 40 kJ/min. Der Energiegehalt des Blutzuckers reicht für ca. 2,5 min.

Nervenzellen decken ihren Energiebedarf fast ausschließlich durch Glukose. Eine Unterversorgung kann eine Verminderung der Konzentrationsfähigkeit, in extremen Fällen einen Verlust des Bewusstseins zur Folge haben. Nervenzellen können selbst nur wenig Glukose speichern. Das Blut liefert ständig Glukose nach. Die Zuckermenge im Blut eines Erwachsenen beträgt ca. 6,3 g. Überschlagsrechnungen zeigen, dass diese Menge reicht, um 14 min ruhig zu sitzen oder 2,5 min Fahrrad zu fahren. Danach müsste erneut Nahrung aufgenommen werden.

Trotz periodischer Nahrungsaufnahme und unterschiedlichem Energiebedarf, je nach körperlicher Belastung, schwankt im Blut eines gesunden Menschen die Glukosekonzentration nur minimal. Daraus muss man folgern: Im menschlichen Körper gibt es ein Regulationssystem, das die Blutzuckerkonzentration konstant hält. Ein sogenannter *Blutzuckerbelastungstest*, bei dem man einer gesunden Person 75 g in Wasser gelöste Glukose verabreicht und in bestimmten Abständen die Zuckerkonzentration im Blut misst, bestätigt dies. Der Blutzuckerspiegel steigt kurzfristig auf maximal 2 000 mg pro Liter Blut, sinkt dann innerhalb von 2 Stunden jedoch wieder und pendelt sich auf die Ursprungskonzentration ein (Abb. 2). 75 000 mg Glukose hätten in ca. 7 Litern Blut Blutzuckerwerte von 10 714 mg pro Liter erwarten lassen.

Mit der Nahrungsaufnahme und damit parallel zum Ansteigen der Blutzuckerkonzentration wird ein Hormon in die Blutbahn freigesetzt, das ein Absinken des Zuckergehaltes bewirkt (Abb. 2). Es handelt sich um *Insulin*. Da es in inselartigen Zellgruppen der Bauchspeicheldrüse, die sich deutlich vom übrigen Gewebe abheben, gebildet wird, bekam es diesen Namen. Die Zellgruppen werden nach ihrem Entdecker als *Langerhans'sche Inseln* bezeichnet. Jede Erhöhung des Glukosespiegels über den Sollwert (ca. 900 mg/l Blut) wird in speziellen Zellen der Bauchspeicheldrüse, den β-Zellen, registriert. Diese setzen Insulin ins Blut frei.

Die Wirkungsweise des Insulins ist vielfältig. Es fördert die Glukoseaufnahme durch Zellmembranen, insbesondere in die Muskel- und Fettzellen. In den Leber- und Muskelzellen stimuliert es zusätzlich die Glykogensynthese und die Energieumwandlung durch den Glukoseabbau. Gleichzeitig hemmt es den Abbau von Glykogen. Die Synthese von Fetten und Eiweißen aus Glukose wird ebenfalls angeregt. Insulin senkt damit den Blutzuckerspiegel auf zweierlei Weise: Einerseits bewirkt es die Speicherung *(Speicherhormon)* von Glukose, andererseits fördert es den Verbrauch (Transport durch die Zellmembran und Steigerung der Zellaktivität).

Der Energiebedarf bei körperlichen Leistungen, selbst der Grundumsatz, werden vom Organismus überwiegend durch die freiwerdende Energie beim Glukoseabbau erbracht. In den Zellen tritt ein Glukosemangel auf, der über das Blut sofort ausgeglichen wird. Als Folge sinkt der Glukosespiegel im Blut.

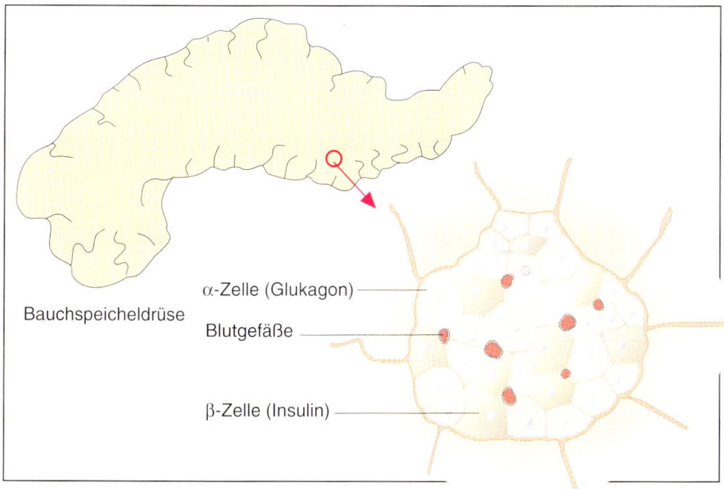

1 Langerhanssche Inseln und Bauchspeicheldrüse

Die Insulinabgabe aus den β-Zellen wird reduziert und, da Insulin in kurzer Zeit im Körper abgebaut wird, sinkt die Insulinkonzentration. Dadurch verringert sich auch seine Hemmwirkung auf die Freisetzung eines zweiten Hormons, des *Glukagons*, das in den α-Zellen der Langerhans'schen Inseln gebildet wird (Abb.1). Glukagon fördert in der Leber den Glykogenabbau und damit die Glukosebildung. Auch Proteine und Fette werden für die Glukosesynthese abgebaut *(Mobilisierungshormon)*. Diese Prozesse führen zu einem Ansteigen der Glukosekonzentration im strömenden Blut. Häufig werden Insulin und Glukagon als Gegenspieler bezeichnet, weil sie ihre Freisetzung wechselseitig hemmen und entgegengesetzte Prozesse stimulieren. Bei genauerer Betrachtung fällt jedoch auf, dass sie sich ergänzen: Glukagon sorgt nämlich für die Freisetzung der gespeicherten Glukose aus der Leber und Insulin für die Verringerung der Glukosekonzentration im Blut.

Werden Größen in einem System so eingestellt, dass sie ungefähr auf dem gleichen Wert bleiben, spricht man von einer *Regelung* (Abb. 2). Die geregelte Größe ist die *Regelgröße*. Der Blutzuckergehalt ist eine Regelgröße. Die Änderung des Blutzuckergehaltes durch Nahrungsaufnahme oder körperliche Tätigkeit ist die *Störgröße*. Im Körper, z.B. in den β-Zellen, befinden sich Messstellen, die sogenannten *Fühler*, die eine exakte Kontrolle des Blutzuckergehaltes im Blut ermöglichen. Die darüber erhaltene aktuelle Messgröße bezeichnet man als *Istwert*. Im Regler, hier dem Zwischenhirn sowie den α- oder β-Zellen, werden die Sollwerte und Istwerte verglichen. Bei einer Differenz der beiden Werte werden Veränderungen des Blutzuckergehaltes über die *Stellglieder* erreicht. Diese Stellglieder sind die Muskel- oder Leberzellen, die Glukose aufnehmen oder abgeben. Die Abgabe oder Aufnahme wird als *Stellgröße* bezeichnet.

In außergewöhnlichen, lebensbedrohlichen Situationen, wie z.B. Kampf, Flucht, aber auch in Stresssituationen, greift ein drittes Hormon, das im Nebennierenmark gebildete *Adrenalin*, in das Stoffwechselgeschehen ein. Es fördert über das sympathische Nervensystem im Gegensatz zum Glukagon den Glykogenabbau in der Leber und im Muskel. Es bewirkt so eine schnelle, massive Energiebereitstellung im Körper.

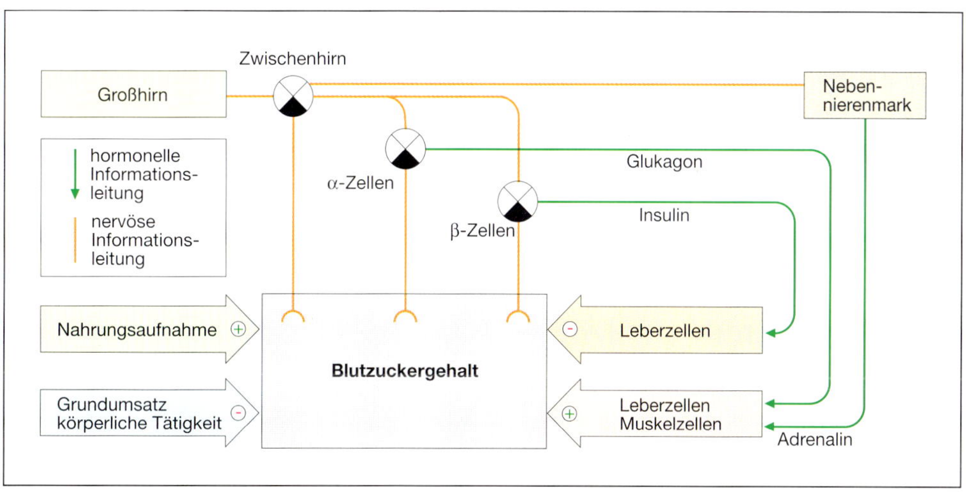

2 Vereinfachtes Regulationsschema

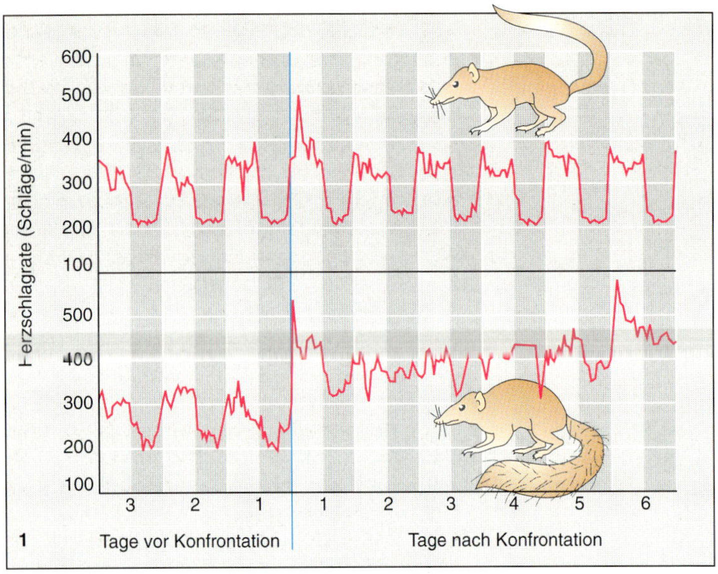

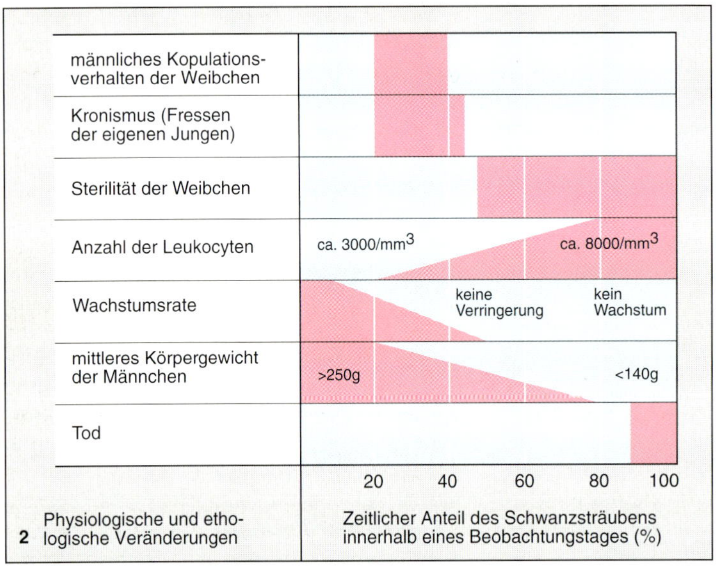

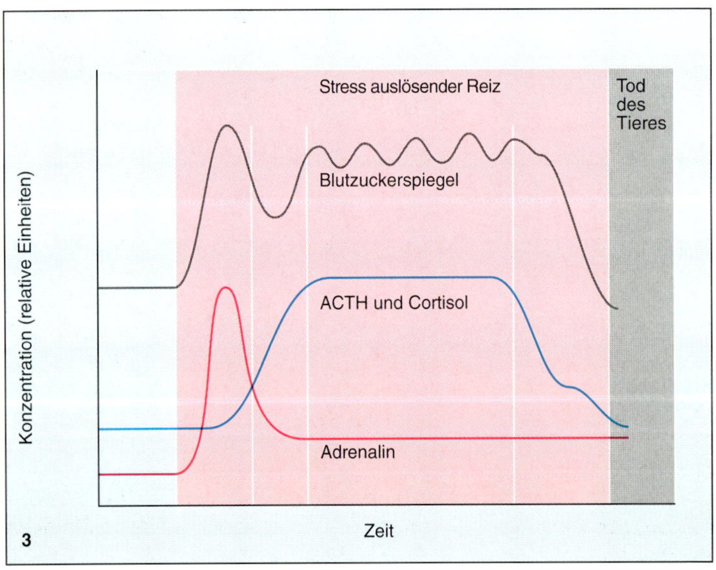

Stress

Tupajas (Spitzhörnchen) sind kleine, tagaktive Säugetiere der südostasiatischen Regenwälder. Dort leben sie einzeln oder paarweise in Revieren, die sie gegen Eindringlinge heftig verteidigen. Das Sekret einer *Sternaldrüse* dient bei geschlechtsreifen Männchen zur Reviermarkierung, bei Weibchen zum Beduften der Jungen.

Normalerweise sind die Schwanzhaare der Tupajas glatt angelegt. Begegnen sich zwei geschlechtsreife Männchen, werden die Haare fast senkrecht abgespreizt, es kommt zum Kampf. Trennt man die Tiere nach diesem Kampf durch eine Holzwand voneinander, erholt sich der Verlierer ebenso schnell wie der Sieger. Dietrich von Holst trennte zwei Kämpfer nur durch einen Maschendraht. Über implantierte Minisender zeichnete er die Herzfrequenzen der beiden Tiere auf. Parallel bestimmte er den prozentualen Zeitanteil, in dem die Schwanzhaare gesträubt waren. Beim Sieger sanken kurz nach dem Kampf beide Messgrößen auf ihre Normalwerte. Beim unterlegenen Tier führte der Anblick und vermutlich der Geruch des siegreichen Rivalen zu einer konstant erhöhten Herzfrequenz und zu fast ständig abgespreizten Haaren. Die Dauer der abgespreizten Haare ist ein sichtbares Maß für die innere Erregung des Tieres (Abb. 1).

Das Spitzhörnchen reagiert nicht nur auf fremde Männchen im gleichen Käfig mit Schwanzsträuben, sondern auch auf eine erhöhte Populationsdichte *(sozialer Stress)*, auf plötzlich einsetzende Geräusche oder den Anblick eines fremden Individuums, also immer dann, wenn etwas Unbekanntes, Bedrohliches auf das Tier zukommt. Man sagt, es befindet sich in einer Stresssituation. Dietrich von Holst konnte zeigen, dass derartige Situationen, wenn sie lange Zeit andauern, zu anormalem Verhalten führen (Abb. 2). Gelingt es nicht, den Stress auslösenden Faktoren auszuweichen, sind Gewichtsabnahme und Tod die Folge.

Injiziert man den Tupajas *Adrenalin*, sträuben sich die Schwanzhaare. Durch diese und ähnliche Versuche konnten die physiologischen Vorgänge im Tier geklärt werden. Optische, akustische sowie Geruchs- und Geschmacksreize werden aufgenommen und im Großhirn verarbeitet (Abb. 69.1). Von der Großhirnrinde gelangen nervöse Impulse zum *Hypothalamus*. Dieser sendet eine Impulsserie in den sympathischen Teil des ve-

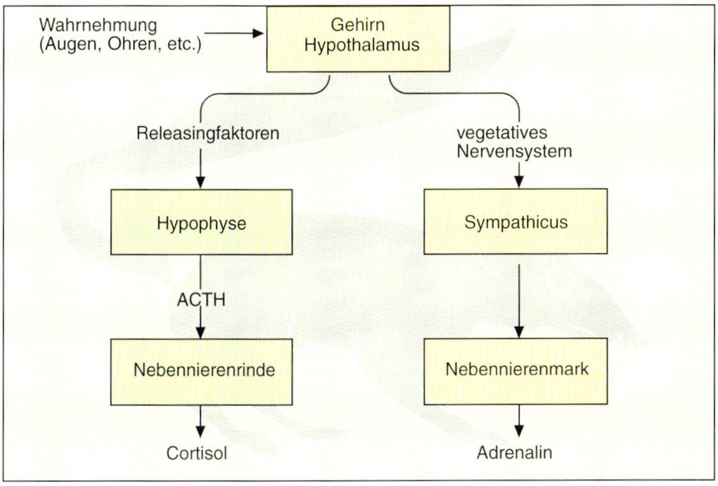

1 Schematische Zusammenfassung der Stresswirkungen

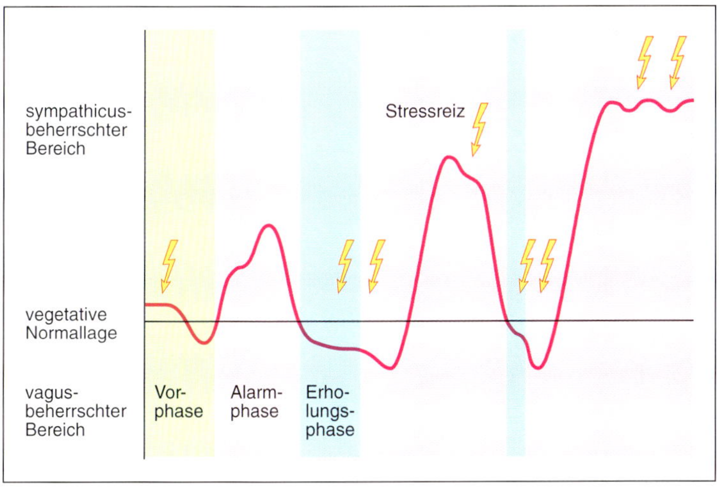

2 Vegetativer Dreitakt der Stressreaktion

Glukokortikoide
Hormone aus der Gruppe der lipidlöslichen Nichtproteine, z. B. Cortisol

getativen Nervensystems. Im *Sympathicus* laufen daraufhin Impulse zum Herzen, zu den Blutgefäßen und zum Nebennierenmark. Die Herzschlagfrequenz steigt, der Blutdruck erhöht sich. Im Nebennierenmark wird verstärkt das Hormon *Adrenalin* freigesetzt. Zu seinen vielfältigen Wirkungen gehört die Verengung der Blutgefäße, außer in der Skelettmuskulatur. Dies wirkt blutdrucksteigernd. Die Mobilisierung von Zucker durch Glykogenabbau in Leber und Muskeln erhöht den Blutzuckerspiegel. Die biologische Bedeutung dieser Reaktionen besteht darin, den Körper in Sekundenschnelle durch Aktivierung von Energiereserven bei Angriff oder Flucht zur Höchstleistung zu befähigen. Diese Anpassungen des Körpers bezeichnet man als *Fight-or-Flight-Syndrom*.

Auf schädliche Einflüsse, wie Hitze, Kälte, Hunger, Durst, Infektionen, Verletzungen oder psychische Belastungen kann sich der Körper einstellen und wird in den Stresszustand versetzt. Dies ist die *ursprüngliche* Bedeutung von *Stress*, d. h. Stress ist Anpassung und damit eine lebenserhaltende Reaktion des Organismus auf die äußeren Belastungsfaktoren, die *Stressoren*.

Stressoren wirken über den Hypothalamus, der vermehrt Releasingfaktoren ausschüttet. Sie stimulieren die Hypophyse zur vermehrten Abgabe von ACTH *(adrenocorticotropes Hormon)*, das seinerseits auf die Nebennierenrinde einwirkt. An Tieren im Stresszustand wurde festgestellt, dass die Nebennierenrinde vergrößert ist und vermehrt Hormone abgibt, darunter *Glukokortikoide* wie das Cortisol. Diese erhöhen die Widerstandskraft des Körpers, indem sie u. a. die Proteinbiosynthese hemmen und den Proteinabbau in Muskeln, Knochen und lymphatischen Geweben fördern. Dadurch gelangen vermehrt freie Aminosäuren ins Blut, die in der Leber zur Neubildung von Glukose eingesetzt werden, was zum Ansteigen des Blutzuckerspiegels führt. Durch das Hemmen der Proteinbiosynthese in den lymphatischen Organen wirken Glukokortikoide entzündungshemmend, da durch verringerte Antikörperproduktion die Abwehrreaktionen bei Infektionen verlangsamt sind. Alle diese Veränderungen, die sich erst nach längerer Zeit einstellen, bezeichnet man als *allgemeines Anpassungssyndrom* (AAS).

Gelegentlicher Stress mit entsprechenden Erholungsphasen kann die Widerstandskraft des Körpers steigern und wird als *Eustress* bezeichnet (Abb. 2). Fehlen Erholungsphasen, wird der sich einstellende Dauerstress, auch *Distress* genannt, zur Gefahr für den Organismus. Auch ständig erhöhter Adrenalinspiegel bei häufig auftretendem Fight-or-Flight-Syndrom bewirkt eine erhöhte ACTH-Ausschüttung und damit Stress. Deshalb bezeichnet man heute bereits einmalige Aufregung als Stress. Diese Dauerbelastung des Gesamtorganismus führt über Jahre hinweg zu Herz- und Kreislauferkrankungen. Der Herzinfarkt ist heute eine der häufigsten Todesursachen.

Aufgabe

① Nennen Sie Unterschiede und Gemeinsamkeiten von Fight-or-Flight-Syndrom und Stress.

Jeden Tag zeigen Menschen und Tiere eine Fülle von Verhaltensweisen. Sinneseindrücke, innere Zustände und Gelerntes werden dabei verarbeitet, beeinflusst von genetisch bedingten Vorgaben. Das Ergebnis sind Verhaltensweisen, die den Erfordernissen der Situation entsprechen: die angemessene Reaktion auf Gefahren, das Aussenden von Signalen, die von Artgenossen verstanden und beantwortet werden, die Erfüllung körperlicher Bedürfnisse nach Nahrung und Wärme, usw.

Im Folgenden sind die Zusammenhänge dargestellt, die zum Verständnis von Verhalten notwendig sind. Dazu gehören auch neurobiologische Grundlagen und Erkenntnisse aus der Evolutionslehre. Einige historische Ansichten, die auch heute noch weit verbreitet sind, werden aufgegriffen und aus neuer Sicht betrachtet.

Verhaltensbiologie

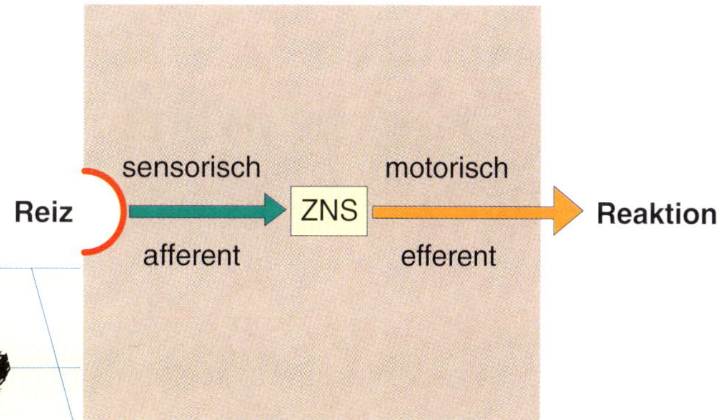

1 Stichlingsmännchen

Fragen und Methoden der Verhaltensforschung

Beobachtung und Analyse des Verhaltens von Tieren und Menschen haben eine lange Tradition. Im Laufe der Zeit haben sich in der Biologie unterschiedliche Forschungsrichtungen mit eigenen Fragestellungen und Methoden herausgebildet. Dies lässt sich an Darstellungen vom Verhalten von Stichlingen zeigen, da diese Tiere immer wieder Gegenstand der Forschung waren.

Charles Darwin schreibt 1876: „Die Männchen mancher Fische kämpfen um den Besitz des Weibchens. So wird der männliche Stichling als ‚närrisch vor Freude' geschildert, wenn das Weibchen aus dem Versteck hervorkommt und das Nest besieht, das er für dasselbe gemacht hat. Das Männchen tummelt sich um das Weibchen herum, eilt dann zu seinem angesammelten Material für das Nest, kehrt im Augenblick wieder zu dem Weibchen zurück. Und wenn dies nicht vorwärts will, so versucht er das Weibchen durch Stoßen mit der Schnauze und dann mit dem Schwanze und mit den Stacheln zum Neste zu bringen". Darwin zitiert hier einen Bericht, dessen Ziel es war, das natürliche Geschehen zu beschreiben. So entstanden *Ethogramme*, also Beschreibungen des Verhaltensinventars einer Art.

ETHOGRAMM

Funktionskreis

Verhaltensmuster

Verhaltensweise

Verhaltenselement

Diese Darstellung enthält vermenschlichende und wertende Formulierungen („närrisch vor Freude"), die aus heutiger Sicht unangemessen sind. Später aufgestellte Ethogramme enthalten reine Beschreibungen von Bewegungen, Körperhaltungen und Lautäußerungen. Diese lassen sich aufgrund des Zusammenhangs, in dem sie auftreten, *Funktionskreisen* zuordnen, wie Brutpflege oder Nahrungserwerb.

Nach der Verhaltensbeschreibung rückte die Suche nach den Ursachen für das Auftreten bestimmter Verhaltensweisen und nach den Mechanismen der Verhaltenssteuerung in den Vordergrund. Untersuchungen der vergleichenden Verhaltensforschung, der *Ethologie*, ergaben, dass sich Stichlinge in entsprechenden Situationen häufig gleich verhalten. Dies führte zu der Annahme, das Verhalten sei genetisch bedingt. Um Lernvorgänge auszuschließen, wurden einzelne Tiere isoliert aufgezogen. Setzte man zwei so aufgezogene Stichlingsmännchen zusammen, so kämpften sie auf die gleiche Weise wie die unter natürlichen Bedingungen aufgewachsenen. Bei solchen Isolationsexperimenten besteht die Gefahr, dass die experimentelle Versuchssituation und die unnatürliche Aufzucht das Verhalten der Tiere verändert. Bei Stichlingen weiß man inzwischen, dass das Verhalten variabler ist, als zunächst angenommen. Die Tiere können auf einen Artgenossen unterschiedlich reagieren, je nachdem, ob weitere männliche oder weibliche Tiere in der Nähe sind und wie diese sich verhalten.

Woran erkennt ein Stichling einen männlichen Artgenossen, den er dann bekämpft? Zur Untersuchung dieser Frage bot man einem männlichen Stichling Nachbildungen eines anderen Männchens *(Attrappen)*, die aber nicht alle Reize des natürlichen Rivalen aufwiesen. Solche Versuche ergaben, dass rotbäuchige Attrappen Kampfverhalten auslösen können. Musste der Stichling im Experiment zwischen zwei Attrappen wählen, so war allerdings die rote Attrappe nicht wirksamer als eine ohne roten Bauch. Dieses Beispiel macht deutlich, dass die Anlage des Experiments ebenso wie die dahinter stehende Fragestellung das Ergebnis einer Untersuchung beeinflussen. Da die Tiere in einer Situation nicht immer gleich reagieren, sind statistische Methoden notwendig, um die Frage zu klären, ob ein Zusammenhang zwischen einem Reiz und einer Reaktion als gesichert gelten kann.

Verhalten ist häufig verblüffend gut an das Ziel angepasst. Stichlingsmännchen können mit unterschiedlichen Handlungen die Wahrscheinlichkeit erhöhen, dass das Weibchen zur Eiablage in das Nest schwimmt. Das wirft die Frage auf, inwieweit Tiere durch Lernen oder durch Einsicht in die Zusammenhänge ihre Erfolgsaussichten verbessern können. Experimente ergaben, dass sich Vertreter verschiedener Tierarten bezüglich dieser Fähigkeiten erheblich unterscheiden. Die Balz der Stichlinge ist weitgehend bestimmt von genetisch bedingten Verhaltensweisen. Das Verhalten, z. B. von Hunden oder Menschenaffen, weist unterschiedlichste Formen von Lernverhalten in den verschiedenen Funktionskreisen auf.

Neurobiologische Untersuchungen führten zu der Erkenntnis, dass das Nervensystem mit den Sinnen aufgenommene Reize mittels elektrischer Signale weiterleitet und verarbeitet und dann entsprechende Muskelkontraktionen bewirkt. Durch Ableiten von Gehirnströmen ließ sich zeigen, dass bestimmte Gehirnbereiche bei Tieren einer Art das Auftreten bestimmter Verhaltensweisen steuern. ERICH VON HOLST (1908 – 1962) implantierte feine Elektroden in solche Hirnbereiche bei Hühnern. Durch Anlegen niedriger Spannungen konnte er einzelne Verhaltenselemente (z. B. Aufstehen) bzw. ganze Verhaltensweisen (z. B. Fliehen) auslösen (siehe Abb. 1). Alle diese Untersuchungen sollten klären helfen, wie Reize zum Auftreten eines Verhaltens führen. Bis heute ist allerdings unbekannt, wie die verschiedenen Hirnbereiche genau zusammenarbeiten und entsprechende Verhaltensweisen auslösen.

DARWIN beschäftigte sich mit der Frage, wie sich bestimmte Verhaltensweisen im Verlauf der Evolution bei einer Tierart entwickelt haben. Dabei ging er von der Annahme aus, dass die Tiere einer Art sich in ihrem Verhalten geringfügig unterscheiden. Diejenigen Individuen, deren Verhalten am besten an die Erfordernisse der Umwelt angepasst ist, haben bessere Überlebenschancen und dadurch den größeren Fortpflanzungserfolg.

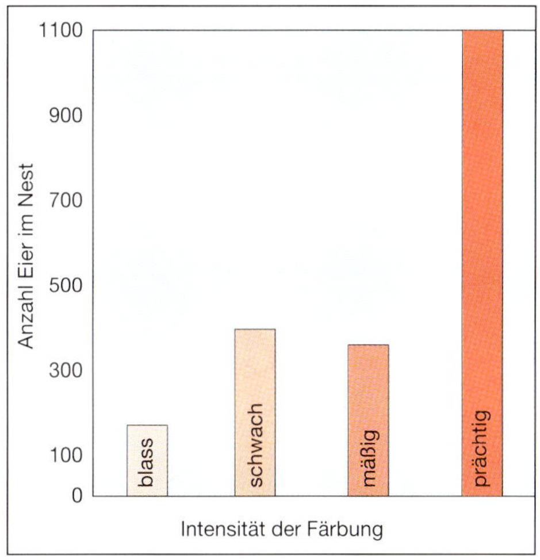

2 Gelegegröße bei Stichlingen

Die Frage nach der Evolution von Verhalten untersucht heute die *Soziobiologie*. Dabei wird insbesondere das Verhalten der Tiere im sozialen Gefüge untersucht. Vergleichende Untersuchungen ergaben beispielsweise, dass die Stichlingsweibchen in Gewässern mit genügend Pflanzenbewuchs Männchen mit kräftig rotem Bauch bevorzugen und diese deshalb mehr Nachkommen haben als weniger intensiv gefärbte (Abb. 2). Dies zeigt den Zusammenhang zwischen einem Merkmal und dem Verhalten der Tiere und kann erklären, wie sich dieses Merkmal im Zuge der Evolution durchgesetzt hat. Neurobiologie, Ethologie und Soziobiologie befassen sich mit unterschiedlichen Aspekten des Verhaltens.

Aufgaben

① Interpretieren Sie Abbildung 1 und ordnen Sie die Verhaltensweisen Funktionskreisen zu.

② Beschreiben und interpretieren Sie die in Abbildung 2 dargestellten Befunde zum Fortpflanzungsverhalten des Stichlings.

1 Verhalten eines Haushuhnes bei Reizung einer Gehirnregion

Verhalten – was ist das?

Definitionen

Wenn man die Aussagen unterschiedlicher Verhaltensforscher vergleicht, so zeigt sich, dass ihren Forschungen unterschiedliche Vorstellungen von Verhalten zugrunde liegen.

„Unter dem Verhalten eines Tieres versteht man die Gesamtheit seiner Bewegungen, Lautäußerungen und Körperhaltungen, ferner diejenigen äußerlich erkennbaren Veränderungen, die der gegenseitigen Verständigung dienen und damit beim jeweiligen Partner ihrerseits Verhaltensweisen auslösen können (Farbveränderungen, Absonderung von Duftstoffen, usw.)."
KLAUS IMMELMANN

„Lebendige Systeme zeichnen sich aus durch die Fähigkeit, agieren und reagieren zu können, d. h. sich zu verhalten. Menschen und Tiere – insbesondere die hoch entwickelten – verwirklichen diese Fähigkeit in einer überraschenden Fülle oft beeindruckender Verhaltensmuster. Sie vollziehen sie aber auch unauffällig, etwa durch gezielte Handlungsenthaltung sowie ganz allgemein durch Ruhe und Schlaf." DIETMAR TODT

„Gesamtheit der intern verursachten Aktionen und Reaktionen auf Umweltreize. Verhalten dient der Selbstoptimierung des Individuums oder der biosozialen Gruppe. Es sichert Ansprüche und beim Menschen zusätzlich Bedürfnisse und ermöglicht eine schnelle Adaptation an die ständig wechselnden Umweltbedingungen. Verhalten basiert auf Erfahrungen, die während der Stammesgeschichte und der Individualentwicklung erworben wurden."
ROLF GATTERMANN

„Alle Verhaltensweisen gehen auf die Funktion einer mehr oder weniger komplizierten Verschaltung im Nervennetz des Körpers zurück. Das Forschungsziel der Verhaltenslehre ist, die gesamte Kausalkette von der Lage der Nervenzelle über die Prinzipien ihrer Verschaltung bis hin zum ausgeführten Verhalten zu kennen."
WOLFGANG MIRAM / GERHARD HORNUNG

Aufgabe

① Vergleichen Sie die Definitionen bezüglich der Einstellungen zu Tier und Mensch, die die Autoren zum Ausdruck bringen.

Beispiel Rotfüchse

GÜNTER TEMBROCK untersuchte das Kampfverhalten bei Rotfüchsen. Dazu stellte er nach dem Beobachten kämpfender Fuchsrüden eine Liste wiederkehrender Kampfelemente auf und notierte, in welcher Reihenfolge diese auftraten. Aus den Daten ermittelte er die Übergangshäufigkeiten.

Aufgabe

① Leiten Sie aus den Ergebnissen zum Kampfverhalten der Füchse weitergehende Fragestellungen zu unterschiedlichen Aspekten des Verhaltens ab.

Beispiel Pantoffeltierchen

Für einen Versuch zum Verhalten der Einzeller werden die Pole einer Taschenlampenbatterie mit Drähten verbunden, die auf einem Objektträger fixiert sind. Die Flüssigkeit, in der Pantoffeltierchen gleichmäßig verteilt sind, wird so auf den Objektträger gegeben, dass sie beide Drähte berührt. Nach kurzer Zeit wird die Polung vertauscht. Nach jeweils 2 min wird beobachtet.

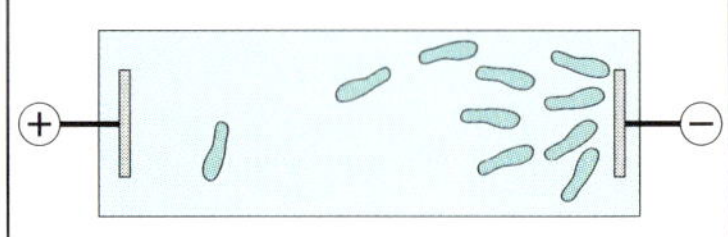

Aufgaben

① Überprüfen Sie die Definitionen darauf, ob sie das Verhalten der Pantoffeltierchen einschließen.

② Stellen Sie Faktoren und Fähigkeiten zusammen, die als Mindestvoraussetzungen für Verhalten vorhanden sein müssen.

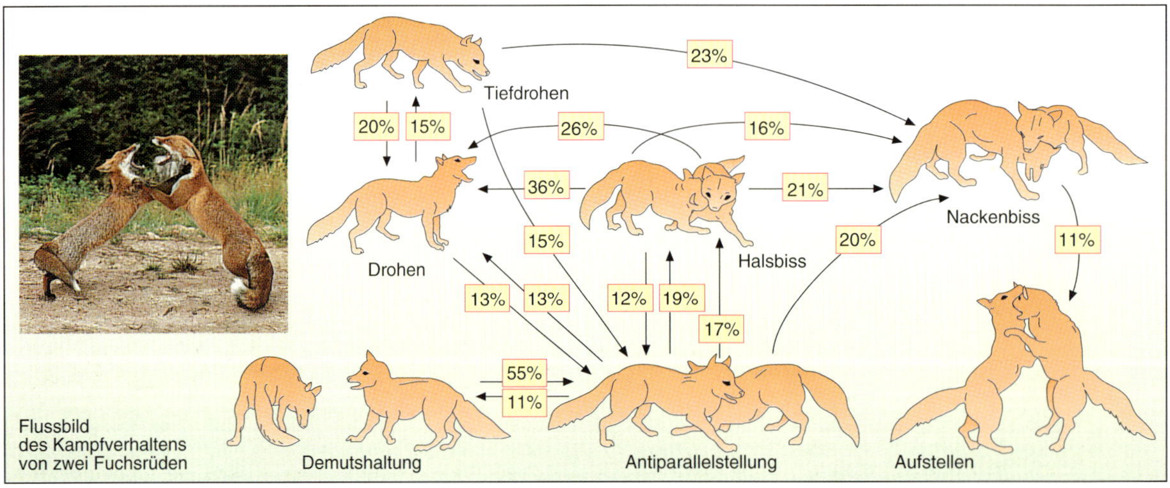

1 Kampfverhalten bei Fuchsrüden

1 Beschädigungskampf

Das Ethogramm der Amsel

Gegen Ende des Winters sind häufig Streitereien zwischen Amselmännchen zu beobachten, weil ein junges Männchen ein besetztes Gebiet beansprucht. Der Revierbesitzer verteidigt sein Gebiet, wobei es manchmal zu *Beschädigungskämpfen* kommt, bei denen sich die Vögel mit Krallen und Schnäbeln verletzen können (Abb. 1). In den meisten Fällen von Revierverteidigung reichen jedoch die Drohhaltungen des Revierbesitzers zur Vertreibung des Eindringlings aus.

Der *Beugelauf* des Amselmännchens (Abbildung 2), der als sogenannter *Kommentkampf* zu dieser Form des Streitens gehört, läuft folgendermaßen ab: Der Revierbesitzer läuft dem Eindringling geduckt entgegen, hebt langsam den Kopf und senkt die Flügel, die er manchmal auch noch abspreizt. Der Jungvogel reagiert häufig mit einer angriffshemmenden Haltung, wobei die Flügel eng an den Körper gedrückt sind, Nacken- und Kopffedern struppig hochstehen und der Schwanz ab und zu hoch gehalten wird. Die beschriebenen Verhaltensweisen gehören wie Imponieren, Reviergesang oder Patroullieren an der Reviergrenze zum Funktionskreis der Revierverteidigung. Neben diesem lassen sich bei Amseln weitere Funktionskreise, z. B. des Balz-, Brutpflege- oder Fressverhaltens beobachten.

Für den Ethologen stellt sich die Frage, was und wie er beschreiben soll. Wie lassen sich die Aufzeichnungen standardisieren und objektivieren? Beschreibungen von Verhalten findet man verbalisiert, skizziert oder nach vorheriger Definition codiert. Tiergesänge kann man beispielsweise bei reinen Tönen in Notenschrift, bei frequenzmodulierten Tönen mithilfe von *Sonagrammen* darstellen (siehe Randspalte). Für die Dokumentation sichtbarer Verhaltensweisen sind Filmaufnahmen besonders geeignet, weil sie Verhaltensweisen quasi als „Bewegungspräparate" fixieren und außerdem mittels Zeitlupe und Zeitraffer Informationen ermöglichen, die dem Beobachter mit bloßem Auge nicht zugänglich sind.

Ein *Ethogramm erster Ordnung* umfasst die Liste aller beobachtbaren und beschriebenen Verhaltensweisen nach Funktionskreisen geordnet sowie deren absolute und relative Häufigkeit. Im *Ethogramm zweiter Ordnung* werden Übergangs- und Folgewahrscheinlichkeiten zwischen den einzelnen Verhaltensweisen oder Elementen notiert. Auf der Basis des Ethogramms sind genauere Analysen oder artübergreifende vergleichende Untersuchungen möglich.

Aufgabe

① Beobachten und beschreiben Sie einen Ausschnitt aus dem Verhalten von Amseln, wie z.B. die Futtersuche.

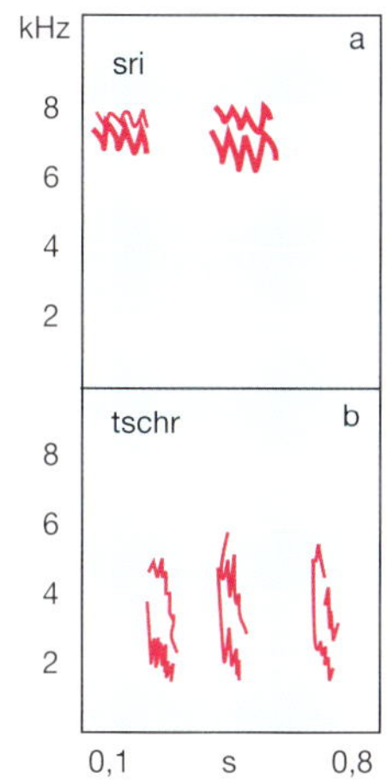

Sozialrufe von Amseln
a Altvogel
b Jungvogel

Kommentkampf
lat. *commentum* = hin und her gehend

2 Kommentkampf zwischen Revierbesitzer (a, b, c) und Eindringling (d) an der Reviergrenze

Quantitative Analyse einer Verhaltensweise

Wandkontakt bei Mäusen

Beobachtet man Mäuse in der Natur, so scheinen sie die Durchquerung freier Flächen zu vermeiden. Diese Hypothese lässt sich experimentell überprüfen.

Versuch 1:
Material: Kunststofffolie, langes Lineal, Folienstift, Pappe, 1 Stoppuhr, 1 Labormaus, Protokollbogen mit 8 x 8 Kästchen.

Vorbereitung: Auf die Folie wird ein Gitternetz gezeichnet aus 8 x 8 Quadraten mit der Kantenlänge 10 cm. Die Folie wird mit der Zeichnung nach unten auf dem Tisch ausgebreitet, damit die Tiere nicht vom Geruch des Stiftes abgelenkt werden. Entlang der äußeren Linien wird ein Pappstreifen mit mindestens 20 cm Höhe aufgestellt.

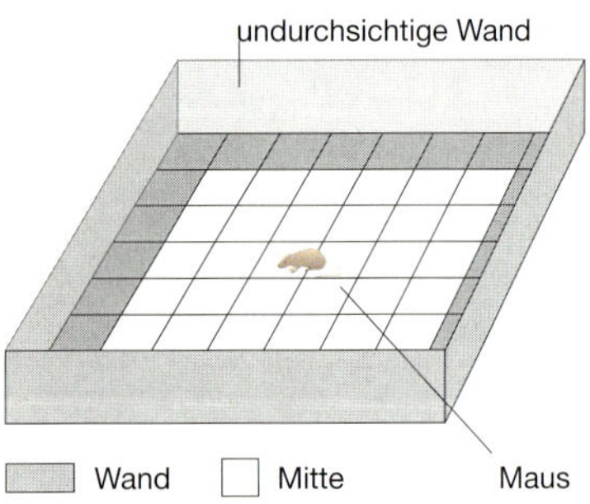

Durchführung: Die Maus wird eingesetzt. Nach drei Minuten Eingewöhnungszeit gibt ein Gruppenmitglied alle 3 Sekunden ein Zeichen. Der Protokollant notiert 5 Minuten lang jeweils den Aufenthaltsort der Maus in einem Protokollbogen. Für die Zuordnung zu den quadratischen Flächen ist jeweils die Nasenspitze der Maus entscheidend.

Aufgaben

① Ermitteln Sie die prozentuale Häufigkeit, mit der sich die Maus in Quadraten mit bzw. ohne Wandkontakt aufhält (f_M).
② Errechnen Sie die zu erwartenden Werte für die beiden Bereiche (f_E) durch Auszählen der Rasterquadrate und Berechnung von deren Häufigkeit.
③ Vergleichen Sie die experimentell ermittelten Werte mit den in Aufgabe 2 errechneten. Nehmen Sie Stellung zu der Hypothese, die Maus halte sich bevorzugt im Wandbereich auf.

Statistische Auswertung

Mit einem statistischen Verfahren lässt sich feststellen, ob die Hypothese mit einer bestimmten Wahrscheinlichkeit zutrifft bzw. falsch ist. Zur Ermittlung der Wahrscheinlichkeit (P) kann der chi²-Test angewendet werden.

Aufgaben

① Legen Sie eine Tabelle entsprechend dem folgenden Muster an und füllen Sie sie aus.

	f_E	f_M	$\frac{(f_M - f_E)^2}{f_E}$
Wand			
Mitte			
chi²-Wert			$\Sigma =$

f_E: Erwartungswert, f_M: Messwert.

② Entnehmen Sie der Tabelle mit den chi²-Werten, mit welcher Wahrscheinlichkeit (P) die Abweichung der Messwerte von den Erwartungswerten signifikant ist (F = 1).

Versuch 2:
Der relativ häufige Aufenthalt der Mäuse im Wandbereich kann unterschiedliche Gründe haben, z. B. Schutz vor Feinden, die Erkundung des Raumes oder die Suche nach Fluchtmöglichkeiten. Durch Variation der Versuchsbedingungen lässt sich diese Frage weiter untersuchen. Dabei sollte nach jeder Versuchsdurchführung die Folie abgewischt werden, um Duftmarken zu entfernen.

Aufgaben

① Wiederholen Sie den vorigen Versuch mit folgender Veränderung: Die Folie wird auf eine Platte (80 x 80 cm) gelegt, die so aufgestellt wird, dass sich die Ränder mindestens 70 cm über dem Boden befinden. Eine äußere Begrenzung wird nicht angebracht. Die Auswertung erfolgt wie oben beschrieben.
② Diskutieren Sie unter Verwendung aller bisherigen Ergebnisse die wahrscheinliche biologische Bedeutung dieses Verhaltens der Mäuse.
③ Die unten gezeigte Variante des Versuchsaufbaus lieferte folgende Ergebnisse:

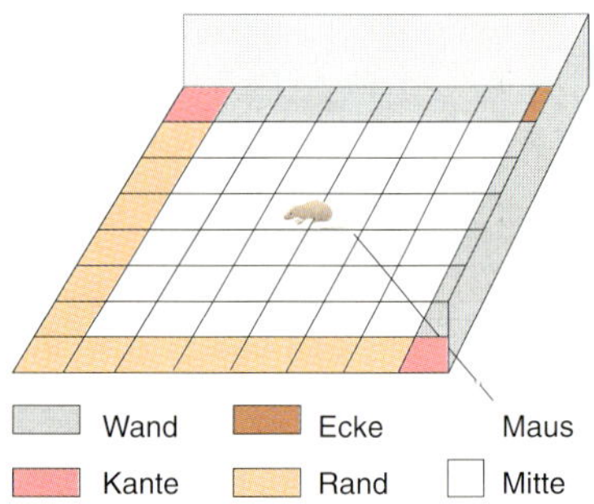

M	W	R	K	E
38	27	26	5	4

Überprüfen Sie mit dem chi²-Test, ob die Abweichungen von den Erwartungswerten in diesem Versuch signifikant sind.

P								Freiheitsgrade
0,5	0,3	0,1	0,05	0,025	0,01	0,005	0,001	
0,455	1,07	2,71	3,84	5,02	6,64	7,88	10,8	1
1,39	2,41	4,61	5,99	7,38	9,21	10,6	13,8	2
2,37	3,67	6,25	7,82	9,35	11,3	12,8	16,3	3
3,36	4,88	7,78	9,49	11,1	13,3	14,9	18,5	4
4,35	6,06	9,24	11,1	12,8	15,1	16,8	20,5	5

Tabelle der chi²-Werte. Freiheitsgrade = Anzahl der Variablen minus 1 (Variable im 1. Beispiel [Versuch 1]: Wand, Mitte). In der entsprechenden Zeile sucht man den Wert auf, der dem errechneten Wert entspricht oder ihn gerade unterschreitet. Oben in der Spalte findet man die Wahrscheinlichkeit dafür, dass die Abweichung von den Erwartungswerten nicht zufällig ist. $P \leq 0{,}05$ gilt als signifikant.

Nachweis genetisch bedingter Verhaltenselemente

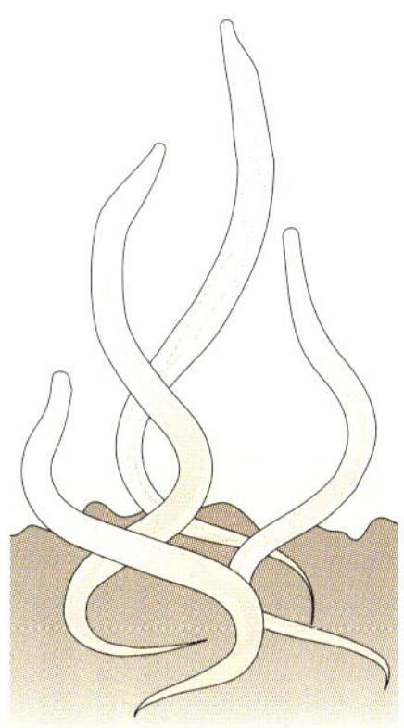

winkende Fadenwürmer

Der Fadenwurm *(Rhabditis inermis)* ist ein Fäulnis- und Kotbewohner. Er ist nicht in der Lage, selbst einen neuen Dunghaufen aufzusuchen, sondern wird durch Käfer verbreitet. Seine Larven heften sich unter den Flügeldecken von Käfern fest und lassen sich so transportieren. Diese Wurmart tritt in zwei Unterarten auf, die sich im Verhalten ihrer Larven unterscheiden. Die einen warten mehr oder weniger still auf den zufälligen Kontakt mit einem Käfer, die anderen führen auf der Oberfläche des Dunghaufens pendelnde Bewegungen mit dem Vorderkörper aus und erhöhen so die Wahrscheinlichkeit des Zusammentreffens mit einem Insekt (s. Randspalte). Kreuzt man diese „winkenden" Fadenwürmer mit den „nicht winkenden", erhält man in der F_1-Generation ausschließlich „winkende" Nachkommen. Das entspricht der 1. mendelschen Regel, der *Uniformitätsregel*. Kreuzt man diese Bastarde untereinander, so treten in der F_2-Generation „winkende" und „nicht winkende" Nachkommen im Verhältnis 3 : 1 auf, was mit MENDELS 2. Regel, der *Spaltungsregel*, übereinstimmt. Damit ist wahrscheinlich, dass dieses Verhalten auf der Wirkung eines Gens beruht und der Erbgang dominant-rezessiv ist.

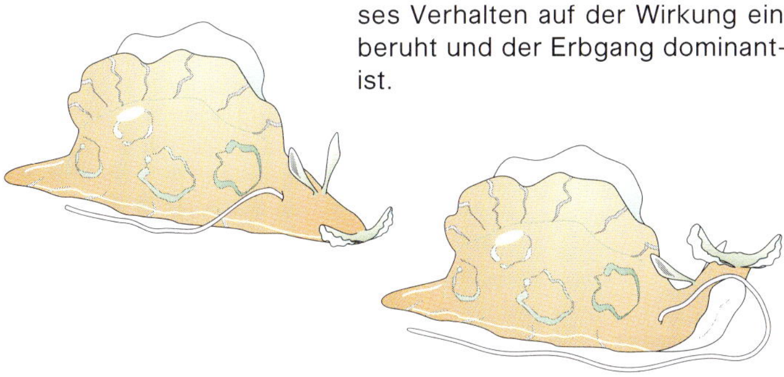

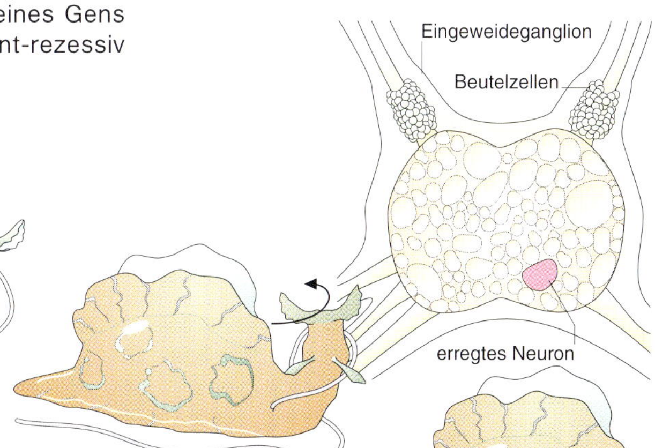

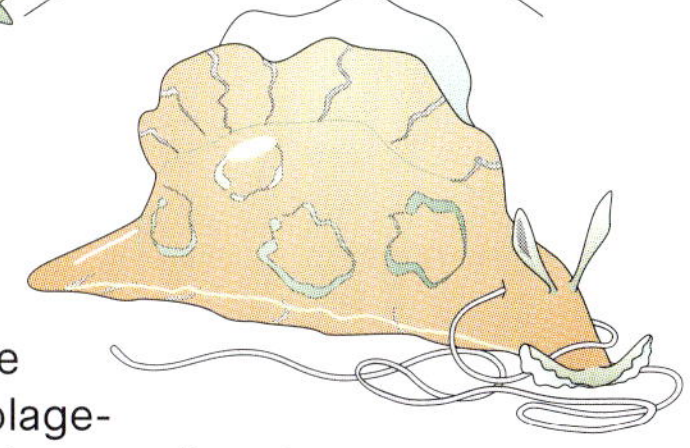

Dass bestimmte Verhaltenselemente genetisch bedingt sind, ist immer dann zu vermuten, wenn sie schon von Geburt an fehlerfrei beobachtbar sind, wenn Verhaltensweisen stereotyp und in immer gleicher Weise wiederkehrend ablaufen und wenn alle Individuen einer Art bzw. Unterart vergleichbares Verhalten zeigen.

Bei dem Seehasen *(Aplysia)*, einer zwittrigen, gehäuselosen Meeresschnecke, ist ein noch weitergehender Nachweis genetischer Grundlagen von Verhalten gelungen. Ihr Fortpflanzungsverhalten besteht aus einer festen Abfolge stereotyper Verhaltensmuster, von denen das Eiablageverhalten besonders gut untersucht ist. Nach der Befruchtung legt Aplysia ihre Eier in langen Laichschnüren ab, die bis zu einer Million Eier enthalten. Sobald sich die Muskeln des Genitaltraktes zusammenziehen und die Laichschnur an der Geschlechtsöffnung austritt, hört das Tier auf zu kriechen und zu fressen. Herzschlag und Atemfrequenz erhöhen sich. Die Schnecke erfasst den Anfang der Laichschnur mit dem Mund, zieht mit charakteristischen schwenkenden Bewegungen daran und unterstützt so das Ausstoßen. Dabei wird der Laich aufgeknäuelt, mit einem klebrigen Sekret aus einer kleinen Schleimdrüse des Mundes überzogen und schließlich mit einer kräftigen Kopfbewegung an eine feste Unterlage geheftet.

Das zentrale Nervensystem von Aplysia ist aus nur wenigen Ganglien relativ einfach aufgebaut. Die Neuronen sind sehr groß und somit leicht zu unterscheiden. Bei der Suche nach den Steuermechanismen für die gesamte, streng koordinierte Folge von Verhaltensweisen fand man zwei traubig angeordnete Neuronengruppen *(Beutelzellen)* oberhalb des Eingeweideganglions. Ein Extrakt dieser Zellen löste nach Injektion in eine lebende Schnecke das gesamte Eiablageverhalten aus, und zwar selbst dann, wenn keine Begattung vorausgegangen war. Aus dem Extrakt ließ sich ein Peptid, das *Eiablagehormon* (ELH), isolieren. Als Hormon erhöht ELH Atmung und Herzschlag und aktiviert die Muskeln, als Neurotransmitter aber wirkt es auf ein bestimmtes Neuron des Eingeweideganglions. Diese stoffliche Grundlage des Eiablageverhaltens von Aplysia konnte inzwischen gentechnisch bis zur zugrunde liegenden DNA-Sequenz verfolgt werden.

Kaspar Hauser — ein Name wird zum Begriff

Am Pfingstmontag des Jahres 1828 erschien in Nürnberg ein ca. 16 Jahre altes Findelkind, das einer ganzen Richtung verhaltensbiologischer Versuche den Namen geben sollte. In zwei Schriftstücken, die der Junge bei sich trug, hieß es: *„Das Kind ist schon getauft sie Heist Kasper in Schreib name misen sie im selber geben ...“* und *„... dieser Knabe ist mir [vor die Tür] gelegt worden, 1812 den 7. Oktober, ... und habe ihm Zeit 1812 Keinen Schritt weit aus dem Haus gelassen dass kein Mensch nicht weiß von wo Er auferzogen ist worden, und Er selber weiß nichts, wie mein Haus heißt [wie ich heiße] und dass Ort weiß er auch nicht ...“*

Ein Polizeiprotokoll, das bei seinem Auffinden angefertigt wurde, berichtete: *„... das ihm gereichte Brot und Wasser verschlang er mit Hast — wies alle ihm angebotenen Nahrungsmittels sich schüttelnd zurück. Sein Zustand glich dem eines halbwilden Menschen, der auf alle Fragen ‚des weiß ih net‘ antwortete.“* Er konnte aber seinen Namen niederschreiben: KASPAR HAUSER.

Eingehende Untersuchungen veranlassten den Stadtgerichtsarzt DR. PREU 1830 zu der Aussage, der Knabe habe *„lange Zeit des Einflusses des Tageslichts und der Einwirkung des Tageslebens auf die Sinne entbehrt. ... Er ist ferner durch viele Jahre von aller menschlichen Gesellschaft entfernt und der gewöhnlichen Lebensweise anderer Menschen ... fremd geblieben. ... Er hat lange Zeit seine geistigen Kräfte gar nicht geübt, nicht einmal so viel, als das tägliche Leben unter Menschen selbst beim Mangel jeder Erziehung fordert.“*

Später berichtet KASPAR HAUSER selber über seine jahrelange Gefangenschaft: *„Das Gefängnis, in dem ich bis zu meiner Befreiung leben musste, war ungefähr 6 bis 7 Schuh' lang, 4 breit und 5 hoch. ... An der Vorderseite waren zwei kleine Fenster, mit Holz zugeschichtet. ... Auf den Boden war Stroh gelegt, worauf ich zu sitzen und zu schlafen pflegte. Ich konnte nicht gehen und wusste nicht, dass ich aufstehen könnte, weil mich das Gehen niemand gelehrt hatte. Ich hatte zwei hölzerne Pferde und einen Hund, mit denen ich mich immer unterhalten habe.“* Nach den Angaben des Findelkindes habe gelegentlich ein Mann „das Loch“ betreten und ihm beigebracht, das Alphabet sowie die Zahlen von 1 bis 10 zu schreiben. KASPAR HAUSERS geistige Entwicklung blieb zeitlebens begrenzt.

Nach einem Attentat starb KASPAR HAUSER am 17. Dezember 1833 an den Folgen der Stichwunde, die ihm drei Tage vorher in Ansbach von einem unbekannten Täter beigebracht worden war. Das Verbrechen wurde niemals aufgeklärt.

Kaspar-Hauser-Experimente — Aufzucht unter Erfahrungsentzug

Ratten errichten in einer bestimmten Weise Schlafnester. Um festzustellen, ob es sich bei diesem Nestbauverhalten um eine genetisch angelegte Verhaltensweise handelt, kann die Untersuchungsmethode des *Kaspar-Hauser-Experiments* angewendet werden. Hierzu zieht man weibliche Ratten isoliert in Gitterkäfigen mit pulverisiertem Futter auf. In den Aufzuchtkäfigen haben die Tiere keine Gelegenheit, feste Objekte, die als Nestmaterial dienen könnten, ins Maul zu nehmen oder herumzutragen. Gibt man den noch nicht geschlechtsreifen Tieren Krepppapierstreifen in den Käfig, bauen die Tiere daraus in ihrer Schlafecke ein Nest. Dabei zeigen sie die typischen Nestbaubewegungen, die sich von den Bewegungen natürlich aufgezogener Tiere bei der Verwendung üblicher Nestbaumaterialien nicht unterscheiden (Abb. 79.1).

Dieser Versuch zum Nestbauverhalten der Ratte macht den charakteristischen Aufbau eines Kaspar-Hauser-Experiments deutlich. Die zu untersuchenden Tiere werden *unter Erfahrungsentzug* aufgezogen, wobei mehrerlei zu beachten ist: Zum einen muss den Versuchstieren die Gelegenheit vorenthalten werden, die zu überprüfende Verhaltensweise von den Artgenossen zu erlernen. Andererseits ist auszuschließen, dass die untersuchte Verhaltensweise durch Kontakt mit geeigneten Materialien spielerisch erlernt werden kann. In der Prüfsituation müssen dem Tier dann alle Reize geboten werden, die das Verhalten normalerweise auslösen. So bauen die isoliert aufgezogenen Ratten zwar in der Schlafecke ihres Aufzuchtkäfigs ein Schlafnest und zeigen die arttypischen Nestbaubewegungen, nicht aber in einer ihnen unbekannten Prüfkiste.

Bei Kaspar-Hauser-Experimenten wendet man auch verschiedene Abstufungen im Grad der Isolation und damit des Erfahrungsentzuges an. Dies wurde aus früheren Experimenten gelernt, bei denen durch zu radikalen Erfahrungsentzug die körperliche Entwicklung der Versuchstiere beeinträchtigt worden war. So ergab ein Experiment an jungen Katzen, bei denen der Erfahrungsentzug das visuelle System betraf, dass eine Verhinderung der Reizaufnahme wegen einer unvollständigen Entwicklung der Sehrinde in bestimmten Entwicklungsphasen zu unnatürlichem Verhalten und damit zu einer fehlerhaften Deutung des Versuchs führt.

Untersuchungen an Kaspar-Hauser-Tieren sind in vielfältiger Weise mit dem Ziel durchgeführt worden, die angeborenen und erlernten Anteile des Vogelgesanges zu ermitteln. Abbildung 2 zeigt Sonagramme (b und c) für einzeln und schallisoliert aufgezogene Buchfinken. Im Vergleich zur Strophe eines Kontrolltieres (a) geben sie Auskunft über Gesangsanteile, die trotz Erfahrungsentzug beherrscht werden. Verhaltensweisen, die von den Tieren im Kaspar-Hauser-Experiment nicht beherrscht werden, dürfen wegen möglicher experimenteller Ursachen jedoch nicht ohne weitere Untersuchungen als erlernt bezeichnet werden.

Vergleicht man die Sonagramme b und c miteinander, so sind Unterschiede nicht zu übersehen: Das Frequenzmuster, d. h. Anzahl und Dauer der Silben, und die letzte Silbe, der Endschnörkel, sind verschieden. Diese Unterschiede machen deutlich, dass durch den Erfahrungsentzug kein angeborenes arttypisches Gesangsvermögen ermittelt werden konnte. Beim Vergleich der Sonagramme von Kaspar-Hauser-Tieren (b und c) mit dem eines frühzeitig ertaubten Buchfinken (d) wird deutlich, dass die isolierten Jungvögel ihren Gesang bis zur Sonagrammerstellung schon verändert haben. In Ermangelung von Artgenossen oder artfremden Singvögeln diente hierzu der eigene Gesang als Vorbild. Den tauben Buchfinken fehlt diese Möglichkeit zur Selbstkontrolle.

Kaspar-Hauser-Experimenten liegt die Annahme zugrunde, dass das Repertoire angeborener Verhaltensweisen im Zuge der Evolution einen Optimierungsprozess durchläuft, während das von einem Tier individuell Gelernte davon ausgeschlossen bleibt. Allenfalls sieht man in einer angeborenen allgemeinen Lernfähigkeit einen Selektionsvorteil. Angeborenes und erlerntes Verhalten bilden jedoch aus der Sicht der Evolution keinen Gegensatz. Denn die Angepasstheit eines Lebewesens drückt sich als dessen Fortpflanzungserfolg aus, unabhängig davon, ob die hierzu führenden Verhaltensweisen angeboren oder erlernt sind oder Elemente aus beiden Bereichen enthalten.

Kaspar-Hauser-Experimente können die strenge Unterscheidung zwischen genetisch bedingtem und erlerntem Verhalten daher in vielen Fällen, z. B. beim Buchfinkengesang, nicht leisten, sondern bestenfalls grobe Anhaltspunkte liefern, die in weiteren Untersuchungen überprüft werden müssen.

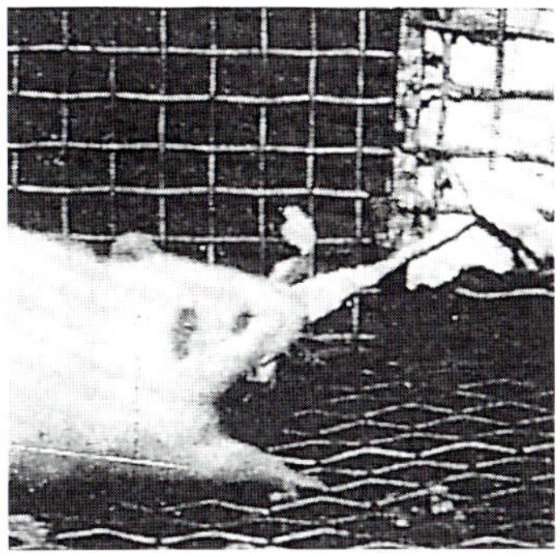

a Ratte zieht Material aus der Raufe

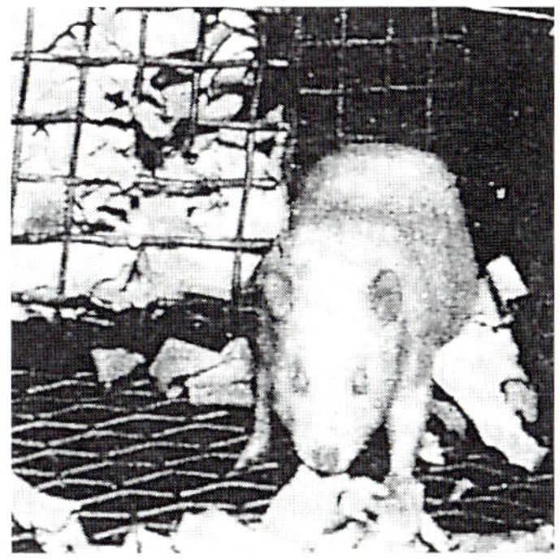

b Zurücklegen zum Nestbau

c erstes Strohnest

d erstes Kreppapier-Nest

1 Nestbau unerfahrener Rattenweibchen

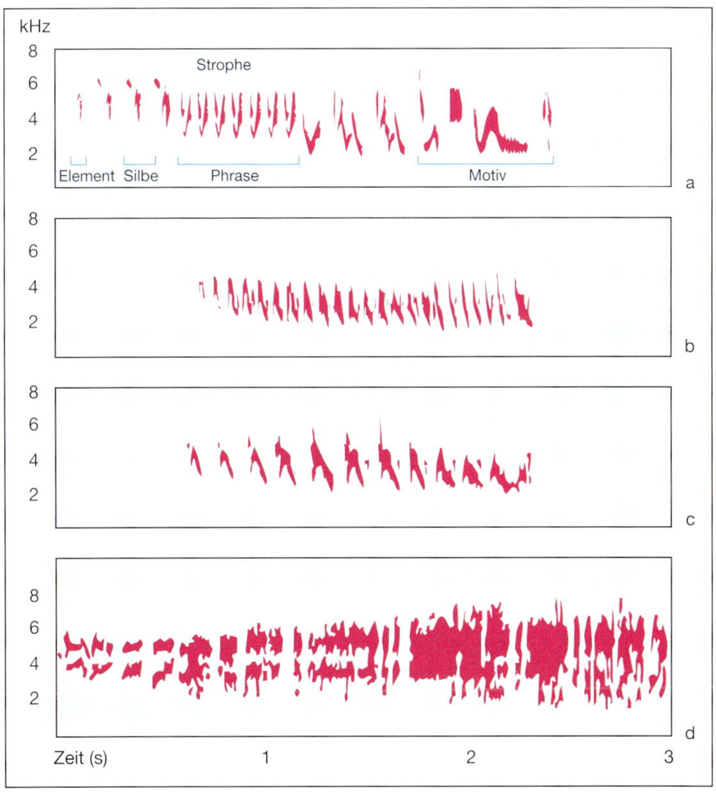

2 Sonagramme von Buchfinken

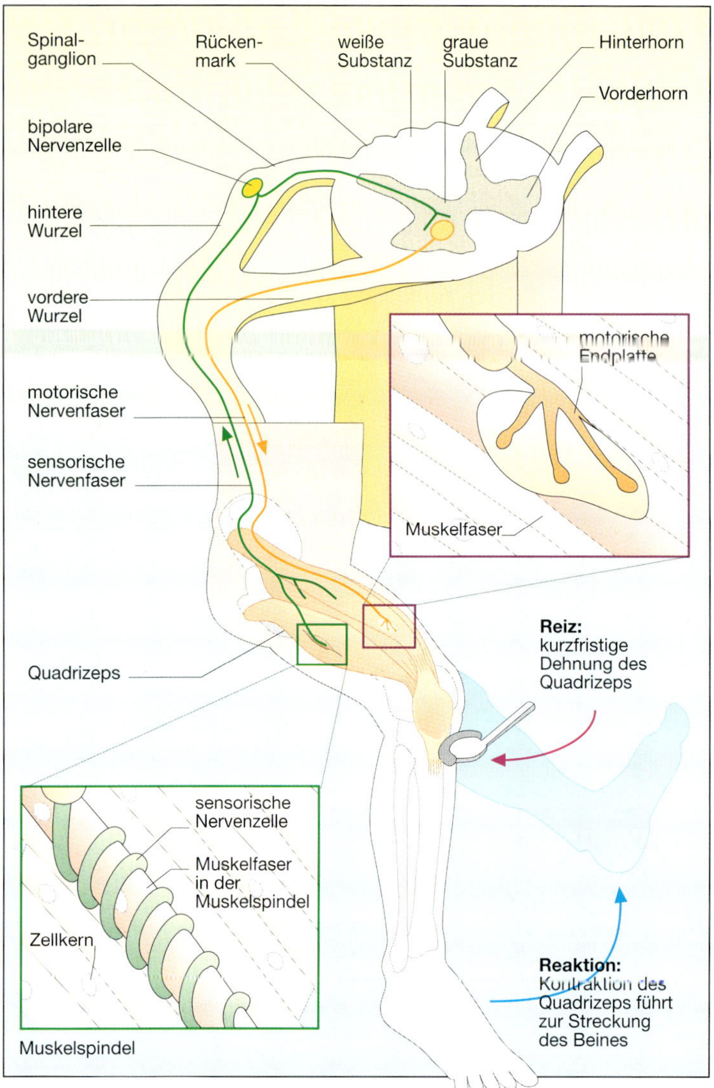

1 Reflexbogen beim Kniesehnenreflex

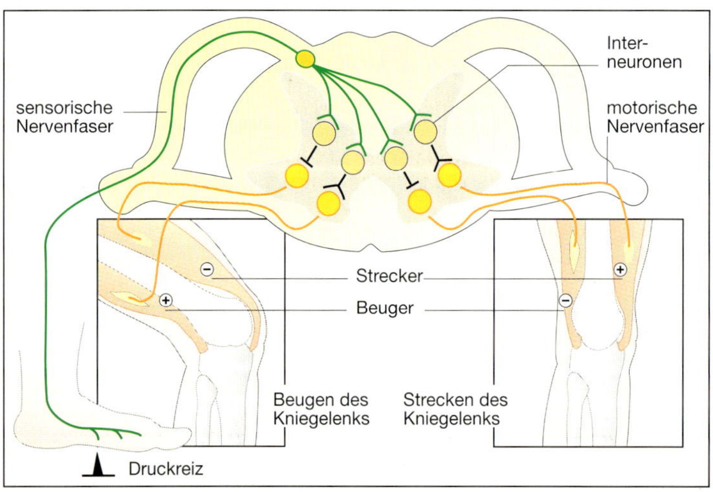

2 Gekreuzter Beuger-Strecker-Reflex

Reflexe

Es gibt eine Reihe einfacher genetisch bedinger Verhaltenselemente, die bei allen Tieren einer Art in gleicher Weise ablaufen. Dazu gehören z. B. Atmen, Husten und das Schließen des Auges bei Herannahen eines Gegenstandes ebenso wie die Entleerung der Harnblase. Diese Verhaltensweisen erfolgen auf einen Reiz hin, ohne dass eine bewusste Steuerung oder spezifische Bereitschaft notwendig ist. Sie heißen *Reflexe*. Ihre Grundlage ist eine einfache Nervenverschaltung, die eine kurze Reaktionszeit ermöglicht. Das ist besonders wichtig, wenn das Verhalten zur Abwehr einer Gefahr dient, wie zum Beispiel beim Eindringen eines Fremdkörpers in die Luftröhre oder in das Auge.

Ein vorsichtiger Schlag auf ein entspanntes, abgewinkeltes Bein unmittelbar unter der Kniescheibe löst ein unwillkürliches Hochschnellen des Unterschenkels aus (*Kniesehnenreflex*, Abb. 1). In Skelettmuskeln des Menschen findet man Muskelspindeln. Diese Sinneszellen im Inneren des Muskels erzeugen bei Dehnung oder Stauchung des Muskels Rezeptorpotentiale. Über schnell leitende *sensorische Nerven* empfängt das Zentralnervensystem die dadurch ausgelöste Erregung. Beim Kniesehnenreflex führt der Schlag über die Sehne zu einer Dehnung des Quadrizepsmuskels. Die sensorischen Neuronen sind durch Synapsen direkt mit *motorischen Nerven* verbunden. Deren Aktionspotentiale werden über motorische Endplatten auf den Quadrizepsmuskel übertragen und bewirken eine Kontraktion, die den Unterschenkel hochschnellen lässt. Da im Falle des Kniesehnenreflexes nur eine Synapse beteiligt ist, nennt man ihn *monosynaptisch*. Das Zentralnervensystem erhält nachträglich eine Information über die Reaktion.

Tritt man auf einen spitzen Gegenstand, so hebt man unwillkürlich den Fuß und streckt das andere Bein. Bei diesem *gekreuzten Beuger-Strecker-Reflex* (Abb. 2) sind Muskeln beider Beine beteiligt. Dazu ist eine Übertragung des sensorischen Signals auf mehrere Motoneuronen notwendig; es handelt sich somit um einen *polysynaptischen Reflex*. Während bei monosynaptischen Reflexen eine weitgehend konstante Zeitspanne zwischen Reizung und Reaktion zu messen ist (beim Kniesehnenreflex etwa 30 ms), kann diese bei polysynaptischen Reflexen zwischen 60 und 200 ms variieren.

Eine andere Einteilung der Reflexe erfolgt danach, ob Reizaufnahme und Reaktion im selben Organ *(Eigenreflexe)* oder in verschiedenen Organen *(Fremdreflexe)* erfolgen. Während der Kniesehnenreflex zu den Eigenreflexen gehört, handelt es sich beim Husten um einen Fremdreflex, denn hier erfolgt die Reizaufnahme durch Sinneszellen in der Schleimhaut der Luftröhre, während die Reaktion in einer Kontraktion von Zwerchfell und Zwischenrippenmuskulatur besteht. Diese Muskelbewegungen führen zu einer plötzlichen Erhöhung des Druckes in der Lunge. Dadurch kann ein Fremdkörper aus der Luftröhre gepresst werden.

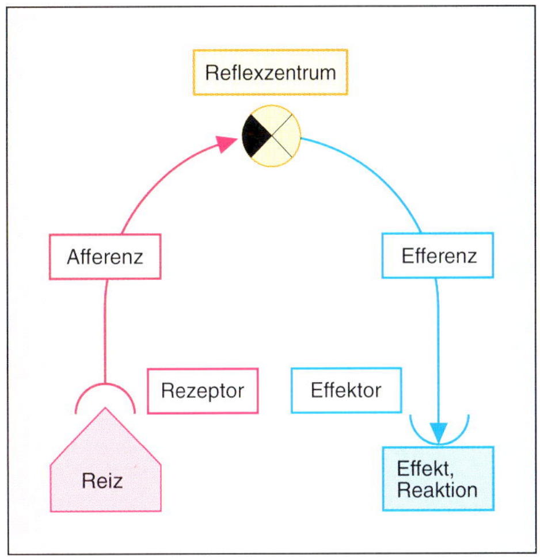

1 Reflexbogen

Der Reflexbogen als Modell

Das Reflexen zugrunde liegende Prinzip lässt sich anschaulich als *Reflexbogen* darstellen (Abb. 1). Er beginnt mit einem Rezeptor, an dem ein Reiz zu einer Erregung führt. Diese wird über afferente Nervenbahnen, also zum Zentralnervensystem führende Neuronen, zum Reflexzentrum geleitet. Dort erfolgt die Umschaltung auf efferente Bahnen, die zum reagierenden Organ *(Effektor)* führen. Die Reaktionszeiten variieren, da die Elemente unterschiedlich komplex verschaltet sein können. Reflexzentren befinden sich beim Menschen sowohl im Rückenmark als auch im Gehirn. Über sie kann die Möglichkeit einer bewussten Beeinflussung gegeben sein. So kann man begrenzt das Husten unterdrücken, selbst wenn der entsprechende Reiz einwirkt.

Reflex
Ein Reiz-Reaktions-Zusammenhang, bei dem ein bestimmter Reiz bei allen Individuen einer Art dieselbe stereotype, nervös ausgelöste Reaktion hervorruft.

Aufgaben

① Lösen Sie den Kniesehnenreflex aus. Achten Sie auf die Reihenfolge von Reaktion und bewusster Wahrnehmung.

② Neugeborene Schimpansen zeigen einen Greifreflex, der sich durch Berühren der Handinnenflächen auslösen lässt. Klassifizieren Sie den Reflex und geben Sie seine biologische Bedeutung an.

③ Der Herzschlag wird beim Menschen durch ständige, periodische Signale eines Nervenknotens *(Sinusknoten)* ausgelöst. Vergleichen Sie diesen Vorgang mit dem Ablauf eines Reflexes.

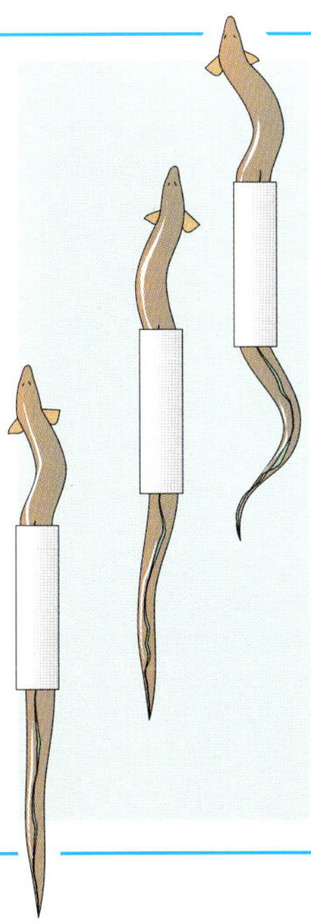

Verhalten — immer nur Reaktion oder auch spontan?

Wie kommen komplizierte Abläufe, beispielsweise die geordneten Beinbewegungen eines Tausendfüßers oder die Schlängelbewegungen eines Aals, zustande? Ein Erklärungsmodell greift auf den *Reflex* zurück. Rezeptoren kontrollieren die Muskelspannung eines Körperabschnitts; ihre Erregung stellt den Reiz für das folgende Segment dar. Durch diese *Reflexkette*, also die Hintereinanderschaltung mehrerer Reflexe, kommt es zum koordinierten Bewegungsablauf. Eine andere Vorstellung geht davon aus, dass das zeitliche Erregungsmuster für eine solche Bewegung im Nervensystem als Einheit *vorprogrammiert* ist.

Für die Schlängelbewegung des Aals konnte Erich von Holst experimentell entscheiden, welche Erklärung zutrifft. Er hatte am Rückenmark eines Aals sämtliche afferenten Nervenbahnen durchtrennt, der Fisch führte dennoch geordnete Bewegungen aus. Selbst wenn man das mittlere Drittel eines solchen Aals in einem Rohr festlegt, so setzt sich eine Bewegungswelle des vorderen Körperdrittels im hinteren Abschnitt fort, und zwar genau nach der Zeit, die auch ohne Fixierung der Körpermitte benötigt worden wäre. Das zeigt, dass es eine *Zentralkoordination* gibt, die spontan, d.h. ohne afferente Erregungsleitung, ein Schlängelverhalten bewirkt. Viele rhythmische Bewegungsabläufe bei Tieren beruhen auf solchen Zentralkoordinationen. Auch die beim Gehen synchron ablaufenden Armbewegungen des Menschen dürften zentral koordiniert sein.

Während beim Reflex die Reaktion nur auf einen Reiz hin erfolgt, ergibt sich bei der Zentralkoordination die spontane Aktivität des Organismus allein aus der genetisch bedingten Verschaltung bestimmter Neuronen.

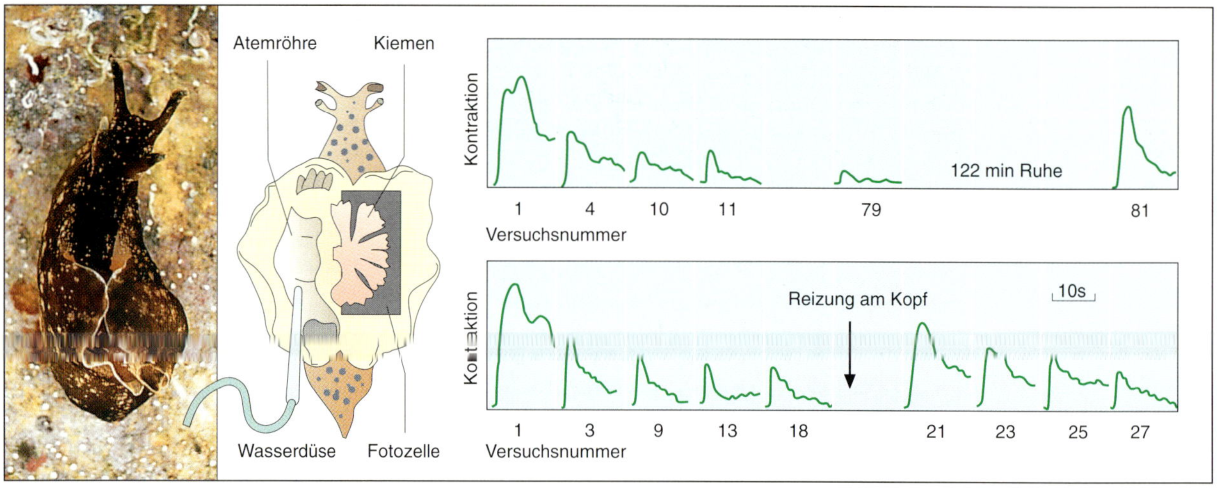

1 Der Kiemenrückziehreflex bei Aplysia

Reflexe sind beeinflussbar

Streicht man der Meeresschnecke Aplysia über den Rücken oder reizt sie mit einem Wasserstrahl aus einer kleinen Düse, so reagiert sie darauf, indem sie ihre Kiemen schnell zurückzieht. Dies ist ein Schutzreflex, der unter natürlichen Bedingungen die Gefahr von Verletzungen der empfindlichen Atmungsorgane vermindert.

Mit einer Lichtquelle und einer Fotozelle, die beim Zurückziehen der Kieme stärker belichtet wird, kann die Stärke der Kontraktion gemessen werden (Abb. 1). Die Messergebnisse zeigen, dass trotz der einfachen Nervenschaltung die Reaktionsstärke variiert. Das Zurückziehen der Kieme wird bei wiederholter Reizung immer schwächer. Diese Erscheinung wird als *Habituation* (Gewöhnung) bezeichnet. Das genetisch bedingte Verhalten wird nicht starr wiederholt, sondern Erfahrungen mit dem harmlosen Reiz führen zu einer Verminderung der Reaktionsstärke. Nach längerer Pause erfolgt die Reaktion wieder stärker. Berührt man die Schnecke nach Eintreten der Gewöhnung heftig am Kopf, so reagiert das Tier nach Reizung an der ursprünglichen Stelle sofort in alter Stärke *(Dishabituation)*. Ermüdung der zugrunde liegenden Organe ist also als Ursache für die Habituation ausgeschlossen.

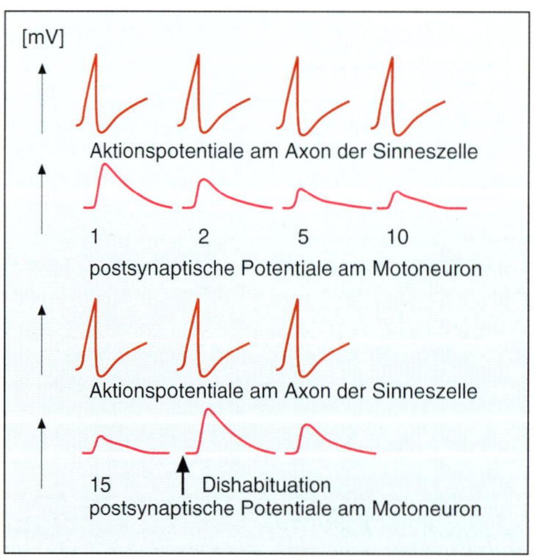

2 Erregungen in Sinneszellen und Motoneuronen

Mit feinen Elektroden gelang es, die Erregungen der beteiligten sensorischen und motorischen Neuronen abzuleiten. Dabei zeigte sich, dass bei gleich bleibender Reizstärke die motorischen Neuronen in der Gewöhnungsphase weniger erregbar werden, obwohl die von den Sinneszellen weiter geleitete Erregung nicht abnimmt (Abb. 2). Die Veränderung der Reaktionsstärke wird bei diesem Reflex durch zusätzliche Nervenzellen *(Interneuronen)* ermöglicht. Diese sind parallel zum Reflexbogen geschaltet und haben auf das Reflexzentrum eine hemmende oder fördernde Wirkung. So müssen die Tiere bei konstanter Reizung eine genetisch bedingte Reaktion nicht immer wiederholen. Bei veränderter Situation kann die Habituation sofort rückgängig gemacht werden, d. h. die Schutzfunktion ist wieder intakt. Die parallele Verschaltung von Interneuronen und Reflexbogen macht schnelles Reagieren möglich.

Reflexen wird die Eigenschaft zugeschrieben, immer auslösbar zu sein, wenn nicht Habituation vorliegt. Im Unterschied zu ihnen gibt es andere genetisch bedingte Verhaltensweisen, die komplexer sind und deren Auftreten und Intensität auch von der Handlungsbereitschaft beeinflusst wird.

Katalepsie
katalepsis (gr.) = starre Haltung

Stabheuschrecken der Art *Carausius morosus* reagieren auf starke Reize, wie kräftiges Schütteln oder Verletzungen, mit einem speziellen Verhalten, der *Katalepsie*. Die Tiere verharren für bis zu 15 Minuten in einem Starrezustand. Hebt man in dieser Zeit eines ihrer Beine vorsichtig an, so wird dies in einer extrem langsamen Bewegung in die Ausgangslage zurückgeführt. Das besonders langsame Verändern der Beinstellung erfüllt die Funktion, den Feinden die Anwesenheit der durch Körperform, Haltung und Färbung getarnten Heuschrecke nicht durch schnelle Bewegungen zu verraten.

Stabheuschrecke

Eine weitgehend reflextypische Verschaltung, die für jedes Bein unabhängig von den übrigen existiert, steuert diese Bewegung (Abb. 1). Durch die langsame Kontraktion des Beugers bringt das Tier das Bein in die Ausgangslage zurück. Das Tier reagiert jedoch nur mit diesem langsamen Rückstellreflex, wenn die oben genannten Reize die Handlungsbereitschaft für dieses Verhalten hinreichend erhöht haben. Die Einbeziehung der Handlungsbereitschaft erfolgt durch spezielle Interneuronen *(common inhibitors)*, die Signale vom Insektengehirn auf die Motoneuronen für die Beinmuskulatur übertragen. Durch hemmende Synapsen vermindern sie deren Erregbarkeit (Abb. 2). Anhauchen oder sanftes Berühren kann in jeder Phase die Handlungsbereitschaft des Tieres für die Katalepsie herabsetzen. Die hemmende Wirkung dieser Interneuronen wird aufgehoben und das Tier beginnt dann sofort, sich normal zu bewegen. In ähnlicher Weise werden Reflexe, z. B. beim Atmen, in zentral gesteuerte Verhaltenskomplexe integriert. Bei Reflexen findet man also Übergänge zu erfahrungsbedingtem Verhalten, d. h. zum Lernen, wie beim Kiemenrückziehreflex, und zu solchem, das von der Handlungsbereitschaft beeinflusst wird.

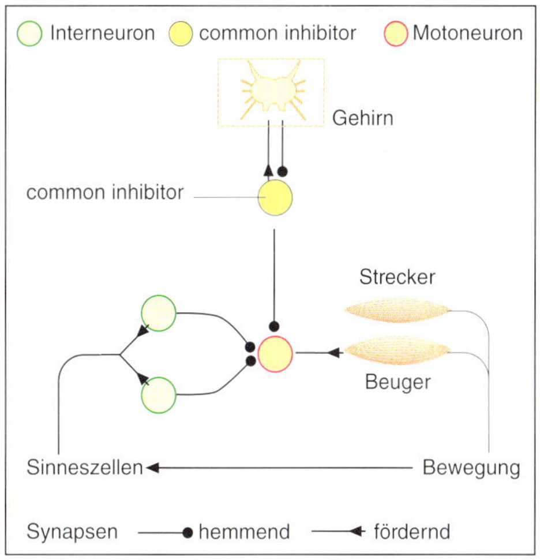

2 Neuronale Verschaltung in der Heuschrecke

Aufgabe

(1) Vergleichen Sie Abbildung 2 mit der Reflexbogendarstellung (Abb. 81.1).

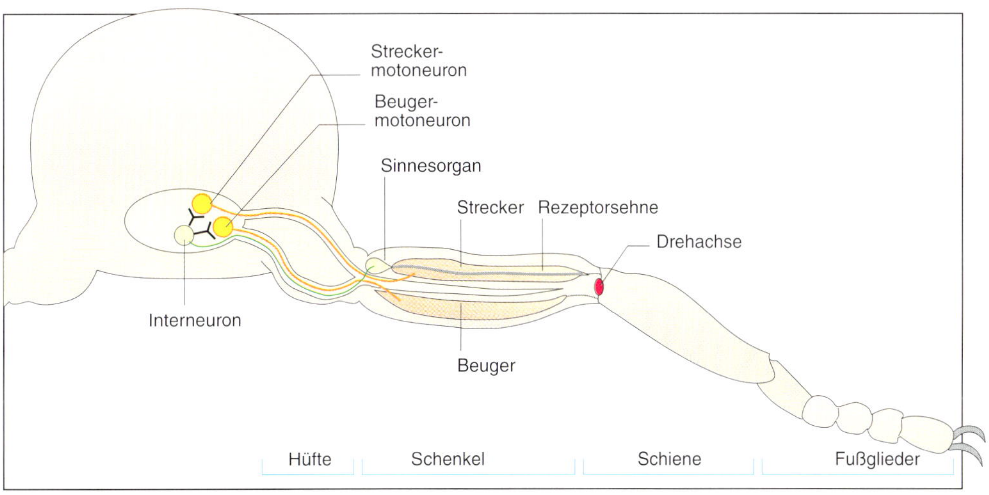

1 Aufbau des Regelkreises zur Katalepsie

Instinktverhalten

Gesänge der Feldheuschrecken

Auf sommerlichen Wiesen lassen die Männchen von mehreren Feldheuschreckenarten gleichzeitig ihre Gesänge hören. Sie dienen der Anlockung der Weibchen, für die es darauf ankommt, aus diesem Zirpkonzert den Gesang des arteigenen Männchens zu erkennen und nur ihn zu beantworten. Feldheuschrecken produzieren die Laute, indem sie mit den Hinterbeinen an den Vorderflügeln entlangstreichen. So entsteht ein Gesang, der aus einzelnen Versen besteht, die wiederum aus Silben aufgebaut sind (siehe Randspalte).

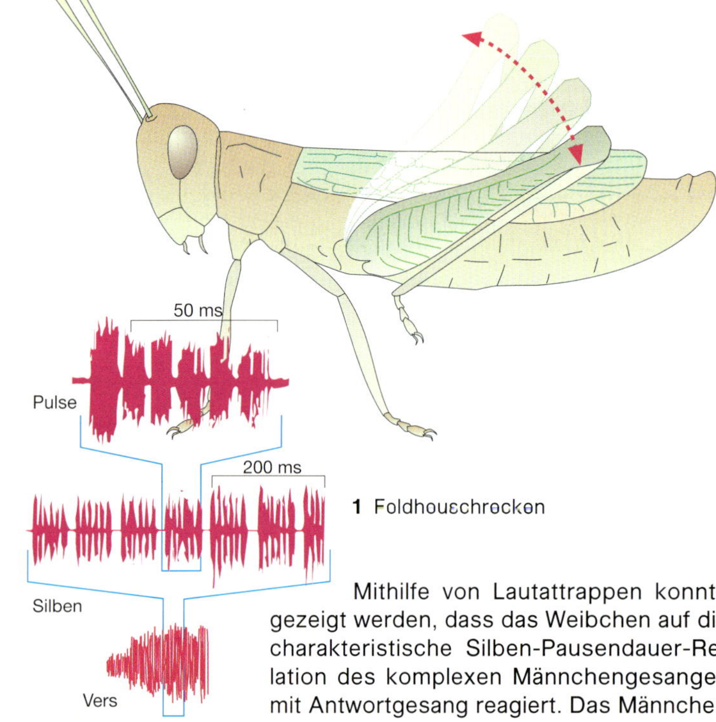

1 Feldheuschrecken

Mithilfe von Lautattrappen konnte gezeigt werden, dass das Weibchen auf die charakteristische Silben-Pausendauer-Relation des komplexen Männchengesanges mit Antwortgesang reagiert. Das Männchen kann auf den Gesang des Weibchens nur mit Hinwenden reagieren. Männchen wie Weibchen scheinen keine alternative Antwortmöglichkeit zu haben. Da beide ohne Kontakt zu den Elterntieren schlüpfen, entwickeln sie sich sozusagen in einer natürlichen Kaspar-Hauser-Situation. Für das von ihnen gezeigte Verhalten bedeutet dies, es ist „angeboren", also genetisch bedingt.

Verhaltensweisen, wie der Antwortgesang des Weibchens oder die Hinwendung und der Gesang des Männchens nennt man *Instinkthandlungen*. Als Instinkthandlung wird ein genetisch bedingter Verhaltensablauf bezeichnet, der aus einer Orientierungs- und einer Bewegungskomponente besteht. Als Orientierungskomponente *(Taxis)* sind beim Heuschreckenweibchen die Einstellbewegungen zu sehen, mit deren Hilfe es seinen Gesang auf die Reizquelle (das Männchen als den Sender des Lockgesanges) ausrichtet. Die Bewegungskomponente dient der Erzeugung des Gesanges, der wiederum die Zuwendung des Männchens auslöst, woran sich als letzte Instinkthandlung der Verhaltensabfolge die Paarung als sogenannte *Endhandlung* anschließt.

Reize, die wie der Männchengesang ein bestimmtes Verhalten, hier den stereotyp und starr ausgeführten Antwortgesang des Weibchens auslösen, nennt man *Schlüsselreize*. Gleichartige Reize lösen jedoch bisweilen Reaktionen von unterschiedlicher Intensität aus. Auch ist der *Schwellenwert* (die für eine Reaktion erforderliche Mindestgröße des Reizes) nicht immer gleich. Diese Beobachtung, dass das Auftreten einer Instinkthandlung von der Stärke des Schlüsselreizes und von inneren Faktoren, die unter dem Begriff *Handlungsbereitschaft* zusammengefasst werden, abhängig ist, wird als das *Prinzip der doppelten Quantifizierung* bezeichnet. Sie ist ein wesentliches Kennzeichen einer Instinkthandlung.

Beutefangverhalten der Erdkröte

Eine Erdkröte verlässt in der Dämmerung ihr Versteck, durchstreift ihren Jagdbezirk und begibt sich in Wartestellung. Sowie sich in der Umgebung eine mögliche Beute bewegt, wendet sich die Erdkröte dem Objekt zu oder schleicht sich an. Dann wird es mit beiden Augen fixiert, bevor die klebrige Zunge blitzartig vorschnellt. Das Beutetier wird ergriffen, ins Maul gezogen und verschluckt. Anschließend kommt es häufig zu Wischbewegungen, so als würde die Schnauze gesäubert (Abb. 85. 1 b). Bei diesem Verhaltensablauf lassen sich zunächst drei Phasen unterscheiden:

- *Appetenzverhalten*: Das scheinbar richtungslose Umherlaufen und Warten, das wie Suchen nach Beute aussieht.
- *Taxis*: Das Annähern an die Beute bzw. die mit dem ganzen Körper ausgeführte Wendereaktion.
- *Endhandlung*: Das Fixieren und Zuschnappen als stereotypes Verhaltenselement, das stets in der gleichen Weise auftritt.

Das Appetenzverhalten ist sehr variabel und stark durch Außenreize und Erfahrungen beeinflusst. Es besteht manchmal nur in erhöhter Bewegungsaktivität des Tieres. Von der Endhandlung nahm man nach einer Reihe von Attrappenversuchen (Abb. 1a) an, dass sie, einmal ausgelöst, unausweichlich und in stets der gleichen starren Bewegungsfolge abläuft. Falls die Beute entflieht, nachdem die Erdkröte sie fixiert und das Zuschnappen eingesetzt hat, setzt sich der Vorgang des Zungenschlages unverändert fort. Diese Beobachtung führte dazu, dass man die Endhandlung für genetisch bedingt und nicht mehr beeinflussbar hielt und als *Erb-* oder *Bewegungskoordination* bezeichnet hat.

Obwohl die Gründerväter der Verhaltenslehre wussten, dass solche Erbkoordinationen in Abhängigkeit vom Biotop, dem beteiligten Partner und der Handlungsbereitschaft variiert werden können, haben sie die Formstarre oder *Stereotypie* doch besonders hervorgehoben. Als Belege für das Konzept des Instinktverhaltens hat man dann auch geradezu Paradebeispiele für formstarre und stereotype Verhaltensweisen ausgewählt, wie die aus dem Bereich der Kommunikation von Feldheuschrecken beschriebenen. Da diese Gesänge der innerartlichen Verständigung dienen, dürfen gerade sie keine größere Variation aufweisen, wenn der Empfänger sie noch verstehen soll. Anders wäre dies, wenn der Empfänger in der Lage wäre, Änderungen durch Lernen in seine Reaktionen mit einzubeziehen. Die Auswahl der untersuchten Beispiele hat also die Annahme der Formstarrheit und Stereotypie von Verhaltensweisen und damit das Konzept der genetisch bedingten Instinkthandlung begünstigt.

In der Verhaltensforschung wird, wie in jeder anderen Forschung, immer wieder die Interpretation von Beobachtungen überprüft. Auf diese Weise konnte z. B. für das Beutefangverhalten der Erdkröte durch die Verwendung neuartiger Aufzeichnungstechniken gezeigt werden, dass die Endhandlung nicht, wie bisher angenommen, stereotyp, sondern variabel abläuft. Offenbar ist auch sie von Erfahrungen abhängig, denn schlecht schmeckende oder giftige Beutetiere werden bereits nach einmaligem Kontakt gemieden. Dies stimmt mit der Beobachtung überein, dass die Beute von den dämmerungsaktiven Kröten auch aufgrund olfaktorischer und nicht nur optischer Reize wahrgenommen werden kann. Letztere hatte man in Attrappenversuchen (Abb. 1) bevorzugt untersucht und die chemischen Reize weniger beachtet. Das Beutefangverhalten der Erdkröte ist an verschiedene Beutetiere angepasst und von Lernen beeinflusst.

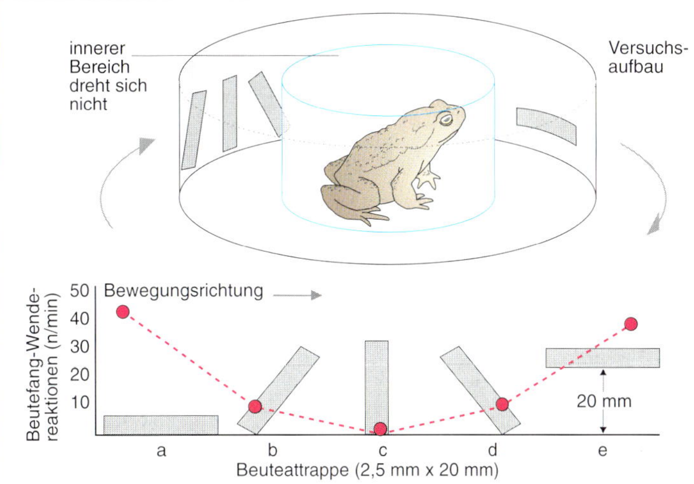

a Attrappenversuche mit Erdkröten

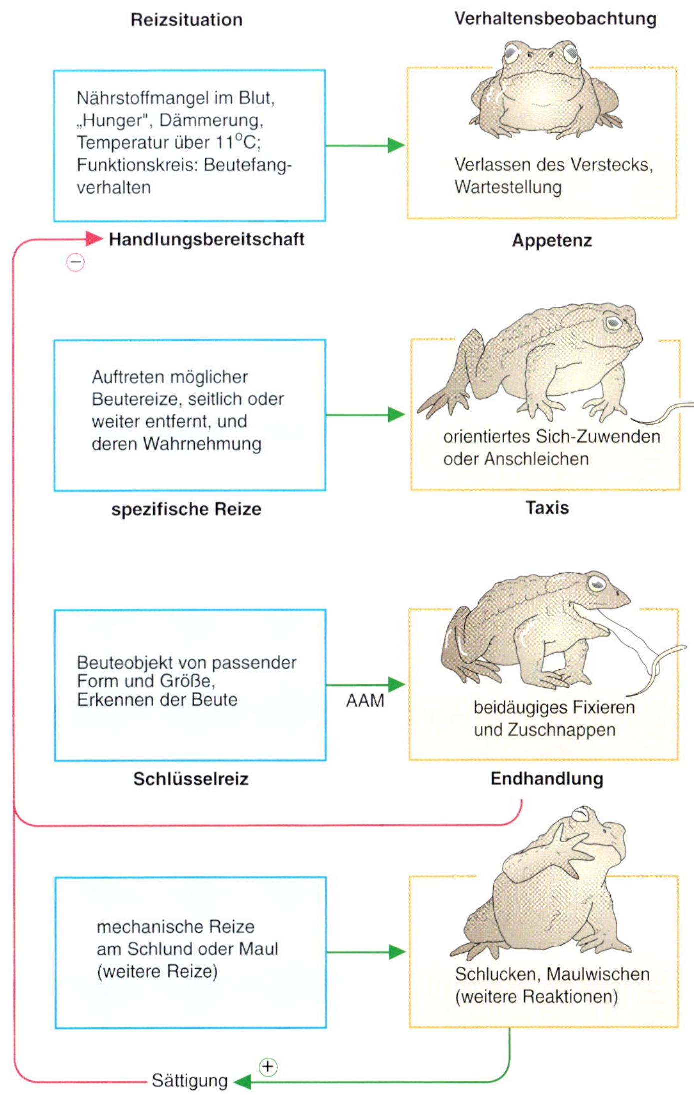

b Beutefangverhalten der Erdkröten

Schlüsselreize

Blaukehlchen

Genetisch bedingte Verhaltensweisen können bei einem Tier durch ganz bestimmte Reize ausgelöst werden, wenn die Handlungsbereitschaft hoch genug ist. So reagiert eine hungrige Springspinne auf Objekte einer bestimmten Größe in ihrer Nähe mit typischem Beutefangverhalten, unabhängig von der Farbe und anderen Merkmalen des Objektes. Solche einfachen aber wirksamen Reize werden als *Schlüsselreize* bezeichnet *(Schlüssel-Schloss-Prinzip)*. Schlüsselreize, die genetisch bedingte Verhaltensweisen bei einem Artgenossen auslösen, wie z. B. der Balzgesang bei Vögeln, heißen *Auslöser*. Zur Erkennung der handlungsrelevanten Reize wurde ein genetisch bedingter Filtermechanismus postuliert, der sogenannte *angeborene Auslösemechanismus* (AAM). Inzwischen weiß man, dass diese Leistung in der Regel nicht von einzelnen Nervenzellgruppen erbracht wird, sondern dass unterschiedliche Gehirnbereiche die Objekterkennung und Bewertung leisten.

Springspinne mit Beute

Während manchmal ein Reiz zur Auslösung des Verhaltens ausreicht, wie Sexuallockstoffe bei manchen Insekten, führt in den meisten Fällen nur die Kombination von mehreren *Schlüsselkomponenten* dazu, dass das Verhalten in voller Intensität ausgeführt wird. Dies zeigt z. B. das Beutefangverhalten der Springspinne (Abb. 1). Durch Attrappenversuche kann man Schlüsselreize bzw. Schlüsselkomponenten erkennen. Bei Wirbeltieren werden stereotype Reaktionen auf solche einfachen Muster meistens durch Erfahrungen verändert.

Attrappen:	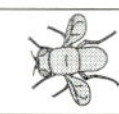 ■ ● ▲
Attrappe	Reaktion der Springspinne
flächig, ruhend	keine Reaktion
körperlich, ruhend	Beutesprung, wenn der Abstand kleiner als 5 cm ist
flächig oder körperlich, bewegt	Heranlaufen, Beutesprung
körperlich, erst bewegt, dann ruhend	Heranlaufen, Anschleichen, Beutesprung

1 Beutefangverhalten bei Springspinnen

Das Schlüsselreizkonzept lässt sich nicht in jedem Fall sinnvoll für eine Verhaltensanalyse anwenden. Von Blaukehlchen war bekannt, dass das blaue Brustgefieder der Männchen auf die Weibchen als Auslöser für Balzverhalten wirkt. Je größer und leuchtender der Fleck ist, desto wahrscheinlicher können sich die Männchen erfolgreich paaren. In einem Experiment übermalten Forscher den Fleck teilweise mit dunkler Farbe. Erwartungsgemäß konnten diese Tiere nur zu einem geringeren Anteil Weibchen zur Paarung veranlassen. Das Verhalten der Männchen, die ein Weibchen an sich binden konnten, änderte sich jedoch. Während sich die attraktiven Männchen häufiger mit anderen Weibchen zusätzlich paarten, bewachten die Männchen mit teilweise übermaltem Fleck intensiver das Revier und die eigenen Weibchen. Zusätzlich zu den recht einfachen Reiz-Reaktions-Beziehungen verfügen Tiere also über Verhaltensalternativen, die die Bedeutung der Schlüsselreize relativieren.

Attrappenversuche

Durch Beobachten von Tieren in natürlicher Umgebung lässt sich meist nicht feststellen, welche Merkmale eines Objektes oder einer Situation entscheidend für das Auslösen einer Verhaltensweise sind. Um die handlungsrelevanten Reize *(Schlüsselreize)* zu ermitteln, werden *Attrappenversuche* durchgeführt. Man bietet eine möglichst naturgetreue Nachbildung *(Attrappe)* eines Feindes, Sozialpartners oder Beuteobjektes an und vereinfacht sie schrittweise solange, bis sie die Handlung nicht mehr auslöst. Als zu untersuchende Merkmale kommen neben Größe, Form und Farbe auch Kontrast, Laute, Duft und Bewegung in Betracht.

Manchmal zeigt sich, dass eine Attrappe zwar ein Verhalten auslösen kann, dies aber weniger häufig oder schwächer auftritt als in der natürlichen Situation. Durch Kombinieren von Reizkomponenten in einer Attrappe kann deren Wirksamkeit erhöht werden *(Reizsummenregel)*. Dabei ist zu beachten, dass das Verhalten der Tiere neben der Reizsituation auch durch Erfahrungen und ihre Handlungsbereitschaft beeinflusst wird. Um Lernen auszuschließen, verwendet man meist Kaspar-Hauser-Tiere. Werden die Tiere in Versuchsserien mit mehreren Attrappen konfrontiert, führt man parallel Versuche mit verschiedenen Attrappenreihenfolgen durch und bildet aus den Ergebnissen Mittelwerte. So berücksichtigt man, dass die Handlungsbereitschaft der Tiere während der Versuchsserie abnehmen kann.

Die Attrappen werden oft mehreren Versuchstieren nacheinander dargeboten *(Sukzessivmethode)*. Dabei können die untersuchten Tiere eine unterschiedlich hohe Handlungsbereitschaft aufweisen. Bei der *Simultanmethode* wählt jeweils ein Tier zwischen gleichzeitig gebotenen Attrappen. Durch Registrieren der Entscheidungen lässt sich eine Rangfolge der Wirksamkeiten der Attrappen ermitteln.

Schlüsselreize für die Erdkröte

„Kröten zeigen die Wurm-Antiwurm-Unterscheidung bereits unmittelbar nach der Metamorphose mit dem Übergang zum Landleben (...).
Sie beruht demnach auf einem angeborenen Auslösemechanismus."
JÖRG EWERT und PETER KÜHNEMUND

Als wurmförmig wird ein längliches Objekt angesehen, das sich in Richtung seiner Längsachse bewegt, während ein antiwurmförmiges Objekt sich quer dazu bewegt. Ob es sich bei dem Beuteschema der Erdkröte tatsächlich um einen genetisch bedingten Auslösemechanismus handelt, oder ob Erfahrungen beim Erkennen des Schlüsselreizes eine Rolle spielen, wurde durch verschiedene Attrappenversuche überprüft (s. Abb. S. 85).

Attrappenversuche mit jungen Erdkröten

Zu dieser Untersuchung wurden junge Tiere unmittelbar nach ihrer Metamorphose an einer Stelle gesammelt, sobald sie an Land gingen. Im Vorversuch konnte man verschiedene Reaktionen auf die Darbietung von Wurmattrappen feststellen: Maulaufsperren, Wendereaktionen und Zuschnappen wurden zur sogenannten *Beutefangreaktion* zusammengefasst und deren Anzahl im Verlauf von 10 Attrappenumläufen als Reizwert, also als Versuchsergebnis, festgehalten.

Die Attrappen verschiedener Größe wurden den Versuchstieren an jedem Versuchstag nach einer neu durch Los ermittelten Reihenfolge angeboten, wobei die Attrappendarbietung von Pausen unterbrochen war. Diese sollten ebenso wie die versuchsfreien Tage eine Gewöhnung der Tiere an die Versuchssituation verhindern. Futter gab es während der gesamten Versuchsdauer nicht. Mit einer Gruppe von 12 Versuchstieren wurde jeweils nur eine Art von Attrappen getestet. In der Abbildung 1 sind die Ergebnisse für drei Attrappenarten (Wurm-, Antiwurm- und Quadratattrappe) dargestellt.

Aufgaben

1. Prüfen Sie, ob die Versuchsdurchführung zur Ermittlung des AAM für das Beutefangverhalten der Erdkröte geeignet ist.
2. Vergleichen Sie die Ergebnisse für die drei Attrappenarten.
3. Suchen Sie nach einer Erklärung für die zunehmende Reaktionsintensität auf die mittelgroße Wurmattrappe (a) im Verlauf des Versuches.

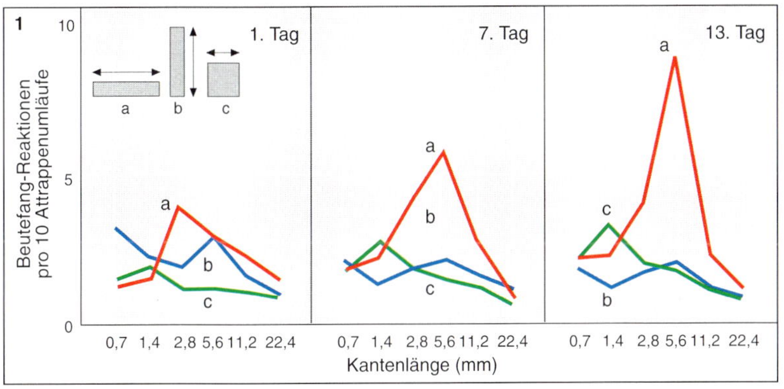

Attrappenversuche mit erwachsenen Erdkröten

Für diese Versuche wurden erwachsene männliche wie weibliche Tiere fortgeschrittenen Alters (5–8 Jahre) im Freiland gesammelt, deren Erfahrungen vor den Versuchen nicht nachvollziehbar waren. Die Versuche fanden in der Hauptaktivitätszeit der Kröten mit möglichst beutefangaktiven Tieren statt. Dies lässt sich durch Fütterung der Versuchstiere mit nicht mehr als 1–2 Mehlkäferlarven pro Tag erreichen. Nur solche Tiere werden genommen, die vorher auf eine Testattrappe (üblicherweise die am besten wirkende Attrappe) annähernd gleich stark reagieren. Die Attrappendarbietung wird durch ausreichend lange Pausen (2 min) unterbrochen. Die Gruppengröße für die einzelnen Versuche mit erwachsenen Kröten ist nicht bekannt.

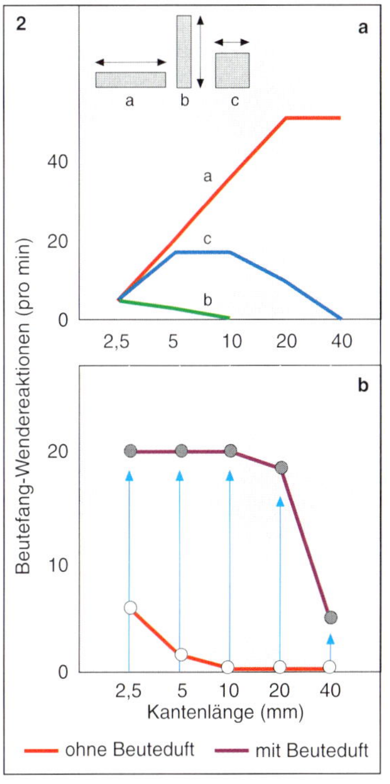

In der Abbildung 2a sind die Ergebnisse bei der Darbietung verschiedener Attrappen dargestellt. Die Attrappengröße ist der Größe der Tiere angeglichen. In die Abbildung 2b ist die Wendehäufigkeit auf die Antiwurmattrappe ohne Beuteduft derjenigen mit Beuteduft gegenübergestellt, wobei der bekannte Kotgeruch der zur Nahrung gereichten Mehlwürmer als Beuteduft gilt.

Aufgaben

1. Deuten Sie das Ergebnis des in Abbildung 2a dargestellten Attrappenversuches.
2. Bewerten Sie die Wirksamkeit des von den Attrappen (Abb. 2b) ausgehenden Duftreizes im Vergleich zum optischen.
3. Beurteilen Sie die mit jungen und erwachsenen Kröten ermittelten Ergebnisse bezüglich eines AAM für das Beutefangverhalten.

Handlungsbereitschaft

Silbermöwenküken

Frisch geschlüpfte Silbermöwenküken picken bei der Fütterung durch die Altvögel gegen den elterlichen Schnabel. NIKOLAAS TINBERGEN untersuchte mit Attrappen, ob der auffällige rote Fleck am elterlichen Schnabel als Schlüsselreiz für dieses Verhalten wirkt. Dabei stellte er fest, dass die Küken trotz gleicher Reizsituation unterschiedlich intensiv reagieren. Außerdem änderte sich bei vielen Tieren die Anzahl der Pickreaktionen in Versuchen mit aufeinander folgenden Attrappen. Andere Forscher machten bei Versuchen zur Auslösung von Instinkthandlungen die gleichen Erfahrungen. Daraus lässt sich schließen, dass neben der Reizqualität eine zweite Größe das Verhalten bestimmt, die *Handlungsbereitschaft*. Ihr wird für jedes Verhalten, das bei einem Tier auftreten kann, zu jeder Zeit eine bestimmte Größe zugeschrieben.

Das Verhalten der Silbermöwenküken lässt sich nach KONRAD LORENZ so erklären, dass im Nervensystem für jedes Verhalten eine spezifische Bereitschaft aufgebaut und gestaut wird. Er nannte sie *aktionsspezifische Energie*. Diese soll durch das Handeln um einen bestimmten Betrag reduziert werden, sodass die Bereitschaft für dasselbe Verhalten ständig abnimmt. Diese Vorstellung hat sich in vielen Versuchen nicht bestätigen lassen, da bei einzelnen Tieren in gleichartigen Versuchsserlen Zunahmen, bei anderen dagegen Abnahmen in der Reaktionsbereitschaft beobachtet wurden. Außerdem muss davon ausgegangen werden, dass Erfahrungen aus vorangegangenen Versuchen das Ergebnis mitbestimmen. Neurophysiologische Untersuchungen zeigen zudem, dass Speicher für solche „Energien" nicht möglich sind.

Die Zeit seit dem letzten Ausführen der Handlung wird heute als ein Faktor von vielen betrachtet, die die Handlungsbereitschaft beeinflussen. Eng damit verknüpft sind die bei diesem Handeln gemachten Erfahrungen. Außerdem sind innere Zustände von Bedeutung. Die Bereitschaft zur Nahrungsaufnahme wird beispielsweise vom Blutzuckergehalt und dem Füllungszustand des Magens mitbestimmt, die zusammengefasst die Größe „Hunger" ergeben. Auch der allgemeine Aktivitätszustand des Tieres ist von Bedeutung. Er wird wesentlich von der aktuellen Konzentration von Neurotransmittern bestimmt. Neben diesen endogenen Faktoren tragen äußere Einflüsse zur Veränderung von Bereitschaften bei. So ist von Bienen bekannt, dass sie nur bei geeigneten Wetterbedingungen zu Sammelflügen aufbrechen. Die endgültige Handlungsbereitschaft ergibt sich also aus dem Zusammenspiel all dieser Faktoren (Abb. 1).

Durch die Handlungsbereitschaft und die Qualität der auslösenden Reize wird die Handlungstendenz festgelegt *(Gesetz der doppelten Quantifizierung)*. Nachdem die Handlungstendenzen für verschiedene Verhaltensweisen zentralnervös verglichen und Erfahrungen des Tieres einbezogen sind, führt das Tier die am höchsten bewertete Handlung mit entsprechender Intensität aus.

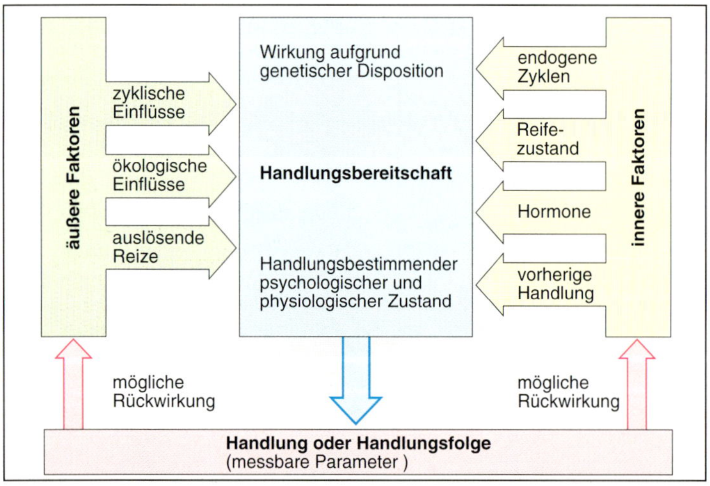

1 Einflüsse auf die Handlungsbereitschaft

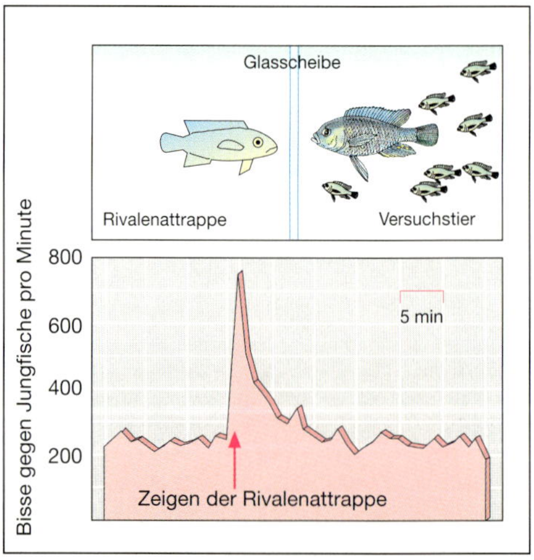

2 Angriffshäufigkeit bei einem Buntbarsch (♂)

Manche genetisch bedingten Verhaltensweisen treten spontan zu bestimmten Zeiten auf. So kann man im Frühjahr zu Beginn der Brutperiode die Balzgesänge der verschiedenen Singvogelarten hören. Untersuchungen an Gartengrasmücken zeigen, dass die Gesangshäufigkeit recht gut mit einer erhöhten Ausschüttung des Geschlechtshormons Testosteron übereinstimmt (Abbildung 1). Auch bei anderen Tierarten tritt dieses Phänomen auf. Die Hormone erhöhen die entsprechende Handlungsbereitschaft. Auf der Suche nach den Ursachen für die jahresrhythmischen Schwankungen untersuchte man den Faktor Tageslänge. Dazu wurden Gartengrasmücken im Labor kontrollierten Lichtverhältnissen ausgesetzt. Eine Gruppe der Tiere erhielt Licht entsprechend der natürlichen Tageslänge, während die andere in einem konstanten Wechsel von 12 Stunden Licht und Dunkelheit lebte (Abb. 2). Die Ergebnisse zeigen, dass hier ein innerer Rhythmus vorliegt. Das Ausmaß der Schwankungen und die genaue zeitliche Abstimmung sind von äußeren Reizen beeinflusst. Als ein solcher Zeitgeber wirkt hier die Tageslänge.

Diese inneren Uhren gibt es auch bei tagesrhythmischen *(circadianen)* Abläufen, wie Aktivitäts- und Ruhephasen. Flughörnchen sind dämmerungsaktiv. Mithilfe von Käfigen, deren Böden Bewegungen registrieren, erhält man ihr Aktivitätsmuster (Abb. 3). Durch Entzug der Außenreize werden genetisch bedingte Grundmuster erkennbar. Die Flughörnchen haben individuell unterschiedliche Rhythmuslängen von etwa 23 bis 24 $^1/_2$ Stunden. Der Entzug der äußeren Reize zeigt, dass diese unter natürlichen Bedingungen auch hier synchronisierend wirken. Häufige Störungen des natürlichen Rhythmuses führen zu erhöhter körperlicher und psychischer Belastung. Untersuchungen an Schichtarbeitern haben ergeben, dass diese häufiger an Schlafstörungen und Kreislauferkrankungen leiden. Durch äußere Zeitgeber kann bei Menschen und Tieren kein Rhythmus stabilisiert werden, der von dem genetisch festgelegten Grundmuster deutlich abweicht.

Aufgaben

① Welche Faktoren müssen nach Abbildung 88.1 beachtet werden, wenn in Versuchen Reizqualitäten unterschiedlicher Attrappen verglichen werden sollen?

② Beschreiben und interpretieren Sie Abbildung 88. 2.

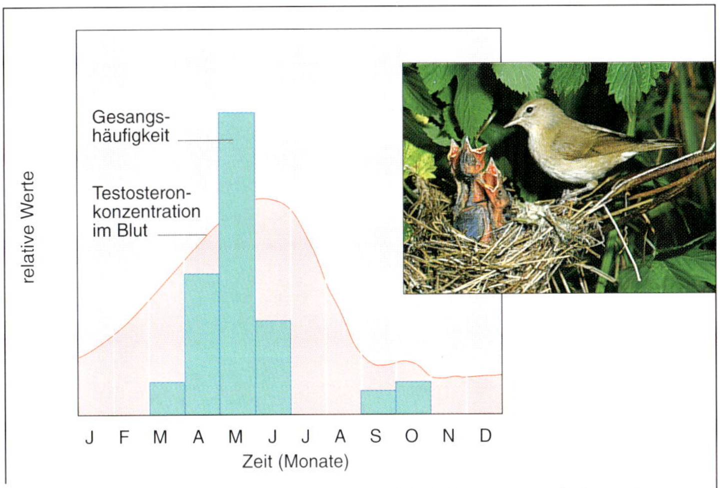

1 Gesangshäufigkeit und Testosterongehalt bei Gartengrasmücken ♂

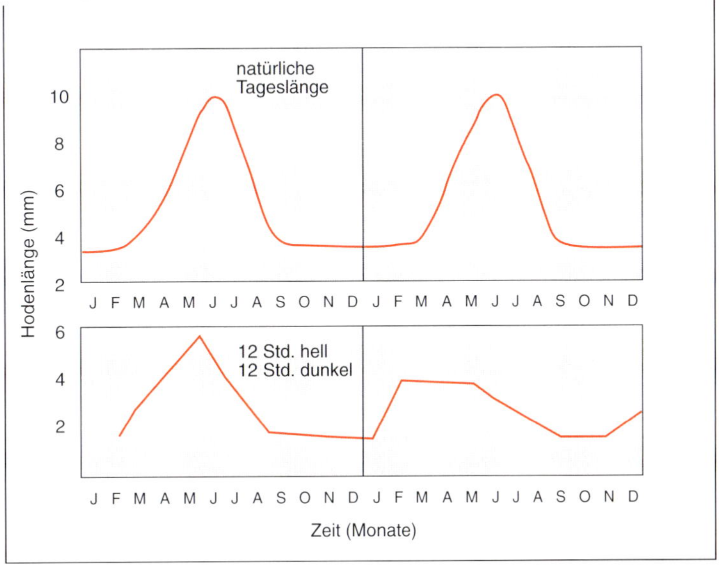

2 Einfluss der Tageslänge auf die Hodengröße

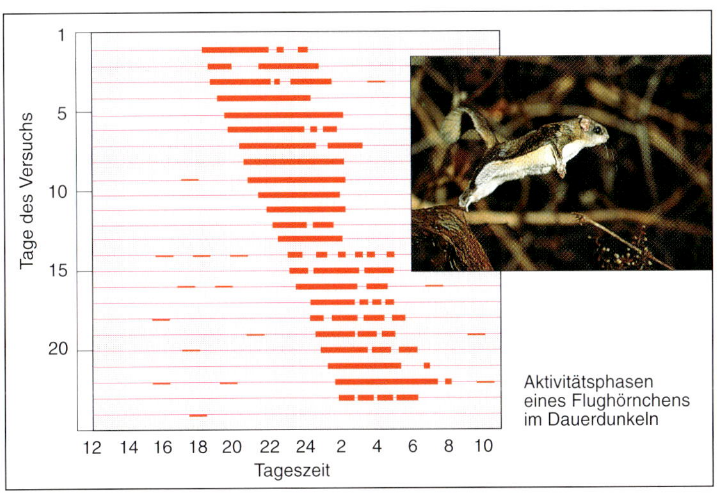

3 Aktivitätsphasen eines Flughörnchens im Dauerdunkeln

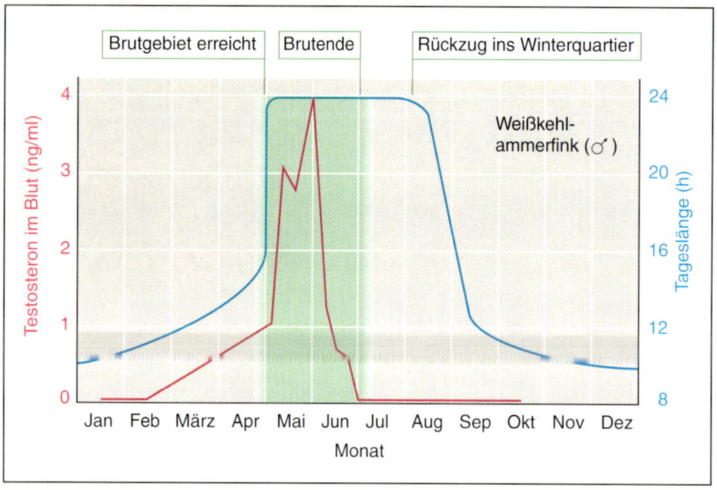

1 Brutverhalten und Hormone

Hormone und Verhalten

Beim Weißkehlammerfink, der in Alaska brütet und in Kalifornien überwintert, wurde nachgewiesen, dass Wandertrieb und Brutpflegeverhalten, durch Hormone beeinflusst werden (Abb. 1). Im Gegensatz zur kurzfristigen, lokalen Wirkungsweise des Nervensystems werden Hormone im gesamten Organismus verteilt, d. h. sie wirken *systemisch* und deshalb auch länger anhaltend. Dabei gilt grundsätzlich: Ein veränderter Hormonspiegel hat lediglich Auswirkungen auf die Handlungsbereitschaft. Nicht die Form oder der Ablauf einer Verhaltensweise wird durch Hormone gesteuert, sondern nur die Häufigkeit und Intensität ihres Auftretens.

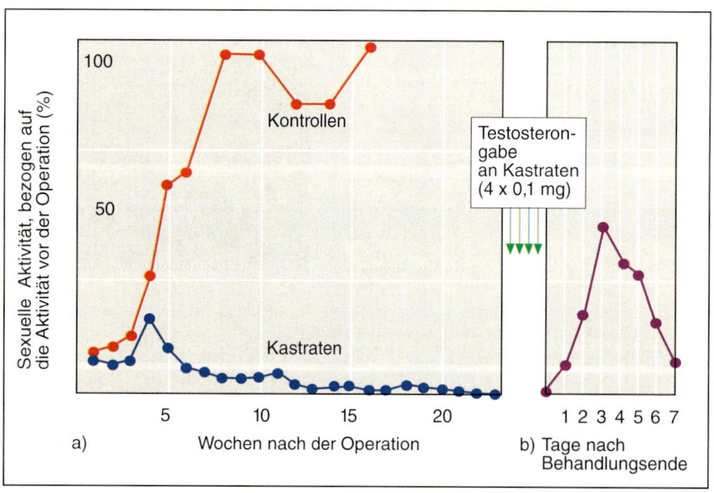

2 Kastrationsexperiment bei Zebrafinken

Dass die Häufigkeit, mit der ein Verhalten auftritt, tatsächlich von einem bestimmten Hormon abhängt, lässt sich z. B. durch Messung des Hormonspiegels im Blut experimentell untersuchen. Eine Hormondrüse kann auch operativ entfernt werden, um die Auswirkungen auf das Verhalten zu untersuchen (Abb. 2). Durch anschließende Hormongabe lässt sich nachweisen, dass das Verhalten unter Hormoneinfluss noch ausgeführt werden kann.

Hormone haben häufig eine Reihe unterschiedlicher Wirkungen. Das bei allen Säugetieren vorkommende Hormon *Oxytocin* wird bei Schafen während der Geburt ausgeschüttet. Neben einer Wehen auslösenden Wirkung fördert es die Bindung des Mutterschafes an das Neugeborene. Trennt man das Lamm sofort von der Mutter, wird es bei späterem Kontakt von ihr abgelehnt. Nach künstlicher Verabreichung von Oxytocin setzt die Fürsorge des Mutterschafes wieder ein. Bei Präriemaus-Weibchen fördert es die Paarbindung und senkt die Häufigkeit von aggressiven Verhaltensweisen.

In unterschiedlichen Regionen der Säugetiergehirne wurden Rezeptoren gefunden, die bei Auftreten von Oxytocin bei manchen Neuronen zu einer Erhöhung der Erregbarkeit führen, während sie sie bei anderen vermindern. In den Gehirnen von Tieren derselben Art treten die Oxytocinrezeptoren in unterschiedlicher Dichte auf. In Experimenten zeigen sie eine entsprechend unterschiedliche Empfindlichkeit auf das Hormon. Hormone haben großen Einfluss auf das Verhalten. Sie wirken aber nicht unabhängig von anderen Faktoren. So tritt die fördernde Wirkung des Oxytocins auf das Brutpflegeverhalten nur in der Paarungszeit auf.

Aufgabe

(1) Während der Balz trägt das Zebrafinkenmännchen ständig einen kurzen Balzgesang vor. Dessen Häufigkeit ist ein gutes Maß für die Handlungsbereitschaft zur Balz. Einer Gruppe von Tieren werden die Hoden entfernt. Bei einer Kontrollgruppe führt man nur eine Scheinoperation durch. Anschließend vergleicht man die Balzaktivität beider Gruppen.
   a) Beschreiben und deuten Sie den in Abbildung 2a dargestellten Befund.
   b) Die kastrierten Tiere erhalten viermal in kurzer Folge Testosteron. Wie ist das Ergebnis (Abbildung 2 b) zu interpretieren?

Brutverhalten bei Lachtauben

Der amerikanische Verhaltensforscher DANIEL S. LEHRMANN untersuchte in Versuchsreihen das Brutverhalten von Lachtauben, auch unter dem Einfluss von Hormonen.

Versuchsreihe 1

1. LEHRMANN setzte einzeln gehaltene Lachtaubenmännchen bzw. -weibchen in einen Käfig und bot ihnen 7 Tage später Nistmaterial und ein fertiges Nest mit zwei Eiern an. Keines der Tiere betrieb Nestbau oder brütete.
2. Jeweils ein Männchen und ein Weibchen, die vorher einzeln gehalten wurden, wurden mit einem fertigen Nest mit zwei Eiern in einen Käfig gesetzt (Abb. 1a).
3. Um herauszufinden, ob die Tiere sich erst an den Käfig gewöhnen müssen, setzte er die Tiere 7 Tage vorher paarweise in den Käfig und trennte sie durch eine Milchglasscheibe, die er am 7. Tage entfernte (Abb. 1b).
4. In einem weiteren Versuch setzte LEHRMANN Taubenpaare in einen leeren Käfig und gab ihnen 7 Tage später ein Nest mit zwei Eiern (Abb. 1c).

Aufgabe

① Schließen Sie aus den Versuchsergebnissen, welche Reize bei den Lachtauben Nestbau bzw. Brüten auslösen können und begründen Sie Ihre Aussagen.

Versuchsreihe 2

Der zeitliche Abstand zwischen dem Bieten der Reize und dem Auftreten der Handlungen führte zu der Hypothese, dass die Reize nicht direkt die Handlungen auslösen, sondern Hormondrüsen anregen.

Zur Überprüfung der Hypothese verabreichte LEHRMANN die beiden Hormone Progesteron bzw. Östrogen. Die Versuchsbedingungen und Ergebnisse sind in Abbildung 1d und e wiedergegeben.

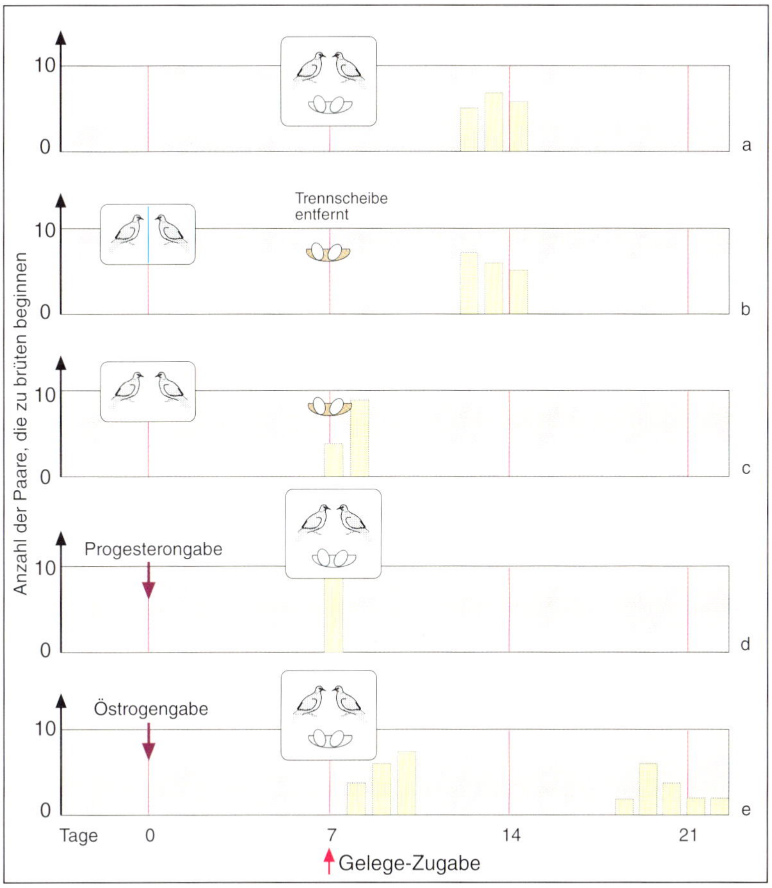

1 Brutverhalten von Lachtauben

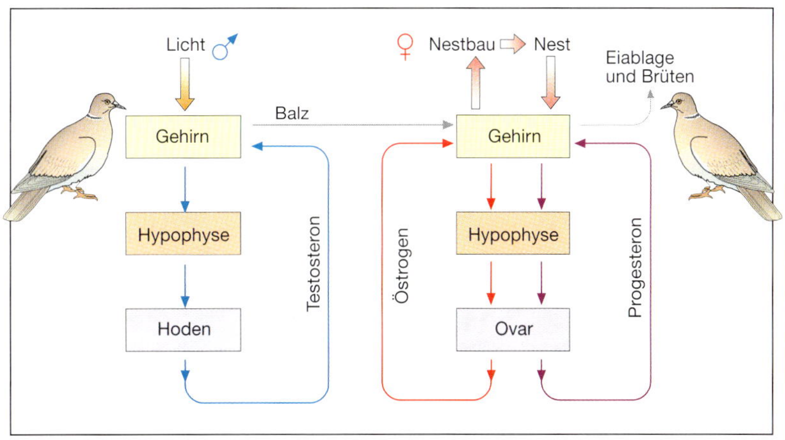

2 Zusammenwirken von Reizen und Hormonen beim Brutverhalten

Aufgaben

① Interpretieren Sie die Versuchsergebnisse (Abb. 1d und e).
② Nehmen Sie Stellung zu der von LEHRMANN aufgestellten Hypothese zur Hormonwirkung auf das Verhalten.
③ Erklären Sie alle Versuchsergebnisse mithilfe von Abbildung 2.

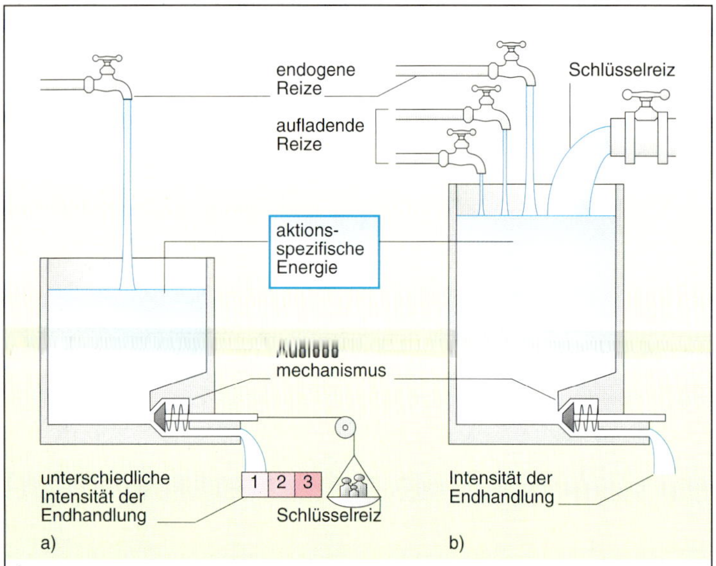

1

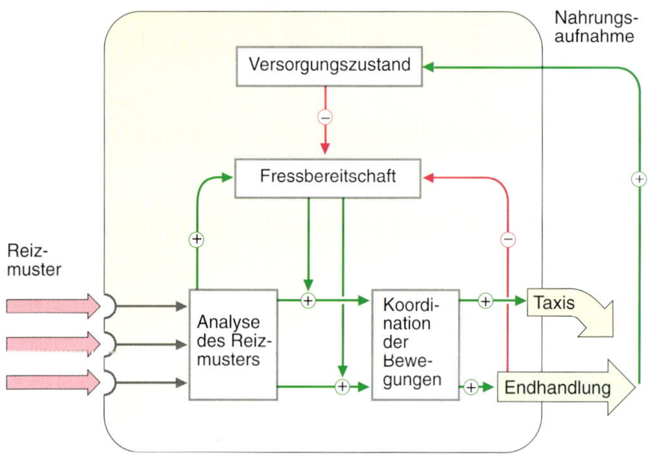

2

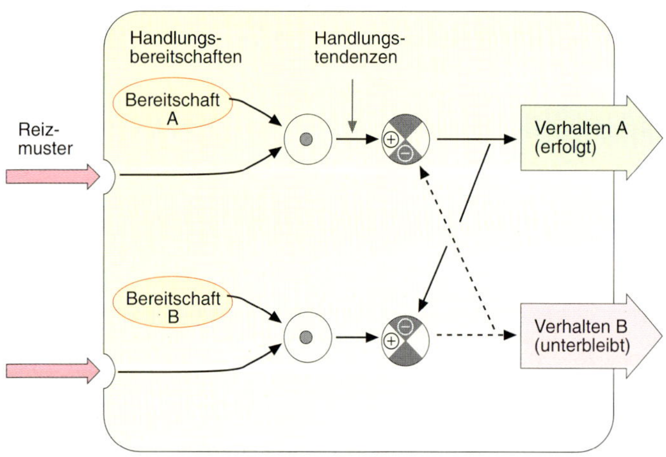

3

Modelle für Instinktverhalten

In verhaltensbiologischen Versuchen setzt man Tiere bestimmten, genau bekannten *Reizen* aus und beobachtet die jeweilige *Reaktion*. Das Tier wird also als „Blackbox" betrachtet. Zu den Abläufen im Organismus lassen sich daher zunächst nur Modellvorstellungen entwickeln. Diese müssen den fortschreitenden Erkenntnissen, auch in der Neurobiologie, angepasst werden. Solche Modelle dienen in erster Linie dem Verständnis und der Veranschaulichung eines komplizierten Sachverhaltes. Sie sollen es aber auch ermöglichen, neue Ergebnisse einzuordnen oder Vorhersagen zu machen.

Ein historisches Modell zur Erklärung von Instinktverhalten ist das *psychohydraulische Modell* von KONRAD LORENZ. Dieses Modell eines wassergefüllten Tanks stellt das Zusammenwirken von Handlungsbereitschaft (sich anstauende aktionsspezifische Energie als Höhe der Wassersäule), Auslösemechanismus (Ventil) und Reaktion (Wasserausfluss) besonders anschaulich dar (Abb. 1a). LORENZ selbst hat es verändert, um es neuen experimentellen Befunden anzupassen (Abb. 1b). Dazu gehört die Einbeziehung äußerer Faktoren, die aufladend auf die Handlungsbereitschaft wirken. Die Einfachheit des Modells, besonders bei der Darstellung der Handlungsbereitschaft, bewirkt, dass es nur begrenzt aussagefähig ist.

Beim *kybernetischen Modell* nach HASSENSTEIN wird versucht, die vermutlich an einer Instinkthandlung beteiligten Instanzen in ihrer hemmenden bzw. fördernden Wirkung zu verknüpfen (Abb. 2). Quantitative Gesetzmäßigkeiten sind daraus aber in der Regel nicht ableitbar. Diese Modelldarstellung berücksichtigt in besonderer Weise, dass es sich beim Verhalten um mehrfach *rückgekoppelte Systeme* handelt. Die beobachtbaren Änderungen der Reizschwelle bei einer Instinkthandlung werden in beiden Modellen durch die Änderung der *Handlungsbereitschaft* erklärt.

Das *Modell zum Extremwertdurchlass* soll veranschaulichen, wodurch sich Tiere bei einer Vielzahl möglicher Handlungen so verhalten können, dass das im Augenblick vorrangige Ziel möglichst erreicht wird (Abb. 3). Dazu werden Instinktzentren angenommen. Das am stärksten aktivierte Zentrum hat maximal hemmende Wirkung auf die übrigen, sodass nur das zu diesem gehörende Verhalten ausgeführt wird.

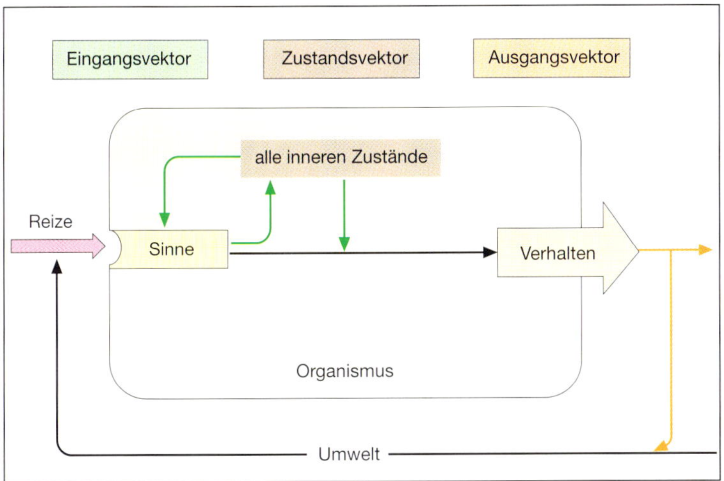

1 Modell zur Verhaltensregulation

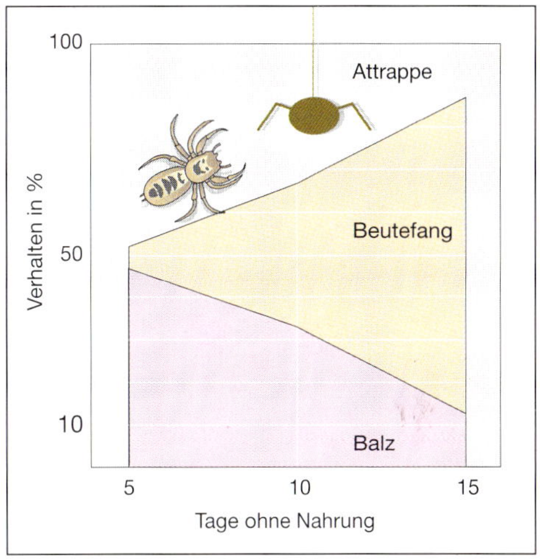

2 Mischattrappe bei Springspinnen

Vektor
Ein Vektor ist eine variable Größe, die durch Betrag und Richtung charakterisiert ist.

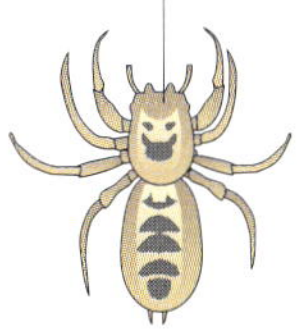

Die Anwendung der Modelle auf Beobachtungen und Versuchsergebnisse zeigte, dass ihnen nicht die ursprünglich vermutete Allgemeingültigkeit zukommt:
– Besonders bei Wirbeltieren variieren Häufigkeit und Intensität der Handlungen auch bei gleichen Versuchs- bzw. Haltungsbedingungen.
– Bei Fluchtreaktionen nimmt die entsprechende Bereitschaft nach Ausführung der Handlung eher zu bzw. bleibt gleich.
– Führt ein Tier eine Handlung lange Zeit nicht aus, so ist durch Anstauen von Handlungsbereitschaft zu erwarten, dass zunehmend schwächere Reize sie auslösen können, bis schließlich ohne den Reiz die sogenannte *Leerlaufhandlung* auftritt. Dies konnte in Versuchen nicht bestätigt werden.
– Besonders bei Wirbeltieren sind bei fast allen Verhaltensweisen mit genetisch bedingten Anteilen Lernvorgänge beteiligt. Dafür gelten die Modelle so nicht.

Modell zur Verhaltensregulation

Zur Erklärung des Verhaltens eignen sich eher Modelle, die keine starre Abnahme der Bereitschaft durch Handeln und eine Trennung zwischen angeborenem und erfahrungsbedingtem Verhalten annehmen. Das von G. TEMBROCK entwickelte *Modell der Verhaltensregulation (Dreivektorenmodell)* geht von der Annahme aus, dass der tierische Organismus eine Einheit mit seiner Umwelt bildet durch Austausch von Energie, Stoffen und Informationen. Das Tier ist darauf ausgerichtet, innere Zustände konstant zu halten bzw. zu erreichen. Das Modell verzichtet auf die Annahme innerer Instanzen, über die bisher keine Aussagen möglich sind.

Das Modell umfasst drei wesentliche Komponenten:
– *Zustandsvektor*: Das sind alle inneren Zustände des Lebewesens (z. B. Versorgungszustand, Hormonkonzentrationen, Erfahrungen, angeborene Reaktionsnormen, usw.). Diese beeinflussen sich gegenseitig und die Wahrnehmung und Auswertung von Reizen bzw. deren handlungsauslösende Wirkung.
– *Eingangsvektor*: Er beschreibt alle Prozesse der Informationsaufnahme und die Vorverarbeitung in den Sinnesorganen.
– *Ausgangsvektor*: Darunter versteht man das Verhalten des Tieres, d. h. die Menge und Intensität der Reaktionsmuster seiner Erfolgsorgane. Damit erzeugt das Tier entsprechende Veränderungen in der Umwelt. Diese wiederum führen zu einer neuen Situation des Tieres in seiner Umwelt, die es wahrnehmen kann.

Jeder Vektor kann aufgrund von Beobachtungen und Versuchsergebnissen beschrieben werden, ebenso wie seine Einflüsse auf die anderen Vektoren.

Aufgabe

① Man präsentierte Springspinnen, die unterschiedlich lange nicht gefüttert worden waren, eine Attrappe, die Beutefang und Balz auslösen konnte. Erklären Sie die Ergebnisse in Abbildung 1 mit dem Dreivektorenmodell und der Vorstellung von KONRAD LORENZ.

Analyse eines Instinktverhaltens

Ein Versuch — zwei Ergebnisse

Silbermöwen brüten in Kolonien. Dort kann man das Brutpflegeverhalten beobachten. Altvögel landen in der Nähe ihres Nestes und stoßen einen typischen Ruf, den sogenannten *Katzenschrei*, aus. Die frisch geschlüpften Küken antworten. Daraufhin nähern sich ihnen die Altvögel. Die Küken picken häufig gegen den elterlichen Schnabel, wenn diese sich zu ihnen herabbeugen (Abb. 1). Die Eltern bewegen ihren Kopf dabei nicht. Am gelben Schnabel tragen die Silbermöwen einen roten Fleck. Nach dem Picken, aber manchmal auch ohne dass dies geschieht, würgen die Altvögel Futterbrocken hervor, die die Jungen vom Boden oder aus dem elterlichen Schnabel aufnehmen.

1951 veröffentlichten TINBERGEN und PERDECK Experimente, die klären sollten, ob der rote Fleck auf dem gelben Schnabel ein Schlüsselreiz für die Instinkthandlung des Futterbettelns ist.

Abb. 3 enthält die Ergebnisse zweier Versuchsreihen. Den zumeist frisch geschlüpften Küken wurden unterschiedliche Pappscheiben als Kopfattrappen nacheinander leicht bewegt dargeboten (Abb. 2). Die Anzahl der Pickreaktionen in 30 Sekunden wurde bestimmt. Jedes Küken erhielt die Attrappen in einer anderen Reihenfolge. Es wurden die Mittelwerte der Daten für jede Attrappe gebildet und so umgerechnet, dass die Attrappe mit der höchsten Zahl an Pickreaktionen den Wert 100 erhielt.

Einen Teil der Versuche (Abb. 3a) wiederholte EYPASCH 1983 mit Küken, die im Brutschrank geschlüpft waren, aber sonst genau wie bei TINBERGEN und PERDECK behandelt wurden (Abb. 4).

Aufgaben

① Interpretieren Sie Abb. 3a, 3b. Stellen Sie Schlüsselreize oder Schlüsselkomponenten für das Auslösen der Pickreaktionen bei den Küken zusammen.

② Addieren Sie die Werte für die einzelnen Attrappen aus Abb. 4 und erweitern Sie so, dass die Anzahl der Pickreaktionen für rot den Wert 100 erhält. Vergleichen Sie dann die Ergebnisse aus Abb. 3a. und 4.

③ TINBERGEN und PERDECK fanden, dass im Mittel die Pickrate der Küken abnahm, wenn ihnen die Attrappen einer Serie nacheinander präsentiert wurden (Abb. 5). Sie erklärten dies mit einer Abnahme der Handlungsbereitschaft durch die vorangehenden Pickhandlungen.

Überprüfen Sie diese Annahme anhand der in Abb. 4 dargestellten Ergebnisse.

1 Silbermöwe, fütternd

2 Attrappenversuch

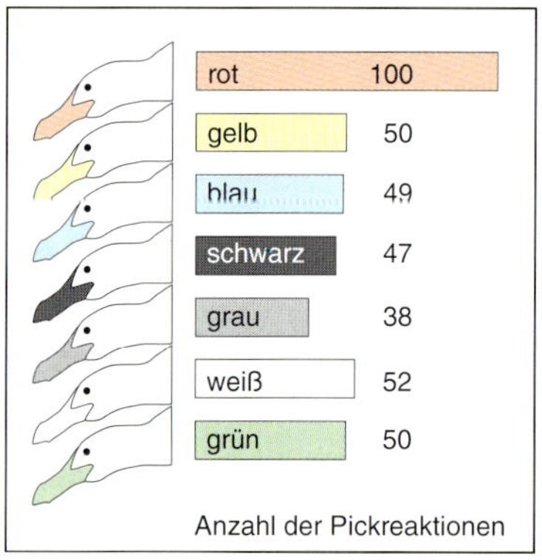

3a Schnabelfarbe

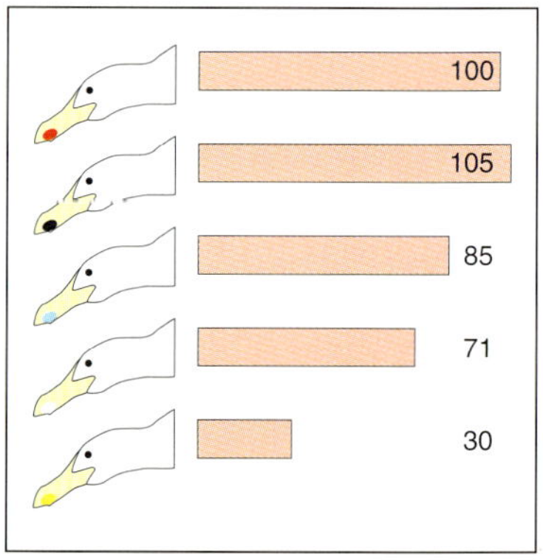

3b Farbe des Flecks

Küken	Reihenfolge der Attrappen				
Nr. 29	blau 11	grün 8	rot 17	gelb 21	Stand. 24
Nr. 30	grün 2	rot 20	gelb 0	Stand. 25	blau 15
Nr. 31	rot 12	gelb 19	Stand. 20	blau 7	grün 10
Absolute Anzahl der Pickreaktionen					

4 Ergebnisse von EYPASCH

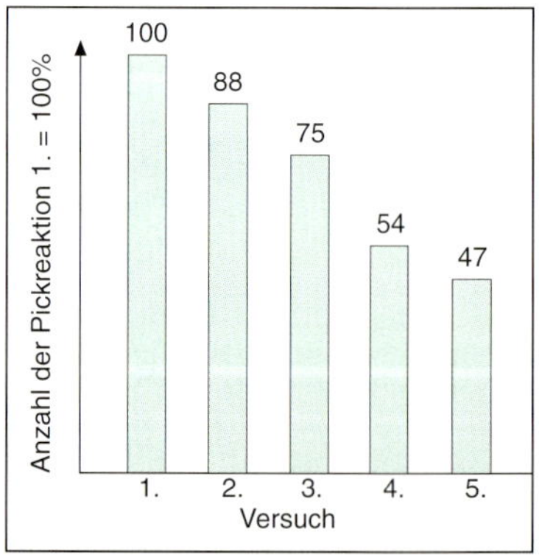

5 Abnahme der Pickhäufigkeit

Eine alternative Versuchsmethode

In einem weiteren Versuch bot EYPASCH künstlich erbrüteten Küken in einer Arena (Abb. 6) zwei nicht bewegte Attrappen zur Auswahl und registrierte, zu welcher Attrappe die Küken liefen (Abb. 7). Die Küken wurden am Startpunkt für 30 Sekunden in einem durchsichtigen Käfig fixiert, um sicherzustellen, dass sie beide Attrappen sehen konnten, bevor sie zu einer von ihnen liefen. Tiere, die von Start A zu keiner Attrappe liefen, wurden danach an Start B eingesetzt.

Aufgaben

① Interpretieren Sie Abb. 7 in Bezug auf mögliche Schlüsselreize oder Schlüsselkomponenten.
② TINBERGEN und PERDECK untersuchten den Einfluss der Attrappenbewegung. Interpretieren Sie Abb. 8 und vergleichen Sie das Ergebnis mit dem Verhalten der Altvögel unter natürlichen Bedingungen.
③ Vergleichen Sie die übrigen Versuchsbedingungen. Nehmen Sie dabei auch Stellung zu der Aussage, im Wahlversuch werde ein anderes Verhalten als die Pickreaktion ausgelöst.

Angeborene Erkennung — ja oder nein?

Verschiedene Forscher berichten, dass geschlüpfte Silbermöwenküken gegen alle möglichen Gegenstände in ihrer Umgebung picken. Daraus lässt sich die Hypothese ableiten, die Silbermöwenküken reagieren nicht auf genetisch festgelegte Schlüsselreize, sondern sie machen Erfahrungen beim Picken gegen Objekte und lernen dabei, den fütternden Altvogel sicher zu erkennen.

EYPASCH machte deshalb folgenden Versuch: Sie versah eine der natürlichen Situation ähnliche Attrappe und eine mit grün-blau gefärbtem Schnabel mit einer Vorrichtung zum Füttern der Küken nach der Annäherung an die Attrappe.

Aufgaben

① Interpretieren Sie die Abb. 9 einschließlich des Vorversuches und nehmen Sie Stellung zu der oben genannten Hypothese.
② Inwieweit gibt der Versuch einen Hinweis auf mögliche Bevorzugung dessen, was gelernt werden kann?

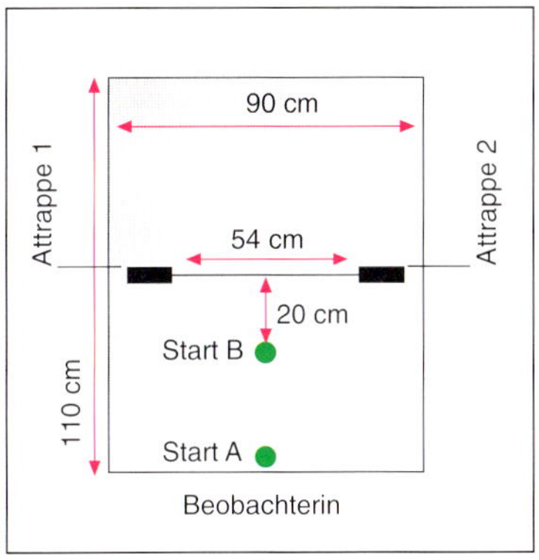

6 Versuchsaufbau nach EYPASCH

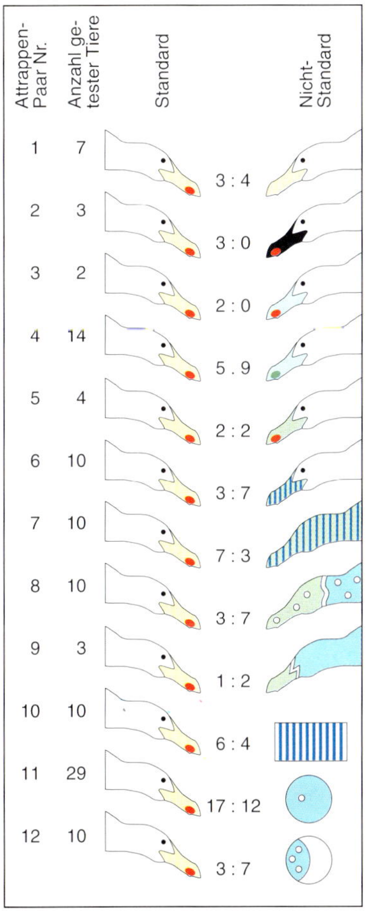

7 Wahlentscheidungen der Küken

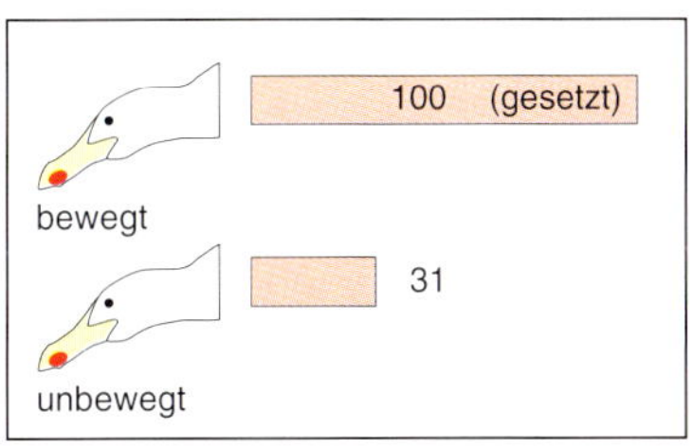

8 Einfluss der Bewegung

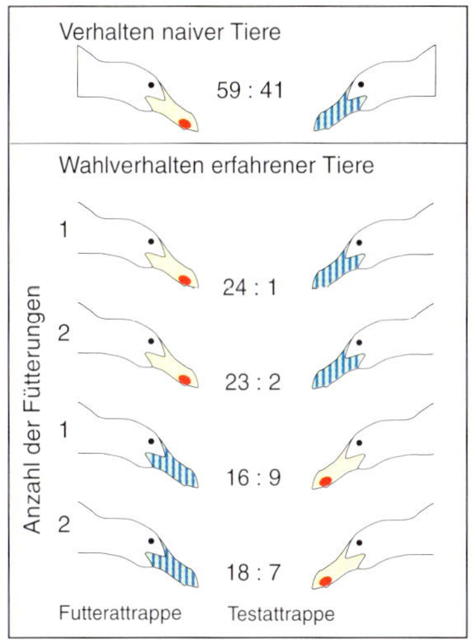

9 Entscheidung naiver Tiere und erfahrener Tiere

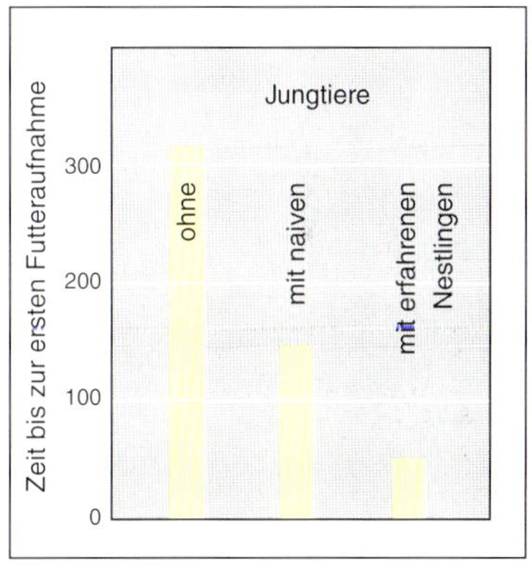

10 Erfolg bei der Futteraufnahme

③ Überprüfen Sie mit dem auf Seite 76 beschriebenen chi^2-Test, ob im zweiten Teil des Versuches eine signifikante Bevorzugung der Attrappe mit dem gestreiften Schnabel vorliegt (F = 1).

Einfluss anderer Nestlinge

JACK P. HAILMAN untersuchte den Einfluss von anderen Jungtieren auf den Erfolg der Küken bei der Futteraufnahme. Dazu verglich er die Zeit zwischen Futterpräsentation und Aufnahme des ersten Brockens bei einzelnen Jungtieren, solchen in Gesellschaft mit unerfahrenen und solchen mit fütterungserfahrenen Küken.

Aufgaben

① Interpretieren Sie die Abb. 10.
② Vergleichen Sie die Ergebnisse der Silbermöwenversuche mit den Angaben zu Schlüsselreizen bei Springspinnen auf Seite 86.

Beutefang von Libellenlarven

Hinweis: Nach der Bundesartenschutzordnung genießt die Blaugrüne Mosaikjungfer *(Aeschna cyanea)* wie alle Libellen *(Odonata)* den Status besonders geschützter Arten, sodass §§ 20f und 20g des Bundesnaturschutzgesetzes zu beachten sind.

Fang und Haltung der Versuchstiere

Material: Kescher, Fotoschale, weiße Plastikschalen (20 x 20 x 8 cm) mit Regen- oder Teichwasser (bis 6 cm) von 12 – 20 °C, Sand, Zapponlack, Plastiklöffel, Sitzstab, Pinzette, mageres Hackfleisch.

Durchführung:
- Bereiten Sie die Versuchsschalen vor, indem Sie den Boden der weißen Plastikschalen mit dem Zapponlack bestreichen und wenig Sand und Wasser einfüllen. Den Sitzstab befestigen Sie so, dass er als Halt für das letzte Larvenstadium über die Wasseroberfläche hinausragt.
- Ziehen Sie nun zum Fang der Versuchstiere den Kescher im Pflanzenbereich des Schul- oder Gartenteiches über den Boden.
- Suchen Sie den Kescherinhalt in der Fotoschale nach Aeschna-Larven (vorletzte oder letzte Häutungsstadien, Körperlänge: 3,8 – 4,0 cm) ab.
- Setzen Sie die Larven einzeln in die vorbereiteten Versuchsbecken (weiße Plastikschalen).
- Halten Sie die Tiere an einem hellen Ort und setzen Sie sie beim regelmäßigen Wasserwechsel (Kahmhautbildung) mit dem Plastiklöffel um.
- Sie erreichen etwa gleiche Sättigung der Larven bei zweimaliger Gabe von Hackfleisch pro Woche (Pinzette).

Bau und Funktion der Fangmaske

Material: Larvenhäute *(Exuvien)* verschiedener Stadien, Präpariernadel, Lupe, mageres Hackfleisch, Pinzette, festes Zeichenpapier, Schere, Kleber.

Aufgaben

① Informieren Sie sich anhand der Exuvien über den Aufbau der Libellenlarven.
② Beobachten Sie (ohne Sitzstab) beim Füttern einer Larve die Phasen des Beutefangverhaltens, und beschreiben Sie sie.
③ Fertigen Sie anhand der Skizze in Abbildung b ein Modell zum besseren Verständnis von Bau und Funktion der Fangmaske der Larve an.

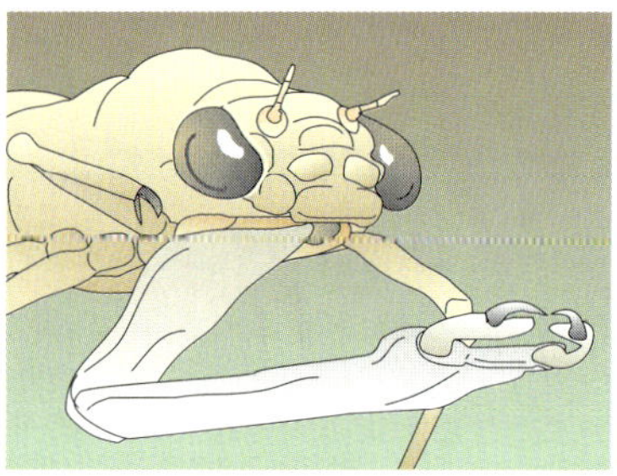

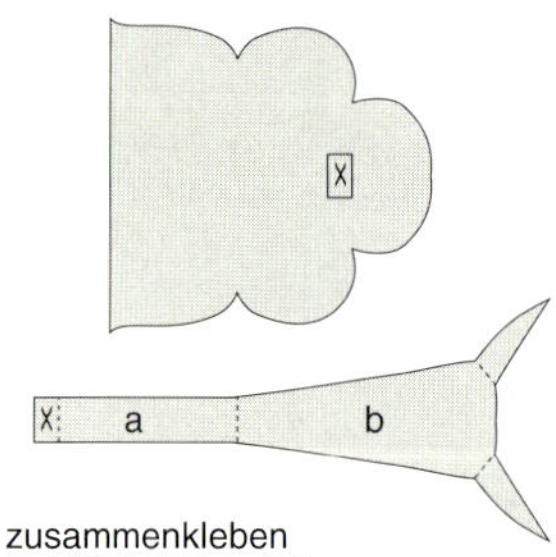

an x zusammenkleben
an den Strichellinien falten

Attrappenversuche zur Auslösung des Beutefangs

Material: Glasstab, Plastikspritze, Attrappenserien mit schwarzen bzw. weißen an Drähten befestigten Kugeln verschiedener Durchmesser (von 2 bis 20 mm), 1 gelbe Kugelattrappe von 4 mm.

Versuchsdurchführung:
- Entfernen Sie den Sitzstab.
- Beobachten Sie das Verhalten der Larve, wenn Sie Fleischsaft ins Wasser tropfen oder Wasserbewegungen mithilfe des Glasstabes (der Plastikspritze) erzeugen.
- Führen Sie nacheinander je eine weiße (4 mm) bzw. schwarze Attrappe von der Seite in das Gesichtsfeld (Abstand 1 cm) der Larve, ohne sie dort zu bewegen.
- Wiederholen Sie den letzten Punkt und bewegen Sie die Attrappe jeweils zickzackförmig durch das Gesichtsfeld der Larve.
- Testen Sie nun die Wirkung von 3 verschieden großen, schwarzen, bewegten Attrappen.
- Notieren Sie bei Anbieten der bewegten schwarzen Kugel (4 mm) für einen Dauertest die Zahl der Fangschläge pro Minute, bis die Reaktion (fast) ausbleibt. Führen Sie nun das Experiment mit der gelben Attrappe erneut durch.

Aufgaben

① Notieren Sie zu allen Teilversuchen ausführlich Ihre Beobachtungen und Ergebnisse.
② Beurteilen Sie das Verhalten der Larven bei Darbietung der Reize hinsichtlich möglicher Beuteschlüsselkomponenten.
③ Fassen Sie die Ergebnisse der Attrappenversuche mit weißen und schwarzen Attrappen zusammen.
④ Stellen Sie die Ergebnisse der Dauertests grafisch dar: Fangschläge (%) bezogen auf die Fangschläge in der ersten Testminute (100 %) in Abhängigkeit von der Zeit. Erläutern Sie das Ergebnis.
⑤ Fassen Sie die Ergebnisse aller Versuche zum Beutefangverhalten zusammen und äußern Sie sich abschließend über die auslösenden Schlüsselreize.
⑥ Beurteilen Sie Durchführung und Ergebnisse im Hinblick darauf, ob mittels Attrappenversuchen ein genetisch bedingtes Beuteschema zu ermitteln ist.

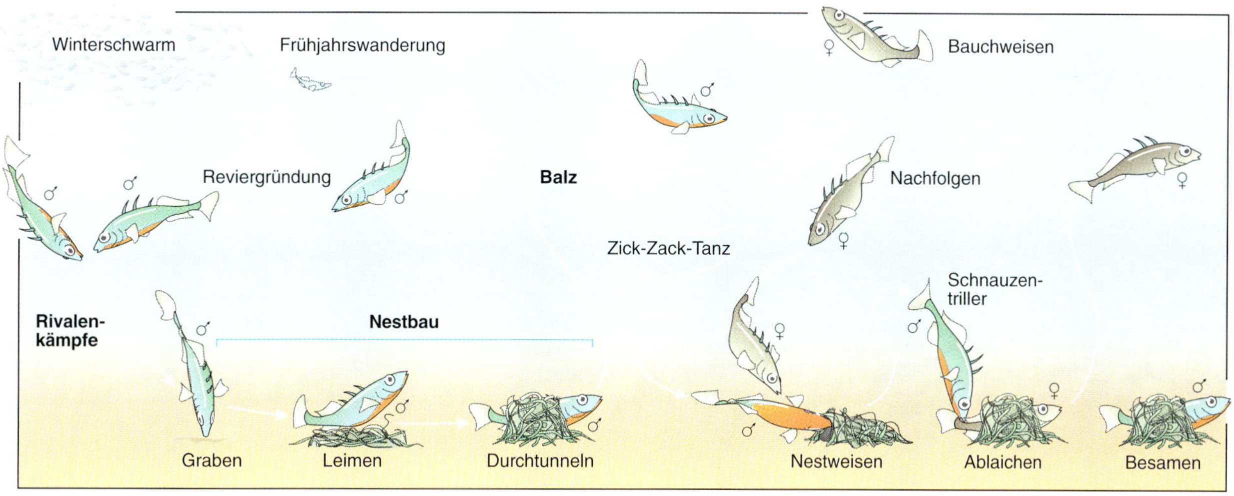

1 Fortpflanzungsverhalten des Stichlings

Verhaltensabfolgen

Der *Dreistachelige Stichling* verbringt den Winter als Schwarmfisch. Im Frühjahr beginnt die Fortpflanzungszeit. Dann suchen die Männchen nach einem geeigneten Revier, sie besetzen es und verteidigen es im *Kampf* gegen Rivalen. Ausgelöst wird dieses Verhalten durch äußere Faktoren, wie ansteigende Temperaturen und Zunahme der Tageslänge. Auch innere Ursachen, z. B. ansteigender Testosterongehalt im Blut, spielen dabei eine Rolle. *Nestbau*, *Balz* und *Brutpflege* schließen sich an. Diese Funktionskreise und die zugehörigen Verhaltensmuster treten recht häufig in einer bestimmten zeitlichen Reihenfolge auf. Auch einzelne Verhaltensweisen, z. B. das Graben, Leimen und Durchtunneln beim Nestbau, sind ebenfalls zeitlich koordiniert. Eine Sonderstellung nimmt lediglich das Kampfverhalten ein, das jederzeit beim Erscheinen eines Rivalen auftreten kann. NIKOLAAS TINBERGEN hat eine Modellvorstellung für eine genetisch angelegte hierarchische Struktur des Stichlingsverhaltens entwickelt (Abb. 2). Er beobachtete Stichlinge, die im Labor in wenig strukturierten Aquarien einzeln oder paarweise gehalten wurden. Er stellte die Hypothese auf, dass die genannten Verhaltensweisen sich entsprechend dem Modell der gegenseitigen Hemmung gegenseitig ausschließen (Abb. 92.3).

Die ursprünglich angenommene starre Handlungsabfolge, Handlungskette genannt, ließ sich bei Vergleichen mit Freilandbeobachtungen nicht bestätigen. Vielmehr sind einzelne Handlungen variabel kombinierbare Elemente. Ein sinnvoller Ablauf im Gesamtverhalten entsteht dadurch, dass die Sozialpartner wechselseitig aufeinander reagieren und Handlungen zum Teil wiederholen. Das Ausbleiben einer Handlung führt nicht zwangsläufig zur Beendigung der Paarung.

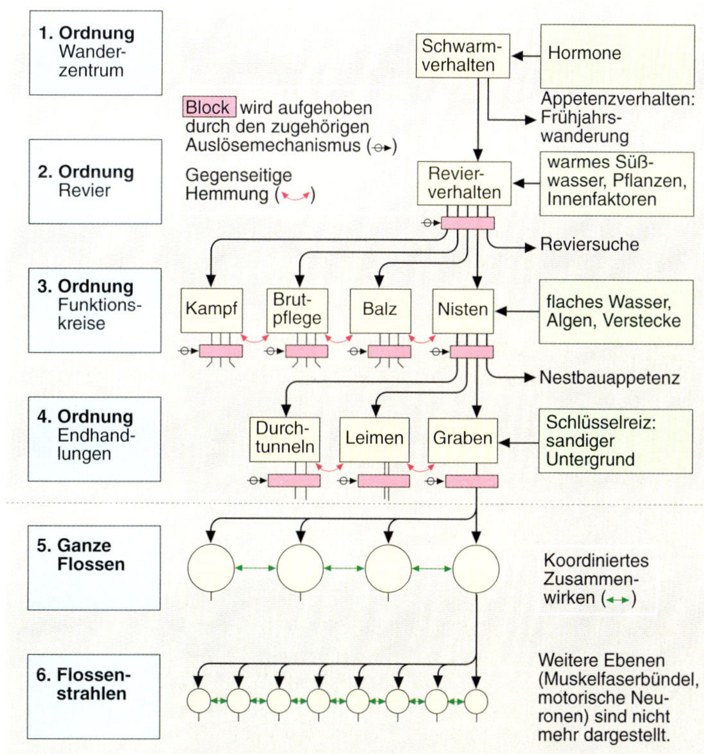

2 Modellvorstellungen über Instinktstrukturen des Stichlings

Analyse des Stichlingverhaltens

Verhaltensabläufe bei Stichlingen

In einem Experiment präsentierte man zwei fortpflanzungsbereiten Männchen des Dreistacheligen Stichlings (A, B) Weibchenattrappen. Sie zeigten daraufhin folgende Verhaltensweisen:

A: ZZ 5x, B 1x, ZZ 5x, NW 1x, S 1x, FÄ 1x, L 1x, FÄ 1x, S 1x, FÄ 1x
B: ZZ 10x, NW 1x, DK 1x, FÄ 1x, ZZ 1x, B 1x, ZZ 5x

Dabei bedeuten:
ZZ = Zickzacktanz
B = Beißen
NW = Nestweisen
S = Stoßen
FÄ = Fächeln
L = Leimen
DK = Durchkriechen des Nestes
(angegeben sind Reihenfolge und Anzahl)

Mit ihrem eigenen Spiegelbild konfrontiert, zeigen sie Elemente des Kampfverhaltens und der Balz, Zickzacktanz und Nestweisen, wobei Verhaltenselemente zum Rivalenkampf überwogen.

Aufgaben

1. Vergleichen Sie die Versuchsergebnisse mit den Modellvorstellungen über Instinktstrukturen des Stichlings (s. Abb. 97. 2).
2. Entwickeln Sie mögliche Hypothesen, wie unter natürlichen Bedingungen trotz der Variabilität des Verhaltens Handlungsabfolgen gewährleistet sind, die den Fortpflanzungserfolg sichern.
3. Interpretieren Sie den unten wiedergegebenen Textauszug zu einer Untersuchung des Stichlingsverhaltens von PELWIJK und TINBERGEN.

Die Beziehung der Stichlingsmännchen zu ihren Weibchen

Die Balz eines Stichlingpaares dauert meist nur etwa eine Minute. Außerhalb dieser Zeit reagieren die Stichlingsmännchen aggressiv auf heranschwimmende Weibchen. Nähern sich mehrere Weibchen dem Nest (sie sind häufig in kleineren Schwärmen anzutreffen), so führt das Männchen keine Balzhandlungen aus, sondern greift die Weibchen an oder schwimmt zu einer vom Nest entfernten Stelle und stößt dort mit dem Maul in den Sand. Die Weibchen folgen dann häufig den Männchen und zeigen an der Stelle Verhaltensweisen der Futtersuche. In den Mägen von Stichlingsweibchen findet man häufig eine große Anzahl von Eiern, allerdings nur der eigenen Art.

Aufgaben

1. Erklären Sie die hohe Rate aggressiven Verhaltens der Stichlingsmännchen gegen die Weibchen.
2. Stellen Sie eine Hypothese auf zur biologischen Bedeutung des Eierfressens der Weibchen.

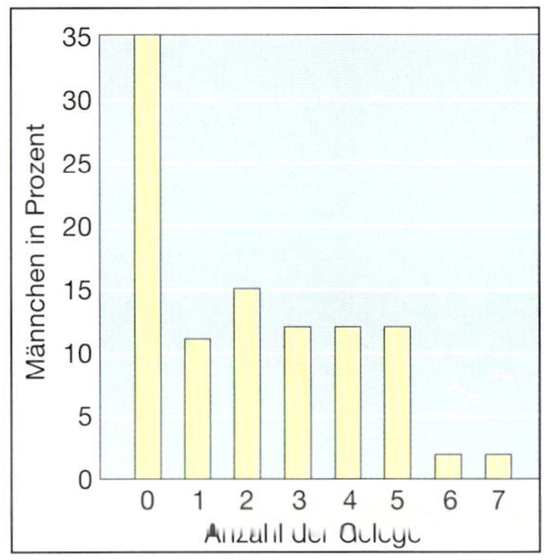

1 Gelegeanzahlen in Stichlingsnestern

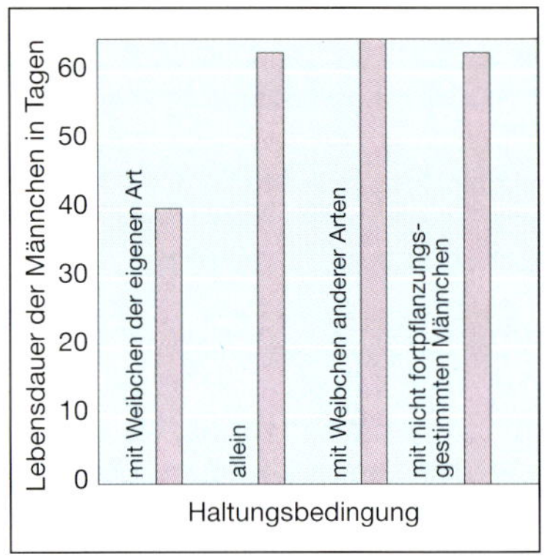

2 Lebenserwartung

3. Manche Stichlinge haben mehr Gelege im Nest als andere. Leiten Sie aus Abbildung 1 Aussagen zur Balzbereitschaft von Stichlingsmännchen ab.
4. Stichlingsmännchen bauen allein das Nest und betreiben nach der Besamung der Eier ca. 25 bis 40 Tage Brutpflege. Beschreiben Sie die in Abbildung 2 dargestellten Befunde und geben Sie mögliche Erklärungen.

Untersuchung des Stichlingverhaltens von Pelwijk und Tinbergen

„Es fragt sich nun, welche vom Gegenspieler ausgehenden Reizsituationen darüber entscheiden, ob das Imponierverhalten in den Angriff oder in das Zum-Neste-Führen übergeht. Welche Reize den Angriff auslösen, haben wir oben schon gezeigt. Für beide Fragen ist die folgende Beobachtung wichtig: Nicht nur werden alle nicht laichreifen Stichlinge angegriffen, sondern auch die ganz dicken Weibchen werden verjagt, wenn sie nicht ganz bestimmte Bewegungen machen. Dieses Jagen von dicken Weibchen erwähnt auch WUNDER. Die Bewegungen des laichwilligen Weibchens, die wir als *Balz* des Weibchens bezeichnen, sind die folgenden: Es hebt den Schwanz, richtet sich schräg aufwärts und schwimmt dann langsam unter leichtem Zittern des ganzen Körpers auf das imponierende Männchen zu. Dieses stellt hierauf das Imponiergehabe ein und schwimmt im optimalen Falle nur schnurstracks zum Nest, wo es auf der Seite liegend, mit dem Kopf in den Nesteingang stochert. Das Weibchen folgt ihm, bohrt den Kopf neben dem des Männchens ins Genist und schlüpft so in das Nest. Meistens geht es nicht so glatt: Dann kommt das Männchen, statt zu führen, zur Partnerin zurück, stellt sich quer unter sie und bohrt ihr durch Rückwärtsbewegungen seine Rückenstacheln in den Bauch, die Stachelreizung unterbleibt oft. Das geschieht aber nur dann, wenn das Weibchen schon dem Zickzacktanz des Männchen gehorcht; ist es nicht willig, so lässt das Männchen die Stachelreizung folgen, der das Weibchen sich dann manchmal noch unterwirft."

Das Verhalten der Sandwespe

Brutpflegeverhalten

Die zu den Grabwespen gehörende *Dreiphasen-Sandwespe* (Ammophila pubescens) überwintert als Dauerlarve in einem Kokon. Mitte Mai schlüpfen die Tiere. Die Weibchen zeigen nach der Begattung ein interessantes Brutpflegeverhalten. Dabei lassen sich drei Phasen deutlich unterscheiden:

1. Phase: Die Sandwespe gräbt ein Erdnest, das sie nach Fertigstellung mit Sandklümpchen und Holzstückchen vorläufig verschließt. Danach geht sie auf die Jagd nach einer Raupe. Diese wird durch einen Stich betäubt und ins Nest transportiert. Dort legt die Sandwespe ein Ei auf die Raupe, verlässt das Nest und verschließt es wieder. Die gelähmte Raupe dient der geschlüpften Larve als Nahrung.

2. Phase: In der Folgezeit besucht die Sandwespe das Nest mehrfach. Das geschieht entweder ohne Raupe („Inspektionsbesuch"), oder sie versorgt die geschlüpfte Larve mit ein bis drei weiteren Raupen („Proviantierbesuch"). Zwischendurch wird das Nest vorläufig verschlossen.

3. Phase: In diesem letzten Abschnitt wird die Larve kurz vor ihrer Verpuppung noch einmal mit bis zu zehn Raupen verproviantiert („Vielraupentag"). Danach wird das Nest endgültig verschlossen. Ein Sandwespenweibchen kann mehrere Nester im gleichen Zeitraum betreuen.

Das Verhalten von Grabwespen wurde vor allem von G. P. BAERENDS eingehend untersucht. Die unten stehende Abbildung zeigt ein Protokoll der Beobachtungen zur Brutpflege der Sandwespe an fünf Nestern.

Aufgaben

1. Beschreiben Sie für jedes Nest, welche Phasen im Beobachtungszeitraum erkennbar sind.
2. In welchem Zustand waren die Nester am Abend des 9. August?
3. Nennen Sie Gründe für die Annahme, dass das Brutpflegeverhalten genetisch festgelegt ist.

Die Raupe als Reiz

„Wenn eine Sandwespe jagt, wird eine Raupe gefangen und gestochen. Liegt die Raupe in der Nähe des Nesteingangs, unmittelbar nachdem die Wespe das Nest geöffnet hat, wird sie hineingezogen. Ist die Wespe dagegen dabei, das Nest zu verschließen, so kann es passieren, dass sie die Raupe als Füllmaterial verwendet. Wenn man schließlich die Raupe während des Nestbaus in den Eingang legt, behandelt sie die Raupe wie jedes andere Hindernis, z.B. wie ein Wurzelstück, und schafft sie beiseite." (zitiert nach BAERENDS).

Aufgabe

1. Erklären Sie die Unterschiede im Verhalten der Sandwespe.

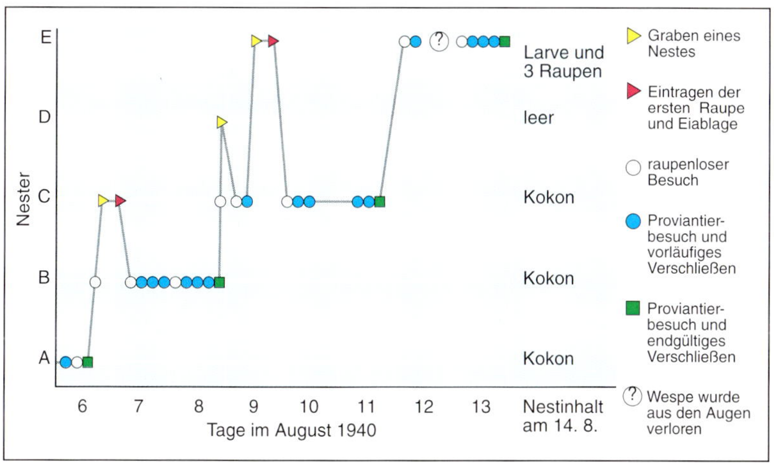

Einbringen der Raupe ins Nest

Das Eintragen einer Raupe geschieht stets in der gleichen Weise. Zunächst wird die Beute kurz vor dem Nest abgelegt. Dann öffnet das Tier den Nesteingang. Ist das Graben beendet, schlüpft die Sandwespe in den Stollen und dreht sich um, ohne den Eingang mit dem Hinterleib vollkommen zu verlassen. Anschließend ergreift sie die Raupe und zieht sie rückwärts ins Nest.

Während des „Umdrehens" wird die Raupe so weit vom Nesteingang entfernt, dass die Sandwespe wieder ganz heraus muss, um die Beute zu ergreifen. Auch in diesem Fall legt sie die Raupe wieder kurz vor dem Nest ab, dreht sich um und zieht sie rückwärts hinein. BAERENDS hat die Raupe bis zu 20-mal während des Umdrehens wegziehen können, bevor die Sandwespe wegflog, ohne sich weiter um die Beute zu kümmern.

Aufgaben

1. Arbeiten Sie an dem geschilderten Verhalten der Sandwespe die Hinweise auf eine Instinkthandlung heraus.
2. Geben Sie Hypothesen an, mit denen sich das Verhalten der Sandwespe nach Entfernen der Raupe erklären lässt.

Störversuche

Ersetzt man in einem Nest eine junge Larve vor dem Inspektionsbesuch durch eine alte Larve, die sich gerade verpuppt, so bricht die Grabwespe den Besuch ab und verschließt das Nest endgültig. Ersetzt man sie nach dem Inspizieren, so wird die Puppe entsprechend dem Entwicklungsgrad der weggenommenen Larve versorgt. Es werden also weitere Raupen eingetragen.

Aufgabe

1. Erläutern Sie anhand der Störversuche die Bedeutung des Inspektionsbesuches.

1 Übersprungputzen

Übersprungbewegungen

Brütende Brandseeschwalben, die am Nest gestört werden, fliegen auf, landen aber nach kurzer Zeit wieder in der Nähe des Nestes. Bevor sie in das Nest zurückkehren, putzen sie sich häufig. Das gleiche für den menschlichen Beobachter unpassend erscheinende Verhalten tritt auf, wenn die abwechselnd brütenden Eltern einander ablösen. In beiden Fällen tritt das Putzen meist unvollständig auf, wie ein Vergleich mit dem Putzen nach dem Baden zeigt.

Solche Verhaltensweisen werden als *Übersprungbewegungen* bezeichnet. Der Name entstand aus der Vorstellung, dass für zwei Instinkthandlungen gleichermaßen Handlungsbereitschaft und auslösender Reiz vorhanden seien. Die Brandseeschwalben stehen danach im Konflikt zwischen Bruttrieb und Fluchttrieb. Da beide Verhaltensweisen nicht auftreten, sondern ein drittes Verhalten (Putzen), nahm man an, dass ein Teil der Handlungsbereitschaft auf das zur Körperpflege gehörende Instinktzentrum „überspringt“. Diese Vorstellung wurde abgelöst von der *Enthemmungshypothese* (Abb. 2). Danach hebt sich die hemmende Wirkung zweier gleichzeitig aktiver Instinktzentren bezüglich eines dritten Zentrums auf, sodass die zu diesem Zentrum gehörende Verhaltensweise auftreten kann. Entsprechende Instinktzentren wurden allerdings bisher nicht gefunden. Außerdem gibt es keine Erklärung, warum zwei hemmende Einflüsse zusammen eine Enthemmung ergeben sollten.

In manchen Versuchen zeigt sich, dass das scheinbar unangemessene Verhalten auch durch dazu passende Reize beeinflusst werden kann. Buchfinken putzen sich ebenso wie Brandseeschwalben nach dem Baden. Besprüht man Tiere in einer Konfliktsituation mit Wasser, so putzen sie sich mehr als unbesprühte Vergleichstiere in derselben Konfliktsituation.

Bei etwa gleich starken, kämpfenden Haushähnen zeigt sich, dass diejenigen Tiere den Kampf mit größerer Wahrscheinlichkeit gewinnen, die zwischenzeitlich nach Körnern oder Steinchen picken. Da das jedoch auch für vorher gefütterte Hähne zutrifft, kann die Nahrungsaufnahme nicht das primäre Ziel sein. Daraus lässt sich der Schluss ziehen, dass das Übersprungverhalten für das Tier durchaus einen Zweck erfüllen kann, der dem Beobachter leicht verborgen bleibt. Manchmal werden auch Verlegenheitsgesten beim Menschen als Übersprungbewegungen gedeutet. Da sich das Modell auf Instinktverhalten beschränkt, setzt diese Deutung die Annahme instinktiver Verhaltensweisen beim Menschen voraus.

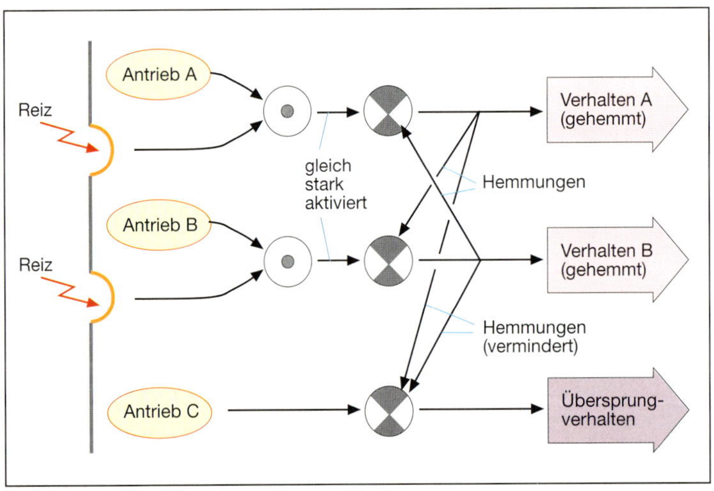

2 Enthemmungshypothese

Aufgabe

① Bei brütenden Brandseeschwalben wurde durch Erschrecken Fluchtverhalten ausgelöst (Abb. 1). Die Landedistanz zum Nest bei der Rückkehr nahm man als Maß für die Stärke der Brutbereitschaft. Der Grad der Fluchttendenz wurde an der Körperhaltung des Tieres abgelesen. Interpretieren Sie Abbildung 1 unter Anwendung der Enthemmungshypothese.

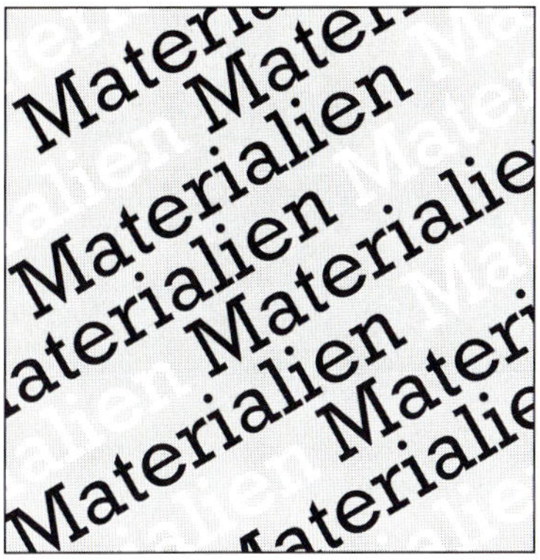

Der Kampf der Hähne

Bei den Hähnen aller Haushuhnrassen lässt sich ein ähnliches Kampfverhalten beobachten, das dem der gemeinsamen Wildform, dem Bankivahuhn *(Gallus gallus)* gleicht. Die Elemente des Kampfes (seitliches und frontales Drohen, Aufrichten des Gefieders, Schlagen mit den Füßen, Springen und Hacken) treten in unterschiedlicher Häufigkeit und wechselnder Folge auf.

Besonders in den Drohphasen kann man häufig beobachten, dass einer der Hähne nach kleinen Steinchen oder Körnern auf dem Boden pickt, die manchmal auch tatsächlich aufgenommen werden.

Dieses Bodenpicken der Hähne gilt als typisches Beispiel für *Übersprungbewegungen*.

Definitionen

„Dies sind Bewegungen, die zu einem anderen Instinkt gehören als die augenblicklich aktivierten Instinkte."
N. Tinbergen

„Die Übersprungbewegung ist dadurch gekennzeichnet, dass sie nicht zum Erfolg führt und damit sinnlos ist."
A. Portielje

„Man könnte aufgrund funktioneller oder stammesgeschichtlicher Überlegungen eine Einteilung treffen: Für welche Verhaltensfolge scheint die Bewegung entwickelt worden zu sein, in welcher erfüllt sie ihre primäre Funktion (. . .)? Das Vorkommen der Bewegung in dieser Verhaltensfolge müsste man dann als normal, das in der anderen Folge Übersprung nennen."
P. Sevenster

Aufgaben

① Vergleichen Sie die Definitionen und überprüfen Sie ihre Anwendbarkeit auf das beschriebene Beispiel.

② In einer Untersuchung wurden 778 Kämpfe zwischen Hähnen ausgewertet. Bei den unentschieden endenden Kämpfen traten in 10,3 % Übersprungbewegungen auf, in den übrigen (Rückzug des Verlierers) betrug der Anteil 4,7 %. Diskutieren Sie das Ergebnis im Zusammenhang mit der Enthemmungshypothese.

Einfluss von Handlungsbereitschaft und Reizen

Hähne nehmen auch außerhalb von Kampfsituationen immer wieder kleine Steine auf, die für die Verdauung von Bedeutung sind. Der Einfluss von Hunger und Steinchenangebot auf das Übersprungverhalten wurde untersucht, indem man vergleichende Versuche mit unterschiedlich hungrigen Tieren durchführte.

Aufgaben

① Stellen Sie Beziehungen heraus zwischen dem Versorgungszustand der Tiere bzw. dem Untergrund (Abb. 1, 2 und 3) und ihrem Verhalten im Kampf.

② Überprüfen Sie die Übereinstimmung der Ergebnisse mit der Enthemmungshypothese.

Bodenpicken und Kampferfolg

Franziska Feekes stellte die Hypothese auf, dass das Bodenpicken den Kampferfolg der Hähne beeinflussen kann. Das könnte im Zuge der Evolution die Entwicklung dieser Verhaltensweisen begünstigt haben.

Aufgaben

① Nehmen Sie anhand Abbildung 4 Stellung zu dieser Hypothese.

② Überprüfen Sie die Definitionen bezüglich ihrer Übereinstimmung mit allen Ergebnissen.

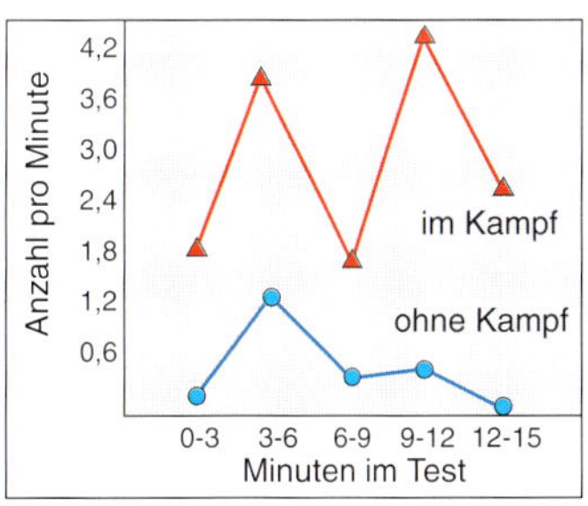

1 Pickhandlungen nach farbigen Kunststoffteilchen

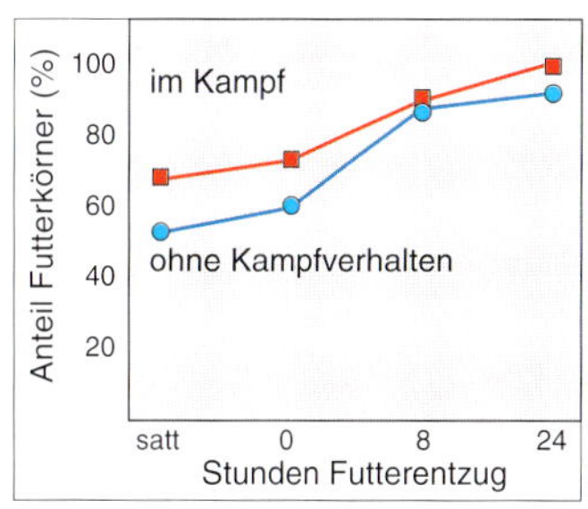

2 Picken nach Futter oder Steinen

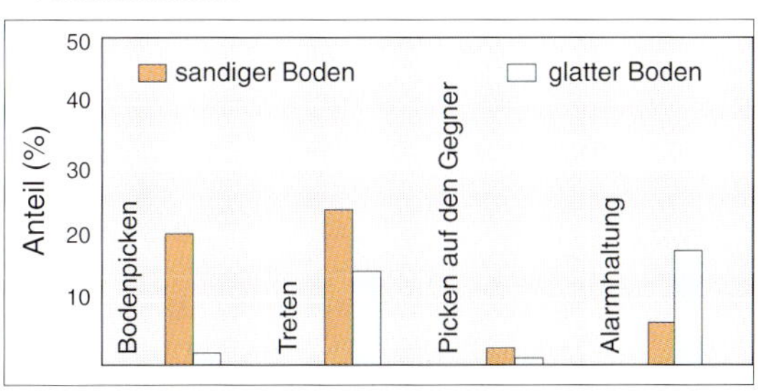

3 Kämpfe mit bestimmten Übersprungbewegungen

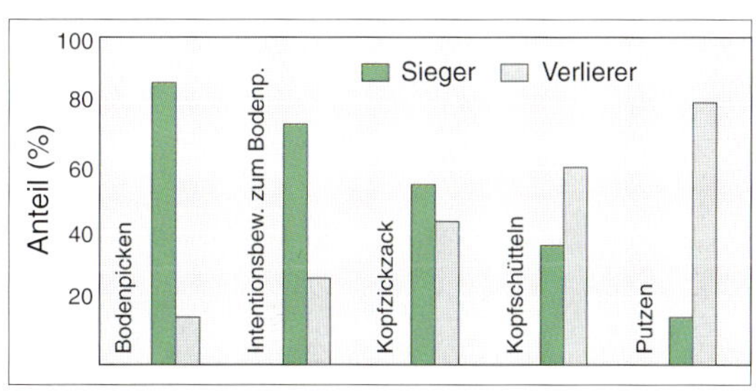

4 Kämpfe mit einem bestimmten Verhaltenselement in %

1 Werbefoto

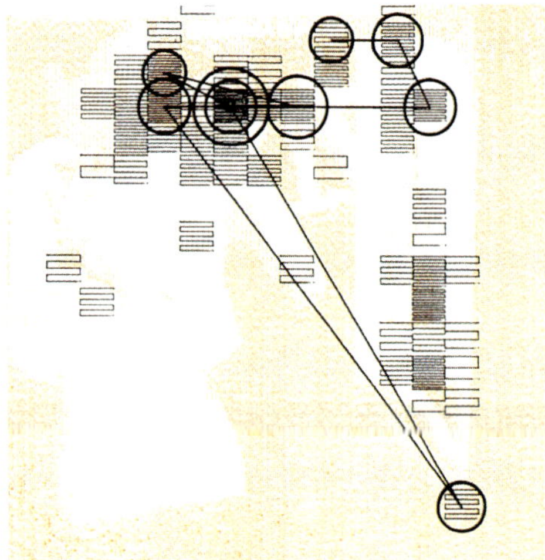

2 Augenbewegungen des Betrachters

Verhaltensforschung am Menschen

Die Werbung in Abbildung 1 ist ein typisches Beispiel eines „eye-catchers“: Sexuelle Signale locken den Blick auf eine Frau und dann auf das Produkt. Werbefachleute gehen bei solchen Reizen davon aus, dass der größte Teil der anvisierten Kunden immer wieder auf diese Reize reagiert.

Messen lässt sich dies z. B. durch Untersuchung der Augenbewegung verschiedener Personen beim Betrachten eines Bildes (Abb. 2). Bei dem Verfahren der „Infrared Corneal Reflection“ wird in einem verdunkelten Raum ein Infrarotstrahl auf das Auge einer Versuchsperson gerichtet und die Augenbewegung während des Betrachtens verschiedener Bilder mithilfe einer Kamera aufgezeichnet. Solche Ergebnisse zeigen, dass die meisten Betrachter ähnlich auf bestimmte sexuelle Reize reagieren.

Sind solche Verhaltensweisen, die wie die Reaktionen auf das Mann-Frau-Schema bei vielen Menschen ähnlich auftreten, genetisch bedingt oder sind sie erlernt? Diese und ähnliche Fragestellungen zur Biologie des menschlichen Verhaltens versucht die Humanethologie zu beantworten. Humanethologen setzen dazu verschiedene Methoden ein. Eine ist der Vergleich von Verhalten bei Tier und Mensch. Dieser Vergleich liefert den Biologen auch unter dem Aspekt der Evolution Erkenntnisse. Humanethologen nutzen jedoch nicht nur die analytischen Methoden der Verhaltensforschung bei Tieren, sondern auch die Arbeitsmethoden der Anthropologen und Psychologen.

Für Psychologen aus der Denkrichtung des *Behaviorismus* galt lange Zeit der Ansatz, der Mensch käme als unbeschriebenes Blatt zur Welt und entwickle sein Verhalten nur durch Lernprozesse aus Umwelt und Erziehung. Dies würde bedeuten, der Mensch sei passiv den formenden Einflüssen der Umwelt und Erziehung unterworfen. Der amerikanische Psychologe Skinner war davon überzeugt, dass die Menschen durch die Verhaltenstechnik des *Konditionierens* zum Überleben geformt werden müssen. Heute geht man auch in der Psychologie davon aus, dass die Umwelt und damit der Einfluss des Lernens, nicht die alleinige Rolle spielt, sondern dass menschliches Verhalten selbst in komplexen Bereichen genetisch bedingte Komponenten enthält.

Untersuchungsmethoden, wie *Kaspar-Hauser-Experimente*, lassen sich beim Menschen aus ethischen Gründen nicht durchführen. Fehlender sozialer Kontakt führt bei Kindern zu Verhaltensstörungen, die man *Hospitalismus* nennt. Ausdrucksverhalten wird daher an taubblind geborenen Kindern erforscht, die aus ihrer Umwelt nur schwer Informationen zur Mimik aufnehmen können. Unter diesen Bedingungen des weitgehenden Erfahrungsentzugs zeigt sich, dass diese Kinder die gleiche Mimik wie sehende und hörende Kinder aufweisen. „Sie lachen und weinen wie wir, stampfen mit dem Fuß auf den Boden und zeigen die kompliziertesten Gesichtsbewegungen“, beschreiben Wissenschaftler das Verhalten von Kindern in einem Taubblindenzentrum (Abb. 103.1).

1 Lächeln eines taubblinden Mädchens

2 Flirtendes Himba-Mädchen

Bei Neugeborenen geht man ebenfalls davon aus, dass ein Einfluss der Umwelt für viele Verhaltensweisen bisher noch nicht wirksam wurde. Trinkbewegungen an der Brust oder Laufbewegungen können sofort nach der Geburt nachgewiesen werden. Einige Untersuchungsergebnisse weisen jedoch auch darauf hin, dass bereits im Mutterleib Lernprozesse ablaufen.

Der Verhaltensforscher EIBL-EIBESFELDT hat das menschliche Verhalten bei verschiedenen Kulturen vergleichend untersucht. Bei seinen Expeditionen beobachtete er das Verhalten der Buschleute in der Kalahari, die Yanomani in Venezuela und die Eipo in Neuguinea. Diese Kulturen sind Jäger und Sammler oder einfache Pflanzer in verschiedenen Landschaften. Aufgrund seiner Beobachtungen konnte er Aussagen machen, welches spezielle Verhalten auf eine unterschiedliche Erziehung infolge unterschiedlicher Lebensweisen in den verschiedenen Kulturen zurückzuführen ist und welches bei allen Kulturen in gleicher Weise vorhanden ist. Dieser Vergleich zeigte, dass Verhalten beim Grüßen, Flirten, Lachen sowie beim Ausdruck von Abwehr oder Verachtung bei allen untersuchten Kulturen und auch bei der unseren identisch ist (Abb. 2). Da bei diesen Völkern unterschiedliche Lebensbedingungen und Erziehungseinflüsse vorlagen, deutet dies darauf hin, dass diese Verhaltensweisen genetisch bedingt sind.

Kindchenschema

Kleine Kinder und junge Tiere üben auf uns einen bestimmten Effekt aus: Wir empfinden sie niedlich und sind freundlich gestimmt. Diesen Effekt findet man bei Menschen aller Kulturen. Das wird als Hinweis auf das Vorliegen einer genetisch bedingten Verhaltensweise angesehen.

Experimente machten deutlich, welche Merkmale uns besonders ansprechen. So zeigten Attrappenversuche mit übertriebenen Proportionen, dass die Kopf-Rumpf-Proportionen ein wichtiges Merkmal sind. Ein übergroßer Kopf und auch große Augen sind besonders wirksam. Alle wirksamen Merkmale zusammen bezeichnet man als *Kindchenschema*.

Von anderen Wissenschaftlern wurde gezeigt, dass zwar die meisten, aber nicht alle Personen, auf diese Reize in gleicher Weise reagieren. Dieser Befund widerspricht jedoch nicht dem Ansatz, dass ein genetisch bedingtes Verhalten vorliegt, sondern zeigt, dass Verhaltensmuster nicht starr und unabänderlich genetisch festgelegt sind.

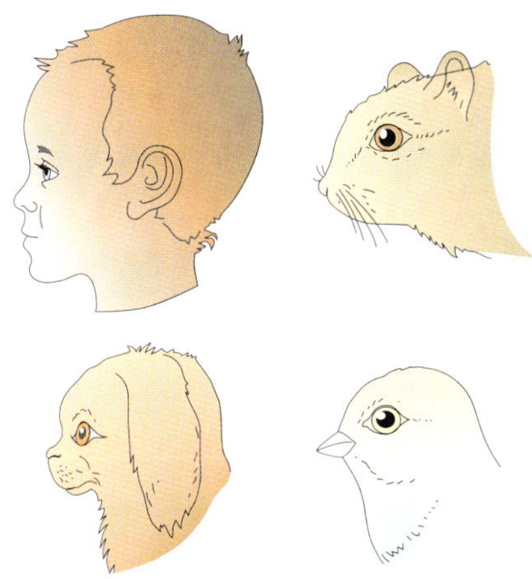

2 Lernforschung

Lernen macht flexibel

Vogelkundler in England beobachteten 1921 erstmals Blaumeisen, wie sie die Stanniolverschlüsse von Milchflaschen, die vor den Haustüren abgestellt waren, aufpickten. Die Meisen fraßen von der Rahmschicht. Als Erklärung für dieses Verhalten nimmt man an, dass eine Meise zufällig einen Verschluss geöffnet hat, so wie Blaumeisen auch bei der Beutesuche Rinde anheben. Da sie Nahrung fand, wiederholte sie dieses Verhalten, d. h. sie hatte gelernt. Verhaltensänderungen aufgrund individueller Erfahrung bezeichnet man als *Lernen*. Durch Lernen wird eine genaue Anpassung des Verhaltens an die speziellen Umweltgegebenheiten ermöglicht.

Das Lernen verläuft in zwei Phasen: Ein Lebewesen nimmt in einer Reizsituation die Informationen auf und speichert diese im Gedächtnis *(Lernphase)*. In ähnlichen Situationen wird die gespeicherte Information abgerufen und bewirkt – bedingt durch die Erfahrung – ein geändertes Verhalten *(Kannphase)*. Das Öffnen der Stannioldeckel und das Fressen der Rahmschicht sind für die einzelnen Meisen, die dieses Verhalten beherrschen, vorteilhaft, jedoch nicht lebensnotwendig. Es handelt sich um *fakultatives Lernen*.

Eichhörnchen müssen die geeignete Sprengtechnik für die als Nahrung dienenden Nüsse notwendigerweise erlernen (s. Kasten). Nur so können sie im Winter von den zuvor versteckten Nüssen leben. In diesem Fall ist Lernen lebensnotwendig. Man nennt es *obligatorisches Lernen*.

Nicht alle Tiere einer Art lernen gleich gut. Bei Honigbienen konnte man feststellen, dass die Arbeiterinnen der Krainer Rasse optische Markierungen an Futterplätzen leichter lernen als die Bienen der Italienischen Rasse. Hier liegen unterschiedliche *Lerndispositionen*, d. h. genetisch begrenzte Lernfähigkeiten, zugrunde, innerhalb derer sich Tiere etwas aneignen können. Diese Lerndisposition ist für Bienen der Krainer Rasse biologisch sinnvoll, da sie in einem Gebiet mit unbeständiger Witterung häufig Geländemerkmale als zusätzliche Orientierungshilfe zur Sonne benötigen. Die Bienen der Italienischen Rasse fliegen nur unter günstigen Witterungsbedingungen aus, sodass die Orientierung nach dem Sonnenstand ausreicht. Im Unterschied zur individuellen Anpassung des Verhaltens durch Lernen ist die unterschiedliche Lerndisposition über viele Generationen in der Evolution entstanden.

Instinkt-Dressur-Verschränkung

Gibt man einem zwei Monate alten Kaspar-Hauser-Eichhörnchen zum ersten Mal eine Haselnuss, so benagt es diese sofort nach allen Richtungen. Erst später versucht es, die Nuss mit den Nagezähnen aufzuhebeln. Nussgroße Ton- und Holzkügelchen werden ebenfalls von allen Seiten benagt. Die Abbildung zeigt eine so benagte Nuss von der Basis (a) bzw. von der Spitze (b) her gesehen.

Für das Aufbrechen der ersten Nüsse benötigt ein Eichhörnchen viel Zeit. Die Nagespuren, die zu Beginn wahllos über die gesamte Nuss verteilt sind, werden erst allmählich, etwa nach der 12. Nuss (c), parallel zur Faserung der Nuss ausgerichtet, wodurch sich auch die Zeit bis zur Nahrungsaufnahme verkürzt. Erfahrene Eichhörnchen nagen sofort ein bis zwei Längsfurchen oder ein Loch an der Spitze oder der Basis der Nuss auf, ehe sie die Nuss mit ihren Nagezähnen aufhebeln oder aufbrechen. Je nach der Art der angewendeten Bewegungen lassen sich bei erfahrenen Eichhörnchen drei Techniken unterscheiden: Die Spreng-, die Lochnage- und die Lochsprengtechnik (d, e, f).

Jedes Eichhörnchen verfügt also über die genetisch bedingte Fähigkeit, nussgroße Gegenstände zu benagen und erlernt ergänzend seine eigene Öffnungstechnik. Dieses Zusammenwirken von genetischem und erfahrungsbedingtem Verhalten bezeichnet man als *Instinkt-Dressur-Verschränkung*.

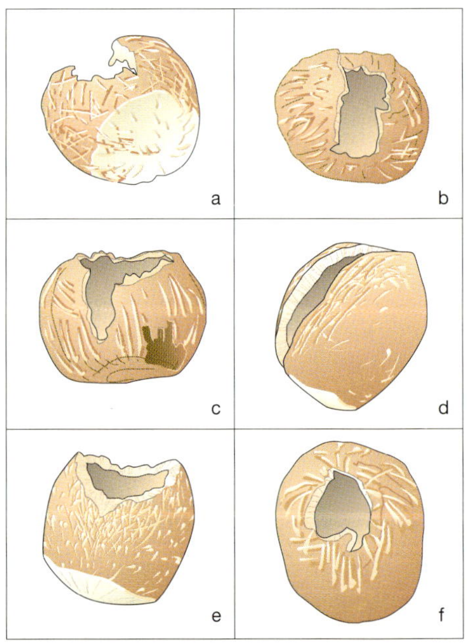

Reifung ist kein Lernen

Die Ausschärfung oder Vervollkommnung von Verhaltensweisen ist nicht immer nur mit Lernen zu erklären. Von Jungtieren sind beispielsweise verschiedene Verhaltensweisen bekannt, die sich im Laufe der Individualentwicklung bis zu ihrer vollkommenen Ausprägung verbessern, auch ohne dass eine Möglichkeit zur Übung besteht. So wurde beispielsweise das Flugvermögen von Jungtauben untersucht, indem man frisch geschlüpfte Tiere in zwei Gruppen unterteilte: Die Tiere der Versuchsgruppe steckte man in Tonröhren, sodass ihre Flügel am Körper fixiert waren und nicht bewegt werden konnten, die der Kontrollgruppe ließ man sich normal entwickeln. Waren die Kontrolltiere flügge, überprüfte man auch das Flugvermögen der Versuchstiere. Sie konnten ebenfalls fliegen. Eine solche Entwicklung von Verhaltensweisen bezeichnet man als *Reifung*. Ein Verhalten wird hierbei als Folge von Entwicklungsprozessen im Zentralnervensystem und im Bewegungsapparat zur vollen Funktionstüchtigkeit ausgebildet.

Habituation

Vogelscheuche

Bei Vögeln lässt sich beobachten, dass eine neu aufgestellte Vogelscheuche zunächst Fluchtverhalten auslöst. Bald jedoch verliert sie ihre reaktionsauslösende Wirkung. Die Reaktion auf den immer gleich bleibenden Reiz nimmt ab und bleibt schließlich völlig aus. Ein anderer Reiz, z. B. ein lauter Knall, vermag in dieser Situation jedoch die gleiche Reaktion mit ursprünglicher Intensität auszulösen, d. h. die beobachtete Abnahme der Reaktionsintensität lässt sich nicht mit einer Ermüdung der zur Reaktion benötigten Muskeln erklären. Eine zu geringe Handlungsbereitschaft für Fluchtverhalten ist durch die Reaktion auf den neuen Reiz ebenfalls ausgeschlossen. Da die Vogelscheuche keine positiven oder negativen Folgen hat, lernt das Tier, sein Antwortverhalten im Verlauf häufiger Begegnung mit diesem Reiz zu unterdrücken. Aus dem zuvor primär auslösenden Reiz ist ein bedeutungsloser geworden, seine Bewertung durch den Organismus ist verändert. Die Bedeutungslosigkeit der Reizsituation wird im Gedächtnis gespeichert.

Eine derartige Abnahme der Reaktionsintensität auf einen immer wiederkehrenden Reiz hin nennt man *Habituation* (Reizgewöhnung). Bei Attrappenversuchen mit Erdkröten (Abb. 1) kann man feststellen, dass eine veränderte Attrappenform, z. B. eine Dreieckattrappe, die Wendereaktionen wieder mit ursprünglicher Intensität auszulösen vermag. Die Habituation ist also reizspezifisch. Diese Beobachtung schließt eine Adaptation des Sinnesorgans Auge als Ursache für das Phänomen ebenfalls aus. Durch die Gewöhnung, die einige Zeit nach dem letzten Reiz wieder verschwindet, werden unnötige Reaktionen auf dauernd vorhandene Reize verhindert.

Sensitivierung

Als *Sensitivierung* bezeichnet man eine allgemeine Erhöhung der Reaktionsbereitschaft. Werden z. B. die Zuckerrezeptoren an den Beinen einer Fliege mit Zuckerlösung als chemischem Reiz gereizt, so erhöht sich für einige Minuten die Bereitschaft, den Rüssel auszustrecken. Als auslösende Reize reichen dann verdünnte Zucker- oder Salzlösungen. Starke Reize, wie mechanische Stöße, Vibrationen, Lichtblitze oder chemische Signale, erhöhen die Bereitschaft, auch auf eine Vielzahl anderer Reize verstärkt und länger andauernd zu reagieren.

Befindet sich das Tier bei der Gabe des starken Reizes im Zustand der Habituation, wird diese sofort aufgehoben. Man spricht dann von *Dishabituation*. Bei Habituation und Sensitivierung werden die Eigenschaften eines einzelnen Reizes innerhalb einer bestehenden Reiz-Reaktionsverschaltung gelernt. Es erfolgt also keine neue Verknüpfung *(Assoziation)* mit anderen Reiz-Reaktions-Verschaltungen.

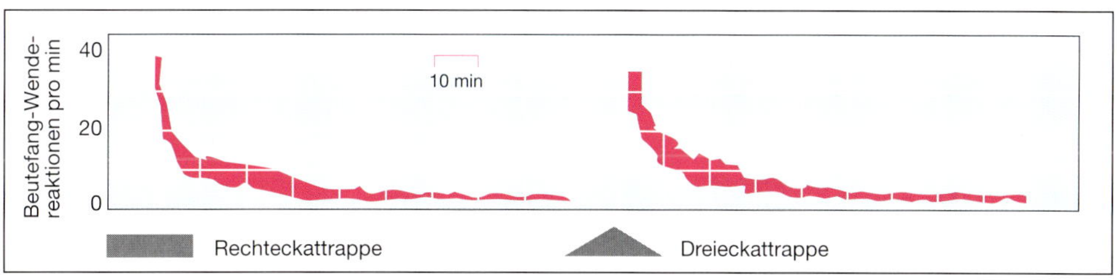

1 Reizgewöhnung im Attrappenversuch mit Erdkröten

Die Prägung

Konrad Lorenz schreibt in einem seiner Bücher: „Meine erste kleine Graugans war also auf der Welt, und ich wartete. Den Kopf schief gestellt, sah sie mit großem, dunklem Auge zu mir empor. Lange, sehr lange sah mich das Gänsekind an. Und als ich eine Bewegung machte und ein kurzes Wort sprach, löste sich mit einem Male die gespannte Aufmerksamkeit, und die winzige Gans grüßte." Als Lorenz das im Brutkasten geschlüpfte Tier einer Hausgans als Pflegemutter unter den Bauch schieben wollte, kam ihm das Küken mit einem Pfeifen des Verlassenseins nachgelaufen und verhielt sich so, als sei er die Gänsemutter. Lorenz beschrieb so das Phänomen der *Prägung*.

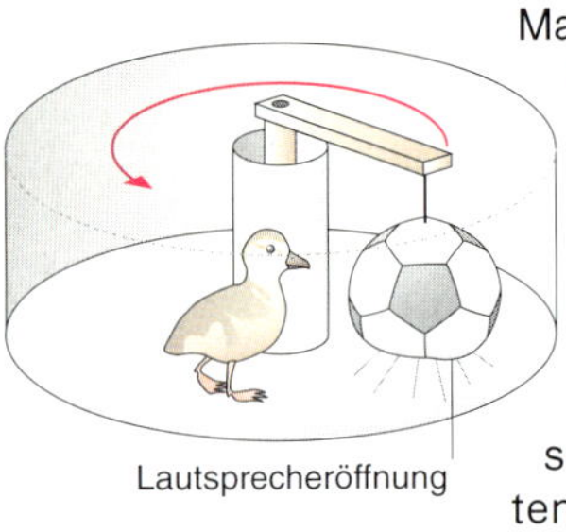

Prägungskarussell

Man untersuchte das Phänomen, indem man Kaspar-Hauser-Küken bald nach dem Schlüpfen in eine kreisförmige Laufbahn setzte. In diesem *Prägungskarussell* wurden vor dem Küken gans- oder entenähnliche Attrappen (oder sogar ein Fußball) bewegt, die über einen Lautsprecher Laute von sich gaben. In Versuchsreihen erkannte man, dass am zweiten Lebenstag jedes Küken der Attrappe folgte, die es am ersten Tag gesehen hatte. Diese Attrappe musste sich nur bewegt und Laute von sich gegeben haben. Die jungen Küken lernten ein individuelles Bild der Mutter, welche normalerweise unmittelbar nach dem Schlüpfen als erste gesehen wird. Das Gänseküken ist auf ein bestimmtes Objekt geprägt *(Objektprägung)*.

Man folgerte aus den Versuchsergebnissen als *Kennzeichen der Prägung:* Das Bild der Mutter wird sehr schnell nach der Geburt in einer *sensiblen Phase* erlernt und meist zeitlebens *irreversibel* behalten. Die geschlüpften Küken folgen normalerweise dem Kontaktruf der Gänsemutter durch Nachlaufen *(Nachfolgeprägung)*. Diese Verhaltensweise ist genetisch bedingt. In der Natur ist die sichere Kenntnis der Mutter die Voraussetzung, um ihr auf einem Gewässer mit vielen anderen Gänsen nachfolgen zu können *(obligatorisches Lernen)*. Dies ist für die Küken lebenswichtig, da die Nestflüchter von der Mutter zum Futter geführt und gegen Feinde verteidigt werden.

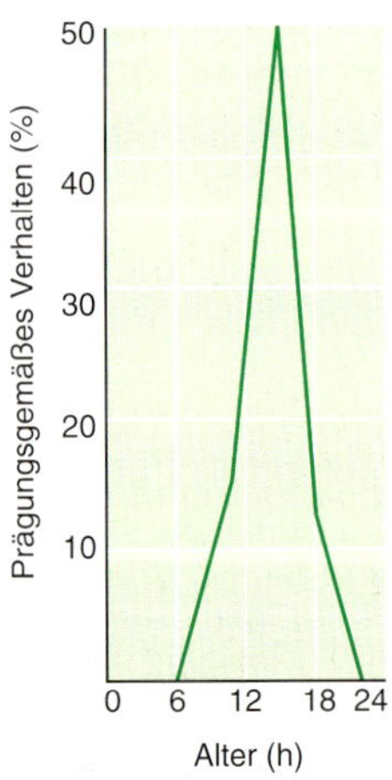

Sensible Phase

Andere Prägungsformen

Wissenschaftler haben Buchfinkenmännchen isoliert von den Eltern und abgeschirmt von Lauten aufgezogen. Spielt man ihnen in der sensiblen Phase, bevor sie ihren Gesang voll entwickelt haben, Gesänge verschiedener Arten vor, so wird später ihr Gesang durch diese Erfahrung bestimmt. Junge Männchen, die den Gesang von Buchfinken und den anderer Arten hören, singen später nur den Buchfinkengesang. Nehmen sie nur Wiesenpiepergesang wahr, so integrieren sie Gesangselemente der Wiesenpieper. Es ist nur eine grobe Charakteristik des arteigenen Gesanges genetisch bedingt. Dies erlaubt, lokale Gesangsdialekte zu lernen. Man spricht von *Gesangsprägung* oder *motorischer Prägung* (Abb. 1).

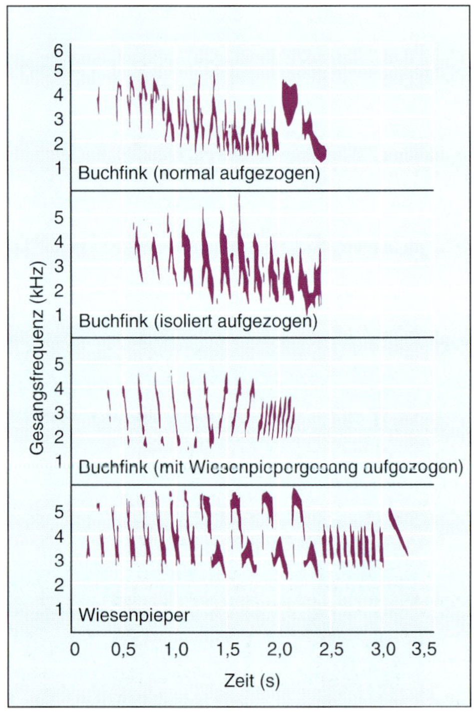

1 Gesangsprägung

Lässt man Jungtiere von Zebrafinken durch Mövchen aufziehen, so balzt ein erwachsenes Zebrafinkenmännchen, das diese spezielle Jugendentwicklung erfahren hat, im Wahlversuch stets Weibchen der Mövchen an. Zebrafinkenweibchen bleiben unbeachtet. Diese Zebrafinken verpaaren sich mit ihrer Stiefelternart und behalten diese Bevorzugung mitunter lebenslang bei. Diese Fehlprägung ist das Resultat einer *sexuellen Prägung* in einer anderen sensiblen Phase als bei der Nachfolgeprägung. Hierbei werden die Artmerkmale gelernt, die normalerweise eine falsche Partnerwahl verhindern.

Karawanenbildung bei Spitzmäusen

HANNA MARIA ZIPPELIUS beschreibt, dass junge Haus- und Feldspitzmäuse, wenn sie aus dem Nest geraten sind oder der Unterschlupf gewechselt werden muss, durch die Mutter zur Karawanenbildung angeregt werden. Die Mutter fordert ihre wimmernden Jungen, je nach Situation mit abgestufter Intensität, zur Karawanenbildung auf. Dazu beißt sie ein Junges in das Nackenfell und hebt es kurzzeitig an (s. Abb.).

Die Jungen beißen sich dann entweder am Fell der Mutter in der Nähe der Schwanzwurzel oder an dem des letzten Karawanenmitglieds, also eines Geschwisters, fest. Mit der Karawane von Jungen, die ihr folgen, macht sich die Mutter dann auf den Weg (s. Abb).

Attrappen- und Austauschversuche

Dass der Bildung einer solchen Karawane eine Verständigung der beteiligten Tiere zugrunde liegt, setzte man voraus. Wissen wollte man aber, ob das zur Karawanenbildung erforderliche Verhalten der Jungen genetisch festgelegt oder erfahrungsbedingt ist. Die folgenden Beobachtungen geben näheren Aufschluss:

- Lässt man eine junge Spitzmaus isoliert von den Artgenossen durch eine artfremde Amme, die die Karawanenbildung nicht initiiert, aufziehen, beißt sie sich ab dem 6. Lebenstag im Fell der Amme oder eines Nestgeschwisters fest.
- Fordert man sie in diesem Alter zum Zubeißen und Mitlaufen auf, so folgt sie auch einer Attrappe. Als Attrappen wurden z. B. Bälge von Waldspitz- oder Hausmäusen, von Gartenschläfern oder Wildlederlappen (s. Abb.), aber auch gerade getötete Haus- oder Spitzmäuse verwendet.
- Lässt man eine 8 – 14 Tage alte Hausspitzmaus, die auf nicht artgemäße Attrappen auch nach der stärksten Aufforderung nicht mehr reagiert, kurz an einer lebenden Hausspitzmaus riechen, so zeigt sie das bekannte Wimmern und beißt anschließend bei jeder ihr gebotenen Attrappe zu.
- Bietet man in dieser Zeit eine durch ätherische Öle geruchlich veränderte Hausspitzmaus, wird diese nicht als solche erkannt und ist als Objekt für das Zubeißen unwirksam.
- Zwischen dem 8. und 14. Lebenstag wendet sie sich spontan von jeder nicht artgemäßen Attrappe ab und akzeptiert diese erst nach vorheriger Darbietung des arteigenen Geruches.
- Vom 15. Lebenstag an beißt eine Spitzmaus nur noch bei der Mutter oder bei Geschwistern zu, fremde Attrappen werden angedroht.
- Gibt man ein Tier von 4 – 5 Tagen zu einer Amme, z. B. zu einer Hausmaus, zeigt die junge Spitzmaus vom 6. Tag an die Verhaltensweise des Verbeißens nach Aufforderung, auch bei verschiedenen Attrappen. Vom 10. Tag an erfolgt diese Reaktion zwar gegenüber einer getöteten Hausmaus, jedoch nicht gegenüber der Spitzmausmutter. Ab dem 15. Tag biss die Jungspitzmaus nur noch bei der Amme oder den Stiefgeschwistern zu, weder bei anderen Hausmäusen noch bei der Mutter oder den Geschwistern.
- Setzte man eine junge Spitzmaus, die von einer Hausmaus-Amme aufgezogen wurde, am 15. Lebenstag zur Mutter zurück, wurde sie wieder gesäugt. Das Jungtier reagierte aber auf deren Aufforderungen nicht mehr, verbiss sich jedoch sofort in das Fell der Amme, wenn sie in deren Nest zurückkam. Bis zum 21. Tag, mit dem das Verbeißen und Mitlaufen auch normalerweise erlischt, änderte sich daran nichts mehr.

Aufgaben

1. Arbeiten Sie heraus, in welcher Weise sich die Reaktion der jungen Spitzmäuse auf die Aufforderung zur Karawanenbildung entwickelt.
2. Leiten Sie aus den Versuchen ab, inwieweit man bei der Karawanenbildung der Spitzmäuse von Lernen durch Prägung sprechen kann.

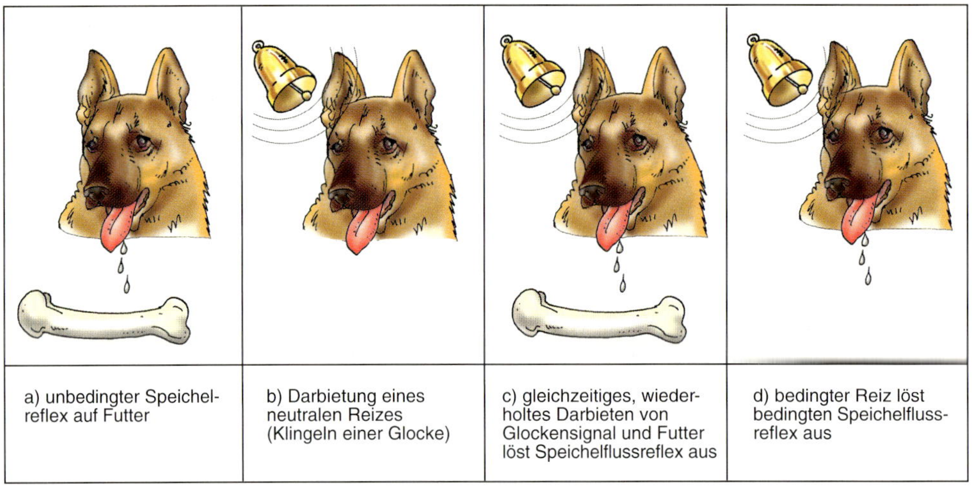

1 Schema des Ablaufs von PAWLOWS Versuchen

Die pawlowsche Reflextheorie des Verhaltens

Unbedingter Reflex
Genetisch bedingte Reaktion, die auf einen bestimmten Reiz hin in immer gleicher Weise erfolgt.

Bedingter Reflex
Genetisch bedingte Reaktion, die auf einen erlernten, zuvor neutralen Reiz hin ausgeführt wird.

Der russische Nobelpreisträger IWAN P. PAWLOW studierte in Versuchen die Tätigkeit der Verdauungsdrüsen bei Hunden. Dabei bemerkte er, dass die Hunde bereits beim Anblick des Pflegers Speichel absonderten, ohne das Futter gesehen zu haben.

In Experimenten untersuchte PAWLOW das beobachtete Phänomen, wobei er die Hunde in einem Labor vor störenden Reizen abschirmte. Er fixierte die Hunde mit einem leichten Geschirr aus Gurten auf dem Versuchstisch. Den Speichel der Hunde ließ PAWLOW über ein Röhrchen nach außen abfließen, sodass der Speichelfluss exakt messbar war. Das Futter sowie Licht- oder Tonreize wurden den Hunden über Hilfskonstruktionen aus dem Nachbarraum angeboten. Störungen durch Menschen unterblieben. In der ersten Versuchsreihe zeigte PAWLOW einem hungrigen Hund Futter. Sofort begann Speichel zu fließen. Wiederholte er den Versuch, so trat stets unmittelbar auf den Futterreiz die gleiche Reaktion, nämlich Speichelfluss, auf. Sie beruht auf einem *unbedingten Reflex*, also einer genetisch bedingten Verhaltensweise. Das Futter stellt für den Hund einen *unbedingten Reiz* dar, da er sofort und ohne Lernprozess darauf reagiert. Auf einen anderen Reiz, z. B. Läuten einer Glocke *(neutraler Reiz)* ohne anschließende Fütterung, floss kein Speichel.

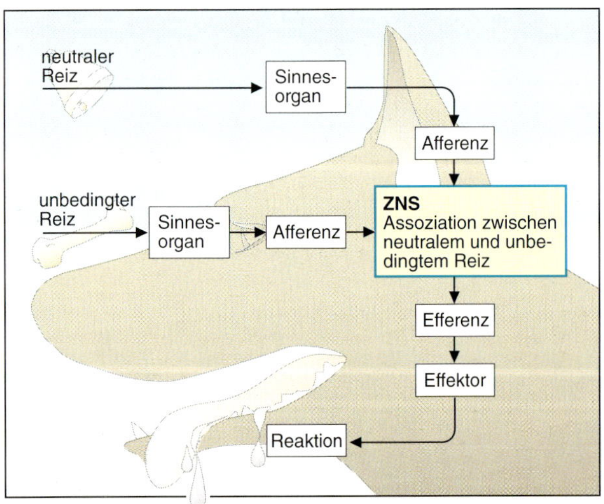

2 Funktionsdiagramm zur klassischen Konditionierung

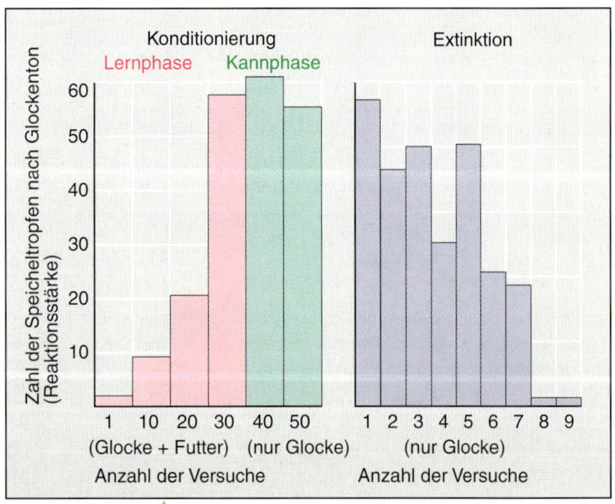

3 Konditionierung und Extinktion

Klassische Konditionierung
Lernverhalten, bei dem das Auslösen einer Reaktion durch eine zuvor *neutrale Reizsituation* erlernt wird. Die neutrale Reizsituation wird durch gute oder schlechte Erfahrungen zur *bedingten Reizsituation.*

Bedingte Appetenz
Appetenzverhalten auf eine durch gute Erfahrung erlernte Reizsituation hin.

Bedingte Aversion
Meideverhalten gegenüber einer mit schlechter Erfahrung verknüpften, zuvor neutralen Reizsituation.

In einer zweiten Versuchsreihe schlug vor dem Futterangebot jedesmal eine Glocke. Auch in diesem Fall wurde immer Speichel auf das Futter hin abgesondert. In der dritten Versuchsphase mit denselben Tieren genügte der Glockenton allein, um Speichelfluss auszulösen.

Der Hund hatte während der mehrfachen Wiederholungen gelernt, dass der Glockenton dem Futter vorausging *(Lernphase).* Die Folge war, dass der Glockenton alleine schon den Speichelfluss auslöste *(Kannphase).* Diese Bedingung (lat. *conditio*), der Glockenton, wird jetzt als *bedingter Reiz* und die nachfolgende Reaktion als *bedingte Reaktion* bezeichnet. Weil die Auslösung eines Reflexes durch einen zuvor neutralen Reiz erlernt wird, spricht man von einem (erfahrungs-) *bedingten Reflex.* Dieser ist ein Beispiel für die *klassische Konditionierung.*

In Abbildung 108. 3 ist jeweils die Reaktionsstärke auf den Glockenton aufgetragen, nachdem vorher in der Lernphase Glockenton und Futter mehrmals aufeinander gefolgt waren. Voraussetzung für den Lernvorgang ist die zeitliche (und räumliche) Beziehung zwischen dem ursprünglich neutralen und dem unbedingten Reiz. Dies kann man im Sinne der Gedächtnisforschung als eine Verknüpfung *(Assoziation)* zwischen der afferenten Nervenbahn, die den ursprünglich neutralen Reiz Glockenton meldet, mit den zentralnervösen Instanzen deuten, die den Speichelfluss steuern.

Pawlow entdeckte ein weiteres wichtiges Phänomen: Bietet man dem Hund mehrfach hintereinander den bedingten Reiz (Glockenton), ohne dass dem Reiz der Reiz Futter folgt, so wird der Speichelfluss allmählich schwächer und bleibt schließlich ganz aus (Abb. 108. 3). Der Rückgang der bedingten Reaktion wird als *Löschung* oder *Extinktion* bezeichnet. Nach einer Erholungsphase folgt die gelöschte Reaktion aber wieder schwach auf den bedingten Reiz. Pawlow vermutete wegen dieser Beobachtung, dass bei der Extinktion Hemmungsprozesse wirksam sind, deren Einflüsse in der Erholungsphase abnehmen. Als *Vergessen* bezeichnet man dagegen den passiven Vorgang, der auch ohne ständige Wiederholung der Versuchssituation zu einer Abnahme der Reaktionsintensität führt.

Aus ethologischer Sicht lassen sich die Versuche Pawlows folgendermaßen bewerten: Der Versuch setzt bei den Hunden eine starke Handlungsbereitschaft zur Nahrungsaufnahme voraus. Der hungrige Hund wird durch die Gurte gehindert (Blockierung des genetisch bedingten Verhaltens), auf das Futter zuzulaufen *(Appetenzverhalten)* und es zu fressen *(Endhandlung).* Das Tier hatte den Glockenton als bedingten Reiz gelernt, sodass ein frei beweglicher Hund auf den Ton (auslösender und richtender Reiz) zur Glocke eilen und dort versuchen würde, das angebotene Futter zu fressen. In der Ethologie deutet man das Verhalten als *bedingte Appetenz.* Somit liegt nach dieser Deutung eine Verknüpfung zwischen dem genetisch bedingtem und dem erfahrungsbedingtem Verhalten vor.

Die biologische Bedeutung der Lernform *bedingte Appetenz* wird in einer Verhaltensweise der Bienen deutlich: Bienen lernen im Freiland Duftstoffe und Futtermale als Reize, die zeitlich und räumlich vor und mit der Trachtquelle auftreten. Diese mit guter Ernährung verknüpften Reize richten dann zukünftig den Anflug auf die Futterquelle aus.

Erfolgt durch schlechte Erfahrung (z. B. Strafe) in einer zuvor neutralen Reizsituation eine Verknüpfung mit der Abwehr- und Fluchtbereitschaft, so wird der neutrale Reiz zum erfahrungsbedingten und löst zukünftig Kampf- und Fluchtverhalten aus. Die *bedingte Aversion*, wie man dieses Meideverhalten nennt, wird häufig durch einmalige negative Erfahrungen geschaffen. Es muss dabei zwischen den sensorischen Neuronen, die durch das furchterregende Ereignis aktiviert werden, und den effektorischen Neuronen, die das Meideverhalten auslösen, zu einer Verbindung gekommen sein.

Beispiele für die bedingte Aversion gibt es aus den verschiedensten Bereichen: Ein Pferd, das an einer bestimmten Stelle des Weges einen Schuss hört, also ein Furcht auslösendes Erlebnis hat, scheut später auch ohne äußere Ursache an der betreffenden Stelle. Bei kleinen Kindern kann durch eine bedingte Aversion gegen den weißen Kittel des Arztes eine sogenannte „Arztangst“ verursacht werden.

Aufgabe

① Wägen Sie die sofortige Bestrafung eines Hundes beim Eindringen in einen Kaninchenbau gegen eine Bestrafung nach der Verbreitung von Spuren dieser Wilderei auf dem häuslichen Teppich im Hinblick auf ihre Nachhaltigkeit ab.

Duftkonditionierung bei Bienen als assoziatives Lernen

Bienen besuchen häufig Blüten von Pflanzen einer Art. Durch diese *Blütenstetigkeit* wird eine ertragreiche Nektarquelle gut genutzt. Die Blütenstetigkeit ist durch das gute Lernvermögen der Tiere zu erklären. In vielen ausgeklügelten Untersuchungen erwies sich der Duft der Blüten in Verbindung mit dem von den Blüten „gespendeten" Nektar als wichtig für dieses Lernen. Beim Besuch von Pflanzen der gleichen Art tragen die Tiere den zur Bestäubung notwendigen Pollen weiter und sichern so die Fortpflanzung der Pflanzen. Durch die „Belohnung" mit Nektar werden lernfähige Blütenbesucher, wie z. B. Bienen, von den Blüten quasi für diese Aufgabe „dressiert".

Dieses Lernverhalten der Bienen ist ein besonders gut untersuchtes Beispiel klassischer Konditionierung. Für die *Duftkonditionierung* im Experiment ist die Biene in ein Röhrchen eingeklemmt, kann aber Antennen und Rüssel bewegen (s. Randspalte). Wird die Antenne mit einem Tropfen Zuckerlösung berührt, streckt das Tier reflexartig den Rüssel aus und versucht, die Zuckerlösung zu trinken. Reizt man nun vor dem Auslösen des Reflexes *(unbedingte Reaktion)* mit einem Duft *(neutraler Reiz)* und belohnt innerhalb von 2 Sekunden mit der Zuckerlösung, dann wird der Duftreiz mit der Belohnung, dem *unbedingten Reiz* verknüpft. Der zuvor neutrale Duftreiz wird auf diese Weise zum *bedingten Reiz* und die von ihm ausgelöste Reaktion, der Rüsselreflex, wird jetzt *bedingte Reaktion* genannt.

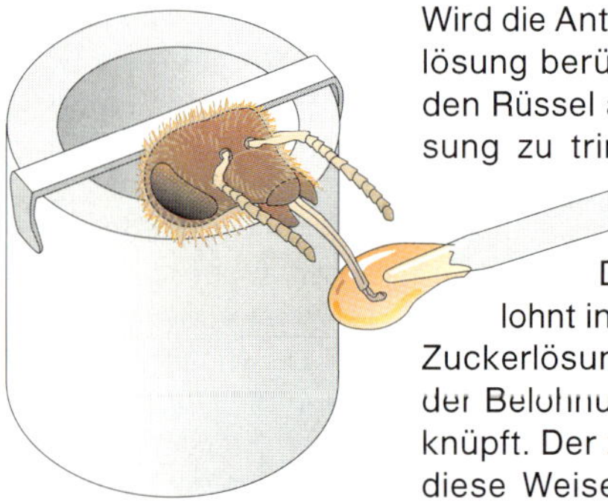

Duftkonditionierung einer Biene

In Abbildung 1 sind Ergebnisse einer Duftkonditionierung für zwei Bienengruppen einander gegenübergestellt. Bei der einen Gruppe (a) hat man bei jedem Lernakt zwei Sekunden vor der Zuckerlösung Nelkenduft gegeben und den Anteil der mit einem bedingten Reflex reagierenden Tiere bestimmt. Die Tiere in der Kontrollgruppe (b) wurden abwechselnd entweder mit dem Nelkenduft stimuliert oder mit Zuckerlösung gefüttert.

Bereits nach dem ersten Lernakt zeigen etwa 40 % der Versuchstiere die bedingte Reaktion. Der Anteil der Tiere, die auf den Duftreiz alleine reagieren, steigt rasch an und erreicht bereits nach dem zweiten Lernakt 80 %. Der nur geringe Anstieg der Häufigkeit der bedingten Reaktion bei dem Kontrollexperiment unterstützt die Beobachtungen bei der Versuchsgruppe. Bienen erinnern sich also beim Besuch der zweiten Blüte an den Duft der ersten. Der Blütenduft wird durch die einmalige zeitliche Verknüpfung mit dem gespendeten Nektar als bedingter Reiz für den Rüsselreflex erlernt. Durch diesen Lernvorgang erreicht der mitgeschleppte Pollen sicher sein Ziel.

Dieses Experiment zeigt den assoziativen Charakter der Konditionierung. Der untersuchte Reflex lässt sich nach erfolgter Konditionierung alleine durch den neutralen, jetzt bedingten Reiz hin auslösen, d. h. bei diesem assoziativen Lernvorgang ist eine neue Verknüpfung mit der bestehenden Reiz-Reaktionsverschaltung und der afferenten Bahn, die den neutralen Reiz leitet, entstanden.

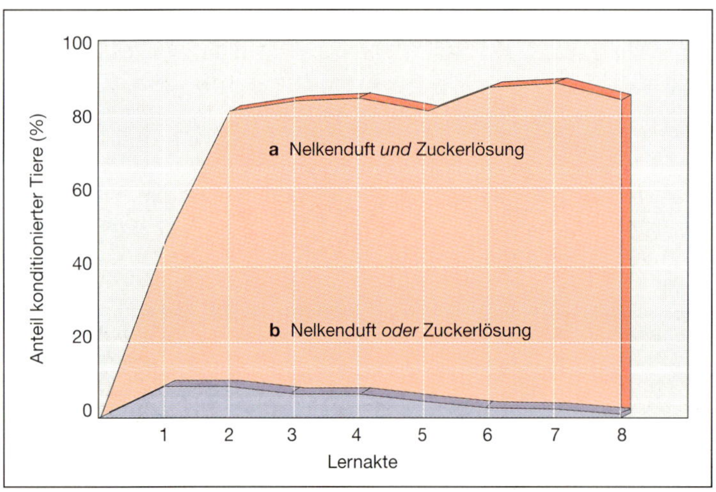

1 Lernkurve für eine Duftkonditionierung

Schon bei so einfachen assoziativen Lernvorgängen kann man feststellen, dass das Verhaltensinventar aufgrund individueller Erfahrung immer reichhaltiger wird. Kombiniert man nämlich den durch Belohnung mit Zuckerwasser erlernten ersten Blütenduft mit einem zweiten neutralen Reiz, dann zeigt das so konditionierte Tier die bedingte Reaktion auch alleine auf den zweiten Reiz hin, obwohl dieser nie direkt durch Zuckerlösung verstärkt wurde. Diese Beobachtung ist nur so zu erklären, dass beim Lernen auf den ersten Blütenduft nicht nur die auslösende, sondern auch die Belohnungsqualität des unbedingten Reizes, des Zuckerwassers, übertragen wurde. Solche Lernvorgänge zeigen, dass auch Insekten in der Lage sind, den Umfang auslösender Reize durch Lernen zu erweitern.

Über Jahrzehnte folgte die Lernpsychologie der Vorstellung PAWLOWS, dass ein Tier jeden beliebigen, wahrgenommenen neutralen Reiz durch Konditionierung erlernen kann. Dies trifft aber weder für Säugetiere noch für Insekten zu. Den Rüsselreflex der Biene kann man zwar gut auf Duft- oder mechanische Reize hin klassisch konditionieren, jedoch weniger gut auf optische Reize. Andererseits können Bienen in sogenannten *operanten Lernformen* (vgl. S. 112), bei denen zufällige Handlungen durch Belohnung verstärkt werden, gut auf optische Reize konditioniert werden. Unter den Duftreizen gibt es darüber hinaus solche, die sehr rasch gelernt werden, z. B. blumige Düfte, und andere wie Fettsäuren, die nur recht langsam gelernt werden. Das weist auf eine Prädisposition zum Lernen hin.

Prädisposition bedeutet, dass aufgrund genetischer Bedingungen bereits vorbereitete Reiz-Reaktions-Verknüpfungen existieren. Was diese Vorbereitung bedeuten kann, illustriert der folgende Versuch: Bienen strecken reflektorisch den Stachel heraus, wenn man einen Wirkstoff ihres Giftsekrets über die Antennen bläst, d. h. sie reagieren auf aggressive Handlungen anderer Bienen ebenfalls mit Verteidigungsverhalten. Konditioniert man sie auf diesen Stoff mit Zuckerwasser, so strecken die dressierten Tiere auf die Gabe des Giftsekrets häufig gleichzeitig Rüssel und Stachel heraus. Im Bienengehirn ist somit sogar durch einen Giftstoff als „neutralem" Reiz in Verbindung mit der Belohnung Zuckerwasser eine neue Verknüpfung mit den Bahnen für den Rüsselreflex entstanden.

Aplysia — Modell für Lernen

Der monosynaptische Kiemenrückziehreflex von Aplysia (vgl. S. 82) ist ein einfaches Modellsystem, an dem zelluläre und molekulare Mechanismen des Lernens erforscht werden. In der Abbildung ist seine Verschaltung schematisch dargestellt. Reizt man durch Berührung den Mantelrand, werden sensible Sinneszellen (SZ) erregt. Diese Erregung wird bei der Synapse A direkt auf motorische Neuronen (MN) übertragen, die die Muskeln in den Kiemen ansteuern. Ein weiterer Weg von den Sinneszellen zu den motorischen Neuronen führt über erregende Interneuronen (eIN). Die Sinneszellen erregen auch sogenannte fördernde Interneuronen (fIN), die auch Signale aus der Kopfregion erhalten, aber nur durch starke Reize erregbar sind. Da die Synapsen der fördernden Interneuronen auf die Synapsen der Sinneszellen verschaltet sind, können sie hier die Stärke der synaptischen Erregungsübertragung beeinflussen, sie *modulieren*.

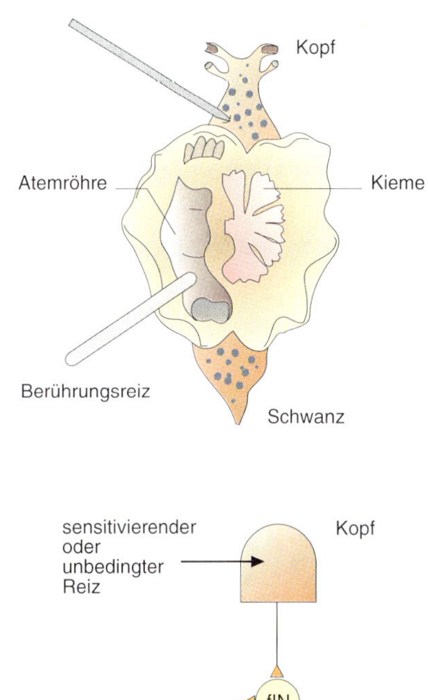

Bei Aplysia beobachtete Lernformen sind auf eine Variation der Erregungsübertragung an Synapse A zurückzuführen:

1. Habituation wird durch wiederholte mechanische Reizung des Mantelrandes oder der Atemröhre erreicht. Ursächlich für das Nachlassen der Reaktion bei gleichbleibender Reizstärke ist eine verminderte Erregungsübertragung an der Synapse A.
2. Sensitivierung kann durch einen starken Reiz am Kopf des Tieres bewirkt werden. Durch die synaptischen Verschaltungen zwischen fördernden Interneuronen und Sinneszellen an der Synapse B wird der Kiemenreflex gefördert. Eine eventuelle bestehende Habituation kann aufgehoben werden *(Dishabituation)*.
3. Klassisch konditionieren lässt sich der Kiemenrückziehreflex, indem ein schwacher mechanischer Reiz des Mantelrandes oder der Atemröhre *(neutraler Reiz)*, der allein für eine Reaktion nicht ausreicht, kurz vor einem starken Reiz am Kopf *(unbedingter Reiz)* gegeben wird. Nach einigen Wiederholungen dieser Reizkombination bewirkt eine schwache Reizung des Mantelrandes oder der Atemröhre jetzt alleine den Kiemenrückziehreflex. Auch bei dieser Lernform erfolgt die Variation der Erregungsübertragung an der Synapse A durch den Einfluss der Synapse B.

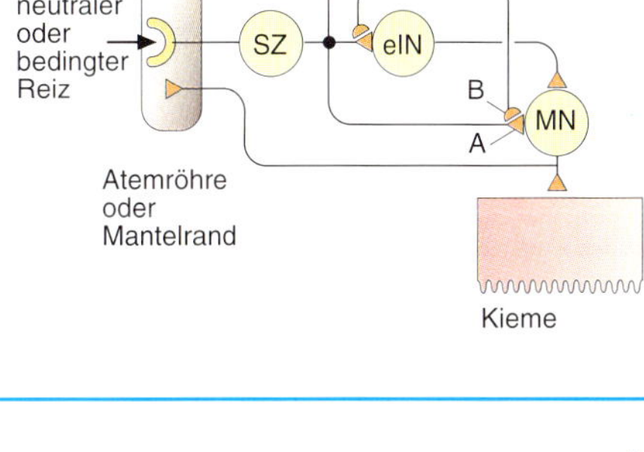

Für alle bei Aplysia nachgewiesenen Formen des Lernens gilt, dass sie lediglich in einer Variation auch im Normalfall genutzter Verschaltungen bestehen, die entweder in der Intensität ihrer Nutzung gehemmt oder aktiviert werden.

Operante Konditionierung

BURRHUS F. SKINNER (1904–1990) führte Lernversuche mit Ratten und Tauben in standardisierten Versuchsanordnungen durch. Diese bestanden aus Käfigen, in denen sich ein Hebel, eine Futterschale und eine Lampe befanden *(Skinnerbox)*. Setzte man z. B. eine hungrige Ratte in die Skinnerbox, so orientierte sie sich und suchte nach Nahrung. Drückte sie dabei auf den Hebel, so fiel ein Futterkorn in die Schale. Nach einigen Wiederholungen führte die Ratte die Handlung in immer kürzeren Abständen aus. Sie hatte gelernt, dass einer – zunächst zufälligen – Handlung (Hebeldrücken) eine Belohnung (Futterkorn) folgt. Diese Lernform, bei der eine zufällige Handlung eine nachfolgende Verstärkung bedingt, bezeichnete SKINNER als *operante Konditionierung*.

operante Konditionierung
opera (lat.) = Tätigkeiten

conditio (lat.) = Bedingung

SKINNER unterscheidet zwischen *positiver* und *negativer Verstärkung*. Die Futterkörner sind für Ratten eine *positive Verstärkung*, da das Futter eine Belohnung darstellt. Wenn dagegen das Drahtgitter dauernd unter Strom steht und die Ratte dies durch Hebeldrücken abstellen kann, lernt sie diese Reaktion durch Strafvermeidung. Der Stromschlag ist eine negative Verstärkung. Unter einer *Verstärkung* verstand SKINNER also alle Reize, welche die Wahrscheinlichkeit des Auftretens einer Reaktion erhöhen.

Lernprogramme

Will man einer Ratte durch Konditionierung eine Abfolge von Handlungen beibringen, so zerlegt man den Lernvorgang in mehrere Teilschritte (z. B. Hebeldrücken, eine Treppe ersteigen, durch eine Röhre laufen, aus der Futterschale fressen). Die Ratte drückt zufällig in der ersten Etage einer Skinnerbox den Hebel und erhält Futter als Belohnung in der Schale. Durch mehrfaches Wiederholen lernt sie die Handlung. Danach setzt man den Hebel auf die Drahtgitterebene darunter. Die Ratte wiederholt das Hebeldrücken dort mehrmals, ohne auf die erste Etage zu klettern. Hebt sie der Versuchsleiter in der 2. Versuchsphase einige Male nach dem Hebeldrücken vor die Futterschale und lässt sie fressen, so beginnt die Ratte zögernd die Treppe zu erklimmen. Vor der Röhre hält sie inne. Legt der Versuchsleiter im dritten Lernabschnitt in die Röhre Futterkörner, so läuft sie schließlich langsam hindurch und frisst dabei. Am Ende holt sie sich das Futter aus der Schale.

SKINNER übertrug seine Erkenntnisse auf das menschliche Lernen. Er entwickelte Lernprogramme. Umfangreiche Inhalte wurden in viele einfache Lernschritte mit Fragen aufgegliedert. Diese konnten in der Regel richtig beantwortet werden. Damit war die richtige Antwort die unmittelbare Verstärkung für den Lernenden.

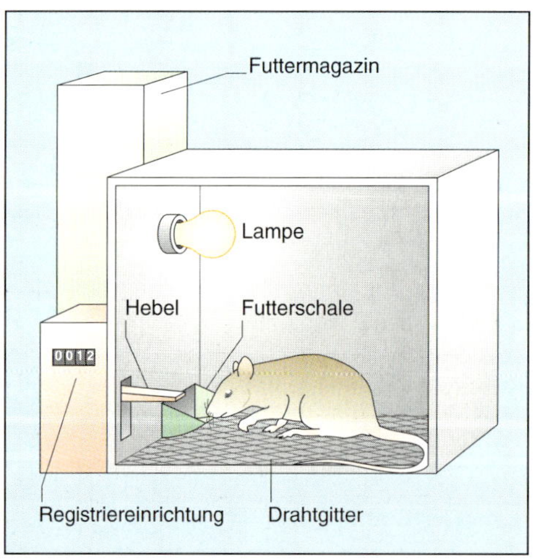

1 Skinnerbox

Ergänzungen zur operanten Konditionierung aus Sicht der Ethologie

Zwei Voraussetzungen sind für die operante Konditionierung der Ratten erforderlich: Erkundungsverhalten und Hunger. Ratten beriechen, beäugen und betasten immer eine neue Umgebung. Außerdem müssen die Versuchstiere hungrig sein. Der Lernerfolg ist um so höher, je größer der Hunger der Ratten und damit ihre *Handlungsbereitschaft* ist. In der Ethologie hat sich der Terminus *bedingte Aktion* für operante Konditionierung eingebürgert, da bei der Ratte die Handlung mit der Befriedigung einer Handlungsbereitschaft verknüpft worden ist. Das Tier führt die erlernte Handlung immer dann wieder aus, wenn es eine hohe Handlungsbereitschaft aufweist. Wird auf diese Weise das Unterlassen einer Handlung gelernt, spricht man von *bedingter Hemmung*.

Aufgabe

① Erläutern Sie die Unterschiede zwischen bedingtem Reflex und operanter Konditionierung.

Lern- und Verstärkungsformen

Funktionsschaltbilder zu Lernformen

BERNHARD HASSENSTEIN, ein deutscher Hochschullehrer, der bei KONRAD LORENZ in der Arbeitsgruppe mitwirkte, wandte Kenntnisse der Regeltechnik auf Beispiele aus der Verhaltensbiologie an. Er entwickelte auch für Lernformen als Modellvorstellungen Funktionsschaltbilder, welche die Situation während des Lernvorgangs und in der Kannphase darstellen (Abb. 1).

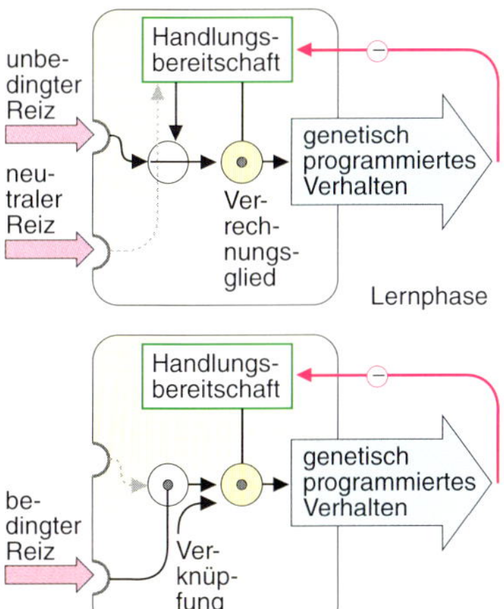

1

Aufgaben

① Beschreiben und erklären Sie die Funktionsschaltbilder in Abbildung 1.
② Ordnen Sie die Abbildungen 1 begründet einer Lernform zu.
③ Beschreiben und erklären Sie die Funktionsschaltbilder in Abbildung 2.
④ Ordnen Sie die Abbildungen 2 begründet einer Lernform zu.
⑤ Vergleichen Sie die beiden Lernformen. Geben Sie Gemeinsamkeiten und Unterschiede an.
⑥ Könnten die beiden Lernformen unter natürlichen Bedingungen zusammenwirken?

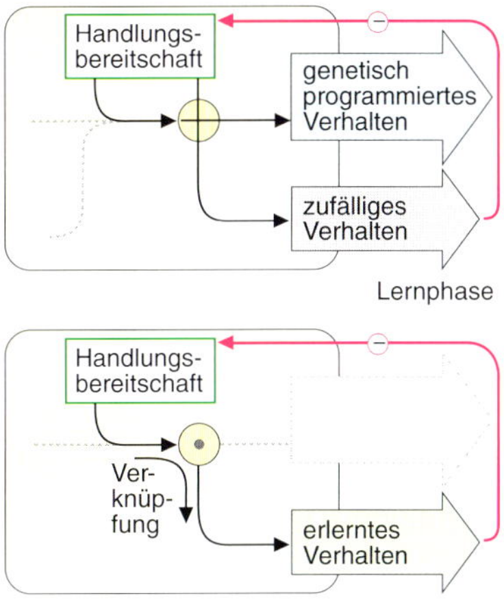

2

Voraussetzungen für die operante Konditionierung

Die nachfolgende Abbildung gibt die Versuchsergebnisse wieder, die man erhielt, als die Abhängigkeit des Lernerfolges von der Vorfütterung einer Ratte mit Futterkörnern geprüft wurde.

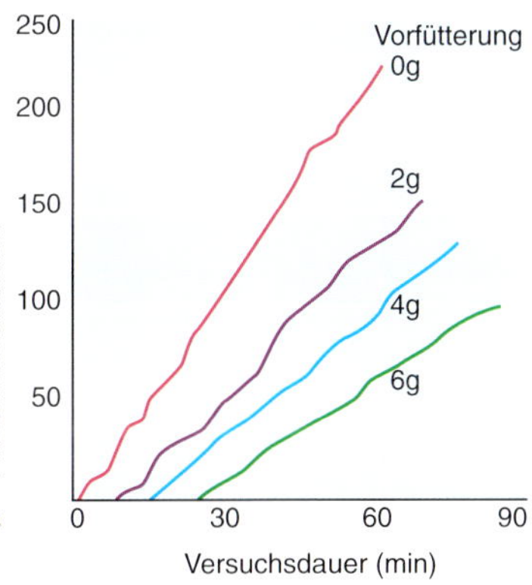

3

Aufgaben

① Beschreiben und erklären Sie die Versuchsergebnisse in Abb. 3.
② Ist erlerntes Verhalten unabhängig von genetisch bedingtem Verhalten?

Verstärkung

Durch Anschließen eines Schreibers an die Versuchsapparatur erhielt B. F. SKINNER Lernkurven. Bei jedem Hebeldruck steigt die Schreibernadel um einen konstanten Betrag. Abbildung 4 zeigt das Versuchsergebnis für eine unerfahrene Ratte, die nach jedem Hebeldrücken belohnt wurde. Am Kurvenverlauf lassen sich Lern- und Kannphase unterscheiden.

In weiteren Versuchen mit derart vortrainierten Tieren untersuchte SKINNER, inwieweit die zeitliche Abfolge der Belohnungen die Häufigkeit des Auftretens der gelernten Verhaltensweise beeinflusst (Abb. 5). Das Tier erhielt Futter nach jeder Aktion (a), nach jeder 10. Aktion (b) bzw. in unregelmäßigen Abständen (c).
Erfolgt die Verstärkung (\) in unterschiedlichen Zeitabständen, so hat dies auch Einfluss auf die Geschwindigkeit der Extinktion (Abb. 6).

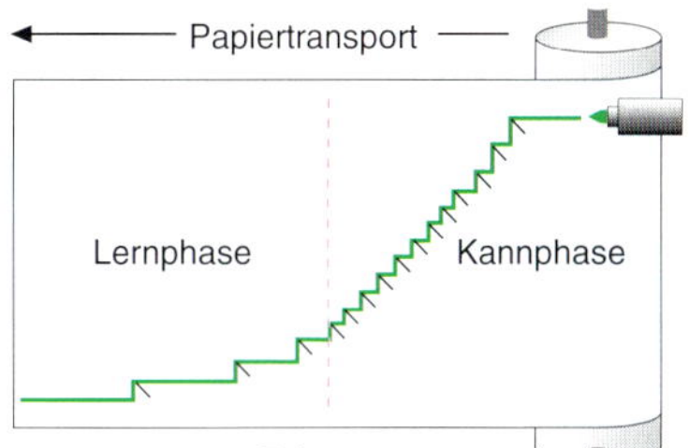

4

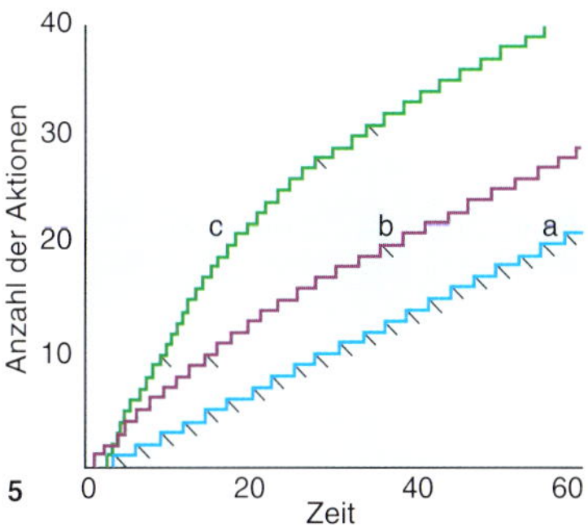

5

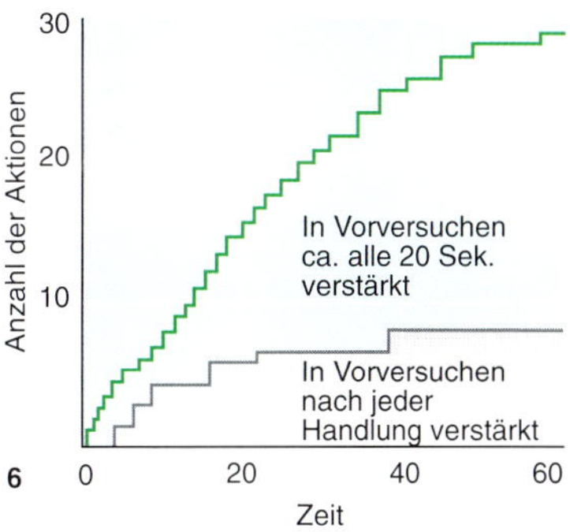

6

Aufgaben

① Beschreiben und erklären Sie die Abbildung 4.
② Vergleichen Sie die drei Kurven a, b und c in Abbildung 5. Erklären Sie die Auswirkungen der unterschiedlichen Versuchsbedingungen auf die Häufigkeit des gelernten Verhaltens.
③ Welchen Einfluss haben die unterschiedlichen Versuchsbedingungen auf die Geschwindigkeit der Extinktion (Abb. 6)?

1 Waschender Rotgesichtsmakake

2 Orang im Kastenexperiment

Komplexes Lernen

Früher nahm man an, dass komplexere Lernleistungen dem Menschen vorbehalten sind. Inzwischen kennt man aber eine Reihe von Beispielen für solche Leistungen bei Tieren.

Werkzeuggebrauch

Schimpanse stochert nach Termiten

Schimpansen wurden in der Natur dabei beobachtet, wie sie Termitenhügel mit den Fingern aufkratzen und dann einen festen Halm oder Stock, den sie in der Umgebung suchen und mit den Zähnen für den Gebrauch herrichten, so lange in das Loch halten, bis sich Termiten daran festgebissen haben. Sie ziehen dann den Halm heraus und fressen die Termiten. Andere tauchen durchgekautes Laub wie einen Schwamm in wassergefüllte Astlöcher und trinken dann, indem sie es heraussaugen. Auffällig ist, dass die Tiere diese Techniken nur zeigen, wenn sich ihnen ein entsprechendes Problem stellt. Davon zu unterscheiden sind Fälle von Werkzeuggebrauch, bei denen eine genetisch bedingte Disposition besteht. So verwenden Spechtfinken Halme, um Insektenlarven unter der Baumrinde zu erreichen. Jungtiere nehmen solche Gegenstände selbst dann auf, wenn die Larven frei zugänglich sind.

Nachahmung und Tradition

Rotgesichtsmakaken auf einer japanischen Insel wurden über längere Zeit beobachtet. 1953 sah man erstmals, wie ein Jungtier Bataten in einem Fluss wusch und sie so von Sand befreite. Zuerst ahmten Gleichaltrige das Verhalten nach, später wuschen nahezu alle Tiere der Gruppe die Bataten, bevor sie sie fraßen. Auch Tiere der nachfolgenden Generationen zeigten dieses Verhalten. Das *Lernen durch Nachahmung* führte zum Entstehen einer *Tradition.*

Lernen durch Einsicht

Wolfgang Köhler beschrieb 1917 ein Experiment mit Schimpansen, die sich in einem Raum befanden, an dessen Decke für sie unerreichbar eine Banane hing. Im Raum stand eine seitlich offene Holzkiste. Zuerst versuchten die Tiere, das Ziel im Sprung vom Boden aus zu erreichen. Ein Schimpanse gab das bald auf, ging unruhig umher, blieb plötzlich vor der Kiste stehen, ergriff sie, kantete sie hastig in gerader Linie auf das Ziel zu, stieg hinauf, als sie noch etwa $^1/_2$ m entfernt war, und riss im Sprung die Banane herunter. Der Vorgang dauerte nur wenige Sekunden. Das Tier hatte die neue Aufgabe bewältigt. Es schien dazu in Gedanken die Lösung des Problems durchgespielt zu haben, ehe es den Lösungsweg auf einmal ausführte. Dies wird als *Lernen durch Einsicht* oder als *neukombiniertes Verhalten* bezeichnet. Wesentliches Kriterium ist dabei nicht die Komplexität des Problems, sondern dass die Lösung ohne entsprechende Vorerfahrungen und nicht durch Versuch und Irrtum gefunden wird. Als äußere Anzeichen gelten, dass Planungs- und Handlungsphase deutlich voneinander abgegrenzt und häufig durch eine Pause getrennt sind. Die Handlung erfolgt dann rasch und zielstrebig.

Lexikon

Weitere Lernformen

Handeln nach Plan

Um die Planungsphase beim einsichtigen Verhalten besser sichtbar zu machen und um zu prüfen, ob Menschenaffen längere Handlungsketten mit Werkzeuggebrauch bewältigen können, hat sich ein Wissenschaftler eine Abfolge von Kästen mit unterschiedlichen Schließmechanismen ausgedacht, die jeweils den Öffner für den nachfolgenden Kasten enthielten. Welchen Öffner die Kästen enthielten und wo die Belohnung lag, konnte das Tier durch Plexiglasdeckel der Kisten erkennen. Die Handhabung der einzelnen Öffner wurde mit dem Orang Julia trainiert. In einigen Fällen fand sie es durch Versuch und Irrtum selbst heraus. Bei den Versuchen wechselte die Stellung von Kästen, Öffnern und Belohnung. Julia musterte zunächst den Inhalt der Kisten eine Weile, ehe sie ohne Probieren die Kästen nacheinander öffnete und die Belohnung erreichte. Sie erkannte offenbar die

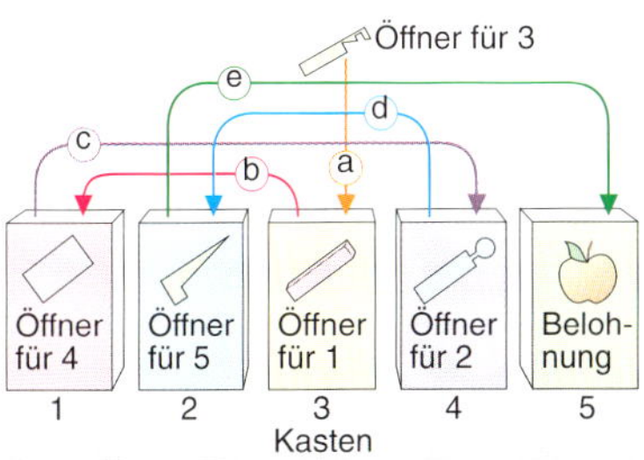

kausalen Zusammenhänge zwischen Ursache und Wirkung. Dies ist ein Beispiel für *Handeln nach Plan*.

Abstraktion und Generalisieren

Um das Unterscheidungsvermögen von Ratten zu überprüfen, bot man ihnen in einem Experiment jeweils drei Klappen mit unterschiedlichen Streifenmustern an. Zwei Muster stimmten überein, das dritte wich ab. Hob die Ratte die Klappe mit dem abweichenden Muster an, wurde sie belohnt. Wiederholte man den Versuch mit anderen Mustern, aber entsprechender Wahlsituation, so entschied sich die Ratte überwiegend für das abweichende Muster, da dies verstärkt wurde.

Man deutet das Verhalten der Ratte so, dass sie nicht auf ein konkretes Reizmuster konditioniert ist, sondern auf das Merkmal „abweichend von den mehrfach vorhandenen Mustern" *(Abstraktion)*. Sie wendet dieses Prinzip beim Wahlverhalten in weiteren Versuchen ebenfalls an *(Generalisation)*. Das gemeinsame Merkmal „abweichendes Muster" wird in Form eines Bildes oder Schemas zu einem Begriff *(averbale Begriffsbildung)*. In der Kannphase leistet das Tier die Übertragung des Schemas auf andere Situationen *(Transfer)*.

Averbale und verbale Begriffsbildung

Otto Koehler bot einer Dohle mehrere Futterschüsselchen, die mit Deckeln verschlossen waren, und von denen jede eine unterschiedliche Anzahl von Punkten aufwies. Die Dohle lernte, den Deckel desjenigen Schälchens abzuheben, bei dem die Anzahl mit der Vorgabe der Anweisertafel übereinstimmte. Nur in diesem Schälchen wurde sie mit Futterkörnern belohnt. Die Dohle konnte bei bis zu 8 Punkten die Anzahl bildlich erfassen *(averbale Zahlbegriffe)*. Die verbale Begriffsbildung bleibt Menschen vorbehalten; sie können Begriffe in einem Denkvorgang bilden und in Worten (z. B. Zahlen) ausdrücken.

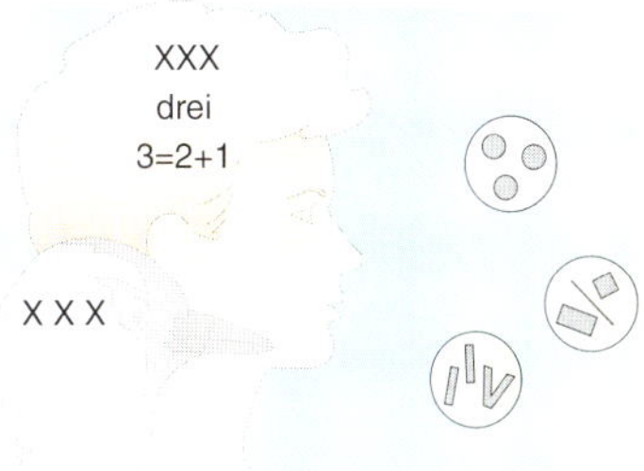

Abstrakte Wertbegriffe

Schimpansen und Rhesusaffen erhielten in Versuchen unterschiedlich gefärbte Spielmarken, wenn sie Aufgaben erfüllten. Diese konnten sie später eintauschen: Für blaue Marken erhielten sie Rosinen aus einem Futterautomaten, mit einem anderen Markentyp konnten sie die Gehegetür öffnen oder für einen dritten Markentyp mit dem Pfleger spielen. Die Tiere erfüllten Aufgaben und horteten Marken. Eine Schimpansin nutzte die Marke zum Türöffnen, beispielsweise, um damit vor einem Kameramann zu flüchten, von dem sie nicht aufgenommen werden wollte. Dieses Beispiel zeigt, dass diese Primaten in der Lage sind, *abstrakte Wertbegriffe* zu bilden und situationsgerecht anzuwenden.

Selbsterkenntnis

Gibt man Schimpansen die Möglichkeit, sich in einem Spiegel zu sehen, so manipulieren sie an sich und entfernen Farbflecken, die man im Schlaf aufgetragen hatte. Die Schimpansen erkennen also das Spiegelbild als ihr Abbild. Dieses Verhalten zeigt, dass Menschenaffen über einen *averbalen Ich-Begriff* verfügen. Dies wirft die Frage auf, ob sie ein Bewusstsein im menschlichen Sinne haben.

1 Turmbau (Konstruktionsspiel)

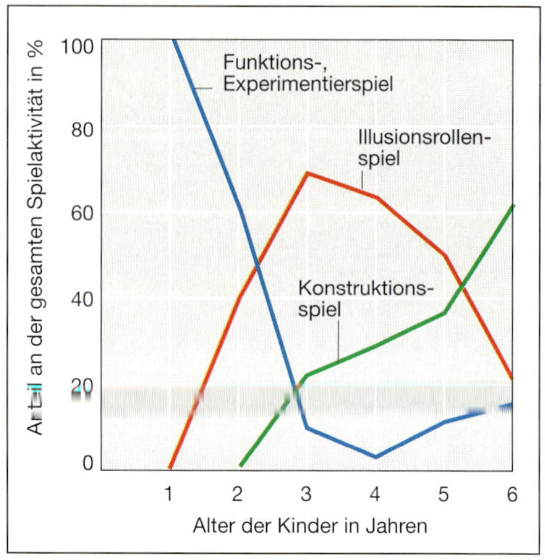

2 Entwicklung verschiedener Spieltypen

Erkundungs- und Spielverhalten

Ausstattungsspiel bei Orang-Utans

Um Verhaltensweisen ganz besonderer Art handelt es sich beim Erkunden und Spielen. Beide Verhaltensweisen sind bei Jungtieren besonders ausgeprägt, bleiben aber bei einigen Tiergruppen auch zeitlebens erhalten. Erkundungs- und Spielverhalten treten vor allem bei Säugern und Vögeln auf.

Erkundungsverhalten kann man u. a. dann beobachten, wenn ein Lebewesen einer neuartigen Reizsituation gegenübergestellt wird. Dann fehlt offenbar die Übereinstimmung zwischen den Gedächtnisinhalten zur Umgebung und den neuen Wahrnehmungsinhalten. Über derartige Vergleiche findet eine ständige Kontrolle der Umwelt statt. Erkundungsverhalten ist nicht auf eine bestimmte Art von Reizen (Nahrung, Fluchtweg oder ähnliches), sondern auf alle unerwartet auftretenden, bekannten sowie auf alle unbekannten oder nicht eindeutig zuzuordnenden Reize gerichtet. Beim Auffinden solcher Reize erfolgt das zu diesen Reizen passende motivationsbedingte Verhalten. Durch die Erfahrung mit dem Objekt findet Lernen statt. Es werden Objekt- und Raumerfahrungen gesammelt und verfeinert sowie angemessene Bewegungsweisen eingeübt.

Welche biologische Bedeutung aber sollen das Ballspiel eines Esels, das Balgen junger Füchse, das Turmbauen des Kleinkindes oder das Sich-Maskieren, das man ähnlich als Ausstattungsspiel beim Orang-Utan findet (s. Randspalte), haben? Alle diese Verhaltensweisen sind Beispiele für *Spielverhalten*, welches als Ausprobieren motivierten Verhaltens ohne den dafür typischen Ernstbezug gilt. Ja, es gibt sogar deutliche Unterschiede zwischen Spielverhalten und „Ernstfall“: So werden neue Bewegungen erfunden, Verhaltensweisen aus bekannten Zusammenhängen gelöst und frei kombiniert. Die Gewöhnung an gleichbleibende Reize scheint zu fehlen, denn das Verhalten tritt oft über lange Zeiträume in unveränderter Form auf. Manchmal werden Angriffs- und Beutefanghandlungen mit besonderem Kraftaufwand und so großer Geschwindigkeit ausgeführt, dass Verletzungen nur deshalb ausbleiben, weil die Beteiligten durch besondere Mimik über die Spielsituation informiert sind. Ihr Verhalten scheint gewissen Spielregeln zu gehorchen.

Die beschriebenen Abweichungen legen nahe, dass es für das Spielen eine eigene Handlungsbereitschaft gibt. Die biologische Bedeutung des Spieles liegt einerseits in dem sich beim Spielen einstellenden Spaß und andererseits in der Einübung des im Spiel Erlernten in einem Lebensalter, das der Anwendung des Verhaltens vorausgeht. Spielen dient dem Gewinn von Erfahrungen über den eigenen Körper *(Bewegungsspiele)*, das Verhalten von Artgenossen *(Sozialspiele)* und die Umgebung *(Objektspiele)*.

Kinder vervollkommnen durch Spielen ihre motorischen und geistigen Fähigkeiten. Die Fähigkeit zu den verschiedenen Spielarten reift allmählich heran, z. B. folgt auf eine intensive Phase des Illusionsspiels die des Konstruktionsspiels (Abb. 2).

Sprachlernen

Jahrhundertelang war man sich einig, dass Sprache eine nur dem Menschen eigene Fähigkeit ist; Sprache galt sogar als der entscheidende Unterschied zwischen Menschen und Tieren. Da es inzwischen aber gelungen ist, Menschenaffen eine Zeichensprache beizubringen, ist die Diskussion um das nur den Menschen eigene Sprachvermögen neu belebt.

Beobachtungen an Taubstummen oder an Kaspar-Hauser-Kindern, die ohne Kontakt zur Sprache aufwuchsen, geben wichtige Erkenntnisse über die Entstehung und den Erwerb der Sprache. So fand man z. B. heraus, dass Kinder vor dem Eintritt in die Pubertät sprechen lernen müssen, damit die Sprache vollständig beherrscht werden kann. Das menschliche Gehirn ist nur in einer bestimmten Periode für den Spracherwerb bereit, danach nimmt die Fähigkeit rasch ab. Auch bezüglich des Zusammenhangs zwischen der Anzahl gesprochener Sprachen und dem Mechanismus, der dem Spracherwerb zugrunde liegt, weiß man inzwischen mehr. So werden in allen Sprachen nur etwa 40 Sprachlaute *(Phoneme)* verwendet, d. h. dieselben Phoneme tauchen in verschiedenen Sprachen auf. Ein Beweis für diese Behauptung konnte mithilfe eines Spezialschnullers bei Säuglingen aus dem englischsprachigen Raum erbracht werden, denen man künstlich erzeugte Laute vorspielte. Sowohl Laute, die von englischsprachigen Erwachsenen als „ba", „ba", „ba" gehört wurden, als auch solche mit Konsonanten, die nur Thais sprechen, führten zum Ansteigen der „Nuckelrate". Das Erkennen von Sprachlauten ist also im Gehirn eines Säuglings schon unmittelbar nach der Geburt entwickelt.

Wenn ein Kind eine Sprache, gleichgültig welcher Art, erlernt, ist der Ablauf voraussagbar. Erst bildet es Sätze mit einem Wort („Nein", „Mama"), anschließend kommt eine etwas längere Zwei-Wort-Phase („Papa komm.", „Bring mir."). Daran schließt sich die des Telegrammstils an, in der die Sätze aus Nomen ohne Plural und Verben ohne Konjugation beherrscht werden. Schließlich folgt die Beherrschung der Grammatik, der Erwerb der Regeln, wobei diese ohne jede formale Anleitung entwickelt werden können. Charakteristische Schwierigkeiten beim Erlernen der Satzstellung legen nahe, dass das menschliche Gehirn offenbar für eine Standardgrammatik prädisponiert ist.

Sprachverständnis bei Bonobos

„Kanzi, go scare Marata with a snake." Kanzi nimmt eine Plastikschlange, die neben ihm liegt, geht in den Nebenraum und wirft sie in Maratas Nähe. Kanzi ist ein acht Jahre altes Bonobomännchen, Marata dessen Mutter. Kanzi hört die Anweisung über Lautsprecher aus einem Nachbarraum. Er kann die Versuchsleiterin nicht sehen. Der Bonobo versteht die englische Sprache. Er befolgt verschiedenste Aufforderungen („Gehe in den Nebenraum und hole eine Banane.", usw.). Seine Handlungen mit der Schlange zeigen, dass er die Bedeutung des abstraken Begriffs „erschrecken" (scare) verstanden hat.

Kanzi kann englisch verstehen, aber nicht sprechen. Bonobos haben wie alle Menschenaffen keinen sprachfähigen Kehlkopf. Trotzdem kann Kanzi sich verständlich machen. Er verwendet die Sprache „Yerkisch". Das ist eine von Verhaltensforschern entwickelte Sprache. Bonobos und Schimpansen lernen dazu die Bedeutung von bis zu 200 Symbolen auf Tasten, die die Tiere drücken können, um etwas mitzuteilen.

Als Kanzi in englisch aufgefordert wird, seinen Ball zu zerbeißen, stülpt er eine Maske über sein Spielzeug. Will er den Ball verstecken, um ihn nicht zerstören zu müssen? Nach den übrigen Versuchsergebnissen kann man solche Gedanken bei Kanzi vermuten. Beweisen lässt sich dies nicht. Vergleichende Untersuchungen mit einem zweijährigen Kind zeigen, dass Kanzi ähnliche Leistungen beim Verstehen der englischen Sprache erbringt. Kanzi ist auch in der Lage, nach Aufforderung über den Lautsprecher durch Gestik eine Versuchsperson zu „überreden", ein Spiel mit ihm zu spielen.

Derartige Versuche bergen die Gefahr, dass das Versuchstier auf Verhaltensweisen des Versuchsleiters unbewusst konditioniert ist. Dies ist hier ausgeschlossen, da es den Versuchsleiter nicht sehen kann und die beobachtende Person im Testraum durch Kopfhörer die Anweisungen nicht verstehen kann *(Doppelblindversuch)*.

1 Schachspiel

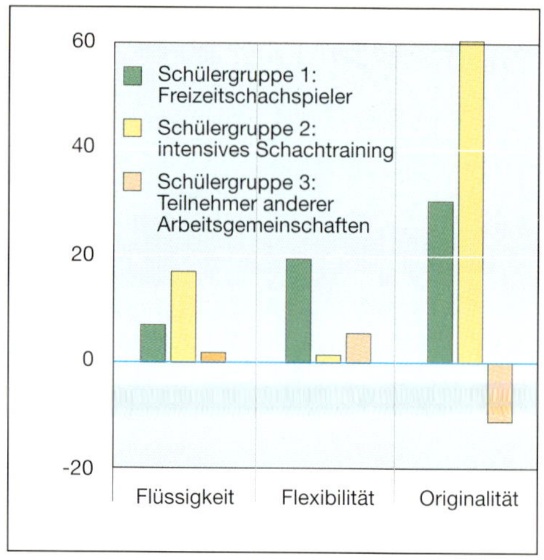

2 Einfluss von Schachtraining

Lernen beim Menschen

Nahezu alle bei Tieren beobachteten Formen des Lernens lassen sich auch beim Menschen nachweisen. Beim Menschen gehen jedoch Komplexität und Qualität dessen, was gelernt werden kann, über die bei Tieren möglichen Lernleistungen hinaus.

Das Lernen im schulischen Sinn stellt sich als beobachtbare Verhaltensänderung dar, die aufgrund von Erfahrungen zustande kommt. Der Lernprozess beginnt mit der Aufnahme, der Speicherung und Verarbeitung von Information *(Lernphase)*. In der sogenannten *Kannphase* zeigt sich durch Abrufen der gespeicherten Information, dass der Lernprozess zu geändertem Verhalten geführt hat. Lernen ist kein einfaches, sondern ein höchst komplexes Phänomen. Lernprozess und damit Lernerfolg sind in vielfältiger Weise zu beeinflussen.

Weckt zum Beispiel der Wissensvermittler Neugierde und Faszination beim Lernenden, so werden Aufnahmebereitschaft, Gespanntheit und Konzentration gefördert. Das erleichtert das Lernen und die Anwendung des Erlernten. Gelingt es z. B. durch spielerisches Vorgehen im Zusammenhang mit einer Aufgabenstellung Spaß zu vermitteln (Abb. 3), wirkt sich dies auf die Leistungsfähigkeit aus. Dass das Lernen in einem Bereich, das Lernen und Erinnern in anderen Bereichen erheblich beeinflussen kann, zeigt auch Abb. 2. Mehrjähriges Schachtraining wirkt sich, im Vergleich zu der Teilnahme an anderen Arbeitsgemeinschaften, nach dieser Untersuchung positiv auf Komponenten der Intelligenz von Schulkindern aus, die auch bei Lernvorgängen eine Rolle spielen.

Der Lernende kann sich selbst durch gezielte Ansprache der individuell bevorzugten Sinne die Informationsaufnahme und das Erinnern erleichtern. Er kann auch durch Training wenig genutzter Eingangskanäle deren Eignung für künftige Lernprozesse verbessern (s. Seite 119).

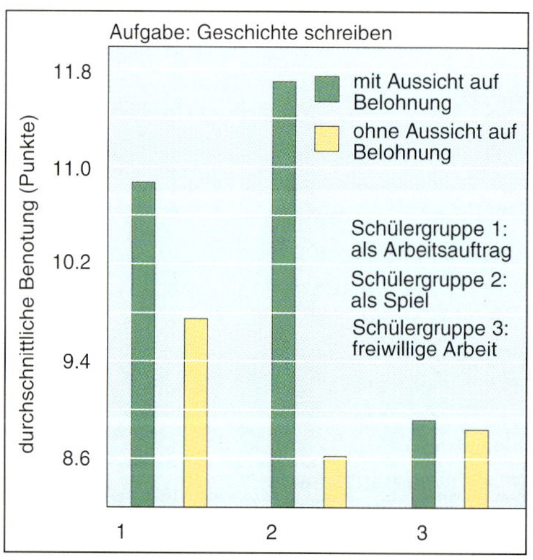

3 Arbeit, Spiel oder freiwillige Leistung

Aufgabe

① Erläutern Sie die in der Abbildung 3 dargestellten Befunde auch im Hinblick auf die Bedeutung der Belohnung.

Ermittlung des Lerntyps

Hinweis:
Der im Folgenden beschriebene Lerntest ist für eine Zweiergruppe aus Versuchsleiter (VL) und Testperson (TP) gedacht. Deshalb dürfen die Tips zum Material und zur Durchführung des Tests nur vom Versuchsleiter und nicht von der Testperson gelesen werden!

Mithilfe von fünf Teilversuchen soll für eine Testperson ermittelt werden, welche von vier möglichen Kanälen für die Aufnahme von Informationen individuell bevorzugt werden. Als Maß für die Auswertung wird der Übergang vom Ultrakurzzeitgedächtnis in das Kurzzeitgedächtnis in Abhängigkeit vom Eingangskanal genutzt. Nach den Teilversuchen 1 – 4 schließt sich mit Versuch 5 einer an, der Auskunft über die Intensität der Einspeicherung ins Kurzzeitgedächtnis bei gleichzeitiger Nutzung mehrerer Kanäle gibt.

Material (VL):

Für jeden Versuch:
Stoppuhr, Rechenbox, Auswertungskasten und Stift.

1. Versuch: 10 einzelne Zettel mit je einem Begriff etwa der folgenden Art: Hose, Mehl, Mantel, Hamster, Stuhl, …

2. Versuch: Eine Liste mit 10 Begriffen, die sich von den vorherigen unterscheiden: Sessel, Katze, Tisch, Hund, Gries, …

3. Versuch: 10 verschiedene Gegenstände, die mit denen aus Versuch 1 und 2 nicht identisch sind: Zeitung, Apfel, Bleistift, Radiergummi, Seife, …

4. Versuch: Schal und 10 bisher nicht verwendete Bedarfsgegenstände.

5. Versuch: 10 weitere Gegenstände (s. Abb.) und 10 kleine Zettel mit den Namen der Gegenstände.

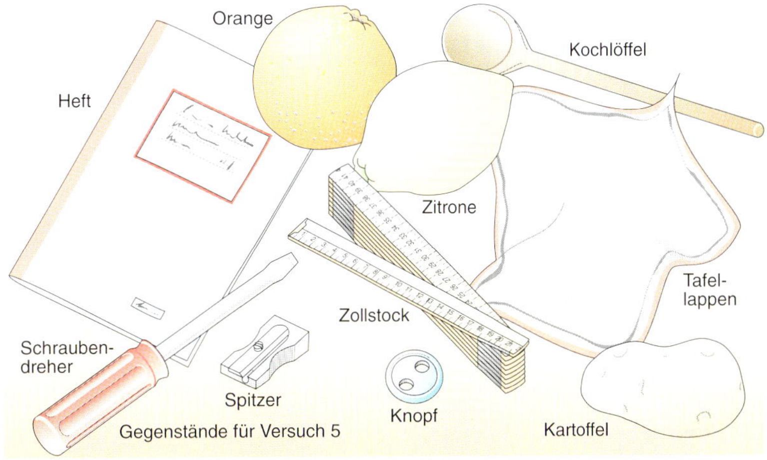

Gegenstände für Versuch 5

Testvorbereitung (VL):

① Fertigen Sie (VL) die sogenannte Rechenbox mit 30 Aufgaben aus den Bereichen der vier Grundrechenarten nach folgendem Muster an: 3 x 7, 18 + 2, 8 : 4, 15 – 9.
② Sammeln Sie 30 Bedarfsgegenstände und entscheiden Sie, welche für Versuch 3, 4 und 5 verwendet werden sollen.
③ Notieren Sie auf je 10 Zetteln die für Versuch 1 und Versuch 5 ausgewählten Gegenstände. Erstellen Sie die Liste für Versuch 2 und zeichnen Sie den Auswertungskasten (s. unten).

Durchführung des Lerntyptests

1. Versuch: Der VL gibt der TP nacheinander die 10 Begriffe zu lesen, wobei 3 Sekunden (s) Zeit pro Begriff ausreichen. Es folgen Kopfrechenaufgaben (30 s) und die TP schreibt die behaltenen Begriffe auf (20 s).

2. Versuch: Der TP werden die Begriffe im Abstand von 3 s vorgelesen, 30 s Kopfrechenaufgaben folgen und während 20 s notiert die TP die Begriffe.

3. Versuch: Der TP werden die Gegenstände nacheinander (3 s Abstand) vorgelegt, Kopfrechenaufgaben (30 s), Notieren der Begriffe (20 s).

4. Versuch: Der VL verbindet der TP mit dem Schal die Augen und gibt ihr nacheinander die Gegenstände in die Hand (3 s). Anschließend gibt es 30 s Kopfrechnen und 20 s Zeit zum Erinnern.

5. Versuch: Die TP kann im 3-s-Rhythmus die Gegenstände sehen, anfassen, den Namen hören (VL) und auf dem kleinen Zettel sehen. Es schließen sich Kopfrechnen (30 s) und Notieren (20 s) an.

Aufgabe

① Führen Sie (VL + TP) die Versuche wie beschrieben durch und notieren Sie die jeweils erinnerte Anzahl der Begriffe im entsprechenden Feld des gezeichneten Auswertungskastens.

Testauswertung

① Markieren Sie (VP + TP) die Ergebnisse aus den Versuchen 1 – 4 auf den jeweiligen Linien des Lernkreuzes und verbinden Sie diese Punkte miteinander.
② Tragen Sie das Ergebnis aus Versuch 5 auf jeder der vier Linien ein und verbinden Sie die Punkte zu einem auf einer Ecke stehenden Quadrat.
③ Werten Sie das Ergebnis aus den Versuchen 1 – 4 im Hinblick auf die jeweils benutzten Eingangskanäle aus.
④ Vergleichen Sie das Ergebnis der beiden Darstellungen, und leiten Sie daraus eine begründete Aussage zur Optimierung des Erinnerns ab.

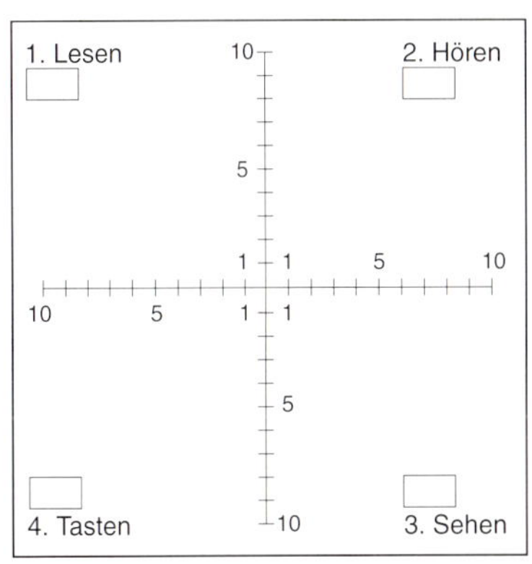

Auswertungskasten (Kantenlänge: 10 cm)

Soziobiologie

Über Jahrhunderte war das Sozialverhalten von Tieren etwas weitgehend Unbekanntes und Geheimnisvolles. Es häuften sich im Laufe der Zeit einzelne Beobachtungen an, die jedoch auf dem theoretischen Hintergrund der klassischen Ethologie beschrieben und gedeutet wurden. Im Laufe dieses Jahrhunderts konnten Verhaltensforscher durch die weltweite Entwicklung der Infrastrukturen in entfernte Gegenden vordringen und systematisch

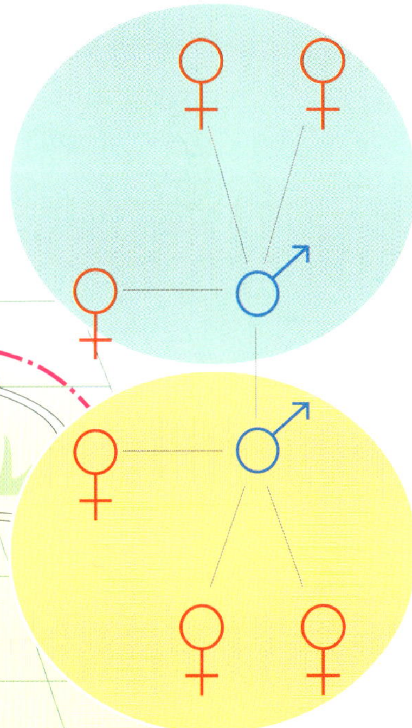

viele Tierarten in ihrer natürlichen Umgebung erforschen. Es kristallisierten sich bestimmte soziale Strukturen heraus, die bei ganz verschiedenen, nicht miteinander verwandten Tierarten übereinstimmten. Es wurde erkennbar, dass Sozialverhalten weitgehend von den ökologischen Rahmenbedingungen abhängt, unter denen das Verhalten in der Evolution entstand. Ausgehend von diesem evolutionsbiologischen Ansatz, hat die Soziobiologie völlig neue Fragestellungen entwickelt und Zusammenhänge entdeckt, die auch das Verhalten des Menschen in neuem Licht erscheinen lassen.

1 Seeelefanten

Biologie der Seeelefanten

Wenn Ende November vor einigen Inseln der kalifornischen Küste die ersten Seeelefantenmännchen erscheinen, beginnt das eindrucksvolle Schauspiel der Fortpflanzung, das sich bis Januar/März hinziehen wird.

Seeelefanten sind hervorragend an das Leben im Wasser angepasst und an Land entsprechend unbeholfen. Weibchen brauchen Wurfplätze, die vor Raubtieren, wie Wölfen und Schwertwalen, sicher sind. Als Brutstrand bieten sich nur wenige geeignete Küstenbereiche an. Sie gebären ihre Jungen innerhalb der ersten sechs Tage nach der Ankunft am Brutstrand. Danach stillen sie ihren Nachwuchs 28 Tage mit sehr fettreicher Milch, bevor sie wieder ins Meer zurückkehren. In den letzten vier Tagen am Strand sind die Weibchen wieder paarungsbereit.

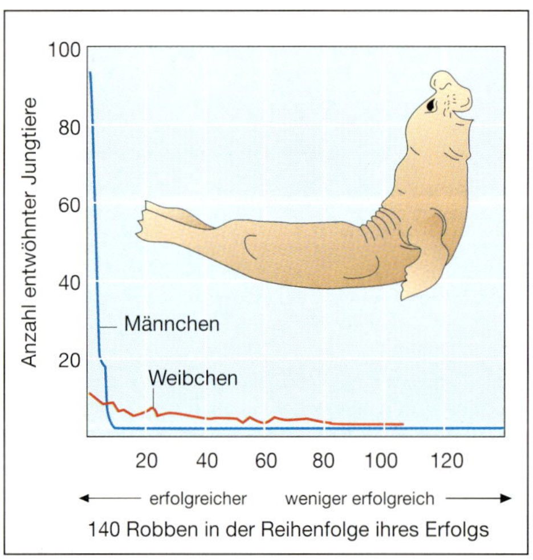

2 Fortpflanzungserfolge von Seeelefanten

Fortpflanzungsverhalten

Vor den Weibchen kommen die annähernd dreimal so schweren Bullen an die Wurfplätze und kämpfen eine *Rangordnung* aus. Einen Erfolg bei diesen Kämpfen setzt Körpergröße und Kampfkraft voraus, welche die Tiere erst spät erlangen. Männchen sind mit 8 Jahren geschlechtsreif, aber erst mit 10 bis 11 Jahren wirklich erfolgreich. Mit 13 gewinnen sie kaum noch einen Kampf. Die maximale Lebenserwartung liegt bei 14 Jahren.

Jüngere geschlechtsreife Männchen gehen gefährlichen Kämpfen aus dem Weg. Ein junges Männchen könnte getötet werden oder soviel Energie verschwenden, dass es stark geschwächt wäre und diese Verluste womöglich bis zum nächsten Jahr nicht ausgleichen könnte. Daher ist es biologisch sinnvoller, im nächsten Jahr größer und stärker am Kampfplatz zu erscheinen. Die erfolgreiche Taktik für junge Männchen heißt abwarten. Ein Männchen von 10 bis 11 Jahren dagegen hat vielleicht die letzte Chance zur Fortpflanzung. Ältere Männchen setzen alles auf eine Karte. Derartige Gegner richten sich voreinander auf, schlagen den Konkurrenten mit Brust und Kopf und fügen sich gegenseitig stark blutende Wunden mit den Eckzähnen zu *(Beschädigungskampf)*.

Jüngere Männchen können ältere Bullen besiegen und sich mit den Weibchen paaren, wenn der Platzhalter durch einen kurz vorher durchgeführten Rangordnungskampf mit einem starken Rivalen geschwächt ist. Manche jungen Männchen nutzen diese Chance, andere warten auf Weibchen, die in das Wasser zurückkehren, und versuchen, sich hier mit ihnen zu paaren.

Auch die Weibchen werden maximal 14 Jahre alt. Sie können mit drei Jahren ihr erstes Junges gebären, tun dies aber oft erst mit vier oder fünf Jahren. Danach bekommen sie jedes Jahr ein Junges, d. h. wenn sie alt genug werden, ungefähr 10. Sie können ihre Nachkommenzahl nicht dadurch erhöhen, dass sie sich mit mehreren Männchen paaren. Das Umgekehrte gilt jedoch: Männchen können durch Zugang zu mehreren Weib-

Lebensfortpflanzungserfolg (Fitness)
Anzahl überlebender Jungtiere, die ein Individuum bis zu seinem Lebensende hervorgebracht hat.

proximate Ursachen
In einem Tier vorhandene physiologische Mechanismen (z. B. Nerven- oder Hormonwirkungen), die das Verhalten steuern.

ultimate Ursachen
Evolutionsbiologische Gründe (Fortpflanzungsvorteile) für die Entstehung der physiologischen, verhaltenssteuernden Mechanismen.

ultimo
(lat.) = der Letzte

chen viele Nachkommen zeugen (bei Seeelefanten bis zu 170). Alle Weibchen, die die Geschlechtsreife erlangen, bekommen Junge, während viele Männchen sich nicht fortpflanzen können, da die ranghohen Männchen sie daran hindern (Abb. 122. 2).

Erklärungen der Soziobiologie

Verhaltensforscher versuchen Gesetzmäßigkeiten, Regeln und Ursachen für Verhaltensweisen der Tiere zu finden. Dazu stellen sie Fragen, die sich in der Tragweite ihrer Antworten stark unterscheiden. So könnten sie im vorliegenden Fall fragen: Durch welche Mechanismen wird in einem Seeelefanten berechnet, ob sich ein Kampf lohnt *(Wie-Fragen)*? Die Antwort muss in bestimmten, genetisch festgelegten Nervenschaltungen, abgespeicherten Erfahrungen aus vorangegangenen Kämpfen und hormonellen Zuständen liegen. Mit Wie-Fragen sucht man nach den im Tier vorhandenen, verhaltenssteuernden Mechanismen, den sogenannten *proximaten Ursachen*. Soziobiologen gehen von einer anderen Fragestellung aus. Sie fragen nach den *ultimaten Ursachen (Wozu-Fragen)*. Das bedeutet, sie fragen danach, weshalb sich gerade die beobachteten Verhaltensweisen in der Evolution der Tiere durchgesetzt haben. Soziobiologen kommen dadurch teilweise zu ganz anderen Theorien und einer entsprechend anderen Sprache.

Die Theorie der biologischen Evolution wurde im letzten Jahrhundert von CHARLES DARWIN entwickelt. Er erkannte:
- dass alle Lebewesen eine Überproduktion an Nachkommen haben.
- dass sich die Individuen einer Art voneinander unterscheiden.
- dass diese Unterschiede teilweise genetisch bedingt sind.

Er folgerte daraus, dass nicht alle Individuen einer Art gleich gut an die herrschenden Umweltbedingungen angepasst sein können, sodass einige besser in der Lage sein müssten, Junge großzuziehen als andere. Dadurch sind die Erbanlagen der „besser Angepassten" in der nächsten Generation häufiger vertreten *(Selektion)*. Die Erbanlagen der „schlechter Angepassten" werden von Generation zu Generation immer seltener, d. h. sie werden ausgelesen. Die „Qualität" eines Merkmals in Körperbau und Verhalten kann also daran gemessen werden, wie sehr es dem Träger zum Fortpflanzungserfolg verhilft. Gemessen wird dieser an der Anzahl überlebender Nachkommen am Lebensende des betrachteten Individuums. Dieser *Lebensfortpflanzungserfolg* ist das Maß für die *Fitness*. Da sich in der Evolution zwangsläufig diejenigen Individuen durchsetzen, die den größten Fortpflanzungserfolg haben, haben als Ergebnis dieses Vorgangs auch ihre heutigen Nachkommen die Fähigkeit, eine möglichst hohe Fitness zu erreichen. Wie die Beschreibung des Kampfverhaltens zeigt, verhalten sich Seeelefanten so, als ob sie Kosten und Nutzen eines Kampfes verrechnen könnten, denn sie setzen nur dann Energie ein, wenn ein entsprechender Fortpflanzungserfolg zu erwarten ist. Die Selektion hat also Mechanismen ausgelesen, die das Verhalten so steuern, wie es nach einer Kosten-Nutzen-Berechnung zu erwarten wäre.

Soziobiologische Untersuchungen lassen sich – da Angepasstheit an die Umwelt untersucht wird – in den meisten Fällen nicht in künstlichen Umwelten, wie z. B. im Labor, anstellen. Grundlagen für ihre Theorien sind langfristige Freilandbeobachtungen.

Lange Zeit glaubte man, dass Tiere einer Art sich in der Fortpflanzung zurückhalten, um nicht durch Ressourcenübernutzung die Existenz der Gruppe oder sogar der Art zu gefährden und dass sie sich aus den gleichen Gründen nicht gegenseitig im Kampf beschädigen. Untersuchungen der letzten 20 Jahre zeigten, dass diese Vorstellungen nicht haltbar sind. Wie das Beispiel der Seeelefantenbullen zeigt, bringen diese sich gegenseitig in Beschädigungskämpfen so starke Verletzungen bei, dass die Tiere daran sterben können. Außerdem werden viele Männchen ganz von der Paarung ausgeschlossen. Da das Verhalten jedes Tieres darauf ausgerichtet ist, maximale individuelle Fitness zu erreichen, und weil die Tiere dafür Schäden, ja sogar Tod von Artgenossen in Kauf nehmen, spricht man auch von *genetischem Egoismus*. Die alte Vorstellung der klassischen Ethologen, dass Verhaltensanpassungen dem Wohle der Art dienen, hat sich durch die Soziobiologie als falsch erwiesen.

Aufgabe

① Fassen Sie die in Abbildung 122. 2 dargestellten Sachverhalte zusammen und begründen Sie mithilfe von Kosten-Nutzen-Überlegungen, warum bei Seeelefanten Männchen um Weibchen und nicht Weibchen um Männchen kämpfen.

Sichernde Zwergmanguste

1 Zwergmangusten am Bau

2 Zwergmanguste und Skorpion

Vor- und Nachteile des Zusammenlebens

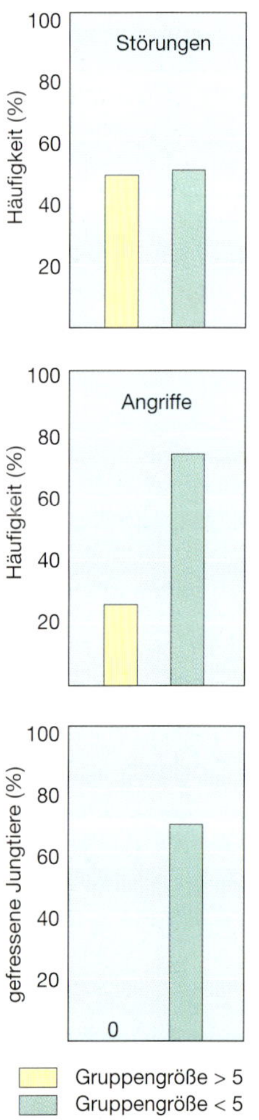

Störungen, Angriffe und Verluste von Jungtieren durch Raubvögel

Während Vertreter einiger Tierarten als Einzelgänger leben, schließen sich andere, zumindest zeitweise, zu kleineren oder größeren Gruppen zusammen. Welche Vor- oder Nachteile bringt es dem Individuum, sich mit Artgenossen zusammenzuschließen? Eine Antwort geben die Befunde von Forschern, die in Ostafrika *Zwergmangusten* beobachteten. Diese kleinen Raubtiere aus der Verwandtschaft der Schleichkatzen haben viele Feinde, von denen sie aus der Luft oder auch vom Boden aus angegriffen werden können. Größere Tierarten besitzen wesentlich weniger Feinde. Nach der Regel „je kleiner, desto mehr Feinde" müssen Zwergmangusten täglich genug Tiere erbeuten, ohne selbst zur Beute zu werden. Die meisten Angriffe erfolgen von Greifvögeln. Vor einem angreifenden Vogel können sie sich in ihren Bau flüchten. Ob sie noch schnell genug ein Versteck erreichen, hängt davon ab, ob sie den Feind rechtzeitig entdecken oder rechtzeitig gewarnt werden. Die notwendige Zeit, um das Versteck zu erreichen, muss kürzer sein als die, die der Vogel braucht, um zur Beute zu kommen. Da die Laufgeschwindigkeit der Mangusten geringer als die Fluggeschwindigkeit des Vogels ist, muss die Manguste genügend Vorsprung haben, um zu überleben.

Mangusten suchen ihre Beute in relativ hohem Gras, sodass es schwer für sie ist, zu sichern. Zusätzlich verbraucht das Sichern wichtige Zeit, in der keine Nahrung gesucht werden kann. In den meisten Gruppen gibt es daher einen Wächter, der aufpasst, während die anderen fressen. Nach einer bestimmten Zeit wird er abgelöst. Gruppen von über bzw. unter fünf Tieren werden gleich häufig von Greifvögeln gestört. Kleine Gruppen werden aber fast dreimal so häufig angegriffen und verlieren dabei annähernd $^2/_3$ aller Jungtiere innerhalb der ersten vier Lebensmonate (s. Randspalte). Alle kleineren Gruppen (fünf oder weniger) wurden innerhalb von zwei Jahren ausgelöscht, da sie nicht in der Lage waren, ausreichend zu sichern. Normalerweise übernehmen rangniedere Männchen die Wächterposition. Fehlen diese in kleineren Gruppen, nimmt die Erfolgsrate der angreifenden Raubtiere zu. Größere Gruppen sind darüber hinaus auch besser in der Lage, ihr Revier gegen Nachbargruppen zu verteidigen und Bodenfeinde, wie beispielsweise Schlangen, zu bekämpfen.

Wenn eine Gruppe flüchtender Tiere durcheinander rennt, schließen sich die Tiere enger zusammen. Dies hat für das Individuum Vorteile: So kann sich der Angreifer nicht auf ein Einzeltier konzentrieren *(Verwirrungseffekt)* und die Wahrscheinlichkeit sinkt, dass dieses selber zur Beute wird. Je mehr Nachbarn es also hat und je näher diese zu ihm selber sind, desto sicherer ist es.

Die optimale Gruppengröße

Beobachtungen an Paviangruppen in verschiedenen Lebensräumen Afrikas zeigen, dass die Gruppengrößen in Abhängigkeit vom vorhandenen Feinddruck variieren. In

Gebieten mit hohem Risiko, gefressen zu werden, sind die Gruppen größer (siehe Randspalte). Die Tiere verhalten sich dort so, als ob sie berechnen könnten, welche Gruppengröße für sie jeweils am günstigsten ist.

Der wichtigste Vorteil des Zusammenlebens in Gruppen ist die Sicherheit vor Feinden, der wahrscheinlich größte Nachteil die Konkurrenz um Ressourcen. Denn Tiere einer Art besitzen weitgehend übereinstimmende Lebensansprüche. Die Höhe des Konkurrenzdruckes hängt von einem komplizierten Zusammenspiel von Körpergröße, Nahrungsqualität und Nahrungsangebot ab. Dabei spielt auch die räumliche und zeitliche Verteilung der Nahrung eine Rolle.

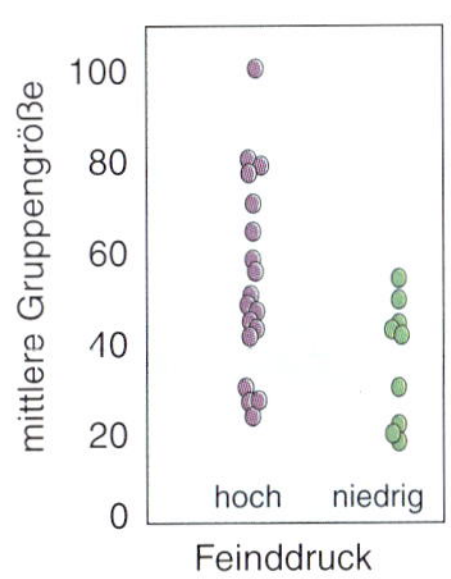

Gruppengrößen bei Pavianen

Kleinere, gleichwarme Tiere besitzen im Vergleich zum Körpervolumen eine relativ große Oberfläche, über die sie Energie in Form von Wärme abgeben. Größere Exemplare verlieren aufgrund der relativ kleinen Oberfläche entsprechend weniger Energie pro Gramm ihres Körpergewichtes und Zeit (Abb. 1). Kleinere Individuen setzen demzufolge pro Zeiteinheit relativ mehr Energie frei als große Tiere. Abgegebene Energie muss über die aufgenommene Nahrung nachgeliefert werden. Das bedeutet, dass kleine Tiere mit einem kleinen Magen-Darm-Trakt relativ gesehen mehr Energie umsetzen müssen als die Großen; die Nahrung muss also schneller den Darm durchlaufen können und schnell verdaubar sein. Der Zusammenhang ist im *Jarman-Bell-Prinzip* zusammengefasst: Kleinere Tiere brauchen energiereiche, leicht verdaubare Nahrung.

Für Vögel und Säugetiere ist die Zerlegung von Zellulose, dem Hauptbestandteil pflanzlicher Zellwände, das größte Problem, da sie dafür keine abbauenden Enzyme besitzen. Die Zellwände liefern nur die durch symbiontische Einzeller langsam zerlegbaren Ballaststoffe. Zellen in Knospen oder jungen Blättern besitzen noch dünne Zellwände, sind also leichter zu verdauen. Das Gleiche gilt für Blüten, Früchte und erst recht für tierische Nahrung, da bei dieser die Zellwände fehlen. Verwertbarkeit und Nahrungsqualität der Nahrung nehmen von alten Zellen über junge Zellen, Blattknospen, Blüten und Früchten bis hin zu tierischer Nahrung zu.

In einem Wald findet man nur wenige Blätter, die sich gerade im Knospenstadium befinden oder noch jung sind. Früchte und Blüten sind selten und daher räumlich weit verteilt. Einem Blattfresser steht also eine Menge schwer verdaubarer Biomasse zur Verfügung, aber nur wenig und weit verteiltes Material, das schnell Energie liefert. Größere Tiere mit geringeren Qualitätsansprüchen haben demzufolge eine geringere Nahrungskonkurrenz als die kleineren. Diese sollten sich daher bei der Nahrungssuche trennen, sind aber aufgrund der Körpergröße stärker von Raubtieren bedroht, sodass sie andererseits zusammenbleiben sollten. Daraus ergibt sich die *optimale Gruppengröße* (Abb. 2). Mit jahreszeitlichen Veränderungen kann diese sich ändern.

Aufgabe

(1) Erläutern Sie Vor- und Nachteile des Zusammenlebens in Gruppen.

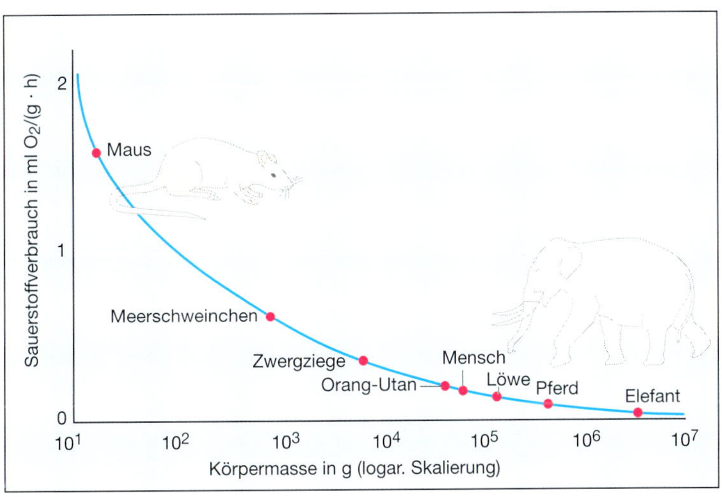

1 Daten zum Stoffwechsel verschiedener Säugetiere

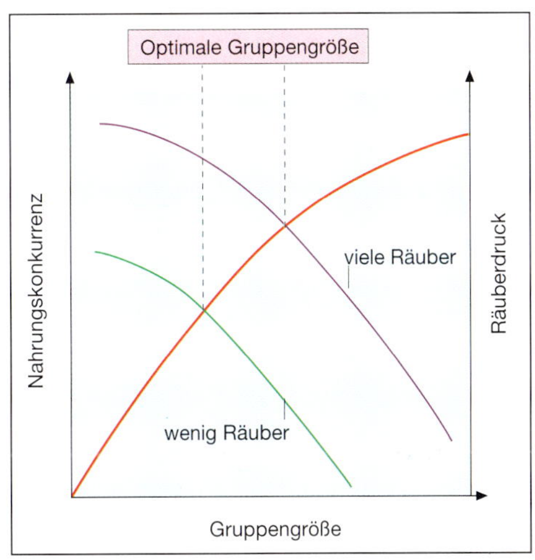

2 Die optimale Gruppengröße

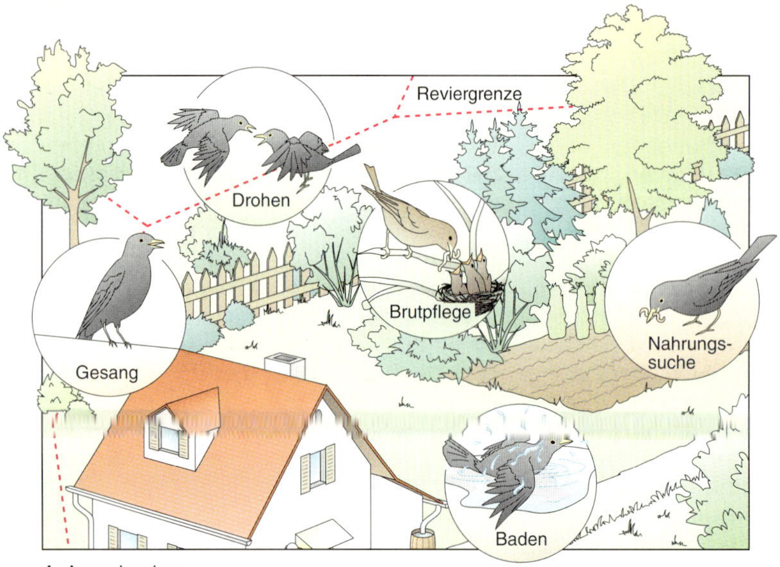

1 Amselrevier

2 Fischotter

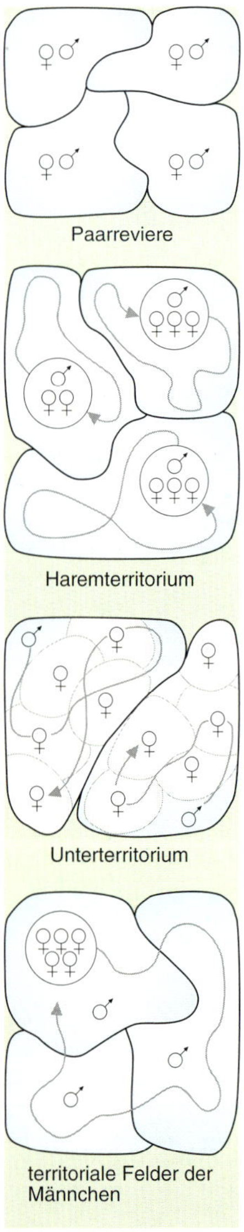

Reviere

Im zeitigen Frühjahr sieht man oft Amseln, die wie von imaginären Kräften geleitet, mit gesträubten Federn und gesenktem Schwanz (einer typischen Drohhaltung) nebeneinander hüpfen, bis sie plötzlich flügelschlagend voreinander hochfliegen und sich gegenseitig angreifen. Trägt man die Orte dieser Kämpfe auf einer Karte ein, stellt man fest, dass jedes Tier einen bestimmten Raum verteidigt. Ähnliche Beobachtungen machten Vogelkundler schon vor vielen Jahren. Sie nannten diesen verteidigten Raum *Revier*. Da Revierverhalten bei zahlreichen Vogelarten entdeckt wurde, hielt man es für ein allgemeines biologisches Phänomen.

Untersuchungen an Zootieren führten dazu, dass dieses Modell auf Säugetiere übertragen wurde. Man entwickelte das in Abbildung 127.1 dargestellte Schema, das man aufgrund seiner Anschaulichkeit in vielen Lehr- und Schulbüchern findet. Das von Säugetieren verteidigte Gebiet nannte man *Territorium*. Nach diesen Vorstellungen wird es von einem Tier oder einer Gruppe bewohnt und ist gegen Nachbarterritorien deutlich abgegrenzt. Territorien enthalten alle lebensnotwendigen Umweltfaktoren, wie beispielsweise Verstecke, Badeplätze, Tränken, Jagdgebiete und Komfortstellen. In ihnen legen sich die Tiere Bauten und Verstecke an, die nach dem Grad von Sicherheit und Benutzung als Heim 1. Ordnung, 2. Ordnung usw. bezeichnet wurden. Säugerterritorien sollten durch Duftmarkierungen gekennzeichnet und abgegrenzt sein, damit die Nachbarn vom Betreten abgeschreckt werden.

Derartige Territorien gibt es bei einigen Säugetieren, wie beispielsweise bei Otter und Wolf. Oft trifft das Modell jedoch so nicht zu. Das Verhalten im Freiland ist wesentlich komplizierter.

Einige Tierarten sind zu manchen Zeiten überhaupt nicht bereit, ein Gebiet zu verteidigen. Sie nutzen zu anderen Zeiten große Gebiete friedlich gemeinsam und vertreiben Artgenossen nur aus bestimmten kleinen Kernräumen. Diese enthalten aber nicht alle lebensnotwendigen Ressourcen. Es gibt also neben den Territorien sich überlappende *Aktionsräume*, in denen Artgenossen friedlich koexistieren. Die Verteidigung von Landflächen wird von den Tieren oft nur zu bestimmten Zeiten durchgeführt. Man schließt daraus, dass der Grund für Territorialität nicht allgemeine Ressourcensicherung ist.

Neben diesen Befunden war auffällig, dass sich Männchen häufiger territorial verhalten als Weibchen. Die Vorteile aus dem „Landbesitz" sollten daher für Männchen größer sein als für Weibchen. Freilandversuche mit Affen brachten dazu eine Erklärung. Man setzte in verschiedenen Gebieten getrennt Affenweibchen bzw. -männchen aus. Es zeigte sich, dass die Weibchen immer dann in einem Gebiet blieben, wenn die ökologischen Bedingungen gut waren und sie entsprechend gutes Futter vorfanden. Anders die Männchen! Diese verließen jedes Gebiet, ganz gleich wie die Futterversorgung war, und blieben nur dann, wenn sie auch Weibchen vorfanden.

Floater
Sie halten sich in Revieren von Artgenossen auf, meiden aber Auseinandersetzungen und die Nähe zum Revierbesitzer.

Daraus kann man folgern, dass die Grundlage der Weibchenterritorialität hauptsächlich Nahrungskonkurrenz ist. Weibchen brauchen für die Jungenaufzucht, d. h. ihren Lebensfortpflanzungserfolg, optimale Futterbedingungen. Männchen dagegen können ihre Fitness durch Zugang zu mehreren Weibchen erhöhen. Ist die Konkurrenz um diese größer als um Futter, zeigen die Männchen ein ausgeprägtes Territorialverhalten. Weibchen haben daher je nach den ökologischen Bedingungen größere oder kleinere Territorien als Männchen oder sind gar nicht territorial. Männchen verteidigen je nach der Verteilung der Weibchen meist größere Flächen. Aus der räumlichen und zeitlichen Überlagerung dieser Reviere ergeben sich komplizierte Muster (s. Randspalte S. 126).

Ob ein Individuum sich zu einem bestimmten Zeitpunkt territorial verhält oder nicht, hängt von mehreren Bedingungen ab. Denn die Verteidigung der Territorien folgt gleichsam einer Kosten-Nutzen-Rechnung. Zunächst stellt sich die Frage, ob ein Wohngebiet für ein Tier überhaupt verteidigbar ist. Viele Säugerterritorien sind so groß, dass ein Besitzer die Grenzen nicht kontrollieren und demzufolge nicht verteidigen kann. Dies ist besonders bei geringer Populationsdichte der Fall, wenn die Tiere weit voneinander entfernt leben und der einzelne sich beliebig ausbreiten kann. Mit der Zunahme des genutzten Raums wird die Ressourcenversorgung zunachst ımmer besser *(Nutzen)*. Wenn der Raum aber erst einmal alle Bedürfnisse eines Individuums deckt, ist eine weitere Vergrößerung biologisch nicht sinnvoll (Abb. 2).

Nimmt die Populationsdichte weiter zu, steigt die Konkurrenz und der verteidigbare Raum schrumpft. Es wird sinnvoll, den verbleibenden Rest zu verteidigen *(Kosten)*. Nimmt der Populationsdruck noch weiter zu, übertreten die benachbarten Tiere häufiger die Territorialgrenze und eine permanente Verteidigung wird unmöglich.

Bei einigen Tierarten kommen sogenannte *Floater* vor, die sich im Revier von Artgenossen unauffällig verhalten und Auseinandersetzungen mit dem Revierbesitzer vermeiden. Meist sind dies Männchen, die dann das Territorium vom Vorgänger übernehmen, wenn dieser aus irgendeinem Grunde verschwindet. In einer Untersuchung an Kohlmeisen endeckte man sogar männliche und weibliche Floater, die sich zu Paaren zusammenfanden und versuchten, heimlich im Randgebiet eines fremden Reviers zu brüten. Auch diese revierlosen Tiere zogen erfolgreich Junge groß. Sie legten mit durchschnittlich 8,56 Eiern nahezu genauso große Gelege wie Revierbesitzer (9,29 Eier). Während in 100 % der territorialen Nester Jungtiere flügge wurden, war dies nur in 58 % der Floaternester der Fall. Floater zogen pro Paar nur ungefähr halbsoviele Junge groß (4,08) wie revierbesitzende Paare (8,0).

Die im Modell der Abbildung 1 enthaltene Annahme, dass Duftmarkierungen die Nachbarn abschrecken sollen, ist in den meisten Fällen auch noch nicht nachgewiesen worden. Denkbar wäre auch, dass sie der Eigenorientierung bei der Futtersuche dienen und Artgenossen verraten können, dass ein bestimmtes Gebiet schon abgesucht ist.

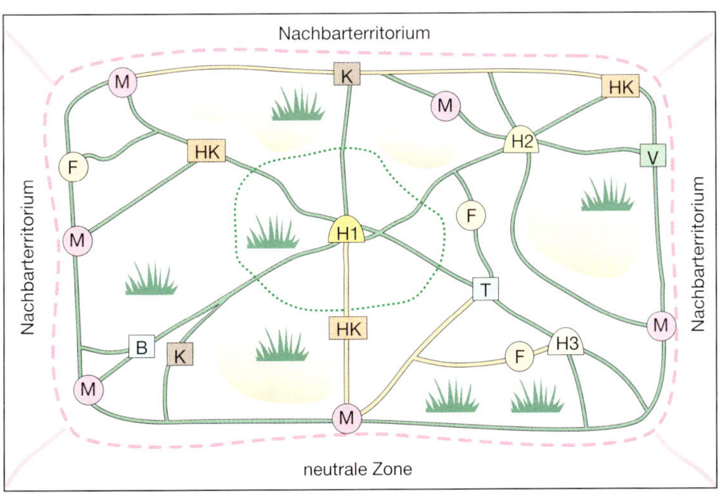

1 Territorium: Ein Modell

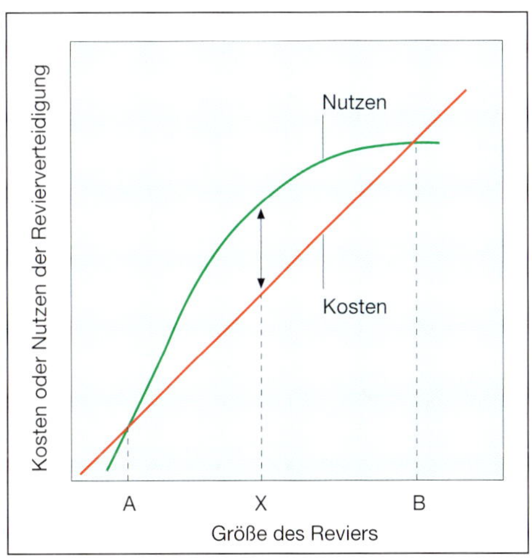

2 Bedingungen der Reviergröße

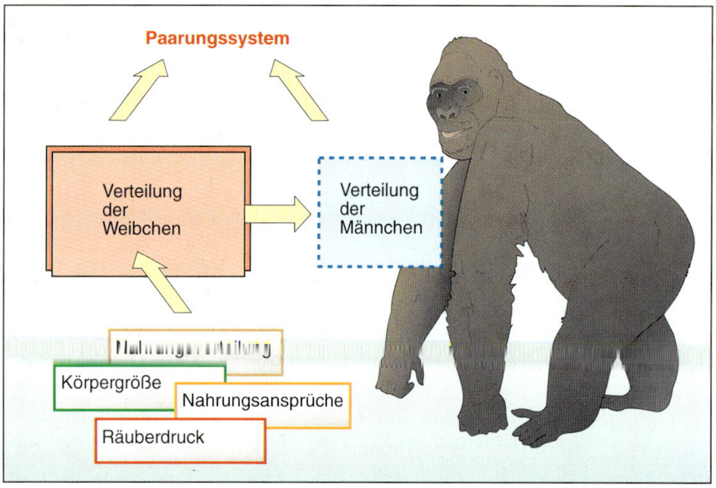

1 Paarungssystem

2 Flachlandgorillas

Sozialstrukturen

Paarungssysteme

Monogamie
Paarbindung zwischen einem Männchen und einem Weibchen über eine Fortpflanzungssaison oder bis zum Tod eines Partners.

Polygamie
Ein Individuum eines Geschlechts paart sich mit mehr als einem Partner des anderen Geschlechts. Man unterscheidet 3 Formen:

Polygynie:
Ein Männchen begattet mehrere Weibchen. Jedes Weibchen der Gruppe paart sich mit diesem Männchen. Die Brutpflege übernehmen die Weibchen.

Polyandrie:
Ein Weibchen paart sich mit mehreren Männchen. Die Männchen übernehmen einen Teil der Brutpflege.

Polygynandrie:
Männchen und Weibchen paaren sich mehrfach mit verschiedenen Partnern. Beide Geschlechter können sich an der Brutpflege beteiligen.

Manche Tiere leben kurzfristig oder dauerhaft in kleineren oder größeren Gruppen zusammen, andere kommen an einem Ort zusammen, ohne einander zu suchen. So trifft sich am Elefantenkot in der afrikanischen Savanne eine Fülle verschiedener Käfer, die um Kotkugeln kämpfen, die sie als Nahrung für ihre Jungen benötigen. An Wasserstellen finden sich Zebras, Gnus, Nashörner, usw. ein. Solche Ansammlungen nennt der Verhaltensforscher *Aggregationen*. Sie sind dadurch gekennzeichnet, dass die Einzeltiere den Ort und nicht den Artgenossen suchen. Fischschwärme dagegen kommen dadurch zustande, dass Fische einer Art und einer bestimmten Größe die Nähe von Artgenossen suchen. Da der Einzelfisch beliebig in den Schwarm hinein und wieder heraus kann und die Fische sich gegenseitig nicht kennen, spricht man von *offenen anonymen Verbänden*. Alle Angehörigen eines Bienenvolkes erkennen sich gegenseitig am *Stockduft*, sie erkennen sich jedoch nicht individuell. Eindringlinge werden abgewehrt. Diesen Sozialverband nennt man *geschlossene anonyme Gesellschaft*. Bei *geschlossenen individualisierten Gesellschaften*, die häufig bei Vögeln und Säugetieren vorkommen, kennen sich alle Gruppenmitglieder individuell.

Auch bei überwiegend einzeln lebenden *(solitären)* Arten treffen sich Geschlechtspartner wenigstens zur Fortpflanzung. Es lassen sich verschiedene Paarungssysteme unterscheiden (s. Randspalte). Einige Arten können in manchen Gebieten polygyn, in anderen polygynandrisch oder auch monogam sein. Ein bestimmtes Paarungssystem ist kein arttypisches Merkmal, sondern kann innerhalb der Art in ökologisch unterschiedlichen Lebensräumen variieren. Die Abbildung 1 zeigt vorhandene Abhängigkeiten. Das Zustandekommen der verschiedenen Paarungssysteme lässt sich soziobiologisch erklären. Dieses zeigt für die Polygynie das Fallbeispiel der Gorillas.

Fallbeispiel: Gorillas

Gorillas sind sehr große Tiere und können sich von qualitativ schlechter, rohfaserreicher Nahrung ernähren *(Jarman-Bell-Prinzip)*. Sie fressen in der Natur weitgehend faserreiche Pflanzenteile (Sellerie, Brennnessel, Distel, Bambus), die in ihrem Lebensraum in großen Mengen vorkommen. Die Nahrungskonkurrenz ist entsprechend klein. Wie die Verteidigungsreaktionen der Erwachsenen zeigen, lastet der Feinddruck (Leopard) weitgehend auf den Jungtieren. Aus dem Zusammenspiel von geringer Nahrungskonkurrenz und Feinddruck ergibt sich, dass die Weibchen in Gruppen zusammenleben. Dies ermöglicht es einem erwachsenen Männchen, sich die Weibchengruppe als Harem anzueignen *(Polygynie)*. Dazu muss es aber stark genug sein, fremde Männchen notfalls im Beschädigungskampf zu vertreiben. Da sich nur erfolgreiche Kämpfer fortpflanzen können, entstanden im Verlauf der Evolution starke Männchen, die mit 140 – 240 kg Körpergewicht mehr als doppelt so schwer wie die Weibchen werden können.

Monogamie

92 % aller Vogelarten, aber nur 5 % aller bisher untersuchten Säugetierarten und davon immerhin 14 % aller Primaten, sind *monogam*. Paare, die zumindest für eine Brutperiode monogam sind, findet man bei Arten, bei denen Männchen einen größeren Fortpflanzungserfolg erreichen, wenn sie beim Weibchen bleiben. Monogame Männchen kann man auch dann erwarten, wenn sie aus ökologischen Gründen wenig Aussicht haben, mit einem weiteren Weibchen zusätzliche Junge zu zeugen. Bei hoher Nahrungskonkurrenz und geringem Räuberdruck können Weibchen alleine leben. Sie tolerieren dann nur die abhängigen Jungen. Dies ist besonders dann zu erwarten, wenn kleine Tiere auf seltenes Futter angewiesen sind (Knospen, Früchte, Insekten). Weibchen dieser kleinen Tierarten leben oft weit verstreut im Lebensraum und sind daher schwer zu finden. Besteht die Gefahr, dass ein verlassenes Weibchen den Nachwuchs nicht allein großziehen kann und dass das Männchen kein weiteres Weibchen findet, ist es aussichtsreicher, das vorhandene Weibchen zu bewachen *(Weibchen-Kontroll-Monogamie)*.

Besonders häufig entwickelte sich Monogamie bei Tierarten, deren Männchen den Weibchen bei der Jungenaufzucht helfen können (*kooperative Monogamie*, wie z. B. bei hundeartigen Raubtieren und Vögeln). Da Vogelmännchen zusätzlich einen Anteil des Brütens übernehmen können, ist der hohe Prozentsatz an Monogamie bei ihnen verständlich. Bei den *Klippspringern*, kleinen afrikanischen Antilopen, ist die Nahrungskonkurrenz und die Gefährdung durch Raubtiere groß. Weibchen können nur überleben, wenn sie permanent von einem Männchen begleitet und bewacht werden.

Fallbeispiel: Siamangs

Die Ursachen der Monogamie sind bei einem Menschenaffen aus der Verwandtschaft der Gibbons, dem *Siamang*, besonders gut untersucht. Bei diesem etwa 11 kg schweren Affen Südostasiens sehen sich die Geschlechter sehr ähnlich. Als Besonderheit besitzen Männchen und Weibchen einen Kehlsack, den sie bei ihren mehrmals täglich stattfindenden, laut schallenden Gesängen, als Resonanzkörper nutzen. Siamangs benötigen hochwertige, energiereiche Nahrung. Deshalb ist die Konkurrenz um die Nahrung recht groß. Die Weibchen trennen sich ständig voneinander und gehen als Einzelgängerinnen auf Nahrungssuche. Dies ist möglich,

1 Siamang

da sie keine Feinde besitzen. Größere Katzenarten können sie nicht in den höchsten Baumwipfeln verfolgen und für Affen gefährliche Greifvögel, wie z. B. Adler, gibt es in ihrem Verbreitungsgebiet in Ostasien nicht. Da die Weibchen sich nicht permanent gegen eindringende Männchen verteidigen können, ist es sinnvoll, ein Männchen zu akzeptieren, das Konkurrenten vertreibt. Eindringende Weibchen würden zwar vom Territorialhalter geduldet, da sie weitere Fortpflanzungsmöglichkeiten böten, sie werden aber vom anwesenden Weibchen vertrieben, da sie weitere Konkurrenz um Nahrung und Männchen bedeuten würden. Es liegt eine vom Weibchen erzwungene Monogamie vor.

Nun könnten Männchen nach erfolgreicher Begattung versuchen, in der Nachbarschaft weitere Weibchen zu finden. Dieses hat jedoch aus zwei Gründen keinen Vorteil. Zum einen zeigen die Weibchen im Gegensatz zu den Schimpansen nicht durch Genitalschwellungen an, wann sie ihren Eisprung haben *(verdeckte Ovulation)* und sind eine längere Phase paarungsbereit. Um eine Befruchtung zu garantieren, muss das Männchen entsprechend lange beim Weibchen bleiben und sich häufiger mit ihm paaren. Zum anderen sind alle Weibchen fortpflanzungssynchronisiert, d. h. wenn ein Männchen sein Weibchen nach erfolgreicher Begattung verlassen könnte, sind auch die anderen Weibchen nicht mehr paarungsbereit.

Aufgabe

① Setzen Sie die Beispiele von Gorilla und Siamang in Bezug zur Abb. 128. 1.

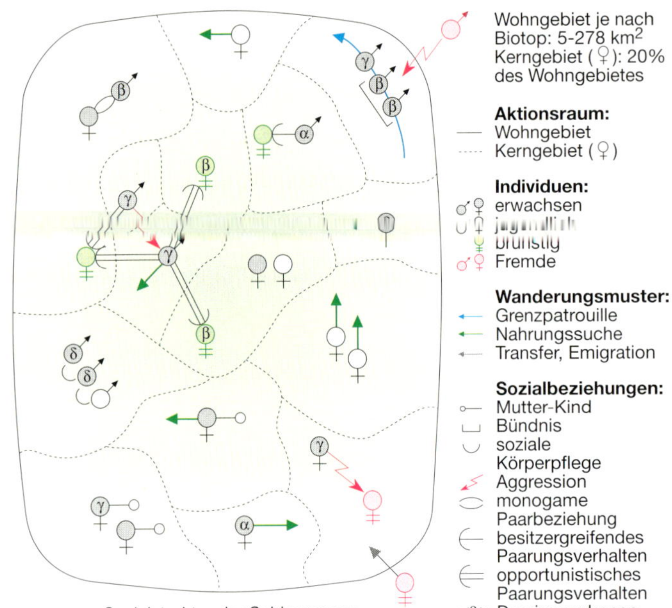

Sozialstruktur der Schimpansen

Die Gemeinschaft der Schimpansen

Schimpansen leben in Gruppen bis zu 50 Tieren zusammen und fressen bevorzugt Früchte. Je nach Lebensraum wechselt die Dichte der reifen Fruchtbäume stark. So zerfällt die Schimpansengemeinschaft je nach Nahrungsangebot und der Häufigkeit brünstiger Weibchen in Männertrupps, Mutter-Kinder-Trupps und gemischtgeschlechtliche Trupps. Versammlungen und Zerfall in Untergruppen kennzeichnet die *Sammlungs-Trennungs-Gesellschaft.* Ein Vorteil des Zusammenschlusses besteht in der Möglichkeit, *kooperativ zu jagen*, womit die Wahrscheinlichkeit zunimmt, Beutetiere, wie kleinere Affen, Buschschweine oder junge Antilopen zu fangen. Die Jagd wird weitgehend von den Männchen durchgeführt, die ihre Beute mit den Weibchen teilen.

Die Männchen verteidigen das *Gruppenterritorium* gemeinsam. Einzeln können sie ihre Fortpflanzungsstrategie, möglichst viele Weibchen zu begatten, nicht optimieren. Die Männchengruppe sichert damit gemeinsam ihre wichtigste Ressource (paarungsbereite Weibchen), da Weibchen auf der Nahrungssuche ein großes Wohngebiet durchstreifen können. Fremde Schimpansenmännchen werden an der Territorialgrenze angegriffen und teilweise bis in deren eigenes Revier verfolgt. Lediglich Weibchen werden in den Sozialverband aufgenommen. In der Gruppe geborene Weibchen verlassen die Gruppe vor der Geschlechtsreife, wodurch Inzucht vermieden wird. Die Männchen verbleiben in der Gruppe. Sie sind miteinander verwandt und kennen sich sehr gut. Männliche Schimpansen bilden Bündnisse, die sich an der bevorzugten gegenseitigen Fellpflege ablesen lassen.

Die Schimpansenweibchen kopulieren mit wechselnden Partnern, was dazu führt, dass viele Männchen Vater sein könnten. Das ist eine mögliche Begründung dafür, dass sich so keines aggressiv gegen das Jungtier verhält. Ein Großteil der Jungtiere wird nach individueller Partnerwahl in einer mehrtägigen Partnerbeziehung gezeugt, bei der sich ein Paar von der Gruppe absondert.

Rangordnung

Die Schimpansenforscherin Jane Goodall berichtete über einen Kampf zwischen Schimpansenmännchen: „Figan hörte auf zu fressen. Einen Augenblick saß er regungslos auf einem Baum, dann kletterte er ganz ruhig hinab. Bis er die anderen erreicht hatte, begann sich sein Fell schon zu sträuben, und als er auf ihren Baum hinaufkletterte, schwoll er an, bis er doppelt so groß wirkte, wie er wirklich war. Plötzlich ging es los; Figan zeigte eine wilde Imponierveranstaltung im Geäst, schüttelte heftig Zweige, sprang und schwang sich von einer Seite des Baumes auf die andere. Chaos brach aus, als Schimpansen kreischend vor ihm flüchteten; viele von ihnen sprangen aus den Schlafnestern. Figan scheuchte kurz ein altes Männchen und verpasste ihm en passant einen fürchterlichen Hieb, und dann, als er sich richtig in Rage gearbeitet hatte, sprang er von oben auf Humphrey in seinem Nest hinunter. Ineinander verkrallt fielen die beiden rund neun Meter tief hinab. Humphrey riss sich los und floh kreischend".

Figans Sieg über das Männchen mit dem bis dahin höchsten sozialen Rang, dem des *Alpha-Tieres*, leitete eine Veränderung in den sozialen Stellungen der Schimpansengruppe ein. Junge Männchen mit wachsender Kampfkraft und Erfahrung provozieren vor entscheidenden Kämpfen ranghohe Männchen. Sie versuchen, sie von ihrer sozialen Stellung zu vertreiben *(Rangstreben).*

1 Imponiergehabe des Schimpansen

Zitat von
Jane Goodall aus:
Ein Herz für Schimpansen, Rowohlt-Verlag, Reinbek bei Hamburg, 1993; Seite 64

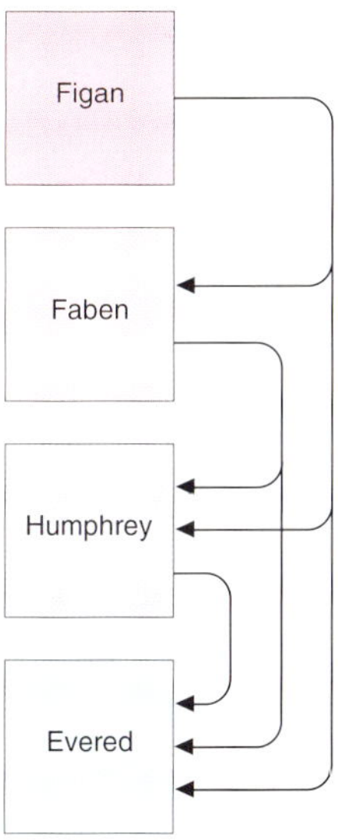

Lineare Rangordnung

Männchen erreichen die Alpha-Position häufig über Koalitionen mit anderen Männchen. Figan hatte sich die Unterstützung seines Bruders Faben gesichert, der bei dem Kampf anwesend war. Evered, der Partner von Humphrey, fehlte bei dieser Auseinandersetzung. Einige Tage später besiegten Figan und Faben gemeinsam Evered. Damit dominierten sie über die alte Spitzenkoalition.

Rangordnungen gibt es in vielen geschlossenen individualisierten Gesellschaften. Sie sind manchmal linear, wobei die ranghöheren jeweils über die rangniederen Tiere dominieren. Nach dem griechischen Alphabet wird das ranghöchste als α-Tier bezeichnet, dann folgt das β-Tier, danach das γ-Tier und am Ende der Rangordnung das Ω-Tier (s. Randspalte). Bei den anderen Rangordnungstypen treten Gruppen gleichrangiger Tiere oder auch Dreiecksbeziehungen mit teilweise umgekehrter Rangposition zwischen einzelnen Tieren auf.

Rangordnungen führen zu Vorrechten im Zugang zu Ressourcen und dadurch zu unterschiedlich guten Erfolgen in der Zeugung bzw. in der Aufzucht von Jungen, d. h. zu Fitness-Unterschieden. Je nachdem, wie groß Gewinne und Verluste bei Auseinandersetzungen sind, treten Rangordnungskämpfe auf oder auch nicht. Wenn sich ein Kampf lohnen soll, muss der Nutzen der Ressourcen (N_R) multipliziert mit der Wahrscheinlichkeit den Kampf zu gewinnen (P_G) größer sein, als die zu erwartenden Kosten des Kampfes (K_K), d. h.: $N_R \times P_G > K_K$

Während unter Männchen meist eine klar ausgeprägte Hierarchie besteht, fehlt diese bei Weibchen oft. Ranghohe Männchen haben Paarungsvorteile bei fortpflanzungsbereiten Weibchen, ranghohe Weibchen besseren Zugang zum Futter. Paarungsbereite Weibchen kopulieren mit vielen Männchen nacheinander, wobei sich die ranghöchsten Männchen aber zum Zeitpunkt des Eisprunges am häufigsten paaren und so ihre Spermienzellen am wahrscheinlichsten die Eizelle befruchten. Spermien verschiedener Männchen konkurrieren um die Eizelle, was evolutiv zur Ausbildung besonders großer Hoden führte. Schwächere Männchen sichern sich Nachwuchs, indem sie mit einem Weibchen die Gruppe verlassen, bevor dessen Paarungsbereitschaft sichtbar wird.

Im Gegensatz zu früheren Vorstellungen haben Rangordnungen keinen Vorteil für die Gruppe. Vorteile haben alle Individuen, auch die Verlierer. Einerseits nutzen Rangniedere den Schutz, den die Gruppe vor Feinden bietet, andererseits gehen Verlierer weniger Kosten und Risiken zu Zeiten ein, wo ein Kampferfolg unwahrscheinlich ist. Sie warten ab, so dass sie später vielleicht einmal die Führungsrolle übernehmen können.

Aufgabe

(1) Begründen Sie auf der Grundlage der Risikoabwägung, warum Männchen häufiger Rangordnungen ausbilden als Weibchen.

Versöhnung

Bei Schimpansen hat der Affenforscher F. de Waal beobachtet, dass nach aggressiven Begegnungen in 40 % der Fälle die Gegner innerhalb von einer halben Stunde Kontakt zur Versöhnung aufnehmen.

Im einfachsten Falle wurde dem Gegner die ausgestreckte, nach oben offene Hand entgegengehalten. Gelingt es Männchen nach einem Kampf nicht, die Kommunikation wieder aufzunehmen, kann ein Weibchen zwischen beiden vermitteln. Es nähert sich einem Männchen, betreibt soziale Fellpflege *(grooming)* mit ihm, fordert gleichzeitig den Kontrahenten durch einen Augenkontakt auf, zu folgen. Wenn auch das zweite Männchen neben ihr sitzt, wird sie von beiden am Fell gepflegt. Zieht sich das Weibchen zurück, pflegen sich die beiden bald gegenseitig.

Während das Versöhnungsverhalten bei Schimpansen meist von den unterlegenen Tieren ausgeht, übernehmen bei ehemaligen Gegnern unter Zwergschimpansen meist die ranghohen Tiere die Initiative. Diese Schimpansenart baut soziale Spannungen besonders häufig über Sexualkontakte ab. Diese Beispiele machen deutlich, dass im sozialen Verhalten unserer nahen Verwandten Versöhnung und Konfliktvermeidung angelegt sind.

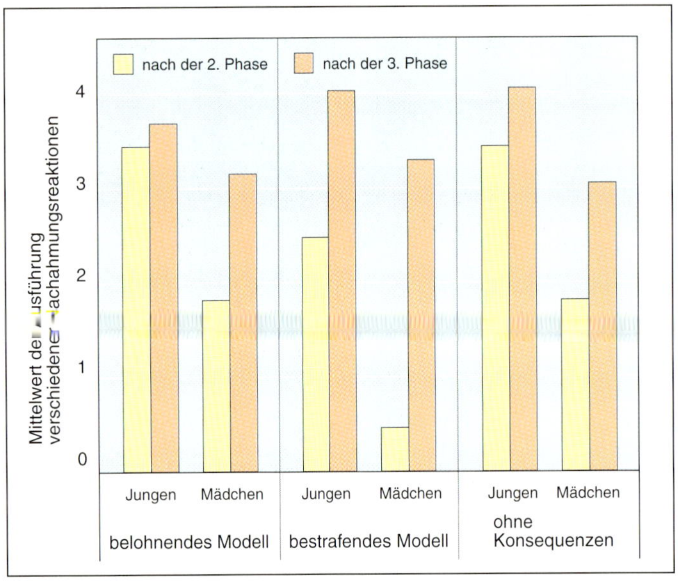

Rocky: Ein Experiment zum Aggressionsverhalten

Das folgende Experiment wurde in einem Kindergarten mit Jungen und Mädchen im Alter von ca. 3 bis 6 Jahren durchgeführt. Die Kinder wurden zufällig auf drei gleich große Gruppen verteilt. Die Anzahl der Mädchen und Jungen pro Gruppe war gleich.

In der ersten Versuchsphase sahen alle Kinder den gleichen Film. Die Endszene des Films war jedoch für alle drei Gruppen verschieden. In dem Film wurde physische und verbale Aggression dargestellt. Rocky, die Hauptperson des Films, ging auf eine lebensgroße, aufgeblasene Plastikpuppe zu, setzte sich auf die Puppe und schlug ihr auf die Nase. Dabei sagte er: „Direkt auf die Nase, bumm, bumm". In den folgenden Szenen schlug Rocky der Puppe mit einem großen Holzhammer auf den Kopf, schleuderte sie mit einem Fußtritt quer durch den Raum und warf Gummibälle auf die Puppe. Ergänzt wurden diese aggressiven Handlungen immer durch aggressive Äußerungen.

Die Kinder der ersten Gruppe sahen folgende Endszene: Rocky wurde für seine Aggressionen von einem Erwachsenen belohnt. Die zweite Gruppe sah eine Endszene, in der Rocky von einem Erwachsenen bestraft wurde. Gleichzeitig wurde er als brutaler Kerl bezeichnet. In der dritten Gruppe gab es für Rockys Aggressionen keine Konsequenzen, weder positive noch negative.

In der zweiten Versuchsphase konnten die Kinder einzeln in verschiedenen Räumen spielen, in denen sich Spielzeug und Gegenstände aus dem Film befanden. Das Verhalten der Kinder wurde 10 Minuten lang durch eine Einwegscheibe von einer Person beobachtet, die nicht wusste, aus welcher Gruppe das jeweilige Kind stammte. In der dritten Phase wurden die Kinder dazu aufgefordert, Rockys Verhalten zu imitieren und erhielten dafür eine Belohnung.

Aufgaben

① Beschreiben Sie die aus dem Experiment gewonnenen Daten (s. Abb.). Erläutern Sie, welche Rückschlüsse zum Aggressionsverhalten des Menschen aus diesem Experiment abgeleitet werden können.

② Diskutieren Sie, welche Gefahren in brutalen Filmen liegen können, und weshalb es notwendig ist, über diese Filme zu reden.

Aggressionsverhalten bei Menschen

Aggressionsverhalten schließt alle Verhaltensweisen zum Angriff, zur Verteidigung und zum Drohen ein. Beim Menschen tritt aggressives Verhalten in unterschiedlichen Funktionszusammenhängen auf, wie z. B. zur Verteidigung eines Eigentums, zum Erwerb oder zur Verteidigung einer Rangordnungsposition, beim Rivalisieren um Sexualpartner, bei Frustration oder zur Selbstverteidigung. Soziologen, Psychologen und auch Biologen haben aggressives Verhalten erforscht und verschiedene Theorien zu den Ursachen aufgestellt.

In der ursprünglichen Form geht die *Frustrations-Aggressions-Theorie* aus dem Jahre 1939 auf die Vorstellungen eines Teams aus Soziologen und Psychologen zurück. Es wurde angenommen, dass Aggression immer eine Folge von Frustration ist und Frustrationen immer zu einer Form von Aggression führen. Unter einer Frustration versteht man beim Menschen die Störung einer zielgerichteten Aktivität. Aggression zielt auf die Verletzung eines Organismus. Das Ausführen einer Aggression verringert die Aggressionsbereitschaft. Die Hypothese wurde weiterentwickelt: Länger zurückliegende Frustrationen können sehr viel später zu Aggressionen führen. Als Ursache werden beispielsweise frühkindliche Entbehrungen, erzwungener Gehorsam oder Misserfolge in der beruflichen Konkurrenz angenommen. Problematisch bleibt an dieser Hypothese, warum Menschen mit ähnlichen Frustrationserlebnissen unterschiedlich aggressiv reagieren.

In der *Lerntheorie* wird ausgesagt, dass aggressives Verhalten ausschließlich erlernt und durch Außenreize erworben wird. Aggressives Verhalten, das zur Bedürfnisbefriedigung führt, ruft die Erwartung hervor, dass künftiges aggressives Verhalten ebenfalls Erfolg haben wird. Untersuchungen zeigen jedoch, dass Aggressionsverhalten auch genetische Grundlagen aufweist.

KONRAD LORENZ vertrat basierend auf seinem an Tieren entwickelten Instinktmodell die Triebtheorie der Aggression. Danach wird dem Menschen ein Aggressionstrieb zugeschrieben, der von selbst Aggressionsbereitschaft aufbaut. Bei Tieren hat sich jedoch gezeigt, dass eine staubare Handlungsbereitschaft nicht verallgemeinernd angenommen werden kann.

Aggressionsformen

Aggressives Verhalten im Vorschulalter

BANDURA, ROSS und ROSS verteilten Vorschulkinder im Alter von 3–5 Jahren zufallsgemäß auf 4 Gruppen:

- *Gruppe 1* beobachtete 10 Minuten einen Erwachsenen, der aggressives Verhalten zeigte. Er verprügelte und trat z. B. eine Spielzeugpuppe.
- *Gruppe 2* sah die gleiche Situation in einem Film im Fernsehen.
- *Gruppe 3* bekam die identischen aggressiven Verhaltensweisen in einem Trickfilm mit einer Katze als Modell gezeigt.
- *Gruppe 4* beobachtete keine aggressiven Verhaltensweisen. Sie diente als Kontrolle.

Anschließend wurden alle als aggressiv klassifizierten Verhaltensweisen der Kinder über 20 Minuten protokolliert. Vor Protokollbeginn wurden die Kinder durch die Wegnahme eines beliebten Spielzeugs frustriert. Unter den Spielzeugen im Zimmer befanden sich eine Puppe und ein Stock.

Mittlere Anzahl der Aggressionshandlungen:

	Gr. 1	Gr. 2	Gr. 3	Gr. 4
Jungen	131,8	85,0	117,2	72,2
Mädchen	57,3	79,7	80,9	36,4

Aufgaben

① Deuten Sie die Ergebnisse hinsichtlich der erkennbaren Lernformen und einer anwendbaren Aggressionstheorie.
② Versuchen Sie, Kriterien für aggressive Handlungen aufzustellen. Untersuchen Sie mit diesem Kriterienkatalog Fernsehsendungen mit besonders aggressivem Charakter und auch Trickfilme für Kinder. Diskutieren Sie Ihre Ergebnisse.

Aggressive Mäuse

SCOTT ließ Mäuse miteinander kämpfen. Er protokollierte das Kampfverhalten der Mäuse, die jeweils die Kämpfe für sich entschieden:

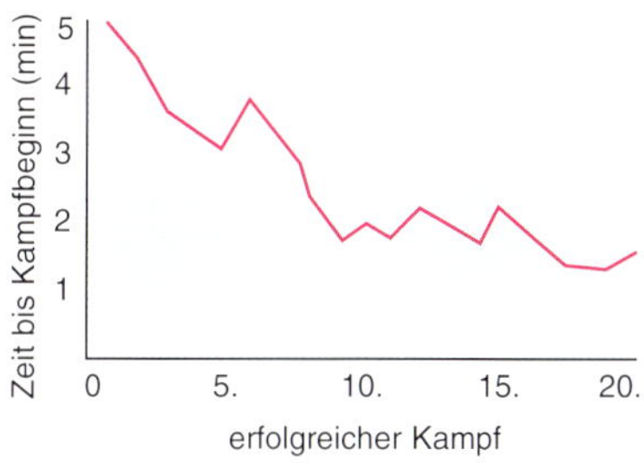

Aufgabe

① Deuten Sie das Verhalten.

Aggressives Verhalten bei Buntbarschen

GOLDENBOGEN hat das Aggressionsverhalten und die sexuelle Handlungsbereitschaft junger Männchen des Buntbarsches *Haplochromis burtonii* nach 2 Wochen Isolation untersucht. Die Ergebnisse zeigt die folgende Abbildung:

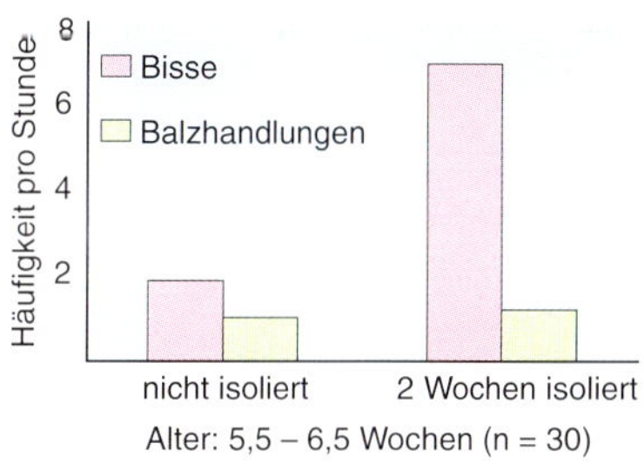

Aufgaben

① Deuten Sie die Versuchsergebnisse im Sinne einer Aggressionstheorie.
② Beurteilen Sie kritisch den Aussagewert des Versuches.

„Krieg im Stadion"

Nach den Ausschreitungen im Brüsseler Heysel-Stadion beim Europacup-Finale zwischen Juventus Turin und FC Liverpool, bei denen mehr als 35 Menschen starben und Hunderte verletzt wurden, kommentierte ein Reporter: „Es gab einmal eine Vorstellung, der Sport könne so etwas wie der Ersatz sein für einen großen Krieg, könne Aggressionen kanalisieren, die sich sonst andere verhängnisvolle Wege suchen müssten. Es gab auch die Ansicht, gerade das Fußballstadion habe solch eine gleichsam reinigende Wirkung, sei ein Ort, an dem man folgenlos die über die Woche aufgestauten Aggressionen ablassen könne. Fragwürdig war das schon immer gewesen, aber am schrecklichen Mittwochabend von Brüssel wurde die Hoffnung vor den Augen Europas widerlegt: Da herrschte Krieg im Stadion selbst und auf den Rängen steigerten sich die Zuschauer in einen Rausch der Gewalt. ... Jugendliche sind seit mehr als 10 Jahren mehr und mehr das Stammpublikum im Stadion. Sie gehen dorthin, weil ihnen die Tribüne einen Freiraum bietet, den sie selbst gestalten und ausfüllen können. Jeder Lehrling kann hier inmitten einer Gesellschaft der Gleichaltrigen zu einer geachteten Persönlichkeit werden, sich ein Selbstwertgefühl schaffen, das der Alltag ihm vorenthält. Erwachsene gibt es kaum, Jugendliche schaffen sich ihre eigenen Sozialstrukturen, hierarchisch gegliedert, durchzogen von Laufbahnen und Karrieren. Wer sich hier durchsetzt, der ist ein Star, wie eine Untersuchung der Fankultur das nennt, ein Anführer, ein Anerkannter. ... Es ist kein Wunder, dass britische Fußballfans die Katastrophe von Brüssel auslösten: Die Jugendarbeitslosigkeit ist in Liverpool besonders hoch und meistens lang. Unter den Fans schafft das ein neues Sozialklima, eine Atmosphäre, in der man Rücksichten nicht mehr nehmen muss. ... Wer nun unter den Fans etwas gelten möchte, der bedient sich bedenkenlos der Gewalt – er glaubt sich ihrer sogar bedienen zu müssen, sonst gelte er nichts. Was das für die Zehn- bis Zwölfjährigen bedeutet, die neu zu den Fangruppen stoßen, ist nicht schwer vorzustellen. ..."
(Süddeutsche Zeitung 31.5.1985 nach W. HEINRICH: Sozialverhalten I: Aggression, DIFF Tübingen, 1985)

Aufgaben

① Werten Sie den Artikel hinsichtlich angesprochener Aggressionstheorien aus.
② Bewerten Sie in der Zusammenschau aller Materialien kritisch den jeweils alleinigen Erklärungsversuch der im Text aufgeführten Aggressionstheorien für die verschiedenen Aggressionsformen.
③ Welche Möglichkeiten zur Konfliktkontrolle und zur Konfliktvermeidung bei Menschen sehen Sie?

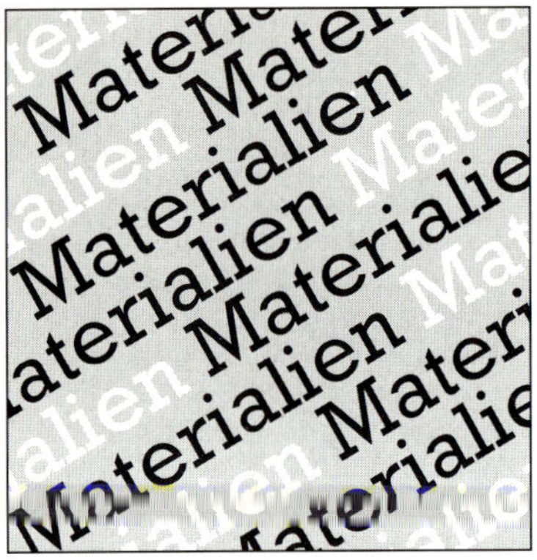

Rangordnung und Fortpflanzungserfolg

Fortpflanzungserfolg für Männchen und Weibchen

Da Tiere für die häufig vorkommenden Rangordnungskämpfe viel Energie aufwenden müssen und dabei große Risiken eingehen, ist zu erwarten, dass sich ihr Verhalten in anderen Bereichen bezahlt macht. Untersuchungen an verschiedenen Säugetierarten kamen meist zu ähnlichen Ergebnissen. Diese sind in der folgenden Abbildung dargestellt.

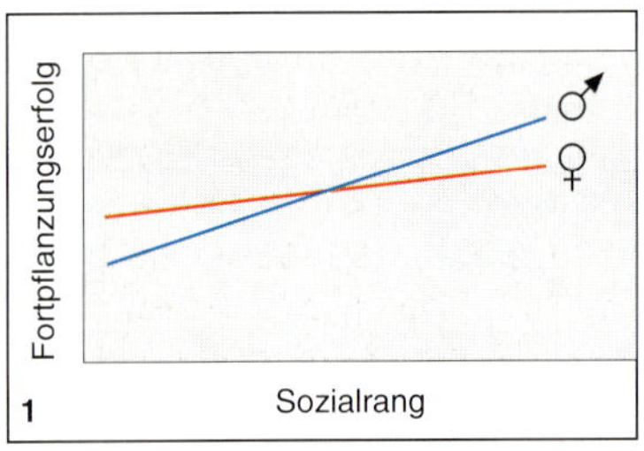

1

Aufgabe

① Beschreiben Sie die dargestellten Zusammenhänge und geben Sie eine Erklärung.

Rangordnung und Paarungsverhalten der Männchen

Beobachtungen des Paarungsverhaltens von Steppenpavianen, die in Polygynandrie leben, zeigten, welche Männchen sich wann und wie häufig paaren. Es fiel auf, dass ranghohe Männchen einschreiten, wenn sich rangniedrige Artgenossen paaren wollen.

Aufgaben

① Fassen Sie die Ergebnisse von Abbildung 2 und 3 zusammen.

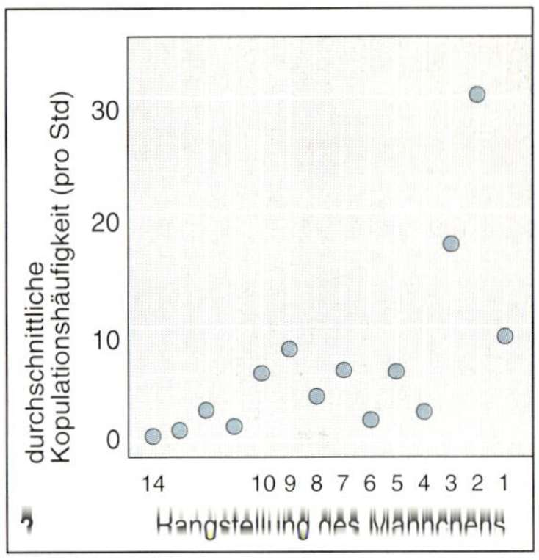

2

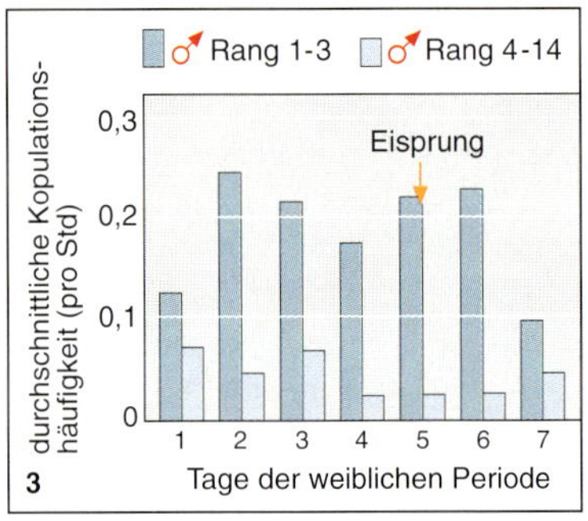

3

② Analysieren Sie, inwieweit man mit der Kopulationshäufigkeit eine Aussage über den Fortpflanzungserfolg der Männchen machen kann. Bedenken Sie dabei, welche Bedeutung die Lebensdauer der Spermien (ca. 4 Tage) in den Weibchen haben kann und dass die Tage 4 bis 6 am fruchtbarsten sind.

Rangordnung und Fortpflanzungserfolg der Weibchen

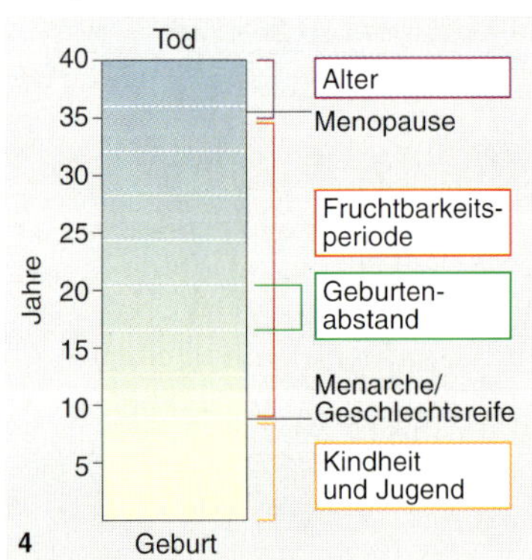

4

Abbildung 4 zeigt schematisch den Lebensablauf eines Schimpansenweibchens mit den für die Fortpflanzung wichtigen Aspekten.

Aufgaben

① Beschreiben Sie den Sachverhalt (Abb. 4).

② Wie berechnet man die maximale Geburtenzahl eines Weibchens?

③ Erläutern Sie mögliche Zusammenhänge zwischen Ranghöhe und Fortpflanzungserfolg der Weibchen.

Ranghöhe von Weibchen und Fortpflanzungserfolg der Söhne

In Abbildung 5 ist der Fortpflanzungserfolg von Berberaffenmännchen dargestellt, die von hochrangigen, mittelrangigen und niederrangigen Müttern geboren wurden. Gemessen wurde die Anzahl überlebender Nachkommen dieser Männchen pro reproduktivem Jahr.

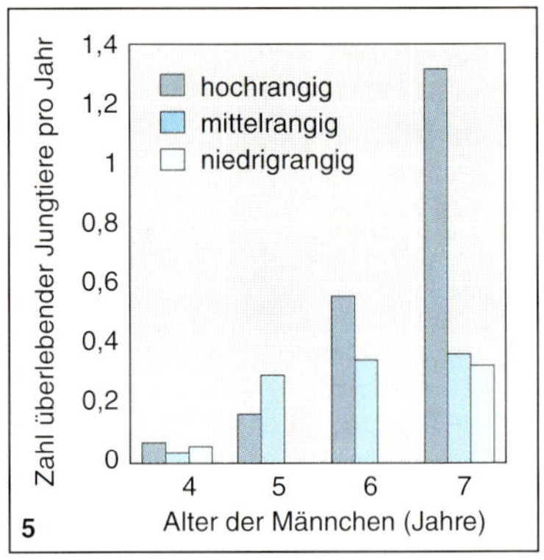

5

Mütter mit einem unterschiedlichem Rang in der Gruppe bekommen nicht immer gleich viele männliche wie weibliche Nachkommen. Bei Berberaffenweibchen zeigte sich in einer Untersuchung folgendes Geschlechterverhältnis bei der Geburt:

- hoher Rang:
  1 Männchen zu 0,73 Weibchen
- oberer mittlerer Rang:
  1 Männchen zu 0,87 Weibchen
- unterer mittlerer Rang:
  1 Männchen zu 1,10 Weibchen
- niedriger Rang:
  1 Männchen zu 1,31 Weibchen

Aufgaben

① Wie könnte der Erfolg ranghoch geborener Söhne erklärt werden?

② Diskutieren Sie, warum für ranghohe Mütter Söhne und für rangniedere Weibchen Töchter die höhere Anzahl an Enkeln bringen.

③ Erörtern Sie, auf welche Weise Weibchen das Geschlecht des Kindes beeinflussen könnten. Beachten Sie dabei, dass Spermien mit einem Y-Chromosom sich zwar schneller bewegen, aber nicht so lange überleben können, wie Spermien mit einem X-Chromosom.

1 Infantizid

Infantizid und Fortpflanzungserfolg

„Elf greift das Jungtier Vierfünf mehrfach an und stellt auch seiner Mutter nach.... Diese flieht im höchsten Tempo, während sich die ältere Tochter dem Verfolger in den Weg stellt. Elf holt das Weibchen jedoch ein und reißt es zu Boden. Augenblicke später stürzen sich sechs Weibchen auf das Männchen. Die Mutter entreißt dem Residenten ihr Baby und setzt die Flucht fort. Die Eckzähne des Männchens haben den linken Oberschenkel des Jungen aufgerissen, die Sitzhöcker gespalten und die Schwanzunterseite bis nahe zur Wurzel aufgeschnitten. Völlig entkräftet stirbt das Junge am Abend des nächsten Tages“. Beschreibungen wie diese über das Aggressionsverhalten indischer Affen, der *Hanuman-Languren*, interpretierte man lange als krankhafte Abweichungen vom Normalverhalten. Heute sehen Soziobiologen darin eine Angepasstheit im Sinne des genetischen Egoismus, denn der Tötende erhöht die eigene Fitness.

Resident
Haremshalter

Hanuman-Languren leben in Gruppen von durchschnittlich 14 erwachsenen Weibchen und einem Männchen. Die restlichen Männchen leben in Junggesellenverbänden. Der Haremshalter wird immer wieder von diesen nachwachsenden Männchen herausgefordert. Die permanenten Verteidigungsanstrengungen zehren an den Kräften, sodass er nach ungefähr 26 Monaten von einem stärkeren Nachfolger abgelöst wird, dem wiederum annähernd die gleiche Zeit zur Verfügung steht, sich fortzupflanzen. Zum Zeitpunkt der Übernahme der Gruppe sind aber einige Weibchen noch trächtig, andere stillen noch und bekommen während der Stillperiode keinen Eisprung. Verlieren sie ihr Junges, kommt der nächste Eisprung früher. Diese Zusammenhänge scheinen neue Haremshalter zu nutzen, indem sie gegen den Widerstand der Mütter deren Junge töten (*Infantizid*). Auf diese Weise können sie sich früher erfolgreich mit dem Weibchen paaren. Inzwischen liegt eine Fülle von Daten vor, die diese Hypothese belegen. So töten neue Haremshalter häufig Jungtiere, die nicht von ihnen gezeugt wurden. Die Mütter paaren sich kurz danach mit dem neuen Männchen. Der Geburtenabstand wird durch das Töten eindeutig verkürzt.

Einige Beobachtungen lassen vermuten, dass schwangere Weibchen vom neuen Männchen solange bedrängt werden, bis sie vor Stress ihr ungeborenes Junges verlieren *(Fetizid)*.

Die Interpretation des Infantizids und Fetizids als angepasstes Verhalten lässt sich mit Versuchen überprüfen. So entnahm man in einem Experiment Entennestern unterschiedlich viele Eier und beobachtete, ob die Tiere auf dem restlichen Gelege weiter brüteten. In Kontrollversuchen legte man die Eier wieder zurück. Für den Fall, dass die Tiere das Nest verlassen und nicht weiter brüten, hatte man zwei Erklärungshypothesen. Einerseits könnte die Veränderung am Nest und Eiverluste bedeuten, dass der Neststandort und damit das brütende Tier gefährdet sind. Andererseits könnte der Verlust an Eiern so groß sein, dass Tiere, die weiterhin Zeit und Energie in die verminderte Brut stecken, weniger Nachkommen großziehen als Tiere, die das Nest verlassen und eine neue Brut mit mehr Eiern beginnen. Der Zeitgewinn durch den Abbruch würde so zu einem Fitnessgewinn und nicht zu einem Fitnessverlust führen. Von den Kontrollnestern ohne Eiverlust wurde keines verlassen. Die Ergebnisse der anderen Versuche sind in der Randspalte dargestellt.

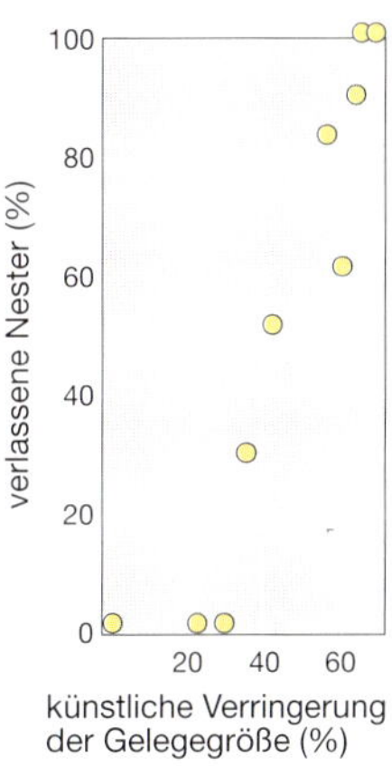

Aufgaben

① Diskutieren Sie, welche Hypothese durch die Ergebnisse der Versuche an den Entennestern gestützt wird (s. Randspalte).
② Beschreiben Sie mithilfe des Fitnessbegriffs den Konflikt zwischen Männchen und Weibchen der Languren.
③ Begründen Sie soziobiologisch, warum die Weibchen sich mit den neuen Männchen paaren.

1 Paarungsverhalten bei Ochsenfröschen

Sexualstrategien

Während die frühen Ethologen sich noch vorstellten, dass tierisches Verhalten *artspezifisch* sei, d. h. dass alle Tiere einer Art sich weitgehend gleich verhalten, entdeckte man in den letzten Jahrzehnten bei immer mehr Arten, dass Individuen derselben Art, ja sogar einer Gruppe, in vergleichbaren Situationen ganz verschiedene Verhaltensweisen zeigen *(Verhaltenspolymorphismus)*.

Satellitenmännchen
Ein Männchen, das in der Nähe eines balzenden Männchens wartet und versucht, paarungsbereite Weibchen abzufangen, die von balzenden Männchen angelockt werden.

Die Verhaltensvielfalt innerhalb einer Tiergruppe kann auf unterschiedliche Weise zustande kommen. So können verschiedene, alternative Verhaltensweisen sowie die Entscheidungsregeln für das Auftreten von Verhaltensweisen durch die zugrunde liegenden Erbanlagen auf verschiedene Individuen der Gruppe verteilt sein. Dann zeigen Einzeltiere nur einen Ausschnitt aller Verhaltensweisen. Sie reagieren in übereinstimmenden Situationen wegen anderer genetischer Bedingungen unterschiedlich. Einen derartigen Satz genetisch bedingter Verhaltensregeln für ein Individuum nennt man eine *Strategie*. Der Nachweis der genetischen Grundlagen ist nur durch gezielte Kreuzungsexperimente möglich und daher erst bei wenigen Arten durchgeführt worden.

Strategie
Genetisch bedingte Verhaltensregel eines Individuums

Liegen dem Verhalten verschiedener Individuen genetisch bedingte, alternative Strategien zugrunde, müsste diejenige Strategie mit dem höheren Fortpflanzungserfolg die schlechtere Alternative im Laufe der Zeit verdrängen. Ist dies nicht der Fall, müssen, wie im folgenden Beispiel, die Vertreter aller Strategien den gleichen Fortpflanzungserfolg haben, sodass deren Häufigkeitsverhältnis in der Population unter konstanten Bedingungen gleich bleibt.

Taktik
Alternative Verhaltensmöglichkeit innerhalb einer Strategie

Untersuchungen zum Balzverhalten von Grillen ergaben, dass durch einen Lautsprecher ausgesandter Gesang männlicher Grillen mit zunehmender Lautstärke nicht nur immer mehr Weibchen anlockte, sondern auch nicht singende Männchen, sogenannte *Satellitenmännchen*, sowie parasitische Fliegen. Die Satellitenmännchen warten in der Nähe der singenden Männchen und versuchen, paarungsbereite Weibchen abzufangen. Die parasitischen Fliegen legen unter Normalbedingungen ihre Larven auf rufende Grillenmännchen ab. Parasitenbefallene Grillen werden von den eindringenden Larven langsam von innen aufgefressen. 11 von 14 Rufern (78 %) waren von Fliegen befallen, aber nur 4 von 29 Satellitenmännchen (14 %).

Wie Züchtungsexperimente zeigten, ist bis zu einem gewissen Grad genetisch festgelegt, wieviele Stunden ein Männchen pro Nacht ruft. Aufgrund der genetischen Anlagen ruft ein Teil der Männchen mehrere Stunden pro Nacht und wechselt sehr selten zum Satellitenverhalten über. Weitere Versuche zeigten, dass andere Männchen selbst dann, wenn sie isoliert gehalten werden, nur wenig oder gar nicht rufen und in Anwesenheit von Rufern Satellitenverhalten zeigen. Viele Männchen können also beide Verhaltensweisen ausführen, schalten aber aufgrund ihrer genetischen Disposition unterschiedlich häufig von einem Verhalten auf das andere um. Die Verhaltensalternativen (Rufen bzw. Schweigen) innerhalb der Strategie nennt man *Taktiken*.

Rufer haben mehr Fortpflanzungserfolg in kurzer Zeit, leben aber nicht so lange. Der geringe jährliche Fortpflanzungserfolg wird bei Satellitenmännchen durch eine höhere Lebenserwartung ausgeglichen. Der Lebensfortpflanzungserfolg ist so für die Vertreter verschiedener Strategien annähernd gleich. Strategien, die im Laufe der Evolution nicht durch andere, erfolgreichere ersetzt werden, nennt man *evolutionsstabil*. Nimmt in manchen Jahren die Zahl der parasitischen Fliegen zu, geht die Zahl der Rufer zurück, da sie von den Fliegen akustisch geortet werden können. Nicht so lange rufende Männchen sind weniger stark parasitiert, leben länger und vermehren sich daher besser. Nimmt die Anzahl der Fliegen ab, haben die Rufer wieder einen Vorteil.

Bei anderen Tierarten scheint hinter dem Verhaltenspolymorphismus nur eine einzige, genetisch bedingte Strategie zu stecken, die mehrere Taktiken umfasst. Wenn alle Individuen die gleichen genetischen Grundlagen besitzen, entscheidet die jeweilige Situation, welche Verhaltensalternative vom Einzeltier ausgeführt wird. Da äußere und innere Bedingungen entscheiden, wie das Tier reagiert, spricht man von einer *konditionalen Strategie*.

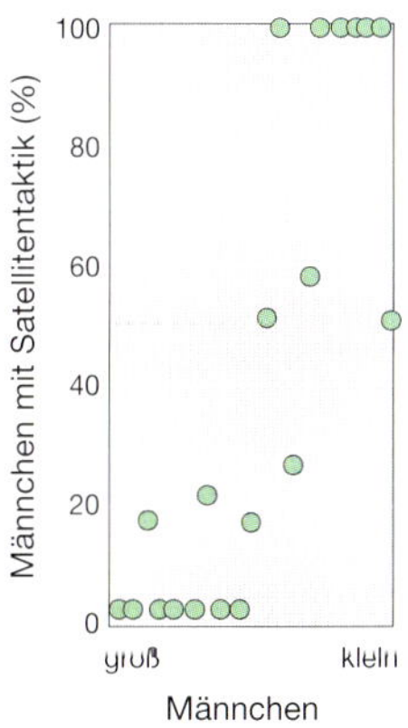

Satellitentaktik und Körpergröße

Große Männchen, z. B. der Ochsenfrösche und Kreuzkröten, locken im Frühjahr in der Fortpflanzungszeit Weibchen mit lauten Rufen an. Häufig sitzen dabei mehrere kleinere Männchen still in ihrer Umgebung (Satellitenmännchen, Abb. 136.1). Nähert sich einem Rufer ein Weibchen, kann dieser still sitzen bleiben und das Weibchen erst dann umklammern, wenn er von ihm berührt wird. Der Rufer kann dem herankommenden Weibchen aber auch entgegenrennen und es verfolgen. Derartige Begrüßungen führen oft zur Flucht des Weibchens. Diese wählen normalerweise die laut und tief rufenden Männchen aus, denn die Ruftiefe hängt weitgehend von der Körpergröße ab. Große Männchen besitzen die besseren Laichplätze mit einer höheren Überlebenswahrscheinlichkeit für die Larven.

	Verhalten des Rufers	Rufer kopuliert	Satellit kopuliert	Weibchen entkommt
Rufer u. Satellit (n = 24)	Warten	0	6	2
	Verfolgen	10	2	4
Rufer allein (n = 24)	Warten	17	–	0
	Verfolgen	6	–	3

1 50 beobachtete Annäherungen von Weibchen an rufende Männchen

Satellitenmännchen werden – einmal entdeckt – von Rufern sofort angegriffen, entgehen einer Entdeckung aber meist, da sie still sitzen bleiben. Satellitenmännchen beginnen manchmal zu rufen, wenn sie ein Weibchen in ihrer Nähe sehen, und umgekehrt können Rufer zum Satelliten werden, wenn ein stärkeres Männchen in ihrer Nähe zu rufen beginnt. Die Zusammenhänge von Satellitenverhalten und Körpergröße sind in der Randabbildung dargestellt, der Erfolg verschiedener Taktiken in Abbildung 1.

Entscheidungsregeln für Kreuzkröten könnten also lauten:
- Wenn keine anderen Männchen vorhanden sind, dann rufe!
- Wenn du das größte Männchen am Platz bist, rufe!
- Wenn ein größeres Männchen dich vertreibt, wandere aus und rufe woanders.
- Ist dies nicht möglich, werde zum Satelliten.

Da alle Männchen im Laufe ihres Lebens alle Taktiken nach den gleichen Regeln anwenden, handelt es sich um eine *konditionale Strategie*.

Wie beurteilt der soziobiologische Erklärungsansatz diese Verhaltensvielfalt? Rufer setzen bei Rufen und Kämpfen wesentlich mehr Energie um und gehen dabei ein höheres Risiko ein, von Fressfeinden gefunden zu werden. Sie haben aber aufgrund des Wahlverhaltens der Weibchen bessere Fortpflanzungschancen. Satellitenmännchen vermeiden Energieausgabe und Risiko, kommen dadurch aber seltener zur Fortpflanzung. Ohne das Satellitenverhalten hätten sie jedoch gar keine Chance auf Nachkommen. Schwache und junge Tiere machen als Satelliten sozusagen das beste aus einer schlechten Situation.

Alternative *evolutionsstabile Strategien* führen zu gleichen Fortpflanzungserfolgen. Dies ist bei verschiedenen Taktiken einer Strategie nicht der Fall. So können Krötenmännchen, die klein bleiben, unter Umständen ihr Leben lang auf die weniger erfolgreiche Satellitentaktik angewiesen sein und weniger Nachkommen zeugen als Rufer. Liegt eine konditionale Strategie vor, ist zu erwarten, dass alle Männchen nach Möglichkeit auf diejenige Taktik mit einem höherem Fortpflanzungserfolg umschalten. Evolutionsstabil ist eine Strategie, wenn die Individuen durch die Flexibiliät eine höhere Fitness haben als solche mit einer abweichenden Strategie, z. B. einer mit nur einer Taktik.

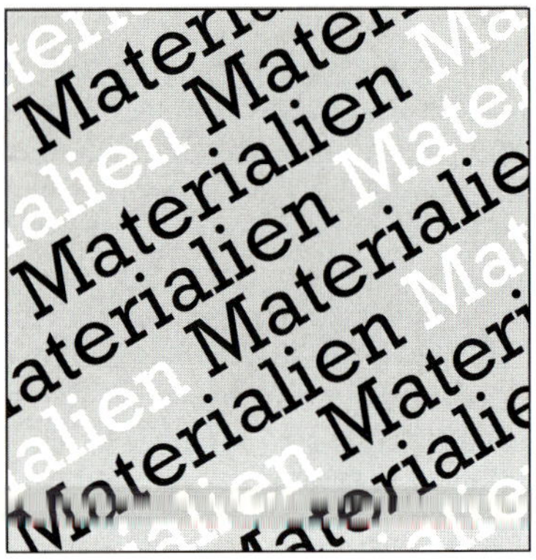

Alarmrufe

Hypothesen

„Der *Alarmruf* ist ein gutes Beispiel für Handlungen, die der Gemeinschaft dienen (Arterhaltung), aber den Einzelnen gefährden" (TINBERGEN, 1956). Mit dieser Erklärung waren die Wissenschaftler lange Zeit zufrieden. Erst evolutionsbiologische Betrachtungen führten zu klaren Kosten-Nutzen-Überlegungen und damit zu einer neuen Sichtweise. Wenn eine Verhaltensweise Nachteile bringt, müssen diese durch Vorteile aufgewogen werden oder Tiere mit diesem Verhalten müssten im Verlauf der Selektion ausselektiert werden.

Bezüglich der Alarmrufe entwickelten Forscher weitere Hypothesen:

1. Durch den Warnruf laufen plötzlich alle los, der Räuber wird verwirrt und alle haben einen Vorteil.
2. Der Warnruf zeigt dem Räuber, dass er entdeckt wurde und ein Angriff sich nicht mehr lohnt. Dass Artgenossen die Information mit benutzen, ist ein Nebeneffekt.
3. Warnrufe sind für den eigenen Nachwuchs oder die Verwandtschaft gemeint und zählen zur „Brutpflege".
4. Warnrufe dienen allen Artgenossen, ihre Kosten werden durch Warnrufe von nicht verwandten Tieren wieder ausgeglichen.

Aufgaben

① Beschreiben Sie, worin die Gefahr für den Warnenden besteht und erläutern Sie, wie dieser Nachteil für den Rufer nach den verschiedenen Hypothesen wieder ausgeglichen wird.

② Analysieren Sie, welche Hypothesen sich widersprechen und welche gut miteinander kombinierbar sind.

Warnrufe bei Beldings-Zieseln

Bei nordamerikanischen *Zieseln* (Erdhörnchen) hat man in langjährigen Beobachtungen Angriffe von wild lebenden Luftfeinden (verschiedene Bussard- und Habichtarten) und Bodenfeinden (Koyote, Fuchs, Silberdachs und Wieselarten) beobachtet und die genaue Reaktion aller individuell bekannten Ziesel protokolliert.

Feindgefährdung

Die angreifenden Feinde sind für die Ziesel unterschiedlich gefährlich. Folgende Tabelle zeigt, wie erfolgreich Luft- und Bodenfeinde sind.

Kategorien	Anzahl gefangen	Anzahl entkommen
Luftfeind		
Warner	1	41
Nichtwarner	11	28
gesamt	12	69
Bodenfeind		
Warner	12	141
Nichtwarner	6	143
gesamt	18	284

Aufgaben

① Berechnen Sie den Erfolg der Luft- und Bodenfeinde in Prozent und erläutern Sie deren relative Gefährlichkeit.

② Vergleichen Sie das relative Risiko bei Luft- und Bodenfeinden.

Feindvermeidung

Greift ein Raubtier an, gibt es für die Ziesel verschiedene Reaktionsmöglichkeiten (s. Abb.): Bewegungslos erstarren (1), aufrecht sichern (2), zu einem Artgenossen laufen (3), zu einem Felsen laufen (4), zu einem Busch laufen (5) und in einen Bau flüchten (6). Bei Bodenfeinden, die auch in den Bau folgen können, flüchten Ziesel in Bauten mit mehr als zwei Ausgängen. Vor Raubvögeln flüchten sie auch in blind endende Röhren.

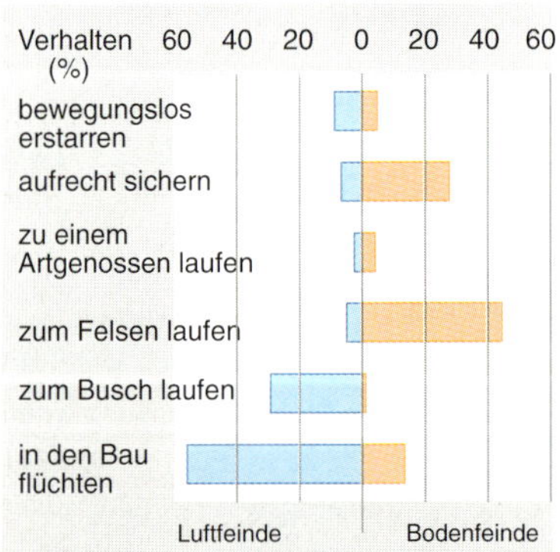

Reaktionen der Weibchen auf

Aufgabe

① Werten Sie die Grafik aus und beschreiben Sie die Unterschiede in den Reaktionen auf Luft- bzw. Bodenfeinde.

Geschlecht und Warnruf

Beldings-Ziesel warnen vor Luft- und Bodenfeinden mit pfeifenden bzw. trillernden Rufen. Männchen und Weibchen zeigen teilweise deutlich unterschiedliche Reaktionen auf die verschiedenen Feindtypen. In den folgenden Grafiken sind für erwachsene Weibchen (1), erwachsene Männchen (2), einjährige Weibchen (3), einjährige Männchen (4), junge Weibchen (5) und junge Männchen (6) der beobachteten Rufhäufigkeit die erwartete gegenübergestellt. Die erwartete Häufigkeit errechnete man daraus, wie häufig Vertreter der einzelnen Gruppen bei Angriffen anwesend waren.

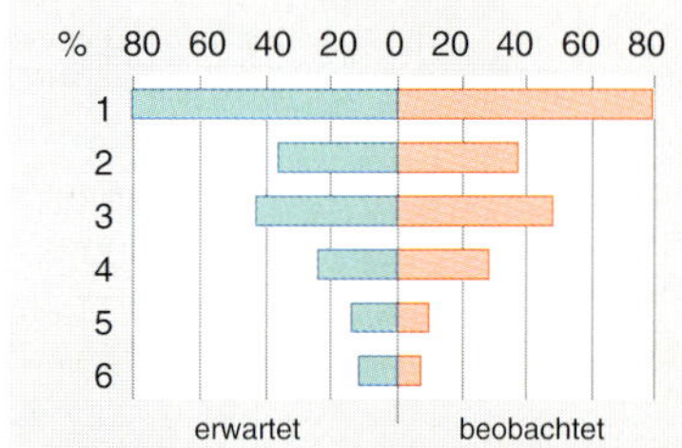

Pfiffe gegen Luftfeinde

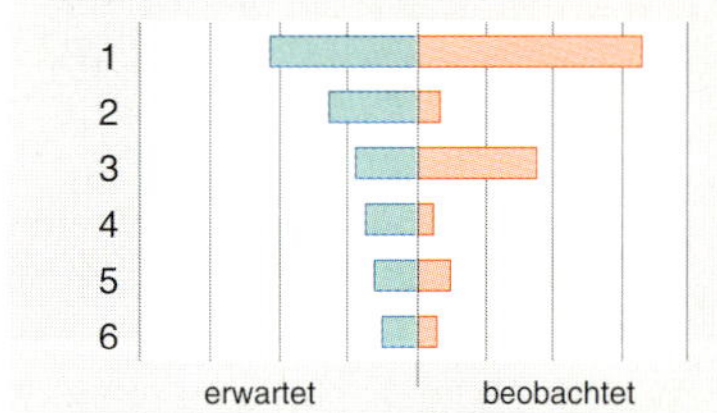

Triller gegen Bodenfeinde

Aufgaben

① Arbeiten Sie Übereinstimmungen und Unterschiede der Reaktionen von Männchen und Weibchen heraus.

② Deuten Sie die Unterschiede im Sinne der Soziobiologie. Bedenken Sie, dass Männchen in das Gebiet der Weibchen zuwandern.

Beldings-Ziesel

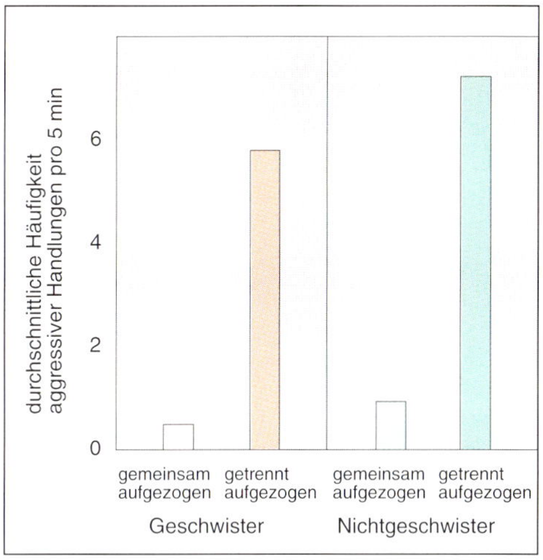

1 Bedeutung des gemeinsamen Aufwachsens

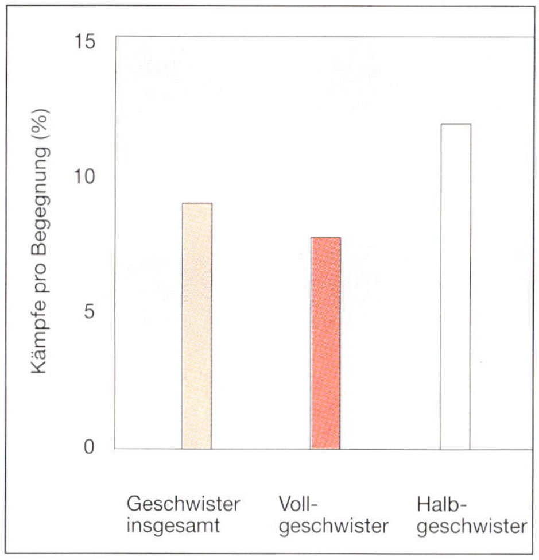

2 Erkennung von Voll- und Halbgeschwistern

Verwandtenerkennung

Tiere, die ihre Verwandten unterstützen, müssen in der Lage sein, Verwandte von Nichtverwandten zu unterscheiden. Dabei müssen sie nicht bewusst über Verwandtschaftsgrade nachdenken, sie sollten jedoch über Mechanismen verfügen, die ihr Verhalten so steuern, als ob sie den Verwandtschaftsgrad kennen würden. Untersuchungen an nordamerikanischen Zieseln deckten solche grundlegenden Mechanismen auf.

Am Untersuchungsort in der zentralen Sierra Nevada in Kalifornien paaren sich die Weibchen nach dem Winterschlaf im Frühjahr mit drei bis vier Männchen und ziehen dann einen Wurf von drei bis acht Jungtieren groß. Blutuntersuchungen an den Jungen zeigen, dass bis zu 78 % der Würfe von mehreren Vätern stammen, so dass in einem Wurf Voll- und Halbgeschwister aufwachsen. Zwei bis fünf Wochen nach der Entwöhnung wandern die heranwachsenden Männchen ab und kommen normalerweise nicht in ihr Ursprungsgebiet zurück.

Um die Auswirkung des gemeinsamen Aufwachsens in einem Nest zu untersuchen, hat man im Experiment kurz nach der Geburt Jungtiere und Mütter in neuen Gruppen zusammengestellt:

1. Jungtiere eines Wurfes zusammen bei der Mutter oder einer Stiefmutter;
2. Geschwister getrennt bei verschiedenen „Müttern";
3. Nichtgeschwister zusammen bei einer „Mutter" und
4. Nichtgeschwister getrennt.

Die heranwachsenden Tiere hielten Winterschlaf und wurden danach in den genannten Kombinationen wieder zusammengesetzt, um ihre aggressiven Auseinandersetzungen zu erfassen (Abb. 1). Gemeinsam aufgezogene Jungtiere waren untereinander viel weniger aggressiv, selbst wenn sie nicht miteinander verwandt waren. Andererseits waren getrennt aufgewachsene Geschwister, die sich also nicht kannten, weniger aggressiv zueinander als getrennt aufgewachsene Nichtgeschwister. Die Verwandtenerkennung bei Zieseln muss also sowohl eine genetisch bedingte Komponente besitzen als auch über Lernvorgänge ablaufen.

Voll- und Halbgeschwister, obwohl zusammen aufgewachsen, zeigen im Alter von einem Jahr klare Unterschiede im Verhalten (Abb. 2). Vollgeschwister sind zueinander friedlicher, gewähren sich gegenseitig eher Zugang zu Territorien und kooperieren häufiger, um Nichtverwandte aus dem Revier zu vertreiben. Vollgeschwister erkennen sich wahrscheinlich über einen *Ähnlichkeitsvergleich*, bei dem Merkmale, wie Aussehen oder Duft, verglichen werden. So erlernen Wachteln das Aussehen ihrer Nestgeschwister und abstrahieren daraus ein allgemeines Bild ihrer Verwandten.

Aufgabe

① Beschreiben Sie den Sachverhalt der beiden Diagramme und erläutern Sie, welche Mechanismen der Verwandtenerkennung deutlich werden.

1 Entwöhnungskonflikt bei Berberaffen

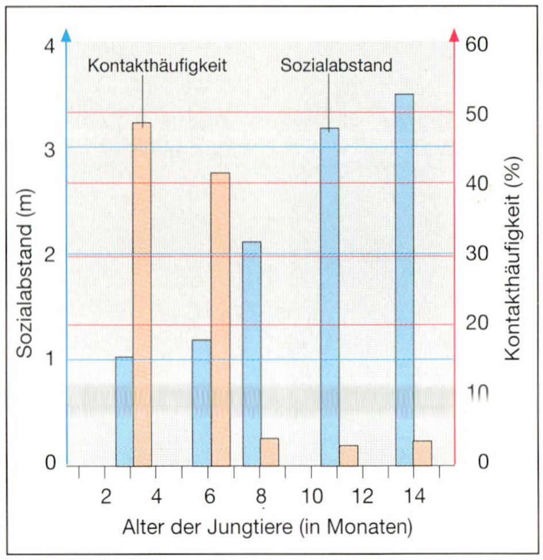

2 Sozialabstand

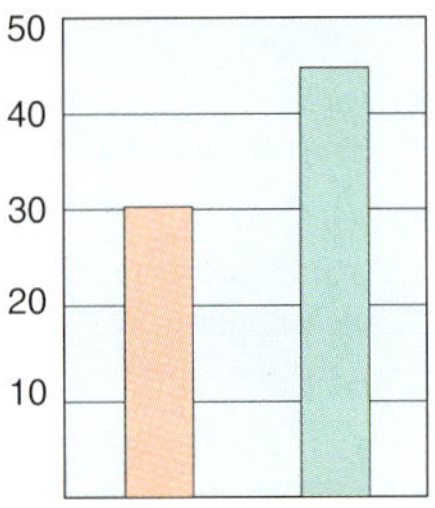

a) empfangene Aggressionen pro Stunde (%)

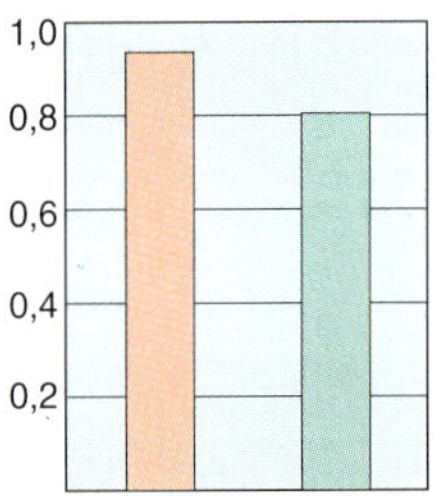

b) Schwangerschaften der Töchter pro Jahr

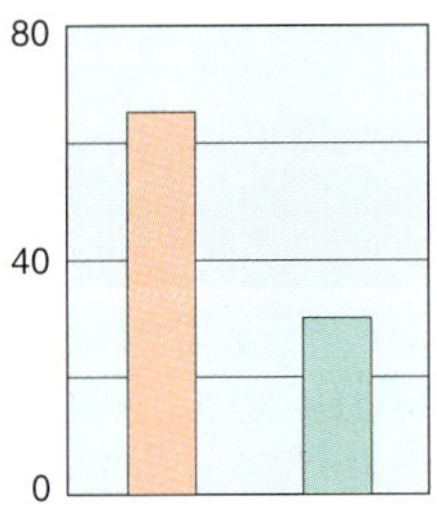

c) Überleben der Jungtiere junger Mütter bei (ohne) Anwesenheit der eigenen Mutter pro Jahr (%)

mit Mutter ohne Mutter

Auswirkung der Anwesenheit der Mutter auf weiblichen Nachwuchs der Makaken

Eltern investieren in ihre Nachkommen

Gegen Ende der Fortpflanzungszeit der Seeelefanten kann man an den Brutstränden manchmal beobachten, wie sich ein bereits entwöhntes Jungtier, dessen Mutter schon wieder in das Meer zurückgekehrt ist, an ein fremdes Weibchen heranschleicht, dessen meist kleineres Jungtier beiseite schiebt und beim fremden Weibchen Milch trinkt. Diese „Milchdiebe" sind meist junge Männchen, die durch dieses zusätzliche Futter einen weiteren Wachstumsschub erlangen und deren Aussichten dadurch steigen, später ein großes und erfolgreiches Männchen zu werden. Bemerken die Weibchen den Fremden, beißen sie ihn so sehr, dass er starke Verletzungen davontragen kann, wenn er nicht schnell genug verschwindet. Dass die Weibchen ihre Milch nicht an fremde Jungtiere abgeben, ist soziobiologisch einsehbar, denn die gestohlene Ration fehlt ihrem eigenen Nachwuchs, dessen Überlebenschancen dadurch sinken.

Auf ähnliche Weise können sich aber auch Geschwister untereinander schaden und die Fitness ihrer Mutter senken. Möglichst lange gefüttert, getragen und umsorgt zu werden, bedeutet für die Jungtiere verbesserte Überlebenschancen. Für heranwachsende Weibchen, die von ihrer Mutter unterstützt werden, bedeutet dies u.a. sogar, mehr eigene Kinder großziehen zu können (siehe Randspalte). Geschwister sind Konkurrenten um die Mutter. Da diese während der Stillperiode keinen Eisprung bekommt, wird ihr Geburtenabstand umso größer, je länger sie stillt und ihr Lebensfortpflanzungserfolg entsprechend kleiner. Jeglichen Aufwand, den ein Elternteil in einen einzelnen Nachkommen steckt, nennt man *Elterninvestment*. Es erhöht die Überlebensfähigkeit dieses Nachkommens, schränkt aber die Möglichkeit des Elternteils ein, sich weiter fortzupflanzen. Je besser Jungtiere mit zunehmendem Alter alleine überleben können, desto eher ist zu erwarten, dass die Mutter aufhört, in den Nachwuchs zu investieren und stattdessen weitere Junge anstrebt. So kommt es zu Entwöhnungskonflikten (Abb. 1).

Jungtiere bleiben während der ersten Lebenswochen oder auch Monate permanent bei der Mutter. Mit zunehmendem Alter unternehmen sie kleinere Ausflüge in die Umgebung, um neue Gegenstände zu erkunden oder um mit anderen Jungtieren spielerischen Kontakt aufzunehmen. Die Mutter bleibt dabei das Sicherheit bietende Zentrum, zu dem man bei Gefahr flüchten kann. Die in Abbildung 2 dargestellten Messwerte wurden von Schülergruppen im Zoo zusammengetragen. Sie zeigen am Beispiel eines Siamangjungen, wie sich dieses mit zunehmendem Alter immer häufiger und immer weiter von der Mutter entfernt.

Während mütterliches Investment bei den meisten Säugetieren weitgehend übereinstimmt, zeigen Väter verschiedener Arten grundlegende Unterschiede. Ihr Verhalten ist, besonders im Bereich der Primatenforschung, erst in jüngster Zeit in das Interesse der Wissenschaftler gerückt. Die Abbildung in der Randspalte (S. 141) zeigt die prozen-

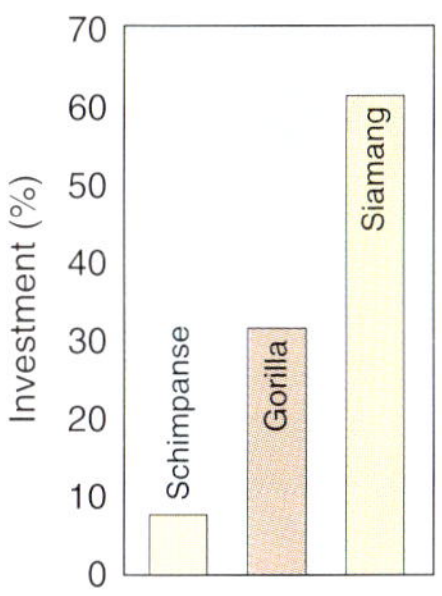

Väterliches Investment bei verschiedenen Menschenaffen.

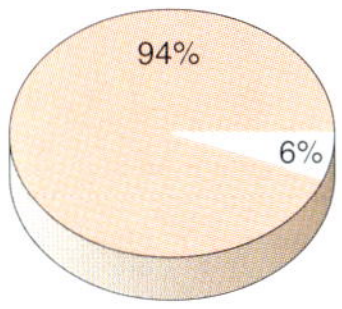

Schimpanse

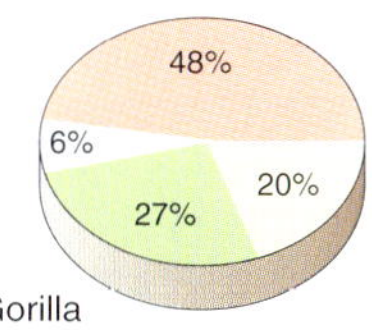

Gorilla

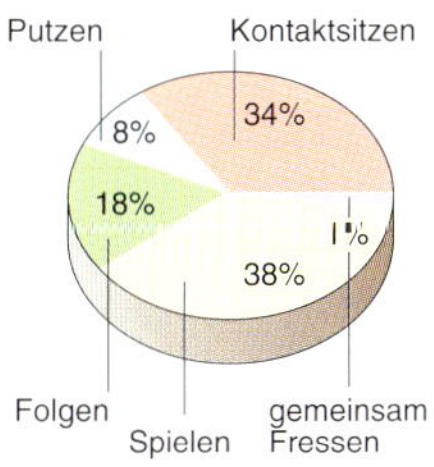

Siamang

tualen Kontakthäufigkeiten aller im Zoo ausgezählten Kontakte von Vätern mit Jungtieren bei Schimpanse, Gorilla und Siamang und schlüsselt die Kontakte qualitativ auf. Väter können sich in der Nähe eines Jungtieres aufhalten *(Kontaktabstand)*, es putzen, mit ihm spielen, es tragen oder mit ihm Futter teilen. Ein Vergleich der Abbildungen zeigt, dass Schimpansenmännchen sich am wenigsten um Jungtiere kümmern, während Siamangmännchen die aktivsten Väter sind.

Intensives väterliches Investment bedeutet, dass Männchen viel Energie und Zeit in die Pflege von Jungtieren stecken und nicht in die weitere Fortpflanzung. Für die Tatsache, dass sich Männchen bei verschiedenen Arten unterschiedlich intensiv um den Nachwuchs kümmern, gibt es drei Erklärungshypothesen: Eine davon ist die *Vaterschaftswahrscheinlichkeitshypothese*. Nach ihr ist zu erwarten, dass sich „Väter" nur bei den Arten um Nachwuchs kümmern, bei denen die Wahrscheinlichkeit groß ist, dass die Jungen auch von ihnen gezeugt wurden. Bei hoher *Vaterschaftsunsicherheit* würden Männchen, die in fremden Nachwuchs investieren, die Fitness eines anderen Männchens erhöhen, während sie die eigene senken. Es ist also aus evolutionsbiologischen Gründen zu erwarten, dass sich väterliches Investment eher in denjenigen Sozialsystemen durchsetzen wird, in denen das investierende Männchen auch der Vater der Jungtiere ist.

Vaterschaftssicherheit hängt vom Sozialsystem ab. Je mehr Männchen in einer Gruppe sich mit Weibchen paaren können, desto weniger sicher ist die Vaterschaft des einzelnen. Dies ist besonders bei Schimpansen der Fall. In Gorillagruppen befindet sich meist nur ein Männchen, so dass dessen Vaterschaft sicher ist. Aufgrund der großen Anzahl an Weibchen verfolgen Gorillamännchen aber eher die Taktik, Junge zu zeugen als sie zu versorgen. Die Evolution fürsorglicher Väter ist unter den Bedingungen der Monogamie, wie beispielsweise bei den Siamangs, am besten zu verstehen. Durch Übernahme eines Großteils der Brutpflege kann das Männchen sein Weibchen entlasten, sodass dieses sich schneller von der letzten Schwangerschafts-, Geburts- und Brutpflegephase erholt. Dann kann in kürzeren Abständen der nächste Eisprung erfolgen. Durch die Mithilfe des Männchens verkürzt sich also der Geburtenabstand, sodass die Fitness von Männchen und Weibchen (beide sind bei Monogamie identisch) gesteigert wird.

Bei Tierarten mit innerer Befruchtung kann das Weibchen durch Kopulation mit mehreren Männchen die Vaterschaftssicherheit senken. Als Reaktion auf diesen Selektionsdruck ist bei vielen Arten eine Verhaltensweise bei Männchen evoluiert, die „Seitensprünge" verhindert, die *Partnerbewachung*. Partner bewachende Männchen verfolgen, insbesondere in der fruchtbaren Zeit, ihre Weibchen auf Schritt und Tritt. Männchen können jedoch nicht immer verhindern, dass Weibchen sich mit weiteren Männchen paaren. In den Geschlechtsorganen der Weibchen kommt es dann zur „Konkurrenz" der Spermien um die Eizelle *(Spermienkonkurrenz)*.

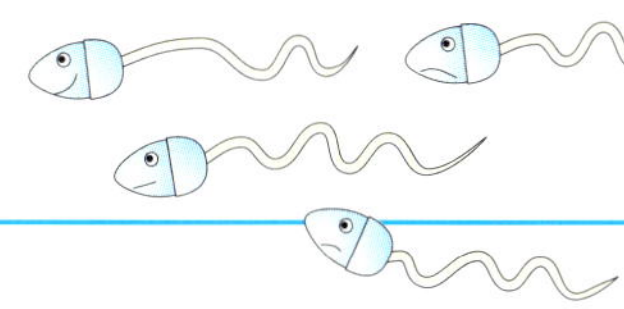

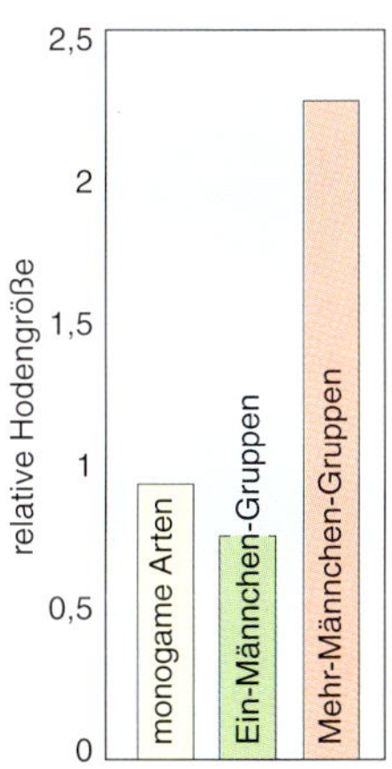

Spermienkonkurrenz

Selbst bei bisher für absolut treu gehaltenen Arten wurden inzwischen gelegentliche Seitensprünge nachgewiesen. So konkurrieren bei Tierarten mit innerer Befruchtung die Spermien verschiedener Männchen um die Eizellen im Weibchen. Dies hat zu diversen physiologischen Anpassungen der Männchen geführt, die den eigenen Erbanlagen einen Vorteil verschaffen können. Zunächst sind bei Arten mit hoher Spermienkonkurrenz die Spermien beweglicher und schneller. Weiterhin geben die Männchen dieser Arten mehr Spermien pro Ejakulation ab als andere. Sie paaren sich häufiger und besitzen die größeren Hoden. Bei der Paarung versuchen sie, die Spermien rechtzeitig zum Eisprung des Weibchens abzugeben. Einige Weibchen von Insekten und Krebsarten können die Spermien verschiedener Männchen vor der Befruchtung der Eizellen getrennt speichern und entweder die zuletzt oder die zuerst empfangenen Spermien zur Befruchtung zulassen. Entsprechend versuchen die Männchen dieser Arten entweder jungfräuliche Weibchen für die Paarung zu finden oder solche, die kurz vor der Eiablage stehen. Einige Libellenmännchen räumen aus der Samentasche der Weibchen die Spermien des Vorgängers mit einem speziellen Greifer heraus. Andere Insektenmännchen verkleben nach der Paarung die Geschlechtsöffnung der Weibchen mit einem Pfropf oder bewachen sie bis zur Eiablage, wodurch sie verhindern, dass sich das Weibchen erneut paart.

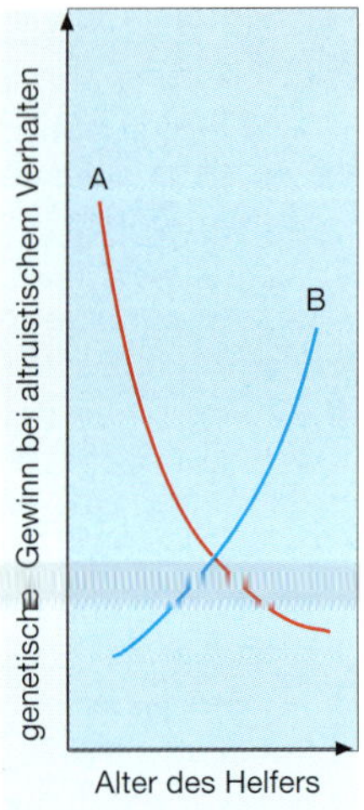

1 Buschblauhäher

Uneigennütziges Verhalten

Schon DARWIN hatte im letzten Jahrhundert Mühe, uneigennützige Verhaltensweisen *(Altruismus)* als Ergebnis der Evolution zu erklären. Sein Problem steckte vereinfacht in der Frage: Wie können sich Erbanlagen eines Tieres, die permanent oder zeitweilig zu einem Verzicht auf eigene Fortpflanzung führen, in einer Population ausbreiten?

Bei *Buschblauhähern*, die in Florida im Gestrüpp von Eichen brüten, unterstützen Bruthelfer – meist Jungtiere vorangegangener Bruten – Eltern bei der Aufzucht der Geschwister. Helfer bringen bis zu 30 % des Futters für die Jungen ins Nest. Dies trägt nicht viel zum Überleben der Geschwister bei, da diese insgesamt nicht mehr Futter bekommen als ohne Helfer. Es entlastet aber die Eltern von der Futtersuche. Dadurch steigt deren Überlebensrate von 80 % auf 87 %. Bedeutsamer für das Überleben der Geschwister ist, dass sie durch die Helfer vor Räubern (Greifvögeln, Schlangen) gewarnt und teilweise sogar verteidigt werden. Ohne Helfer überleben nur 10 % der Jungen das erste Jahr, mit Helfern steigt dieser Wert auf 15 %. Aufgrund einer hohen Populationsdichte sind Reviere und Brutplätze, die von den Männchen gehalten werden, knapp. Während Männchen die Reviere teilweise von den Eltern erben, wandern die Weibchen aus. Frei werdende Reviere werden sofort von Helfern besetzt, die ihre Helferrolle dann aufgeben.

Warum zeigen Helfer dieses altruistische Verhalten? Aus der Reaktion, ein frei werdendes Revier sofort zu besetzen und das Helferverhalten aufzugeben, ist ersichtlich, dass viele Männchen durch Reviermangel an der Fortpflanzung gehindert werden. Wenn sie sich jedoch nicht fortpflanzen können, ist die Unterstützung der Eltern bei der Brutpflege die sinnvollere Alternative zum Nichtstun. Genetisch gesehen können die Männchen ihre Fitness auch erhöhen, wenn sie durch altruistisches Verhalten den Fortpflanzungserfolg von nahen Verwandten, in denen Kopien eigener Gene stecken, steigern. Helfer erhöhen die Wahrscheinlichkeit, dass jüngere Geschwister am Leben bleiben. Erbanlagen, die Helferverhalten bedingen, werden also indirekt stärker in der Folgegeneration vertreten sein als solche, die dies nicht tun.

Wenn es mit zunehmendem Alter immer unwahrscheinlicher wird, den eigenen Eltern zu helfen (A), aber immer wahrscheinlicher, erfolgreich ein Revier zu erkämpfen (B), wechselt ein Helfer, falls möglich, zum Selberbrüten (s. Randspalte). Zur Fitness eines Individuums trägt also außer der Anzahl der eigenen Nachkommen *(direkte Fitness)* auch die Anzahl der Nachkommen von Verwandten bei, die durch Hilfe zusätzlich überleben *(indirekte Fitness)*. Die Summe aus beiden ergibt die *Gesamtfitness*.

Je näher der Helfer mit den Jungtieren verwandt ist, desto höher ist der Beitrag zur eigenen Fitness. Man drückt den Verwandtschaftsgrad im *Verwandtschaftskoeffizienten* (r) aus. Er gibt an, mit welcher Wahrscheinlichkeit man ein bestimmtes Allel eines Individuums in einem Verwandten wiederfinden kann. Da jedes diploide Lebewesen normalerweise aus der Verschmelzung zweier haploider Gameten entsteht, hat es je 50 % ($r = 0{,}5$) seiner Allele mit jedem seiner Eltern gemeinsam. Die Wahrscheinlichkeit, dass ein gesuchtes Allel bei der Meiose weitergegeben wird, ist 0,5. Ist L die Anzahl von Generationen in direkter Linie, berechnet sich für den Verwandtschaftsgrad zweier Individuen der Verwandtschaftskoeffizient als $r = 0{,}5^L$ (s. Randspalte).

Aufgabe

① Angenommen, ein Tier kann eigene Nachkommen zeugen oder einer Schwester bei der Aufzucht ihrer Jungen helfen, wieviele Junge müsste die Schwester durch die Bruthilfe zusätzlich aufziehen, um den Verzicht des Helfers auf zwei eigene Junge genetisch zu kompensieren?

Altruismus
Uneigennütziges Verhalten, bei dem ein Tier einem anderen hilft und dabei selbst im Nachteil ist.

Hamilton-Ungleichung
Uneigennütziges Verhalten ist besonders dann zu erwarten, wenn die Kosten (K) für den Altruisten kleiner sind als der Nutzen (N) für den Empfänger und wenn der Empfänger möglichst nahe mit dem Altruisten verwandt ist. Dies wird in der sogenannten *Hamilton-Ungleichung* ($K < r \times N$) zusammengefasst.

Verwandtschaftskoeffizient (r)

Eltern – Kinder	0,50
Vollgeschwister	0,50
Halbgeschwister	0,25
Großeltern – Enkel	0,25

1 Gemeiner Vampir

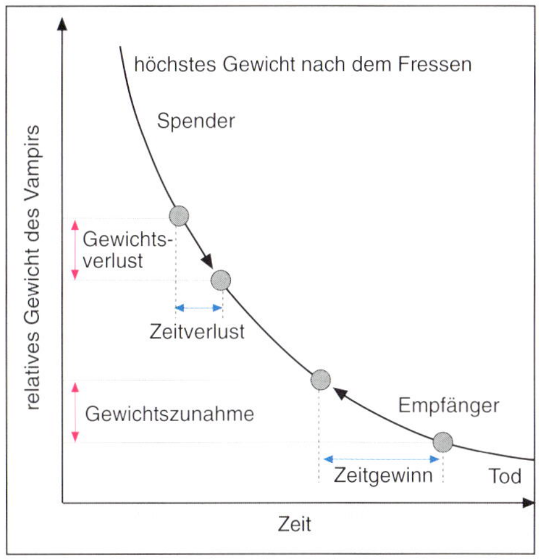

2 Spender und Empfänger

Gegenseitigkeit bei Vampiren

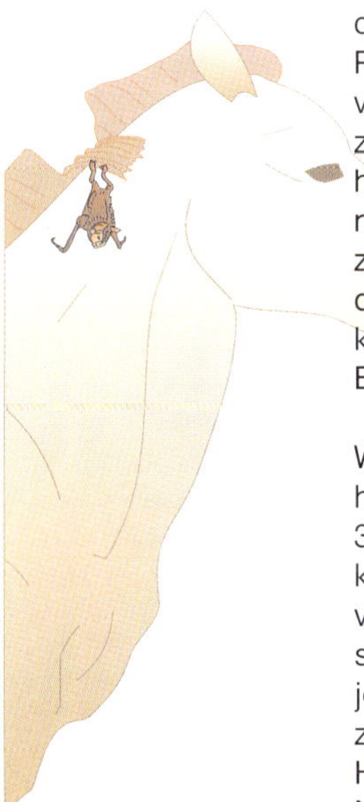

Vampire leben von Blut, das sie bei nächtlichen Nahrungsflügen von Großtieren, wie Pferden, Eseln oder Rindern, erbeuten. Dazu verlassen sie, um ihren Feinden, den Eulen, zu entgehen, bei möglichst großer Dunkelheit ihre Quartiere. Sie fügen ihren Beutetieren durch Bisse mit den oberen Schneidezähnen stark blutende Wunden zu und lecken das austretende Blut auf. Pro Nacht kann eine Vampirfledermaus 50–100 % des Eigengewichtes an Blutnahrung aufnehmen.

Weibchen bilden feste Verbände, die z. B. in hohlen Bäumen ihre Tagesquartiere haben. 30 % der Jungtiere, aber nur 7 % der Alttiere kehren in der Morgendämmerung erfolglos von der Jagd zurück. Dabei ist nicht vorhersagbar, wer keine Nahrung findet; es kann jeden treffen. Bekommen Vampire länger als zwei Nächte kein Futter, verhungern sie. Hungrige Tiere betteln am Schlafplatz ihre Nachbarn an. Diese sind in vielen Fällen, aber nicht immer, Verwandte.

Beim *Altruismus* unter Verwandten wird der Verlust an direkter Fitness durch einen Gewinn an indirekter Fitness zum Teil wieder ausgeglichen. Findet man jedoch unter nicht verwandten Artgenossen altruistisches Verhalten, muss man nach anderen Erklärungen suchen.

Wie aus Abbildung 2 zu entnehmen, ist der Verlust für einen Blut abgebenen Partner geringer als der Nutzen für den Hungernden, da dieser durch die Spende in der nächsten Nacht auf Nahrungssuche gehen kann. Für den Geber entstehen Nachteile, die nur dadurch ausgeglichen werden können, dass der derzeitige Empfänger bei umgekehrtem Versorgungszustand auch bereit ist, Futter abzugeben. Nicht verwandte Altruisten, deren Hilfe nicht erwidert wird, müssen dauernd Verluste einstecken und sollten eine Nahrungsabgabe verweigern.

Der folgende Versuch zeigte, nach welcher Methode Vampire Nahrung teilen: Im Labor ließ man ein Tier hungern und setzte es anschließend in eine Gruppe von satten Artgenossen, die wiederum aus zwei Untergruppen bestanden. Eine Gruppe kannte den Hungernden, war aber nicht verwandt mit ihm, die andere bestand aus fremden Tieren. Das bettelnde Tier bekam, bis auf eine Ausnahme, nur von seinen Bekannten Nahrung. Hungrige Vampire, die von einem Spender Blut erhalten hatten, gaben bei umgekehrtem Versorgungszustand dem ehemaligen Spender bereitwilliger Blut ab, als es bei einer zufälligen Verteilung des Futters in der Gruppe zu erwarten gewesen wäre. Ohne individuelles Erkennen wären diese Bevorzugungen nicht möglich. Auch Beobachtungsergebnisse aus dem Freiland zeigen diesen Zusammenhang. Da diese Form von Altruismus nur funktioniert, wenn der Partner sich revanchiert, nennt man sie *reziproken Altruismus*. Es zeigt sich, dass für altruistisches Verhalten Verwandtenerkennung und individuelles Erkennen vorausgesetzt werden müssen. Ob dies bei Vampiren über stimmliche oder geruchliche Komponenten erfolgt, ist ungeklärt.

Fortpflanzungstaktiken der Heckenbraunelle

1

Heckenbraunellen (kleine Singvögel) leben im dichten Unterwuchs von Wäldern, Gärten und Parkanlagen. Die Weibchen bauen napfförmige Nester in Hecken oder immergrünen Sträuchern.

Sie besetzen im Frühjahr Reviere, deren Größe von der Nahrungsversorgung abhängt. Legt man eine Futterstelle an, so wird ein kleineres Revier verteidigt. Den Weibchenrevieren sind diejenigen der Männchen überlagert. Männchen erkämpfen Reviere, die sie bis zu einer Größe von 3 000 m^2 verteidigen können. Die Größe ihres Reviers ist nicht vom Nahrungsangebot abhängig.

Stirbt bei einem monogamen Paar das Weibchen, wandert das Männchen meist aus. Stirbt das Männchen, bleibt das Weibchen in der Regel im Revier. Benachbarte Männchen, deren Reviere in ein Weibchenrevier hineinreichen, versuchen ihren Bereich auf das gesamte Weibchenrevier auszudehnen. Können sie ihren Bereich bei zunehmender Größe nicht mehr verteidigen, nutzen die Männchen den gleichen Raum und bilden untereinander eine Rangordnung aus.

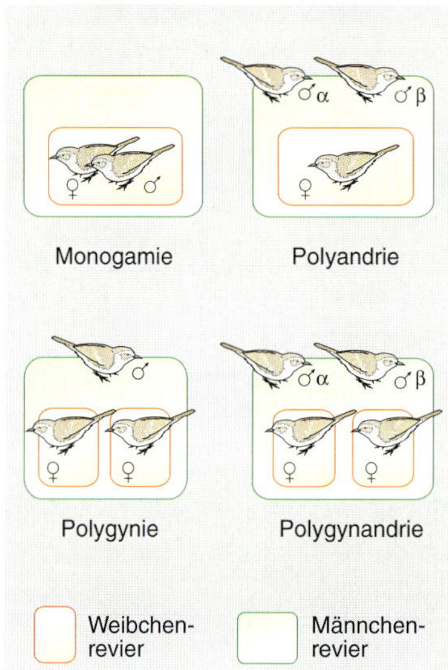

2

Aus den unterschiedlichen Überlappungen von Männchen- und Weibchenrevieren ergeben sich vier verschiedene Kombinationen: *Monogamie, Polygynie, Polyandrie* und *Polygynandrie.* Bei Polygynandrie überlappen die Reviere von zwei zusammenlebenden Männchen mehrere Weibchenreviere.

Aufgabe

① Fassen Sie anhand der Informationen aus Text und Grafiken (Abbildung 2 und 3) zusammen, unter welchen Bedingungen die verschiedenen Paarungssysteme entstehen.

Geschlechterverhalten und Paarungssystem

Abbildung 4 zeigt die Abhängigkeit der Männchen- und Weibchensterblichkeit von der Anzahl der Schneetage im Winter.

Abbildung 5 stellt den Zusammenhang zwischen der Anzahl der Männchen in der Population und der der polyandren Weibchen dar.

Aufgabe

① Beschreiben Sie anhand der Informationen, wie die Häufigkeit der Paarungssysteme von Jahr zu Jahr wechseln kann.

Konkurrenz zwischen Männchen

Männchen versuchen durch Revierbesitz alleinigen Zugang zu Weibchen zu erreichen. Ist dies nicht möglich, kommt es zu einer Rangordnung.

Monogame Männchen führen pro Stunde durchschnittlich 0,47 Paarungen aus, Männchen in polyandren Systemen mit alleinigem Zugang zum Weibchen 0,87. In Systemen, in denen beide Männchen mit dem Weibchen kopulieren, erreichen beide Männchen ungefähr 2,4 Paarungen pro Stunde. Die Hoden von Heckenbraunellen sind ungefähr 64 % größer als man es von weitgehend monogamen Vögeln gleicher Größe kennt.

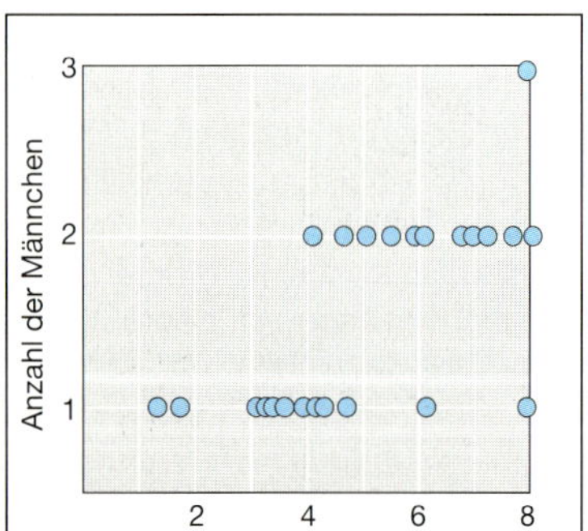

3 Territoriengröße der Weibchen (1000m^2)

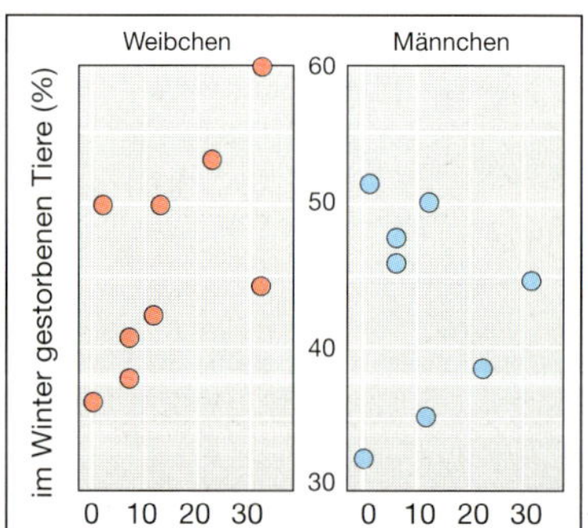

4 Anzahl der Schneetage im Winter

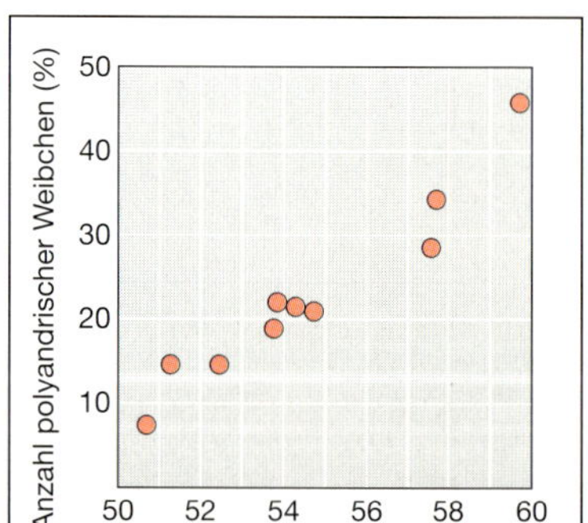

5 Männchen in der Brutpopulation (%)

Bei Vögeln mündet der Eileiter in den Enddarm, sodass die *Kloake* auch den Transportweg für die Geschlechtszellen darstellt. Schon 1902 hat der Ornithologe SCHONS ein seltsames Verhalten der Heckenbraunelle beschrieben: „Während das Weibchen flügelzitternd mit angehobenem Schwanz dasteht und die Kloake präsentiert, pickt das Männchen mehrfach dagegen. Das Weibchen vollführt pumpende Bewegungen mit der Kloake und gibt einen Tropfen ab". Kurz danach findet die Kopulation statt (Abb. 6). Mikroskopische Analysen zeigten, dass dieser Tropfen Spermien einer vorherigen Kopulation enthält.

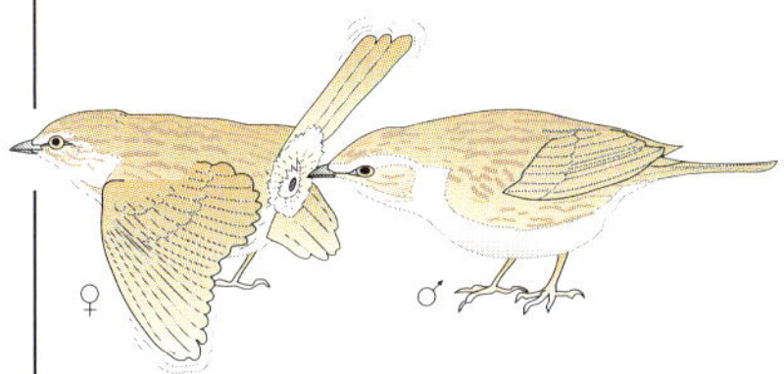

6 Kloakenpicken

Nur in polyandren und polygynandren Systemen, in denen die β-Männchen nicht kopulieren konnten, passierte es mehrfach, dass frisch geschlüpfte Jungen verschwanden oder Eier so angepickt wurden, dass keine Jungen mehr schlüpfen konnten.

Es wird vermutet, dass hierfür die β-Männchen verantwortlich waren. Diese versuchten auch wiederholt, das brütende Weibchen vom Nest zu vertreiben, wenn sie sich nicht paaren durften, wurden aber vom α-Tier daran gehindert. Interessanterweise traten derartige Fälle nur zum Beginn der Brutsaison auf, wenn das Weibchen noch weitere Bruten durchführen konnte und nicht, wenn Folgebruten unsicher waren. Bei einem Verlust des Geleges fangen die Weibchen nach spätestens 1 bis 2 Wochen an, neue Eier zu legen. Ziehen sie eine Brut groß, folgt das nächste Gelege erst nach rund 6 Wochen.

Aufgabe

① Arbeiten Sie aus den geschilderten Sachverhalten die verschiedenen Mechanismen heraus, die vor der Kopulation, nach der Kopulation, bzw. nach der Eiablage wirken und dadurch dem einzelnen Männchen Fortpflanzungsvorteile sichern.

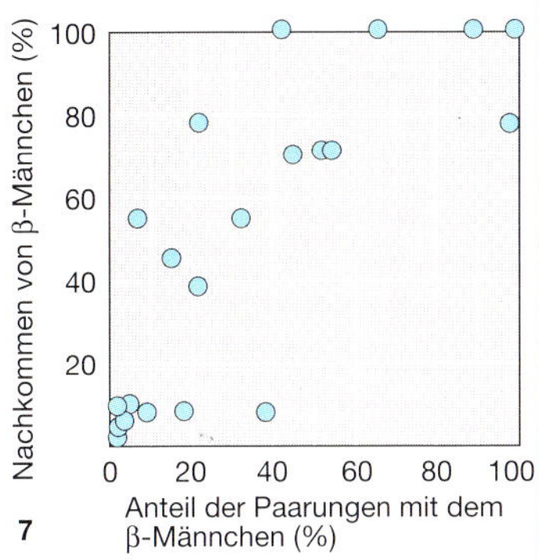

7

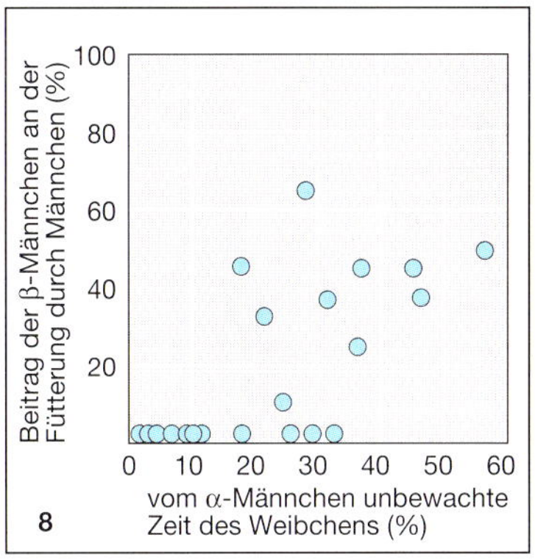

8

Väterliches Investment

Männchen der Heckenbraunelle können ihren Weibchen entweder dadurch helfen, dass sie die Eier bebrüten oder dass sie für die Aufzucht der Nestlinge Futter herbeischaffen. Dabei zeigte sich, dass durch Hilfe beim Brüten sich die Anzahl der aus den Eiern geschlüpften Jungen nicht änderte, durch Hilfe bei der Fütterung die Anzahl der das Nest erfolgreich verlassenden Jungen jedoch signifikant anstieg. Dieser Effekt war eine Folge davon, dass weniger Nestlinge im Nest verhungerten. Die Mithilfe von Männchen wurde umso wertvoller, je größer die Anzahl der Jungen war.

Während der Paarungszeit bewachen die Männchen ihre Weibchen. Bei monogamen Paaren (*Bewachungsmonogamie*) beschränkt sich das Männchen darauf, Eindringlinge, die eine zusätzliche Paarungsmöglichkeit suchen, zu vertreiben. Am intensivsten ist die Bewachung in polyandren Systemen. In diesen folgt das α-Männchen dem Weibchen auf Schritt und Tritt. Es verliert sein Weibchen aber häufig, während es das β-Männchen vertreibt. Dann versteckt sich das Weibchen sofort in dichter Vegetation, frisst hier in aller Ruhe und paart sich wiederholt mit dem β-Männchen, wenn es von diesem zuerst gefunden wird. Ist es vom α-Männchen entdeckt, kann das ganze Spiel von vorn beginnen.

Für soziobiologische Überlegungen war es wichtig zu wissen, wie erfolgreich die Paarungen des β-Männchens sind. Um dies zu erfassen, stellte man von allen beteiligten Partnern und den Jungtieren im Nest einen „genetischen Fingerabruck" her und konnte so die Jungtiere den Vätern zuordnen. Das Ergebnis zeigt Abbildung 7. In Abbildung 8 ist der Zusammenhang zwischen der Fähigkeit des Weibchens, sich dem α-Männchen zu entziehen, und dem Beitrag des β-Männchens an der Brutpflege dargestellt.

Aufgaben

① Stellen Sie einen Sachzusammenhang zwischen den Aussagen beider Abbildungen (Abb. 7, 8) her.

② Erläutern Sie, wodurch es zwischen verschiedenen Partnern zu Konflikten kommen muss, indem Sie aufzeigen, wie Fitnessgewinn beim einen zu Fitnessverlust beim anderen führt. Werten Sie in diesem Zusammenhang die Daten der Tabelle mit aus.

Paarungssystem	Jungenanzahl pro Jahr	
	pro Weibchen	pro Männchen
Polygynie	4,4	8,8
Monogamie	5,9	5,9
Polyandrie (nur α-Männchen paart sich)	4,9	α: 4,9 β: 0,0
Polyandrie (α- und β-Männchen paaren sich und füttern beide)	8,9	α: 4,9 β: 4,0
Polygynandrie	4,0	α: 5,6 β: 2,4

Kommunikation

Ein Rotkehlchenmännchen lockt mit seinem Gesang ein Weibchen an und weist gleichzeitig einen Rivalen ab. Treffen wenige Moleküle des Sexuallockstoffs *Bombykol* auf die Antennen eines Seidenspinnermännchens, so fliegt es, über Kilometer der zunehmenden Duftstoffkonzentration folgend, zu dem Weibchen und kopuliert mit ihm. Diese beiden Beispiele aus dem Sozialverhalten der Tiere zeigen, dass zum Zusammenfinden von Weibchen und Männchen und zum Aufrechterhalten von Sozialstrukturen ein Informationsaustausch *(Kommunikation)* zwischen Angehörigen einer Art stattfindet.

Allgemein gilt das folgende Kommunikationsmodell: Ein Individuum, der *Sender*, beeinflusst durch das Aussenden eines Signals das Verhalten eines anderen, des *Empfängers*. Der Ablauf lässt sich in die folgenden Phasen unterteilen:

- Beim Sender besteht die Handlungsbereitschaft, sich mitzuteilen *(Nachrichtenbedürfnis)*.
- Die Nachricht wird vom Sender in Signale codiert, welche der Empfänger versteht *(Codierung)*.
- Die Signale werden vom Sender über einen Kanal gesendet *(Sendung)*.
- Die Sinnesorgane des Empfängers nehmen die Signale auf und melden eine Information an höhere Nervenzentren weiter *(Empfang)*.
- Der Empfänger entschlüsselt die Information und versteht den Sinn der Nachricht *(Decodierung)*.
- Es folgt meist eine Reaktion des Empfängers, die eine Codierung und Sendung einer Antwort darstellt.

Bis vor wenigen Jahren hielt man Laute von Affen, wie z. B. von Meerkatzen, für Gefühlsäußerungen ohne jeglichen Informationsgehalt über ihre Umgebung. Erst durch die Versuche, Affen eine Sprache beizubringen, deckte man ihr Mitteilungsvermögen auf. Dies führte dazu, dass man ihre Lautäußerungen im Freiland genauer untersuchte. Es zeigte sich, dass Meerkatzen u. a. Leopardenalarm, Adleralarm, Schlangenalarm und verschiedene Rufe bei Kontakten mit fremden Gruppen und Gruppenmitgliedern kennen. Je nach Alarmruf flüchtet der Gewarnte nach oben in die Bäume (Leopardenalarm), nach unten in die Büsche (Adleralarm) oder stellt sich hin und beobachtet den Boden (Schlangenalarm). Der Entdecker des Feindes warnt aber meist nur, wenn Verwandte

Ritualisierung

Der *Jagdfasan* scharrt während der Balz, tritt zurück und pickt mit Futterlockrufen gegen den Boden. Die Henne läuft herbei. Der *Glanzfasan* entwickelt zur Balzzeit einen fächerartigen Schwanz. Er verbeugt sich mit leicht gefächertem Schwanz vor der Henne und hackt mit Schnabelschlägen in den Boden. Die Henne läuft herbei und sucht vergeblich nach Futter. Er spreizt jetzt seine Schwanzfedern und Schwingen maximal. Sein Schwanzgefieder bewegt sich langsam rhythmisch vor und zurück. Der *Pfaufasan* kratzt am Boden, verbeugt sich unter Flügelanheben und Schwanzfächern. Kommt ein Weibchen, bietet er ihm Futter an. Die Verhaltensweisen der Balz sind aus dem Futterlocken hervorgegangen. Hennen holen die Küken zum Futter, indem sie scharren, picken und Lockrufe ertönen lassen. Der Vergleich der nahe verwandten Fasanarten zeigt, dass die Verhaltensweisen aus dem Zusammenhang des ursprünglichen Funktionskreises gelöst und in den des Fortpflanzungsverhaltens eingeordnet wurden. Dabei sind Ausdrucksbewegungen entstanden, die stark verlangsamt ausgeführt, durch auffällige Farben und häufige rhythmische Wiederholungen unterstrichen werden. Im Laufe der Evolution hat das Futterlocken eine neue Bedeutung bekommen. Es erhielt Signalfunktionen *(Ritualisierungen)* und dient der innerartlichen Kommunikation.

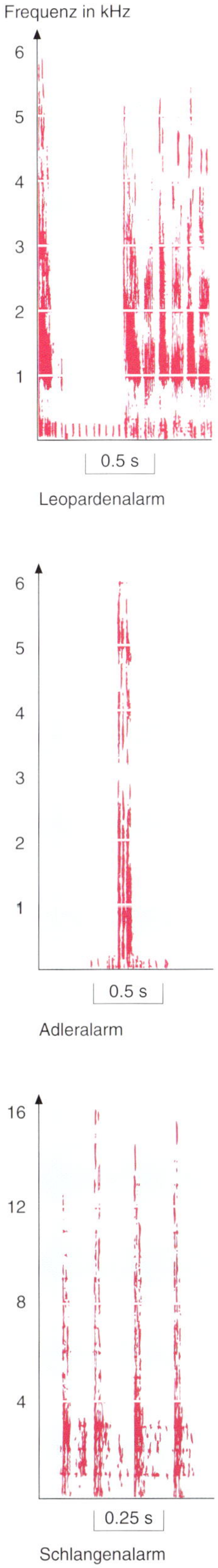

Alarmrufe männlicher Meerkatzen

in der Nähe sind. Warnrufe können auch abgegeben werden, um andere vom Futter zu vertreiben. Gibt ein Tier im Experiment aus dem Lautsprecher mehrmals blinden Alarm, „glaubt" man ihm nicht mehr, flüchtet aber sofort wieder, wenn der Alarm von einem anderen Gruppenmitglied kommt. Dies bedeutet, dass einerseits je nach Bedingungen der Signalsender zwischen mehreren möglichen Lautäußerungen oder Schweigen wählen kann. Andererseits zeigt die Reaktion des Gewarnten, dass er verrechnet, von wem die Information kommt und was sie aussagt. Da diese Signale nur in Anwesenheit von Artgenossen gegeben werden, müssen sie zumindest Darstellungsfunktion besitzen. Ob sie auch als Appell gemeint sind, ist bisher nicht nachweisbar, aber wahrscheinlich.

Die höchste Entwicklungsstufe akustischer Kommunikation erreicht die *menschliche Wortsprache*. Mit ihr können Gefühle, Einstellungen und Meinungen wiedergegeben *(Ausdrucksfunktion)* sowie Aussagen über die Wirklichkeit gemacht werden *(Darstellungsfunktion)*. Weiterhin kann versucht werden, das Verhalten zu steuern *(Appellfunktion)*. Sie ist zunächst eine Lautsprache mit Worten als Zeichen, die nach einem System von Regeln zueinander in Beziehung gesetzt werden. Sätze sind die grammatikalisch strukturierten Einheiten. Der Mensch setzt die Sprache situationsgerecht und zur Verwirklichung seiner sozialen Absichten ein.

Eine der kompliziertesten Kommunikationsformen im Tierreich ist die *Tanzsprache der Bienen*. Mit einem Rundtanz informiert eine Sammlerin nachtanzende Bienen im Bienenstock über eine Futterquelle, die in einer Entfernung bis zu 80 Metern liegt. Die Richtung von Futterquellen über größere Entfernungen geben Tänzerinnen an ihre Nachtänzerinnen durch die Abweichung der Schwänzelstrecke von der Senkrechten im Stock weiter, die der Abweichung der Flugrichtung vom Sonnenstand entspricht. Für geringe Entfernungen folgen die Schwänzelläufe schnell und für große langsam aufeinander. Sie werden durch Schnarrlaute von 260 Hz begleitet. Die Art der Futterquelle erschließen die Bienen aus dem Duft des Pollens oder Nektars, den die Sammlerin in kurzen Abständen an die Nachtänzereinnen verteilt. Die Bienen geben so Nachrichten über Trachtquellen weiter, die räumlich und zeitlich entfernt liegen. Ihr Nachrichtensystem hat somit Darstellungs- und Appellfunktion wie bei der menschlichen Sprache.

Kommunikation bei Bienen

Karl von Frisch analysierte die Tanzsprache der Honigbiene. Mit einer Stoppuhr und einem Winkelmesser ausgerüstet, konnte er aus dem Schwänzeltanz einer Biene ablesen, wo sich die gemeldete, neue Futterquelle befand. Die von der Sammlerin informierten Bienen trafen an der von Frisch vermuteten Futterquelle tatsächlich ein. Er erhielt für die Entschlüsselung der Tanzsprache 1973 den Nobelpreis für Medizin und Physiologie. Seine Befunde waren jedoch kein Beweis dafür, dass die Bewegung der Tänzerin die wesentliche und einzige Informationsquelle für die Nachtänzerinnen waren. Es war auch unklar, auf welche Weise die Nachtänzerinnen im dunklen Stock die Nachrichten der Sammlerin aufnehmen.

Weitere Forschungen in den vergangenen Jahrzehnten brachten Schritt für Schritt zusätzliche Erkenntnisse. So weiß man heute, dass die erfolgreiche Sammlerin beim Schwänzeltanz durch Flügelvibrieren Töne niedriger Frequenz *(Luftschall)* erzeugt, die die Nachtänzerinnen über die dicht an die Tänzerin herangeführten Antennen wahrnehmen. Die Nachtänzerin erzeugt durch Muskelkontraktionen ein piepsendes Geräusch, das als Vibrationen des Untergrundes der Wabe *(Substratschall)* wiederum von der Tänzerin wahrgenommen wird. Diese stoppt und gibt eine Futterprobe ab.

Experimente mit einer Roboterbiene trugen zu diesem weiteren Erkenntnisfortschritt bei. Mit ihr konnten Schwänzeltanz und Töne sowie die Gabe von Futterproben imitiert und auf ihre jeweilige Wirksamkeit getestet werden. Die Stockbienen folgten dem Tanz des tönenden Roboters und trafen an dem von den Roboterbienen angezeigten Futterplatz ein. Dabei zeigte sich, dass Tanz und Töne wesentliche Bestandteile der Bienensprache sind.

1 Trauerschnäpper

Lug und Trug

Dass Räuber und Beute sich im zwischenartlichen Kampf täuschen, war Biologen schon länger bekannt. Wie sehr sie sich aber auch mit der Vorstellung von der „Ehrlichkeit" innerhalb der Art irrten, deckten Forscher erst in letzter Zeit auf. Dabei soll hier unter Täuschen keine bewusste Handlung verstanden werden, sondern ein Verhalten, das in seiner Funktion den Partner falsch informiert und so zu einem Verhalten verleitet, das dem Täuscher nutzt. Ein Beispiel aus dem Fortpflanzungsverhalten der *Trauerschnäpper* verdeutlicht dies.

Dieser in ganz Europa verbreitete Vogel bewohnt Wälder und nistet in Baumhöhlen, Mauern und Nistkästen. Trauerschnäpper ernähren sich von Insekten, sie ziehen im Winter nach Süden und kehren im zeitigen Frühjahr zurück. Zuerst kommen die Männchen an und besetzen Brutreviere, gefolgt von älteren Weibchen. Jüngere Männchen und Weibchen folgen nach.

Untersuchungen deckten auf, dass 13 % der Männchen nach Kopulation, Eiablage und Brutbeginn ihrer Weibchen aus ihren mühsam erkämpften Revieren verschwinden, das brütende Weibchen allein zurücklassen, in großer Entfernung erneut ein Revier besetzen und versuchen, eines der später ankommenden jüngeren Weibchen anzulocken. Nach erneuter Paarung und der Eiablage der zweiten Partnerin verlassen diese Männchen sie wieder, kehren zum ersten Weibchen zurück und helfen diesem bei der Brutfürsorge.

Der Bruterfolg mit männlicher Hilfe liegt bei durchschnittlich 5,4 Jungen, die flügge werden. Bei den zweiten Weibchen werden ohne Hilfe nur 3,3 Jungvögel flügge. Für das Männchen addieren sich die Beträge; es hat 8,7 Nachkommen gezeugt. Für das verlassene Weibchen wäre es besser gewesen, sich mit einem später „anreisenden", jüngeren Männchen einzulassen. Da es dem balzenden Männchen aber nicht ansehen kann, ob es bereits ein Weibchen hat, ist es um das väterliche Investment und einen Teil der Nachkommenzahl „betrogen" worden.

Sobald ein Männchen sein Zweitrevier verlassen hat (oder vom Wissenschaftler weggefangen wurde), dringen aus der Nachbarschaft Männchen nach, die sich kein Revier erkämpfen konnten. Diese werden von verlassenen Weibchen sofort zur Paarung aufgefordert, obgleich sie ihre Eier schon abgelegt haben. Eine Täuschung der Männchen gelingt nur dann, wenn die Eier gerade erst gelegt wurden. Derart getäuschte Männchen beteiligen sich an der Aufzucht der Jungen, wenn die Kopulationen früh genug stattgefunden haben. Können die Männchen nicht getäuscht werden, helfen sie bei der Brutpflege nicht mit und warten die nächste Brut ab.

Ein weiteres Beispiel für innerartliche Täuschung liefern die nordamerikanischen *Blaukiemenbarsche* (Abb. 149.1). Diese Fische werden bis zu 30 cm lang. Sie bewohnen klare, warme Teiche und Flüsse. Die Männchen dieser Art können auf drei verschiedene Weisen versuchen, Eizellen der Weibchen zu besamen. Die erste ist die bekannteste, nämlich die Errichtung von Brutnestern am Boden der Gewässer in kleinen Territorien, mit denen Weibchen angelockt und zum Ablaichen veranlasst werden *(Pfleger)*. Manchmal sieht man über dem Nestboden sogar drei Fische kreisen, die auf den ersten Blick wie ein Männchen mit zwei Weibchen erscheinen. Schaut man aber genauer hin, entdeckt man, dass eines der „Weibchen" in Wirklichkeit Spermienflüssigkeit abgibt. Dieser *Satellit* gleicht in Körpergröße, Streifen, Färbung und Verhalten einem Weibchen *(Weibchenmimikry)*. Die dritte Möglichkeit zeigen Zwergmännchen, die in der umgebenden Vegetation warten und zwischendurch blitzschnell an den laichenden Artgenossen vorbeischwimmen, Spermienzellen abgeben und sofort wieder verschwinden. Da sie die Besamung von Eiern erschleichen, werden sie im englischen Sprachraum „sneaker" *(Schleicher)* genannt.

1 Blaukiemenbarsch

Wenn heranwachsende Schleicher mit ca. drei Jahren die Größe fortpflanzungsfähiger Weibchen erreichen, verwandeln sie sich im Aussehen und im Verhalten und werden zum *Weibchennachahmer*. Wenn die Schleicher *(Satellitenmännchen)* geschlechtsreif geworden sind, wachsen sie ungefähr 30 % langsamer als die gleich alten heranwachsenden Pfleger. Diese brauchen etwa sieben Jahre, um geschlechtsreif zu werden. Sie haben erst dann die notwendige Größe, um Brutreviere erfolgreich verteidigen zu können.

Aufgaben

① Stellen Sie anhand der Textinformationen die Interessenskonflikte bei den Trauerschnäppern dar.

② Erläutern Sie auf diesem Hintergrund, für wen sich die Täuschung bezahlt macht.

③ Berechnen Sie den prozentualen Anteil der Gonaden am jeweiligen Körpergewicht der Blaukiemenbarsche (Abb. 2) und stellen Sie einen Zusammenhang zu den Fortpflanzungsformen dar.

④ Ordnen Sie dem Verhalten der Barsche begründet die Begriffe *Strategie* oder *Taktik* zu.

	Pfleger	**Satellit**	**Schleicher**
Körpergewicht	ca. 82 g	ca. 12 g	ca. 5,2 g
Gonadengewicht	ca. 0,9 g	ca. 0,4 g	ca. 0,2 g

2 Unterschiede bei Blaukiemenbarschen

Lügende Affen

Von Lucy, einer in den USA lebenden Schimpansin, welche die Zeichensprache beherrscht, ist ein interessantes Gespräch aufgezeichnet, in dem sie versucht, anderen ihre eigene „Untat“ in die Schuhe zu schieben. Nachdem ihr Trainer ROGER FOUTS einen Kothaufen im Wohnraum entdeckte, kam es zu folgendem Gespräch: Roger: „Was ist das?“ – Lucy: „Lucy nicht wissen.“ – Roger: „Du wissen. Was das?“ – Lucy: „Schmutzig, schmutzig.“ – Roger: „Wessen schmutzig, schmutzig?“ – Lucy: „Sues.“ (Sue ist eine Trainerin) – Roger: „Das nicht Sues. Wessen das ist?“ – Lucy: „Rogers.“ – Roger: „Nein! Das nicht Rogers. Wessen ist das?“ – Lucy: „Lucy schmutzig, schmutzig. Tut leid Lucy.“

Im Gegensatz zum Verhalten von Trauerschnäppern und Blaukiemenbarschen kann man in diesem Fall nicht davon ausgehen, dass die Lüge einem angeborenen Programm folgt, sondern sie muss eine gezielte und überlegte Falschinformation sein. Dies deckt sich mit einer Fülle von Beobachtungen, die offenbaren, dass Affen sich auch untereinander täuschen. Dies geht sogar so weit, dass sie dabei eigene Gefühle unterdrücken, um eine verräterische Mimik zu verschleiern: „Das dominante Schimpansenmännchen Luit wurde von Nikkie, einem anderen Schimpansenmann, herausgefordert. Zunächst versuchten sie, einander durch Fellsträuben, Auf-den-Boden-Schlagen, gezielte Steinwürfe und lautes Geheul einzuschüchtern. Schließlich wurde Nikkie auf einen Baum gejagt. Noch im Geäst sitzend, forderte er Luit durch erneutes Geheul heraus. Bei dieser neuerlichen Provokation entblößte Luit, der mit dem Rücken zu Nikkie unter dem Baum saß, die Zähne – ein „Furchtgrinsen“, das Ängstlichkeit signalisiert – fasste sich aber sofort an den Mund und presste mit den Fingern die Lippen zusammen.“ „Ich traute meinen Augen nicht“, berichtete DE WAAL. Schließlich gelang es ihm, das Grinsen von seinem Gesicht zu verbannen und nun erst drehte er sich um“.

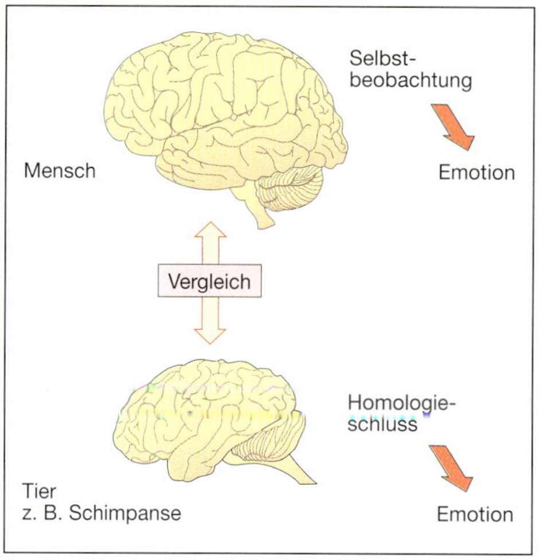

1 Homologieschluss

2 Mimik bei einem Affen

Haben Tiere Gefühle?

Fast jeder Haustierhalter wird diese Frage spontan mit „Aber sicher!" beantworten und trotzdem ist eine wissenschaftliche Antwort nicht so einfach. Als im 4. Jahrhundert v. Chr. Meister CHUANG mit dem Meister HUI über das Wehr am Bach Hao wanderte, sagte CHUANG: „Wie die schlanken Fische dahinwandern, so leicht und frei! Das ist die Freude der Fische." Meister HUI sagte: „Ihr seid kein Fisch, Meister. Woher wisst ihr, dass die Fische sich freuen?" Meister CHUANG antwortete: „Ihr seid nicht ich, Meister. Woher wisst ihr, ob ich nicht weiß, dass die Fische sich freuen?"

Über 2000 Jahre später formulierte der amerikanische Verhaltensforscher B. F. SKINNER das Problem: „Wo unsere eigenen Gefühle betroffen sind, können wir nicht aus unserer Haut." Alle drei haben klar angesprochen, was bis heute nicht gelöst wurde. Emotionen, Gefühle und Wahrnehmungen finden in uns statt und sind nur uns allein direkt zugänglich. Sie lassen sich nicht interindividuell objektiv messen und vergleichen. Menschen können anderen Menschen ihre Emotionen durch die gemeinsame Sprache in gewissem Umfang mitteilen. Bei Tieren sind Emotionen nicht direkt beweisbar.

2400 Jahre nach CHUANG und HUI wissen Biologen und Mediziner mehr über Emotionen, haben das Kernproblem aber noch nicht gelöst. Allen Emotionen laufen physiologische Reaktionen im Nervensystem parallel *(psycho-physischer Parallelismus)*. Hauptsitz von Abläufen, die mit Emotionen verbunden sind, ist das sogenannte *limbische System*, das im Gehirn der Wirbeltiere zu finden ist. Die Hauptgefühle gehören eindeutig zu sehr ursprünglichen, evolutiv alten, angeborenen Verhaltensweisen, wie z. B. Elementen des Fress-, Rangordnungs- und Sexualverhaltens. Wirkungen von Psychopharmaka zeigen bei verschiedenen Tieren und den Menschen starke Übereinstimmungen. Diese Tatsachen belegen, dass Strukturen des Nervensystems, die „Gefühle verursachen", evolutiv sehr alt und bei vielen Arten vorhanden sind. Sie bewirken bei Tieren mit großer Wahrscheinlichkeit dasselbe wie bei uns.

Wir können zwar nicht beweisen, dass Tiere empfinden, aber auch nicht, dass sie es nicht tun. Die Annahme, dass Tiere keine Emotionen haben und daher nicht leiden können, besitzt als unbegründete Vermutung jedoch eine viel geringere Wahrscheinlichkeit als die gegenteilige Annahme, da diese von naturwissenschaftlichen Fakten gestützt wird, denn aufgrund übereinstimmender Strukturen des Nervensystems können wir bei nahe verwandten Tieren indirekt auf Emotionen schließen.

Darüberhinaus stellt sich die ethische Forderung: Wenn nicht sicher ist, ob Tiere leiden können, muss man im Umgang mit ihnen von ihrer Leidensfähigkeit ausgehen und sich so verhalten, dass ihnen potenzielles Leid erspart wird. Daher geht auch der Gesetzgeber von der Leidensfähigkeit der Tiere aus (s. Randspalte Seite 151).

Aus §1 Tierschutzgesetz

„Zweck dieses Gesetzes ist es, aus der Verantwortung des Menschen für das Tier als Mitgeschöpf, dessen Leben und Wohlbefinden zu schützen. Niemand darf einem Tier ohne vernünftigen Grund Schmerzen, Leiden oder Schäden zufügen."

Sympathie
Mitgefühl

Empathie
Einfühlung

An die Frage nach der Leidensfähigkeit schließen sich weitere an, deren Beantwortung bis heute nicht eindeutig möglich ist: Unter welchen Umständen leiden Tiere? Woran kann man Tieren ansehen, ob und wie stark sie leiden? Der naive Versuch, eine Antwort zu finden, ist, sich an die Stelle des Tieres zu versetzen und zu überlegen, wie man sich selber in dessen Situation fühlen würde. Dabei werden eigene Bedürfnisse und eigene Gefühle in das Tier projiziert *(Sympathie)* und dieses dadurch vermenschlicht. Dieser Ansatz muss scheitern, da Tiere andere Bedürfnisse haben. Tierverständnis kann nur über ein Hineindenken in die Situation und ein Einfühlen *(Empathie)* in die Bedürfnisse des Tieres geschehen. Dabei helfen Verhaltensbeobachtungen.

Ein häufiges Argument, mit dem auf Leid bei gehaltenen Tieren hingewiesen wird, heißt: „Das ist unnatürlich." Dahinter stecken zwei Annahmen. Zum einen wird impliziert, dass unnatürliche Verhaltensweisen automatisch mit Leiden einhergehen, zum anderen, dass Tiere in der Natur nicht leiden oder dass Leiden in der Natur dem in menschlicher Obhut vorzuziehen ist.

Im Zoo gehaltene Antilopen leiden sicher nicht darunter, dass sie nicht von Raubtieren verfolgt werden. Wenn Schimpansen die Zoobesucher mit Kot bewerfen, verhalten sie sich, am Verhalten in der Natur gemessen, unnatürlich, genießen jedoch sichtlich die Reaktion des Publikums. Möwen und Paviane leiden sicher nicht, wenn sie ihre Nahrung auf Müllkippen suchen. Aus „unnatürlichen" Verhaltensweisen und Situationen lässt sich also nicht zwangsläufig auf Leiden schließen. Das Leben von Wildtieren als Maßstab für in menschlicher Obhut gehaltene Tiere zu nehmen, ist nur sinnvoll, wenn man davon ausgeht, dass Leben in der Natur leidensfrei ist, was sicherlich eine falsche Annahme ist. Ist die Natur aber nicht leidensfrei, müsste man für eine Entscheidung, welche Umwelt vorzuziehen ist, vergleichen können, wo Tiere weniger leiden.

Da dieses Problem, Leiden und Leidensgrad von Tieren einzuschätzen, bisher nicht lösbar ist, geht man davon aus, dass Tiere nicht leiden, wenn sie körperlich unversehrt und gesund sind, keine Stresssymptome zeigen und möglichst viele natürliche Verhaltensweisen ausüben.

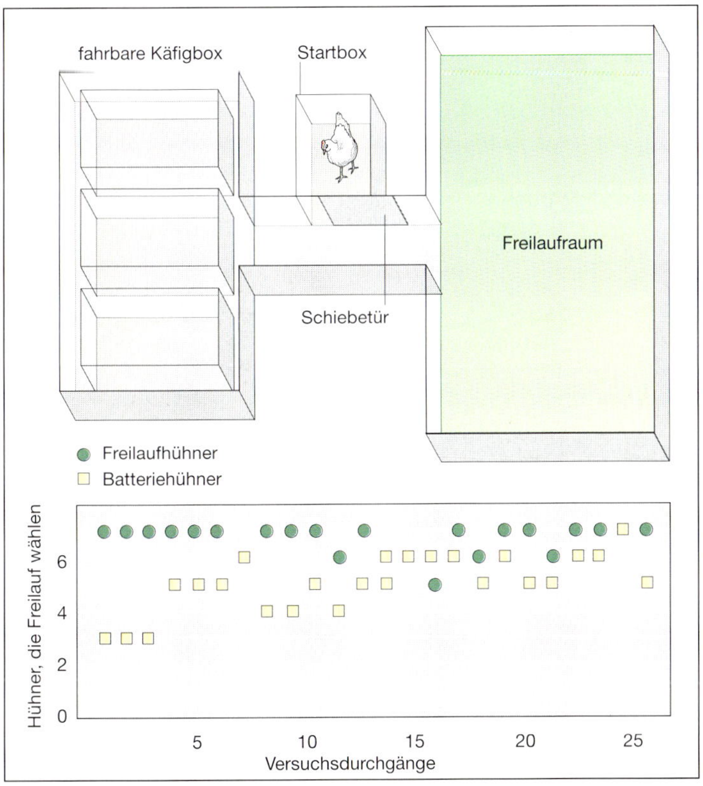

Wahlversuche

Das Problem, als Mensch entscheiden zu müssen, unter welchen Bedingungen Tiere sich wohl fühlen, lässt sich umgehen, wenn man die Beantwortung den Tieren selbst überlässt, indem man sie vor Wahlentscheidungen stellt und sie „mit den Füßen abstimmen" lässt. Die britische Verhaltensforscherin M. DAWKINS hat derartige Versuche mit Hühnern durchgeführt. Sie setzte Haushühner in eine Startkammer, von der aus diese über eine Gangverzweigung entweder in eine standardisierte Käfigbox aus der Intensivhaltung oder in einen natürlichen Freilaufraum gelangen konnten (s. Abb.). In jedem Versuchsdurchgang setzte sie das Versuchstier in die Startbox und erfasste, für welche Umwelt sich die Henne entschied. Hatte die Henne einen der Räume betreten, wurde sie fünf Minuten darin eingesperrt und danach erneut in die Startbox gesetzt. Der Versuch wurde mit sieben Hennen, die aus Batterien stammten und sieben Hennen aus der Freilandhaltung jeweils 24-mal durchgeführt. Das Ergebnis der Versuche ist in der Abbildung dargestellt.

Aufgabe

① Deuten Sie das Versuchsergebnis und vergleichen Sie es mit Ihren Erwartungen.

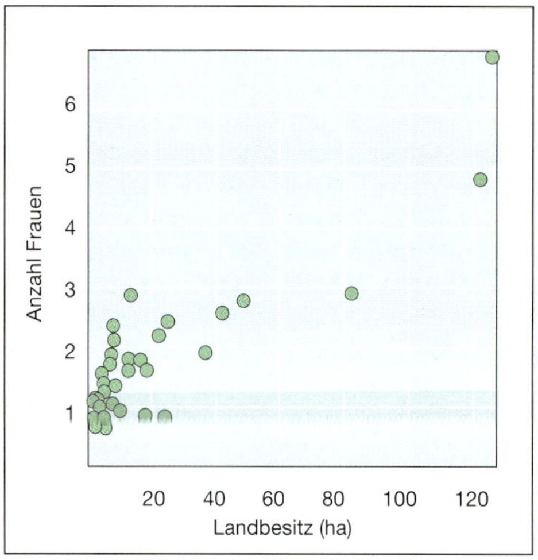

1 Landbesitz und Fortpflanzungserfolg

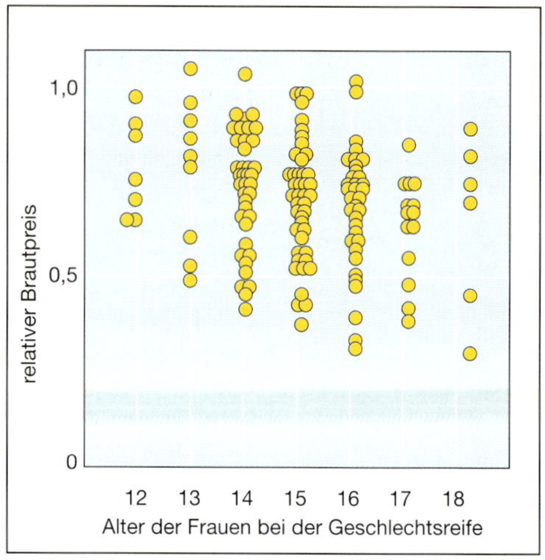

2 Brautpreis und Brautalter

Soziobiologie des Menschen

„Sie sind in dir und mir, sie schufen uns, Körper und Geist, und ihr Fortbestehen ist der letzte Grund unserer Existenz. ... Heute tragen sie den Namen ‚Gene' und wir sind ihre Überlebensmaschinen" (R. DAWKINS, 1978). Derartige Übertragungen soziobiologischer Erkenntnisse auf den Menschen rufen sehr schnell den Widerspruch einiger Kritiker hervor, die den Menschen zur Marionette seiner Gene degradiert sehen. Sie sehen in der Kultur des Menschen die Befreiung vom Diktat der Gene. Soziobiologen meinen dagegen in kulturschaffenden Leistungen des Gehirns die Erfüllung genetisch bedingter Antriebe mit anderen Mitteln zu erkennen und betonen, dass auch kulturelle Merkmale der Selektion durch die Umwelt unterworfen sind. Die Untersuchungen verschiedener Kulturen in jüngerer Zeit zeigen Ergebnisse, die oft sehr gut mit soziobiologischen Prognosen übereinstimmen. Dies sei an Beispielen dargestellt.

Fallbeispiel: Kipsigis

Die Kipsigis in Südwest-Kenia waren bis in die 30er-Jahre Viehzüchter und stellten sich nach der Ankunft der Europäer auf den Anbau von Mais und Getreide um. Dadurch wurde individueller Landbesitz wertvoll. Das Land ist in der Hand der Männer. Frühe Pioniere sicherten sich große Landflächen. Später folgende Siedler bekamen kleinere Stücke. Besitz ist für die Männer mit gesellschaftlichem Status verbunden. Bei den Kipsigimännern lässt sich zeigen, dass zwischen Landbesitz und Lebensfortpflanzungserfolg eine enge Verbindung besteht (Abb. 1). Wie kommt dies zustande? *Polygynie* ist der Hauptgrund. Für die 1. Braut eines Mannes zahlt sein Vater den Brautpreis. Weitere Brautpreise muss der jeweilige Mann selber aufbringen. Da dies für „Großgrundbesitzer" leichter ist und da sie mehr Frauen ernähren können, haben sie entsprechend mehr Frauen und mehr Kinder (in einem Fall mit 8 Frauen z. B. 80 Kinder).

Betrachtet man das Wahlverhalten der Frauen, so treten zunächst scheinbar Schwierigkeiten auf, denn die Eltern wählen den potenziellen Schwiegersohn aus. Töchter werden aber nicht zu einer Ehe gezwungen. Da sie im Ernstfall ihren Mann verlassen und mit den Kindern ins Elternhaus zurückkehren können – was eine Belastung der Eltern darstellen würde – beachten diese die Interessen ihrer Töchter. Eine Analyse des Wahlverhaltens zeigt, dass die Wahl des Ehepartners so entschieden wird, als ob der Fortpflanzungserfolg dabei bedacht würde. Männer werden umso eher geheiratet, je mehr Land und je weniger Frauen sie besitzen und je mehr überlebende Kinder sie mit den vorher vorhandenen Frauen schon gezeugt haben. So ist es unter Umständen besser, die zweite Frau eines Reichen zu sein, als die erste eines Armen.

Da die Fruchtbarkeit und die Anzahl der Kinder, die im Leben einer Frau noch gezeugt und geboren werden können, mit dem Alter der Frau abnehmen, haben Soziobiologen aus evolutionsbiologischen Gründen vorausgesagt, dass Männer die fruchtbareren, d. h. jüngeren Frauen bevorzugen. Bei den Kipsigis werden gut ernährte Mädchen mit 12 bis 15 Jahren geschlechtsreif und haben im Durchschnitt drei überlebende Kinder mehr als Mädchen, die die Geschlechtsreife *(Menarche)* erst mit 16 bis 19 Jahren erreichen. Mit der Menarche werden Mädchen beschnitten und dürfen danach heiraten. Je früher sie heiraten, desto mehr verbleibende Jahre können sie sich fortpflanzen. Kipsigimänner bezahlen für jüngere Mädchen höhere Brautpreise (Abb. 152. 2). Selbst wenn sie dabei nicht an Fortpflanzungsmaximierung denken, so lassen die tradierten kulturellen Werte die Kipsigimänner so handeln, als ob der Fortpflanzungserfolg eines ihrer besonderen Ziele ist.

Fallbeispiel: Karpathosbauern

Auf Karpathos, einer griechischen Insel, ist die Produktivität der Böden so schlecht, dass sie nur begrenzte Erträge aber kein Wachstum ermöglichen. Das dauerhafte genetische Fortbestehen einiger Großbauernclans hängt von ihrer sozioökonomischen Stärke ab. Es wird vermieden, Besitz zu teilen. Die erste Tochter beerbt die Mutter, der erste Sohn den Vater. Seit langer Zeit haben bestimmte Familien die soziale Führung inne. Da aufgrund der geringen landwirtschaftlichen Erträge eine Beschäftigung von Lohnarbeitern nur in Ausnahmefällen möglich ist, werden Arbeitskräfte benötigt, die keine Bezahlung brauchen. Dies sind die jüngeren Geschwister, besonders die Schwestern. Sie werden daraufhin erzogen, dass sie es als Aufgabe betrachten, für die ältere Schwester zu arbeiten. Sie bleiben unverheiratet, erhalten keinen Lohn und werden von dem relativ hohen Lebensstandard des verheirateten Paares ausgeschlossen. Ihre Arbeitsleistung betrachten die jüngeren Geschwister aufgrund ihrer Erziehung als Gabe bzw. als Opfer für die ältere Schwester und nicht als ökonomische Ausbeutung. Da sie unter den gegebenen ökologischen und kulturellen Bedingungen nahezu keine Aussicht auf eine eigene Verheiratung haben, ist aus soziobiologischer Sicht die „Helfer-am-Nest-Rolle" die einzige Möglichkeit, ihre indirekte Fitness zu steigern.

Nepotismus
Verwandtenunterstützung

1 Karpathosmädchen

Genetisch egoistisch oder frei?

Soziobiologen versuchen, das Verhalten der Menschen zu erklären, nicht zu rechtfertigen. Sie gehen davon aus, dass alle Verhaltensweisen – ob genetisch oder kulturell bedingt – soweit sie den Fortpflanzungserfolg erhöhen, durch Ausbreitung der zugrunde liegenden Erbanlagen „belohnt" werden. Dabei wird angenommen, dass auch Kulturfähigkeit genetische Grundlagen hat. Wie die Beispiele zeigen, stimmen kulturelle Normen und Werte oft mit soziobiologischen Theorien der Fortpflanzungsmaximierung überein. Wenn Menschen sich auch so verhalten, als ob sie Kosten-Nutzen-Berechnungen mit dem Ziel der Fitnessmaximierung anstellen würden, so folgen sie doch eher ihren Antrieben und Gefühlen. Aus Einsicht und Mitgefühl können sich Menschen frei gegen die „Fitnessinteressen" der eigenen Gene entscheiden, sich selbstlos um fremde Menschen kümmern und auf eigene Nachkommen verzichten.

„Die – angeborene – Natur des Menschen mag ihm große, fast völlige Verhaltensfreiheit geben, die gleiche Natur entfernt aber mit der Zeit regelmäßig jene Genotypen, die von dieser Freiheit einen Gebrauch machen, der für den Vermehrungserfolg ihrer Gene allzu nachteilig ist" (H. Markel, 1990). Menschen sind also aufgrund ihrer biologischen Evolution u. a. egoistisch und *nepotistisch*, sie haben aber auch die ausgeprägte Fähigkeit, innerhalb der biologisch gesteckten Grenzen ihr Leben human zu gestalten.

Aufgabe

① Diskutieren Sie die soziobiologische Interpretation menschlichen Verhaltens. Holen Sie Stellungnahmen z. B. von Lehrern der Fächer Deutsch, Religion und Ethik ein.

Lexikon

Theorien bestimmen Forschungsschwerpunkte

Lange Zeit setzte sich die Verhaltensbiologie mit der Fragestellung auseinander, ob Verhaltensweisen angeboren oder erlernt sind. Die Erkenntnisse der Verhaltensbiologie wurden dabei im Laufe des 20. Jahrhunderts von verschiedenen Denkvorstellungen, Theorien und Wissenschaftsschulen bestimmt. Seit den Sechzigerjahren rückten verhaltensökologische Fragestellungen und die Evolution sozialer Verhaltensweisen stärker in den Mittelpunkt der Forschung. Um die einzelnen Ergebnisse der Verhaltensbiologie besser aus ihren theoretischen Zusammenhängen und ihrem gesellschaftlichen und zeitlichen Kontext verstehen zu können, werden nachfolgend die wichtigsten Schwerpunkte knapp aufgezeigt.

Reflextheorie

Ausgehend von den philosophischen Anschauungen RENÉ DESCARTES (1596 – 1650) werden Verhaltensweisen und höhere Nerventätigkeiten auf Reflexe zurückgeführt. Auf spezifische Reize folgt gesetzmäßig eine bestimmte Reaktion. Kompliziertere Bewegungsabläufe werden durch Reflexketten erklärt. Begründet wurde die *Reflextheorie* 1903 als erste Lerntheorie der Verhaltensbiologie von dem russischen Physiologen IWAN PETROWITSCH PAWLOW (s. Abb). Daraus entwickelten sich *Reiz-Reaktions-Theorien,* wie der Behaviorismus.

Behaviorismus

Diese von dem Amerikaner JOHN BRADUS WATSON 1913 begründete Psychologie untersuchte ausschließlich Lernvorgänge, wobei man sich naturwissenschaftlich darauf beschränkte, auf das Lebewesen einwirkende Reize und die Reaktionen quantitativ zu erfassen. Die Versuche wurden mit einem großen Aufwand hinsichtlich der Versuchspläne und der standardisierten Versuchsanordnungen durchgeführt.

BURRHUS FREDERIC SKINNER (s. Abb.) ist ein weiterer wichtiger Vertreter des *Behaviorismus.* Diese Wissenschaftsrichtung vertrat im Gegensatz zur Ethologie lange Zeit die These, dass alle Verhaltensweisen erlernt seien. Die Ansicht gilt heute als überholt.

Ethologie

Schon im 18. und 19. Jahrhundert haben Naturforscher erkannt, dass Tiere typische, genetisch bedingte Verhaltensweisen besitzen. Aber erst in unserem Jahrhundert entwickelte sich die Verhaltensforschung zu einer eigenen naturwissenschaftlichen Disziplin. Ursprünglich *Tierpsychologie* genannt, setzte sich in den 50er-Jahren die Bezeichnung *Ethologie* durch. Ethologen beobachten, beschreiben und vergleichen das Verhalten verschiedener Tierarten *(vergleichende Verhaltensforschung).* Aus diesem stammesgeschichtlichen Vergleich wurde die Erkenntnis entwickelt, dass zahlreiche Verhaltensweisen genetisch bedingt sind und dass sie im Verlauf der Evolution an Umweltbedingungen angepasst wurden. Ethologen stellten fest, dass diese Verhaltensweisen bei allen Vertretern einer Art formkonstant ablaufen. Hinter diesen Erkenntnissen steht das sogenannte *Typusdenken,* wobei Tiere mit abweichendem Verhalten als *nicht normal* betrachtet werden.

Als Begründer der europäischen Ethologie wurden KONRAD LORENZ (s. Abb.) und NIKOLAAS TINBERGEN zusammen mit KARL VON FRISCH mit dem Nobelpreis geehrt.

Weiterhin wurden die physiologischen Ursachen des Verhaltens vertieft untersucht. Man stellte fest, dass die inneren Bereitschaften *(Motivationen)* für einzelne Verhaltensweisen unabhängig voneinander schwankten und dass bestimmte Reize *(Schlüsselreize)* formkonstante Reaktionen auslösten. Schon in den 30er-Jahren wurde dazu von KONRAD LORENZ das *Prinzip der doppelten Quantifizierung* formuliert und durch das hydraulische Modell veranschaulicht. Mit der Untersuchung von inneren Bereitschaften und auslösenden Reizen stellen Ethologen die Frage nach den *proximaten Ursachen* (Wie-Fragen): Wie sehen die im Tier vorhandenen Nervenschaltungen oder Hormonwirkungen aus, durch die bestimmte Verhaltensweisen zustande kommen?

Der österreichische Zoologe KARL VON FRISCH (s. Abb) wies als erster mithilfe von Dressurversuchen an Bienen deren Farbensinn und die Fähigkeit, ultraviolettes Licht zu sehen, nach. Zusätzlich erforschte er die Bienensprache.

Die Beobachtung von *ritualisierten Kommentkämpfen* brachte viele Verhaltensbeobachter zur *Theorie der Gruppenselektion,* die der Forscher V. C. WYNNE-EDWARDS 1962 in seinem Buch „Animal Despersion in relation to

FRISCH

social behaviour" etwa folgendermaßen beschrieb: „Wenn Tiere einer Gruppe sich so verhalten, dass sie nicht unbegrenzt viele Nachkommen produzieren und sich bei Auseinandersetzungen nicht gegenseitig verletzen, dann hat diese Gruppe Vorteile gegenüber Vergleichsgruppen, die dies nicht können, da diese Tod und Verwundung bei Massensterben und Kämpfen hinnehmen müssen". Ethologen haben diesen Gedankengang vielfach auf die ganze Art übertragen und gingen davon aus, dass Tiere sich so verhalten, dass sie die Erhaltung der Art nicht gefährden *(Prinzip der Arterhaltung)*.

Soziobiologie

Die *Soziobiologie* entwickelte sich in den 60er-und 70er-Jahren als eine neue Forschungsrichtung in Nordamerika. Sie untersucht Sozialstrukturen von Tieren und Menschen und fragt aus evolutionsbiologischer Sicht nach dem Anpassungswert sozialer Verhaltensweisen. Dabei fragt sie nicht danach, welche Nervenverschaltungen und welche Hormone welches Verhalten verursachen, sondern danach, warum sich besondere Verschaltungen und Hormonwirkungen in der Evolution durchgesetzt haben. Soziobiologie fragt also nach den *ultimaten Ursachen* für Verhalten (Wozu-Fragen): Welchen Vorteil bieten bestimmte Verhaltensweisen bestimmten Individuen?

Da Vorteile von Verhaltensweisen sich nur im Vergleich mit Artgenossen messen lassen, geht die Soziobiologie im Gegensatz zum Typusdenken der Ethologie davon aus, dass sich nicht alle Tiere gleich verhalten, sondern dass es einen *Verhaltenspolymorphismus* gibt. Da innerhalb der Art die Selektion normalerweise an Individuen ansetzt *(Individualselektion)* lehnen Soziobiologen die Vorstellung der *Gruppenselektion* und das „Prinzip der Arterhaltung" ab. Während die Vertreter der Gruppenselektion davon ausgehen, dass Individuen ihre Vermehrung zum Wohle der Art einschränken, leiten Soziobiologen aus evolutionstheoretischen Gründen ab, dass alle Individuen zwangsläufig darauf selektiert werden, dass sie die Anzahl eigener Nachkommen maximieren, selbst wenn dieses auf Kosten von Artgenossen bzw. Gruppenmitgliedern geht.

Die starken Unterschiede in den Erklärungsansätzen der klassischen Ethologie und der Soziobiologie lassen sich besonders gut durch einige Zitate zu Rangordnungskämpfen darstellen.

KONRAD LORENZ ging davon aus, dass Demutsgebärden beim Gegner eine Tötungshemmung auslösen: „Bei allen diesen Tieren wird das Umbringen von Artgenossen nicht durch den Abbau eines ursprünglich vorhandenen Aggressionstriebes verhindert, sondern vielmehr dadurch, dass bei ihnen unter dem Druck einer natürlichen Selektion gewisse, zweifellos im Zentralnervensystem lokalisierte Hemmungsmechanismen ausgebildet worden sind. ..."

Der Göttinger Soziobiologe V. SOMMER formulierte dagegen 1989: „Auch für die angeführte Demutsgebärde unterlegener Hunde, die beim Sieger angeblich eine Tötungshemmung auslöst, ist eine simplere Erklärung parat. Es ist die Furcht vor einem Gegenangriff, die Kämpfe bis zum Letzten hemmt, also das viel zitierte Gleichgewicht des Schreckens. Denn kein Gegner ist gefährlicher als ein in die Enge getriebener, der nichts mehr zu verlieren hat."

Wichtige theoretische genetische Voraussetzungen für soziobiologische Überlegungen wurden schon 1930 von R. A. FISHER (1890 – 1962, s. Abb.) gelegt, der sich als Mathematiker aus Interesse auch mit biologisch statistischen Problemen beschäftigte. Er war in seinen Erkenntnissen seiner Zeit so weit voraus, dass sich die Genialität seiner Denkansätze heute erst nach und nach zeigt.

FISHER

Zwei Veröffentlichungen von W. D. HAMILTON im Jahre 1964 legten die Grundlage für das Verständnis der Evolution „selbstlosen Verhaltens" unter Verwandten. Da in Verwandten Kopien gleicher Gene stecken, können sich durch *Verwandtenselektion* auch Gene ausbreiten, die für die Brutpflege und eine Verwandtenunterstützung sorgen.

WILSON

1975 hat der bekannte amerikanische Ameisenspezialist E. O. WILSON (s. Abb.) die Theorien dieser Wissenschaft in seinem Buch „Sociobiology: The new synthesis" einer breiteren Öffentlichkeit vorgestellt.

Der konsequenteste Vertreter dieser Denkmodelle in Europa ist R. DAWKINS, der mit seinem Buch „Das egoistische Gen" für kontroverse Diskussionen sorgte.

Verhaltensökologie

Sie untersucht die Zusammenhänge zwischen dem Verhalten einer Tierart und den ökologischen Bedingungen der Umwelt. Dabei bedient sie sich des Vergleichs und untersucht, welche Umweltbedingungen bei ganz unterschiedlichen Tierarten gleiche Sozialformen, Lautäußerungen, Fortbewegungsweisen usw. im Verlauf der Evolution verursacht haben. Zusätzlich werden Verhaltensmöglichkeiten von Individuen einer Nutzen-Kosten-Analyse unterzogen. Die Entwicklung von Modellen soll eine Grundlage für quantitative Untersuchungen im Freiland darstellen.

Register

Bildnachweis

Fotos: 4.1 Okapia (NAS, Tim Davis), Frankfurt — 4.2 Okapia (NAS, Tom McHugh) — 7.1 Hans Reinhard, Heiligkreuzsteinach — 9.Rd Focus (Secchi-Lecague/ Roussel-Oclaf, CNRI, Science Photo Library), Hamburg — 10.1a Stefan Goreau, Estate of Fritz Goro, Chappaqua, USA — 17.1 Johannes Lieder, Ludwigsburg — 17.3 Manfred Keil, Neckargemünd — 18.Rd. Okapia (D. Kunkel, Phototake) — 20.1 aus REM-Atlas „Zellen und Gewebe", Gustav Fischer Verlag, Stuttgart — 24.2 Manfred Kage, Lauterstein — 28.1 Silvestris (NHPA), Kastl — 32.1, 33.1a/b aus REM-Atlas „Zellen und Gewebe", Gustav Fischer Verlag — 43.2 Okapia (Hans Reinhard) — 50.1 Focus (Alexander Tsiaras, Science Photo Library), Hamburg — 50.2 Picture Press, Volker Hinz / STERN, Hamburg — 51.1 Volker Steger (M. Raichle, St. Louis), Stuttgart — 58.2 National Institute on Drug Abuse (Michael J. Kuhar), Baltimore, USA — 60.1 Newsweek Inc., New York, USA — 62.K Toni Angermayer (Hans Pfletschinger), Holzkirchen — 66.1 a/b Boehringer Mannheim GmbH — 70.1, 2 Toni Angermayer (Günter Ziesler) — 72.1 Hans Reinhard — 74.1a Save-Bild (G. Schumann), Augsburg — 75.1 Okapia (Manfred Danegger) — 78.K Bildarchiv Preussischer Kulturbesitz, Berlin — 79.1a-d aus „Irenäus Eibl-Eibesfeld, Grundriss der vergleichenden Verhaltensforschung" (S. 65), Piper Verlag, München — 82.1a Fauna-Verlag (Frieder Sauer), Karlsfeld — 83. Rd. Silvestris (Heinrich König) — 86.Rd.a Toni Angermayer (Gerhard Wendl) — 86.Rd.b Toni Angermayer — 88.Rd. Klaus Janke, Dassendorf — 89.1a Silvestris (Schmidt) — 89.3a Silvestris (Frank Lane) — 94.1 Georg Quedens, Norddorf / Amrum — 96.1 Heiko Bellmann, Lonsee — 96.3 Okapia (Chris Martin Bahr) — 99.2 Silvestris (Günter Roland) — 100.Rd. a/b Silvestris (Rosing) — 101.1 Hans Reinhard — 102.1 G. L. Kessler GmbH, Esslingen — 102. 2 Universität / Gesamthochschule Essen (Stefan Lengyel, Industrial Design, Essen) — 103.1 Deutsches Taubblindenwerk, Hannover — 103.2 Irenäus Eibl-Eibesfeldt, Seewiesen — 104.Rd. Ardea (B. Berron), London — 107.1-3 Hanna-Maria Zippelius, Mechernich-Kommern — 112.Rd. Okapia (Walter Dawn, NAS) — 114.1 Bruce Coleman, Uxbridge, GB (aus „Volker Sommer, Die Affen - Unsere wilde Verwandtschaft", S. 309, Geo, Hamburg) — 114.2 Jürgen Lethmate, Ibbenbüren — 114.Rd. Wildlife (P. Ryan), Hamburg — 115.1 Jürgen Lethmate — 115.6 FWU, Grünwald — 116.1 ZEFA (Enzinger), Düsseldorf — 118.1 ZEFA (C. Voigt) — 120. 1, 2 Okapia (Hans Schweiger) — 122.1 Hans Reinhard — 124.1, Rd. Toni Angermayer (Günter Ziesler) — 124.2 Okapia (Anne Rasa) — 126.2 Hans Reinhard — 128.2 Silvestris (Konrad Wothe) — 129.1 Bruce Coleman (aus „Volker Sommer, Die Affen - Unsere wilde Verwandtschaft", S. 133, Geo) — 130.1 Okapia (NAS, Tom McHugh) — 131.K Toni Angermayer (Günter Ziesler) — 135.1 Volker Sommer, University Dept. of Anthropology, London (aus „Volker Sommer, Die Affen - Unsere wilde Verwandtschaft", S. 267, Geo) — 139.Rd. Silvestris (Hubacher) — 140.1 Andreas Paul, Institut für Anthropologie, Universität Göttingen — 142.1 Toni Angermayer (Günter Ziesler) — 143.1 Okapia (Jany Sauvanet) — 144.1 Silvestris (Roger Wilmshurst) — 147.K Minden Pictures, Aptos, USA — 148.1 Silvestris (Roger Wilmshurst) — 149.1 Okapia (NAS, T. McHugh) — 149.K Focus (Paul Fusco) — 150.2 Geza Teleki, Life Picture Sales, Washington, USA (aus „Volker Sommer, Die Affen - Unsere wilde Verwandtschaft", S. 279, Geo) — 153.1 Klaus Ewald, Soltau — 154.1, 2 dpa, Franfurt — 154.3 dpa (Goebel) — 155.1 Deutsches Museum, München — 155.2 Bettmann, New York, USA — 155.3 aus „Edward O. Wilson, Biologie als Schicksal", Ullstein-Verlag, Berlin

Grafiken: Prof. Jürgen Wirth, Fachhochschule Darmstadt, Fachbereich Gestaltung (Mitarbeit: Matthias Balonier)